"十二五"国家重点出版规划
精品项目

国家出版基金项目
NATIONAL PUBLICATION FOUNDATION

U0610349

先进航空材料与技术丛书

先进高温结构材料与技术（上）

李嘉荣　熊继春　唐定中　著

国防工业出版社

·北京·

内 容 简 介

本书介绍了先进高温结构材料及其制备技术。全书分为上、下两册:上册主要介绍等轴晶铸造高温合金、定向凝固柱晶高温合金、单晶高温合金、Ni_3Al 基和 $Nb-Si$ 系金属间化合物基高温结构材料以及先进高温结构材料精密铸造技术;下册主要介绍变形高温合金、液态金属雾化高温合金粉末制备与喷射成形技术、粉末高温合金。

本书以北京航空材料研究院先进高温结构材料重点实验室多年来的研究实践为基础,结合国内外研究成果,较全面地介绍了高温结构材料的专业知识与最新进展。

本书可供从事先进高温结构材料科研与管理的人员和高等院校相关专业的师生参考。

图书在版编目(CIP)数据

先进高温结构材料与技术. 上/ 李嘉荣,熊继春,唐定中著.
—北京:国防工业出版社,2012.6
 (先进航空材料与技术丛书)
 ISBN 978 - 7 - 118 - 08148 - 0

Ⅰ. ①先... Ⅱ. ①李... ②熊... ③唐... Ⅲ. ①航空
材料—高温结构材料 Ⅳ. ①V25

中国版本图书馆 CIP 数据核字(2012)第 124896 号

※

国防工业出版社出版发行

(北京市海淀区紫竹院南路23号　邮政编码100048)
北京嘉恒彩色印刷有限责任公司
新华书店经售

*

开本710×960　1/16　印张23¼　字数440千字
2012年6月第1版第1次印刷　印数1—3000册　定价68.00元

(本书如有印装错误,我社负责调换)

国防书店:(010)88540777　　　发行邮购:(010)88540776
发行传真:(010)88540755　　　发行业务:(010)88540717

序

一部人类文明史从某种意义上说就是一部使用和发展材料的历史。材料技术与信息技术、生物技术、能源技术一起被公认为是当今社会及今后相当长时间内总揽人类发展全局的技术，也是一个国家科技发展和经济建设最重要的物质基础。

航空工业领域从来就是先进材料技术展现风采、争奇斗艳的大舞台，自美国莱特兄弟的第一架飞机问世后的100多年以来，材料与飞机一直在相互推动不断发展，各种新材料的出现和热加工工艺、测试技术的进步，促进了新型飞机设计方案的实现，同时飞机的每一代结构重量系数的降低和寿命的延长，发动机推重比量级的每一次提高，无不强烈地依赖于材料科学技术的进步。"一代材料，一代飞机"就是对材料技术在航空工业发展中所起的先导性和基础性作用的真实写照。

回顾中国航空工业建立60周年的历程，我国航空材料经历了从无到有、从小到大的发展过程，也经历了从跟踪仿制、改进改型到自主创新研制的不同发展阶段。新世纪以来，航空材料科技工作者围绕国防，特别是航空先进装备的需求，通过国家各类基金和项目，开展了大量的先进航空材料应用基础和工程化研究，取得了许多关键性技术的突破和可喜的研究成果，《先进航空材料与技术丛书》就是这些创新性成果的系统展示和总结。

本套丛书的编写是由北京航空材料研究院组织完成的。19个分册从先进航空材料设计与制造、加工成形工艺技术以及材料检测与评价技术三方面入手，使各分册相辅相成，从不同侧面丰富了这套丛书的整体，是一套较为全面系统的大型系列工程技术专著。丛书凝聚了北京航空材料研究院几代专家和科技人员的辛勤劳动和智慧，也是我国航空材料科技进步的结晶。

当前，我国航空工业正处于历史上难得的发展机遇期。应该看到，和国际航空材料先进水平相比，我们尚存在一定的差距。为此，国家提出"探索一代，预研一代，研制一代，生产一代"的划代发展思想，航空材料科学技术作为这四个"一代"发展的技术引领者和技术推动者，应该更加强化创新，超前部署，厚积薄发。衷心希望此套丛书的出版能成为我国航空材料技术进步的助推器。可以相信，随着国民经济的进一步发展，我国航空材料科学技术一定会迎来一个蓬勃发展的春天。

2011年3月

前　言

高温合金自20世纪40年代问世以来,至今已有半个多世纪了。高温合金的发展水平在一定程度上反映一个国家的国防力量和工业水平。今天,在先进的航空发动机中,高温合金所占的比重高达60%以上;高温合金在航天、核工业、能源动力、石油化工、交通运输等领域也有广泛的应用。高温合金是目前军用和民用航空发动机及地面燃气轮机热端部件不可替代的关键结构材料。可以毫不夸张地说,没有高温合金,就不可能有高性能的航空发动机。

我国高温合金起步于1956年。50多年来,我国的高温合金从无到有,从仿制到自主创新,合金的承温能力从低到高,已研制和生产了百余种牌号的高温合金,建立了我国的高温合金体系,使我国高温合金材料立足于国内。

北京航空材料研究院自1956年建院就设置了高温合金专业,参加了我国第一个高温合金的研制,逐步形成了包括变形高温合金、铸造高温合金、粉末高温合金及超高温结构材料在内的完整的高温结构材料专业体系,并于2002年成立了先进高温结构材料重点实验室。至今,北京航空材料研究院高温结构材料专业已走过了56年的历史。在此期间,创业的艰辛、事业的发展、人才的成长、成果的涌现,令世人瞩目。目前,先进高温结构材料重点实验室已成为我国最大的高温结构材料与技术研究发展中心之一,为我国航空发动机的研制与生产做出了重大贡献。

本书以北京航空材料研究院高温结构材料的研究实践为基础,结合国内外研究成果,较全面地介绍了高温结构材料的专业知识与最新进展。全书分为上、下两册,共9章。上册:第1章绪论,由李嘉荣执笔;第2章等轴晶铸造高温合金,由李相辉、曹腊梅、汤鑫执笔,刘发信审稿;第3章定向凝固柱晶高温合金,由谭永宁、李志强、王帅执笔,张宏炜、黄朝晖审稿;第4章单晶高温合金,由熊继春、李嘉荣执笔,刘世忠、殷克勤审稿;第5章 Ni_3Al 基和 $Nb-Si$ 系金属间化合物基高温结构材料,由宋尽霞、康永旺、黄强、李明执笔,韩雅芳审稿;第6章先进高温结构材料精密铸造技术,由曹腊梅、薛明、张勇执笔,汤鑫审稿。下册:第1章变形高温合金,由赵宇新、曾维虎、付书红执笔,张绍维审稿;第2章液态金属雾化高温合金粉末制备与喷射成形技术,由李周,高正江,袁华,张国庆执笔,田世藩审稿;第3章粉末高温合金,由田高峰、邹金文、王旭青、汪煜、周晓明执笔,罗学军审稿。全书由李嘉荣、熊继春统稿、修改和补充,并由李嘉荣、熊继春、唐定中审定。

　　本书是集体智慧的结晶,凝聚了众多科研人员多年来的研究成果。作者感谢为本书出版做出贡献的所有科技工作者。

　　由于作者水平有限,书中的瑕疵在所难免,诚挚地希望读者批评与指正。

作者

2012 年 1 月

目　录

上　册

下　册

第1章　绪　　论

1.1　高温结构材料的起源

高温合金(Superalloys)是指以铁、镍、钴为基,能在600℃以上的高温环境下抗氧化或耐腐蚀,并能在一定应力作用下长期工作的一类金属材料。

最先出现的高温合金是以冷、热变形方式加工成形的高温合金。随着时间的推移、技术的进步,在变形高温合金之后,相继发展了铸造高温合金、粉末高温合金,从而逐渐形成了以成形方式分类的变形高温合金(Wrought Superalloys)、铸造高温合金(Cast Superalloys)、粉末高温合金(Powder Metallurgy Superalloys)体系。

英国是最早研究高温合金的国家。1939 年,英国 Mond 镍公司首先在80Ni-20Cr 电热合金中加入 0.3%Ti 和 0.1%C,研制成功镍基合金 Nimonic75,用于制造火焰筒等零件。为了提高蠕变强度,将 Nimonic75 合金的 Ti 含量提高到 2.5%,并加入 1%左右的 Al,发展成 Nimonic80 合金,1942 年被成功地用作涡轮喷气发动机的叶片,成为最早的 $Ni_3(Al、Ti)$ 强化的涡轮叶片材料。1944 年,对 Nimonic80 合金的 Al 和 Ti 含量稍加调整,并改进生产工艺,发展成 Nimonic80A 合金。1945 年,用 20%Co 替代 Ni,由 Nimonic80A 发展成 Nimonic90 合金。1951 年,把 Nimonic90 合金的 Al 和 Ti 含量进一步提高,发展了 Nimonic95 合金。此后,该公司在合金中加入 B、Zr、Co、Mo 等合金元素,相继开发了 Nimonic100、Nimonic105 等合金,形成 Nimonic 合金系列[1,2]。

美国变形高温合金的发展晚于英国。1942 年,美国钴业公司发展了 HastelloyB 镍基变形高温合金,用于通用电器公司研制的 Bellp-59 和 I-40 喷气发动机。1950 年,由于钴资源短缺,镍基合金迅速发展并广泛用作涡轮叶片。同期,美国的 P&W 公司、GE 公司和特殊金属公司分别开发出了 Waspalloy、M-252 和 Udimet500 等合金,并在这些合金基础上,形成了 Inconel、Mar-M 和 Udimet 等合金系列。20 世纪 50 年代初期,国际镍公司研制成功 Inconel718 合金,该合金用 γ'' 和 γ' 相强化,用途越来越广,用量越来越大,目前仍在广泛应用[2]。

国外铸造高温合金的发展始于 20 世纪 40 年代。由于当时的锻造设备过载

1

和变形高温合金可锻性限制,开始寻求采用铸造成形方式制备高温合金构件,首次研制的是钴基铸造高温合金。铸造的 Vitallium 钴基合金增压涡轮叶片于 1942 年在 Austenal 公司制成,精密铸造部件于 1945 年用于美国第一台燃气涡轮发动机。后来,由于钴资源短缺,促使研究镍基高温合金。20 世纪 50 年代后期,铸造镍基高温合金的开发超过钴基高温合金,这主要是由于发现稳定的、共格的金属间化合物 γ′ 相强化镍基高温合金显示出了优异的强度。工业用真空感应熔炼和真空精密铸造两种新技术的出现,为进一步开发铸造镍基高温合金提供可能。20 世纪六七十年代,相继出现了许多高性能铸造镍基高温合金。促使铸造高温合金发展的主要因素有:精密铸造工艺比精密锻造工艺更经济;高强度、高合金化变形高温合金难以锻造成形,更难以制成具有复杂内腔的空心叶片,而铸造高温合金能实现复杂内腔气冷结构,在获得高温强度的同时,能把复杂内腔气冷涡轮叶片直接铸造成形[3]。

随着航空发动机的发展,对涡轮盘用高温合金工作温度及性能的要求日益提高。由于合金化程度提高,铸锭偏析严重、冷热加工工艺性能变差,采用传统变形工艺制备高合金化的变形高温合金已不能满足要求;并且由于粉末冶金方法制备的高温合金较变形高温合金成分均匀、晶粒细化,力学性能得到提高;粉末冶金作为一种生产难变形合金的方法用于高温合金的研制,从而形成粉末冶金高温合金。英国率先采用水雾化技术制备了第一批高温合金预合金粉末。20 世纪 60 年代,美国在英国之后进一步发展了粉末制备技术,改用惰性气体雾化制取预合金粉末,避免了粉末的氧化和污染,由此高纯预合金粉末制备技术开始兴起。1972 年,美国 P&W 公司采用热等静压、热挤压和超塑性等温锻造等现代成形工艺,成功研制出第一种涡轮盘用粉末高温合金 IN100,并用于航空发动机的涡轮盘和压气机盘等部件。目前,粉末高温合金已广泛应用于先进航空发动机。

航空发动机的发展要求不断提升涡轮前温度,这对材料提出了越来越高的要求。目前,航空发动机中广泛应用的镍基高温合金材料接近其最高使用温度极限,发展潜力有限,难以满足未来高推重比航空发动机的需要。因此必须寻求承温能力高、比强度优越的替代材料。作为镍基高温合金的替代材料,由于 Nb – Si 系金属间化合物基高温结构材料等具有高熔点、低密度以及优良的高温强度,有希望被开发成为用于航空发动机涡轮叶片的高温结构材料[3]。

1.2　高温结构材料的作用与地位

航空发动机工作环境十分苛刻,承受着高温、高速、高载和氧化腐蚀的共同作用。单晶高温合金涡轮叶片等甚至长期工作在"极限"状态,因而对材料有着更加特殊严格的要求。高温合金不仅应有优良的高温强度、良好的抗氧化和耐腐蚀性能,而且还应有良好的综合性能,如蠕变性能、疲劳性能、断裂韧性、组织稳定性、工艺性能等。

高温合金出现伊始就用于航空发动机。在现代航空发动机中,高温合金材料主要用于热端部件,如涡轮叶片、涡轮盘、燃烧室、压气机盘,还用于机匣、环形件、尾喷管及紧固件等部件。在先进航空发动机中,高温合金的重量占航空发动机重量的60%以上。高温合金研制与生产能力体现了一个国家航空工业发展水平,没有高温合金,就没有先进的航空工业。

高温合金不仅主要用于航空发动机,而且还用于火箭发动机、舰船与地面燃气轮机。目前,高温合金在核工业、能源动力、交通运输、石油化工、冶金矿山、玻璃建材等领域得到广泛应用。高温合金是国防建设和国民经济发展不可替代的关键材料。

1.3   高温结构材料的发展

1.3.1   变形高温合金的发展

变形高温合金是最先研制的高温合金,自其出现以来,发展很快,牌号众多,应用广泛。变形高温合金通常有三种分类方法,即按合金基体元素种类、合金强化类型和合金应用品种分类。

变形高温合金按合金基体元素可分为铁基、镍基和钴基合金。20世纪60年代,中国开始自主研制第一个铁基板材变形高温合金GH1140,这是至今仍在生产和应用的铁基高温合金之一,该合金具有中等的热强性、高的塑性、良好的热疲劳性能、组织稳定性和焊接工艺性能,适宜于制造工作温度850℃以下的高温部件[4]。英国Nimonic80A为镍基变形高温合金,我国于80年代初发展了相近牌号GH80A合金,该合金使用温度700℃~800℃,在650℃~850℃具有良好的抗蠕变性能和抗氧化性能,加工性能良好[4]。美国Haynes Alloy188为钴基变形高温合金,我国仿制形成了相近牌号GH5188合金,该合金具有优良的高温热强性,良好的高温抗氧化性,同时具有满意的成形、焊接等工艺性能,适于制造980℃以下要求高强度和1100℃以下要求抗氧化的零件[3,4]。

变形高温合金按合金强化类型可分为固溶强化合金和沉淀强化合金。美国Hastelloy X为固溶强化变形高温合金,我国发展了相近牌号GH3536合金,该合金具有良好的抗氧化和耐腐蚀性能,在900℃以下有中等的持久和蠕变强度,冷、热加工成形性和焊接性能良好[4]。GH1016为我国自主研制的固溶强化变形高温合金,该合金具有较高的热疲劳性能,冷冲压成形和焊接工艺性能良好,适宜制造工作温度950℃以下燃料室板材结构件[4]。Inconel718 为美国于 1959 年公开的沉淀强化变形高温合金,我国于 1968 年开始仿制并形成相近牌号 GH4169 合金,该合金在 −253℃ ~650℃ 温度范围内具有良好的综合性能,650℃以下的屈服强度居变形高温合金的首位,并具有良好的抗疲劳、抗辐射、抗氧化、耐腐蚀性能以及良好的加工性能、焊接性能和长期组织稳定性,该合金不仅可用变形方法制备构件,也可用铸造或粉末冶金的方法制备构件,主要用于制备盘件,也用于制备紧固件与叶片,应用十分广泛,已成为世界上产量最大、应用最广的高温合金[3,4,5]。GH2302 为我国自主研制的沉淀强化变形高温合金,可在 700℃以下长期使用,组织与性能稳定,用于制造加力燃烧室零件[4]。

变形高温合金按应用品种可分为板材用合金、叶片及紧固件用合金、盘件用合金、环形件用合金等。GH3128 合金为我国于 1958 年开始自主研制的板材用变形高温合金,该合金具有高的塑性、较高的持久强度以及良好的抗氧化性和冲压、焊接性能,主要产品为冷轧薄板,适合制造 950℃下长期工作的高温零部件[3,4,6]。Inconel718、Nimonic80A 合金综合性能好,用于制造涡轮叶片与压气机叶片。GH 159(美国相近牌号 MP 159)为紧固件用高温合金,该合金具有超高强度、良好的塑性和高的应力腐蚀抗力,并在 650℃下仍能保持高强度的特性。[4] 盘件用合金多数是沉淀强化的铁基或镍基变形高温合金,主要有 Inconel718、GH4133B、Waspaloy、U720Li 合金。我国镍基盘件用合金是从仿俄 ЭИ437Б 合金开始的,并形成相近牌号 GH4033 合金。在 GH4033 合金基础上,我国创新性地发展了 GH4133 合金。为消除 GH4133 合金750℃以下存在的缺口敏感性,由 GH4133 合金改型而成 GH4133B 合金,使材料的使用寿命成倍增加,大幅度地提高了持久强度和塑性,GH4133B 是我国在涡轮盘上应用的主要高温合金[4]。GH738(美国相近牌号 Waspaloy)合金具有良好的耐燃气腐蚀能力、较高的屈服强度和疲劳性能,工艺塑性良好,组织稳定,使用温度不高于 815℃[4]。美国的 U720Li 合金是在 U720 的基础上发展而来的,U720Li 是合金化程度较高、变形较困难的高水平变形高温合金。美国航空发动机上的环形件大量采用了 Incoloy909 和 Inconel783 等系列低膨胀变形高温合金。Incoloy909 合金(我国相近牌号 GH909)是在 Incoloy907 的基础上提高了 Si 含量,从而得到强度、韧性、抗应力加速晶界氧化(SAGBO)及膨胀系数等性能良好的合金,Incoloy909 合金成为目前国外 650℃以下高压压气机机匣等间隙控制构件广泛使用的低膨胀高温合金。但由于 Incoloy900 系列合金中不含 Cr,所以合金的抗氧化性能较差,因此国外又为推重比 10 发动机 F119 的压气机机匣及间隙控制用零件研制了抗氧化型 Inconel783(我国相近牌号 GH6783)低膨胀高温合金,该合金在800℃仍可完全抗氧化。美国Inconel 706(我国相近牌号GH 706)合金在700℃以下具有较高的强度、良好的抗氧化及耐腐蚀能力,主要用于环形件。

50多年来,我国已发展了70多个变形高温合金,在航空发动机上获得广泛应用,变形高温合金已成为用量最大的一类高温合金。但变形高温合金在发展过程中牌号繁多,材料的通用化、系列化、标准化长期未得到应有的重视。

在高温合金发展历程中,工艺进步始终与合金研制并行发展。20世纪50年代出现的真空熔炼技术是工艺技术发展的里程碑,该技术消除了阻碍高温合金发展的有害杂质,可对合金元素进行精确控制。事实上,真空熔炼是高温合金发展最初30年中取得的最重要的工艺突破,是高温合金领域最重大的一项技术进步。

1.3.2 铸造高温合金的发展

继发明变形高温合金之后,20世纪40年代开始发展铸造高温合金。由于铸造成形的特点,允许在铸造高温合金中添加多种合金元素,从而显著提高了合金性能。20世纪50年代出现的真空熔炼技术和60年代出现的定向凝固技术是铸造高温合金发展历程中的重要里程碑,进一步提高了合金性能,极大促进了铸造高温合金的应用。

铸造高温合金通常可以按合金基体元素和凝固结晶组织来分类。按合金基体元素种类不同,铸造高温合金可以分为铁基、镍基、钴基和铬基高温合金。按凝固结晶组织不同,铸造高温合金可以分为等轴晶铸造高温合金(Conventional Cast Superalloys)、定向凝固柱晶高温合金(Directionally Solidified Superalloys)和单晶高温合金(Single Crystal Superalloys)。

1.3.2.1 等轴晶铸造高温合金

等轴晶铸造高温合金指用传统的熔模铸造方法制备铸件的高温合金,其晶粒组织为等轴晶。等轴晶铸造高温合金是铸造高温合金中种类最多的,已发展了铁基、镍基、钴基和铬基等轴晶铸造高温合金。

K213(俄罗斯相近牌号ЭИ787Л)合金为我国仿制的铁—镍基等轴晶铸造高温合金,该合金在750℃以下具有良好的综合性能和组织稳定性。K403(俄罗斯相近牌号ЖС6K)合金为我国于1963年仿制成功的镍基等轴晶铸造高温合金,该合金具有较高的强度,获得广泛应用,适于制作1000℃以下工作的燃气涡轮导向叶片和900℃以下工作的涡轮转子叶片[4,6]。K417(美国相近牌号IN100)合金为我国于1964年开始仿制的镍基等轴晶铸造高温合金,该合金适合制作950℃以下工作的燃气涡轮零件[4,6]。K465(俄罗斯相近牌号ЖС6У)合金为我国仿制的镍基等轴晶铸造高温合金,该合金具有良好的热强性,适应范围广,适合制作 1050℃以下工作的涡轮导向叶片及 1000℃以下工作的涡轮转子叶片[7,8]。K640(美国相近牌号 X40)合金为我国仿制的钴基等轴晶铸造高温合金,该合金具有优异的热疲劳性能和抗氧化、耐腐蚀性能,特别适合制作 1000℃以下工作的燃气涡轮导向叶片[4]。

1.3.2.2 定向凝固柱晶高温合金

定向凝固柱晶高温合金指用定向凝固技术制备铸件的高温合金,合金的组织是按照[001]方向生长排列的柱状晶,基本上消除了垂直于晶体生长方向的横向晶界。与等轴晶铸造高温合金相比,其平行于晶体生长方向(纵向)的高温蠕变强度较高,尤其是中高温强度和塑性以及高温热疲劳性能显著提高,零件的壁厚效应减小,但其力学性能具有明显的各向异性。按承温能力区分,定向凝固柱晶高温合金已发展了四代,目前第一代和第二代定向凝固柱晶高温合金在航空发动机上获得广泛应用。

国外自 20 世纪 60 年代开始相继发展了第一代定向凝固柱晶高温合金 Mar – M002、DS René125、PWA1422 等,我国自 70 年代开始发展第一代定向凝固柱晶高温合金,先后研制成功 DZ4、DZ22(美国相近牌号 PWA1422)、DZ22B、DZ40M(美国相近牌号 DSX40)、DZ417G、DZ125/DZ125L(美国相近牌号 DS René125)等合金[3,4,6]。DZ4 是我国自主研制成功的镍基定向凝固柱晶高温合金,该合金不含 Hf、Ta 元素,成本较低,并具有良好的综合性能和可铸性,初熔点较高,适于制作 1000℃以下工作的涡轮转子叶片和 1050℃以下工作的导向叶片。DZ22 镍基定向凝固柱晶高温合金含 1.5% Hf、无 Ta 元素,该合金具有良好的中、高温综合性能及优异的热疲劳性能,适于制作 1000℃以下工作的涡轮转子叶片和 1050℃以下工作的导向叶片。DZ40M 为钴基定向凝固柱晶高温合金,该合金初熔温度高,具有优良的抗热疲劳性能、抗氧化及耐腐蚀性能,良好的持久、蠕变、疲劳等综合力学性能,组织稳定,无缺口敏感性,适于制作 1050℃以下工作的具有复杂内腔的空心导向叶片。DZ417G 是在 K417G 合金基础上发展的镍基定向凝固柱晶高温合金,该合金中温强度高、蠕变性能好、塑性较高、组织稳定,适于制作 980℃以下工作的涡轮转子叶片和导向叶片。DS René125 为镍基定向凝固柱晶高温合金,我国相继研制出相近牌号 DZ125 与 DZ125L 合金。DZ125 合金中 Ti 含量较低,含有 1.5% Hf,铸造性能良好;DZ125L 不含 Hf,通过特殊方法降低 P 等杂质元素含量,以减少枝晶偏析的低偏析技术发展出的低偏析合金;适于制作 1000℃以下工作的涡轮转子叶片和 1050℃以下工作的导向叶片。

国外自 20 世纪 80 年代后期开始相继发展了第二代镍基定向凝固柱晶高温

合金 PWA1426、René142、CM186LC、ЖС32 等,我国研制成功了 DZ6(美国相近牌号 René142)合金[5,6],该合金含 3% Re,力学性能相当于不含 Re 的第一代单晶高温合金。近年来,日本研制了含 5% Re 的第三代镍基定向凝固柱晶高温合金 TMD－103[3,9]以及含 5% Re、2% Ru 的镍基第四代定向凝固柱晶高温合金 TMD－107[10]。

1.3.2.3 单晶高温合金

单晶高温合金是在定向凝固柱晶高温合金基础上发展而来的,它不含或少含晶界强化元素,完全消除了晶界,合金的组织是按照预定的方向生长而形成的单一柱状晶,合金的热强性能显著提高,综合性能优异。按承温能力区分,单晶高温合金已发展了四代,目前第一代和第二代单晶高温合金在航空发动机上获得广泛应用。

美国 P&W 公司于 20 世纪 70 年代首先发明了第一代单晶高温合金 PWA1480[11],此后国外相继发展了第一代单晶高温合金 RenéN4、SRR99、AM3、CMSX－2、ЖС26 等[12-15]。我国自 80 年代开始发展第一代单晶高温合金,先后研制成功 DD3、DD4(美国相近牌号 RenéN4)、DD8、DD402(美国相近牌号 CMSX－2)、DD407(法国相近牌号 AM3)等合金[4]。DD3 是我国自主研制成功的第一代镍基单晶高温合金,不含 Ta,成本较低,中、高温性能良好,力学性能与国外第一代单晶高温合金 PWA1480 相当,适于制作 1040℃以下工作的涡轮转子叶片和 1100℃以下工作的导向叶片。DD8 为高铬型第一代镍基单晶高温合金,具有良好的综合性能,组织稳定性好,可长时间在氧化气氛和热腐蚀环境下工作,适于制作 1000℃以下工作的沿海用飞机发动机涡轮叶片和舰艇燃气轮机涡轮叶片。DD402 为第一代镍基单晶高温合金,具有高的蠕变强度和疲劳性能,并有良好的铸造性能、较宽的固溶处理温度范围、良好的组织稳定性、环境性能和涂层性能,适于制作 1050℃以下工作的涡轮转子叶片及其他高温部件[4]。

国外自 20 世纪 80 年代开始相继发展了第二代单晶高温合金 PWA1484、RenéN5、CMSX－4、ЖС32 等,我国自 90 年代中期开始研制第二代单晶高温合金,先后发展了 DD6、DD98、DD32(俄罗斯相近牌号 ЖС32)、DD5(美国相近牌号 RenéN5)。PWA1484 是 P&W 公司研制的第二代镍基单晶高温合金,在该合金中首次添加了 Re 元素,PWA1484 合金有优异的综合性能,包括高温蠕变强度、疲劳强度和抗氧化能力等[16,17]。DD6 是我国自主研制成功的第二代镍基单晶高温合金,具有高温强度高、综合性能好、组织稳定及铸造工艺性能好等优点,且因其含 Re 量低而具有低成本的优势,适于制作 1100℃以下工作的具有复杂内腔的涡轮转子叶片与 1150℃以下工作的导向叶片[4,5,18]。DD98 为我国自主研制的第二代镍基单晶高温合金,其最大特点是无 Re,成本低,可用于制作 1100℃工作的涡轮转子叶片[5,6]。

国外自 20 世纪 90 年代开始发展了第三代镍基单晶高温合金 RenéN6、CM-SX – 10 等[19-21],我国自 21 世纪初开始研制第三代镍基单晶高温合金,先后发展了 DD9、DD90。美国的 CMSX – 10 合金含 6% Re,高温蠕变强度高,并开始初步应用。我国的 DD9 合金综合性能优良,持久性能与 CMSX – 10 等合金相当[22]。近年来,美国研制了第四代镍基单晶高温合金 EPM102,该合金含有 6% Re 与 3% Ru,合金的稳定性较第三代单晶高温合金明显改善[23]。

20 世纪 60 年代美国 P&W 公司发明的定向凝固技术是高温合金工艺技术发展的又一里程碑,使铸造高温合金的发展进入新阶段,从而发展了定向凝固柱晶高温合金与单晶高温合金,为燃气涡轮发动机的技术进步做出重大贡献。

自 20 世纪 40 年代变形高温合金出现,70 多年来涡轮叶片用变形高温合金、铸造高温合金(等轴晶铸造高温合金、定向凝固柱晶高温合金、单晶高温合金)承温能力的发展示于图 1 – 1[24]。

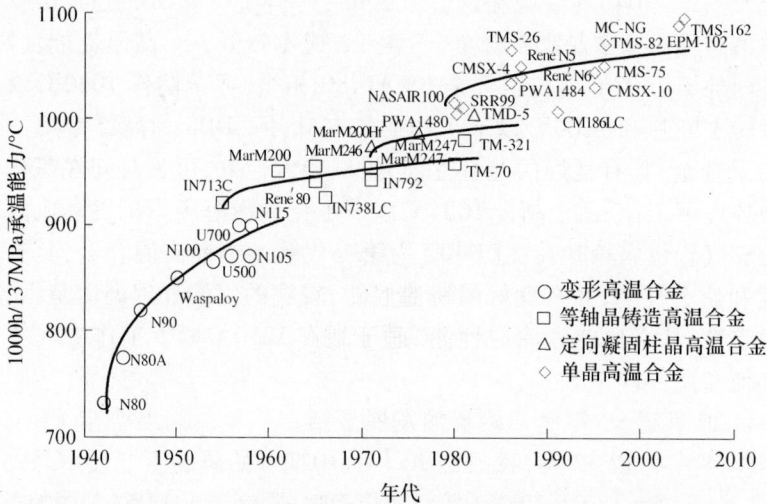

图 1 – 1　涡轮叶片用变形高温合金、铸造高温合金承温能力的发展[24]

1.3.3　粉末高温合金的发展

采用粉末冶金的方法研制生产高温合金,从而形成粉末冶金高温合金,是 20世纪 60 年代出现的一项技术。粉末冶金技术消除了由于合金化程度高带来的铸锭偏析严重、冷热加工工艺性能差的问题;粉末高温合金成分均匀,晶粒细化,力学性能得到提高。近 50 年来,已经发展了三代粉末高温合金:高强型第一代粉末高温合金、损伤容限型第二代粉末高温合金、高强 + 损伤容限型第三代粉末高温合金[5],目前第一代和第二代粉末高温合金在航空发动机上获得广泛应用。

国外自 20 世纪 70 年代以来,相继发展了第一代粉末高温合金 IN100、René95、AP1、Udimet720、ЭП741НП 等。1972 年美国 P&W 公司首先研制成功涡轮盘用第一代粉末高温合金 IN100,采用氩气雾化(AA)工艺制粉、粉末热压实、热挤压和超塑性等温锻造等现代成形工艺制备涡轮盘和压气机盘,并用于航空发动机[1,26]。随后,美国 GE 公司研制成功第一代粉末高温合金 René95,并将其用于军用直升机发动机上[1,26]。ЭП741НП 合金是俄罗斯在变形合金 ЭП741 的基础上,通过微调化学成分、提高 γ′相形成元素的含量、改变热处理工艺,研制出粉末高温合金,ЭП741НП 合金是俄罗斯在航空、航天上使用最多的粉末高温合金[6,26]。我国自 80 年代开始相继研制了第一代粉末高温合金 FGH95、FGH97。FGH95 是一种高合金化的沉淀强化型镍基粉末高温合金,使用温度不超过650℃,FGH97 是一种高持久强度型粉末高温合金[5]。

国外自 20 世纪 80 年代以来,在第一代粉末高温合金的基础上,相继发展了损伤容限型第二代粉末高温合金 René88DT、N18 以及 PM U720Li[6]。上述合金的特点是控制 γ′相含量,采用高于 γ′相固溶线的温度热处理,得到具有弯曲晶界的粗晶组织,合金的抗拉强度较第一代粉末高温合金低,但具有较高的蠕变强度和良好的抗裂纹扩展性能,因此被称为损伤容限型合金。美国 GE 公司根据损伤容限设计原则,在 René95 合金的基础上,研制成功第二代粉末高温合金René 88DT。与第一代粉末高温合金 René95 相比,René 88DT 抗拉强度虽降低10%,但疲劳裂纹扩展速率却减小 50%,使用温度由 650℃提高到 750℃。目前美国在军用和民用发动机上大量使用 René88DT 粉末盘,显著改善了发动机的性能。N18 是法国 SNECMA 公司于 1984 年在 Astroloy 合金的基础上研制成功的第二代粉末高温合金,并用于航空发动机的高压涡轮盘和压气机盘[6]。我国自 90 年代开始研制损伤容限型第二代粉末高温合金 FGH96,该合金与第一代粉末高温合金相比,降低了 γ′相的含量,调整了晶粒尺寸,适当降低了强度水平,提高了合金的抗裂纹扩展性能,使用温度达到 750℃[5,27]。

国外从 20 世纪 80 年代末开始研制第三代粉末高温合金,合金在性能上兼具第一代合金高强和第二代合金损伤容限的性能特点,使用温度较第二代合金有一定提高,γ′相含量和 γ′相固溶温度适中,可采用高于 γ′相固溶温度热处理获得粗晶组织,也可采用低于 γ′相固溶温度热处理获得细晶组织,适于制备双组织双性能盘。典型的第三代粉末高温合金包括 René104、Alloy10、RR1000 等合金。美国研制成功了第三代粉末高温合金 René104,现已应用在航空发动机上[6,28]。美国 P&W 公司在第一代粉末高温合金 IN100 基础上,微调成分,采用双重热处理,使 DTP IN100 粉末高温合金在热挤压和等温锻后,轮毂部分经受低温固溶处理,而轮缘部分经受高温固溶处理,从而制造出了双性能粉末盘,并应用于高推重比航空发动机上[4]。目前,我国正在研制第三代粉末高温合金 FGH98、FGH99。

近年来,美国结合 René104 合金的较低 γ′ 相溶解温度以及 Alloy 10 合金的高熔点合金元素含量多的特点,研制出 LSHR 粉末高温合金,该合金的耐温能力较 René104 合金进一步提高,综合性能优异[30]。

粉末冶金技术丰富了航空发动机涡轮盘的制备方式,显著改善了涡轮盘的使用性能。可以说,采用粉末冶金技术制备高温合金是高温合金领域中继真空熔炼技术、定向凝固技术之后的又一座里程碑[1,3]。

60 多年来,涡轮盘用变形高温合金、粉末高温合金承温能力的发展示于图 1−2[31]。

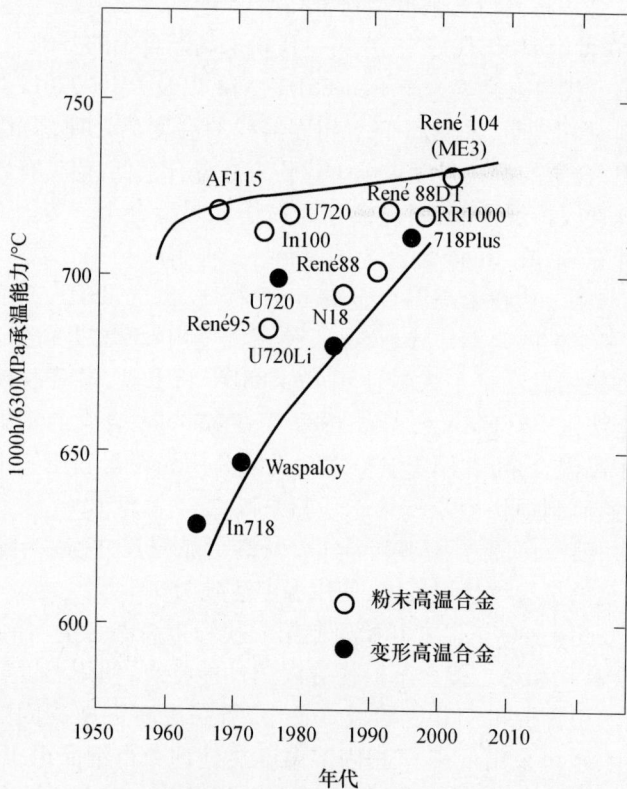

图 1−2　涡轮盘用变形高温合金、粉末高温合金承温能力的发展[31]

1.3.4　新型高温结构材料的发展

除上述高温合金外,国内外对 Ni$_3$Al 基和 Nb-Si 系金属间化合物基高温结构材料做了大量研究工作,目前已有部分 Ni$_3$Al 基合金进入工程应用阶段。如美国 MX－246 合金已用于制作航空发动机尾喷管构件;俄罗斯也发展了 Ni$_3$Al 基合金,并在航空发动机上获得应用。我国自 20 世纪 80 年代后期开始相继自主发展 Ni$_3$Al 基定向柱晶合金 IC6、IC10[6,25]。IC6 合金具有熔点高、密度小、成本低、强度高等特点,可用作 1150℃ 以下工作的导向叶片材料[6]。IC10 合金综合性能优良,具有良好的抗氧化与耐腐蚀性能,铸造性能突出,可用作 1100℃ 工作的导向叶片材料[25]。

Nb－Si 系金属间化合物基超高温材料以其独特的优势,成为能够在 1200℃～1400℃ 温度范围内满足高性能燃气涡轮发动机需求的具有潜力的候选材料。美国、日本等国均在发展 Nb－Si 系超高温结构材料,已在基础研究及新材料新工艺方面取得较大突破,美国 GE 公司研制出的 Nb－Si 系超高温结构材料构件初步进行了发动机试车。我国在 Nb－Si 系超高温结构材料及其制备技术方面取得了阶段性成果,初步实现了组织控制及叶片模拟件的精密铸造成形。

陶瓷材料因其具有耐高温、高强度、抗氧化和耐腐蚀性优越等特性而成为航空发动机有应用前景的候选材料。碳/碳复合材料工作温度可达 1500℃～2000℃,将被用于燃烧室、涡轮叶片等结构件。国外碳纤维增强 SiC 陶瓷基复合材料已用于发动机喷口调节片等构件,我国也已开展了陶瓷材料与碳/碳复合材料等超高温结构材料的研究工作。

1.4　高温结构材料的发展前景

半个多世纪以来,高温结构材料蓬勃发展,技术不断进步,性能持续提高,应用越来越广,它将在以下几方面继续向前发展。

1.4.1　发展新型高温结构材料

发展综合性能优异的高温合金。为了满足高推重比/功重比发动机不断发展的要求,高温合金仍将继续发展。通过合金设计水平的提高、制造工艺技术的进步,将研究出超过现有合金强度和承温能力的新型高温合金。

发展满足特殊要求的高温合金。为提高先进航空发动机的燃油效率,应继续研制新型低膨胀变形高温合金。为满足地面燃机与舰船发动机的发展需求,应研制高性能的耐热腐蚀定向凝固柱晶与单晶高温合金。为满足先进航空发动机对涡轮盘的要求,应进一步发展高损伤容限型粉末高温合金。

Nb-3i系超高温结构材料是未来航空发动机涡轮叶片具有潜力的候选材料之一,但离工程应用还有距离,目前应在平衡综合性能的基础上,进一步改善材料本身的高温抗氧化性能和蠕变性能。陶瓷材料与碳/碳复合材料等超高温结构材料也是重要的研究方向。

1.4.2 发展高纯高温结构材料

高温合金中含有多种有害杂质元素,这些有害杂质元素对合金的塑性、韧性和其他力学性能有不利影响。为了减轻甚至消除这些不利影响,必须尽可能去除有害杂质元素,提高高温合金的纯净度。

半个多世纪以来高温合金的发展历程表明,高温合金的纯净度不断提高,性能改善,质量提升。美国Inconel718合金由早期控制10多个元素逐步增加到目前控制包括杂质元素在内的28个元素,并不断提高合金纯净度,如S的技术标准由初期的150×10^{-6}降低到目前的小于10×10^{-6}。国外单晶高温合金的纯净度逐渐提高,我国的DD6单晶高温合金中的O、N、S、Mg、Fe、Sn、Ag、Te、Se等杂质元素均低于国外CMSX-4合金的技术标准。国外粉末高温合金的纯净度也在不断提高,粉末涡轮盘夹杂物的超声检测达到几乎不能检出的程度。

在发展新型高温合金和应用已有高温合金时,将继续提高合金的纯净度,高温合金正在向高纯净合金方向发展。

1.4.3 发展高温结构材料构件制备技术

1. 变形高温合金及其构件制备技术

应用先进冶炼工艺制备合金,提高合金的使用性能。按发达国家技术发展趋势,应采用三联高纯冶炼工艺大幅度提高Inconel718合金涡轮盘等关键转动件的疲劳寿命和使用可靠性。

改进冶炼工艺,为难变形高温合金顺利开坯奠定良好基础。对高性能难变形高温合金U720Li等涡轮盘材料采用真空电弧双电极重熔技术以得到致密、低偏析、细小晶粒的细晶铸锭,降低难变形高温合金开坯过程开裂倾向性。采用喷射成形技术是制备难变形高温合金的可选方法之一。

应用不同锻造工艺,获得不同的使用性能。对Inconel718合金采用不同的锻造工艺以得到不同的使用性能,如标准型718(SD718)、高强型718(HS718)、直接时效型718(DA718)、超塑性型718(718SPF)。

2. 高温结构材料精密铸造成形技术

高温合金铸件的结构向着以超气冷叶片为代表的复层、薄壁、弯扭及大型涡轮机匣为代表的超大尺寸、复杂结构的方向发展,高温合金无余量整体精密铸造成形技术必须适应材料和结构的变化而发展。

凝固过程为铸件成形的关键过程,显著影响铸件的组织与性能。采用液态金属冷却法(LMC)降低合金元素偏析、细化组织、改善性能、提高叶片质量,是制备高性能单晶与定向柱晶涡轮叶片的重要技术之一。为满足高温合金大型复杂薄壁铸件质量要求,热控凝固技术(TCS)是重要的研究方向。采用定向凝固技术制备柱晶组织的叶片与细晶组织的轮盘,从而获得双性能整体叶盘,也是重要的发展方向。

Nb-Si 系超高温结构材料空心涡轮叶片未来具有竞争优势。由于 Nb-Si 系超高温结构材料的高熔点、高活性的特点,不能直接应用镍基高温合金用型壳、型芯材料,而必须研制适合 Nb-Si 系超高温结构材料定向凝固用型壳、型芯材料,该研究是一项富有挑战性的工作。在 Nb-Si 系超高温结构材料发展的同时,应大力发展其精密铸造成形技术。

3. 粉末高温合金涡轮盘制备技术

为满足高推重比发动机不断发展的要求,粉末高温合金涡轮盘向双性能盘、双辐板盘、整体涡轮叶盘方向发展。

双性能粉末涡轮盘可分为双合金双性能粉末涡轮盘和单一合金双性能粉末涡轮盘。根据盘缘和盘辐服役条件下性能需求侧重点的不同,双合金双性能粉末涡轮盘分别采用不同的合金材料,并通过不同的复合连接方式,形成盘件整体,以获得双性能粉末涡轮盘。单一合金双性能粉末涡轮盘采用同一合金材料,并通过选择性热机械处理方法或选择性热处理,使盘缘得到粗晶组织,盘辐得到细晶组织,从而获得双性能粉末涡轮盘。

双辐板粉末涡轮盘是一种设计较简单、相对容易制造的一种新型结构盘件。由于双辐板涡轮盘中间可以通冷却空气,从而增大涡轮盘的散热面积,提高冷却效率,改善应力分布,双辐板粉末涡轮盘在未来高推重比航空发动机上具有乐观的应用前景。

整体涡轮叶盘是先分别制备叶片与盘件,然后将叶片和盘件直接连接成整体。单晶叶片与粉末盘复合连接技术包括焊接、热等静压、电子束熔覆成形等。与常规叶片轮盘结构相比,整体涡轮叶盘结构重量大幅降低。

参 考 文 献

[1] 黄乾尧,李汉康,等. 高温合金[M]. 北京:冶金工业出版社,2000.

[2] 郭建亭. 高温合金材料学:上册——应用基础理论[M]. 北京:科学出版社, 2008.

［3］ 师昌绪,李恒德,周廉． 材料科学与工程手册(上卷)［M］． 北京:化学工业出版社， 2004.

［4］ 中国航空材料手册编辑委员会， 中国航空材料手册(第 2 版)第 2 卷 变形高温合金 铸造高温合金［M］． 北京:中国标准出版社,2002.

［5］ 师昌绪,仲增墉． 中国高温合金五十年［M］． 北京:冶金工业出版社,2006.

［6］ 郭建亭． 高温合金材料学:下册——高温合金材料与工程应用［M］． 北京:科学出版社， 2010.

［7］ 王定刚，肖程波，张国庆,等． 壳型温度对 K465 合金微观组织和力学性能的影响［J］． 钢铁研究学报， 2003， 15(7)： 208 – 211.

［8］ 余乾,肖程波， 宋尽霞,等． 熔体处理时间对铸态镍基高温合金 K465 组织和力学性能的影响［J］． 航空材料学报， 2005， 25(1)： 9 – 12.

［9］ Kobayashi T,Sato M,Koizumi Y,et al Development of a third generation DS superalloy［C］． In:Pollock T M,Kissinger R D,Bowman R R， et al, Superalloys 2000, Seven Springs, PA: TMS, 2000: 323 – 328.

［10］ Nakagawa Y. Aero – engine business and material technologies in Japan［C］． In: K. A. Green, T. M. Pollock,Harada H, et al. Superalloys 2004, Seven Springs, PA: TMS, 2004: 3 – 12.

［11］ Gell M,Duhl D N,Giamei A F. The Development of Single Crystal Superalloy Turbine Blades［C］． In:Tien J K et al. Superalloys 1980, Metals Park, OH: American Society for Metals, 1980: 205 – 214.

［12］ Holmes J W ,Hara K S O. ASTM STP 942,Philadelphia, PA: ASTM, 1988, 672 – 691.

［13］ Ford D A,Arthey R P. Development of Single Crystal Alloys for Specific Engine Application［C］． In: M. Gell et al. Superalloys 1984, Warrendale, PA: TMS, 1984: 115 – 124.

［14］ Khan T,Brun M. Paper Presented at the Symposium on SX Alloys, Munich, Germany, MTU/SMCT, June 1989.

［15］ Harris K,Erickson G L. Cannon – Muskegon Corporation, U. S. patient 4,582,548 –CMSX – 2 Alloy.

［16］ Cetel A D,Duhl D N. Second Generation Nickel – Base Single Crystal Superalloy［C］． In: S. Reichman et al. Superalloys 1988, Warrendale, PA: TMS, 1988: 235 – 244.

［17］ Duhl D N,Cetel A D. United Technologies Corporation. U. S. patient 4,719,080 – PWA1484 Alloy.

［18］ Li J R,Zhong Z G,Tang D Z,et al. A Low – Cost Second Generation Single Crystal Superalloy DD6［C］． In:Pollock T M et al. Superalloys 2000, Warrendale, PA: TMS, 2000: 777 – 783.

［19］ Walston W S,Hara K S O,Ross E W,et al. RenéN6: Third Generation Single Crystal Superalloy［C］． In:Kissinger R D et al. Superalloys 1996, Warrendale, PA: TMS, 1996: 27 – 34.

［20］ Erickson G L. Cannon – Muskegon Corporation. U. S. patent 5,366,695 – CMSX – 10 Alloy.

［21］ Erickson G L. The Development and Application of CMSX – 10 ［C］． In: Kissinger R D et al. Superalloys 1996, Warrendale, PA: TMS, 1996: 35 – 44.

［22］ 李嘉荣,刘世忠,史振学,等． 第三代单晶高温合金 DD9． 第十二届中国高温合金年会论文集,钢铁研究学报(增刊 2),23 卷:337 – 340,2011 年,成都．

［23］ Walston S,Cetel A,Mackay R,et al. Joint development of a fourth generation single crystal superalloy ［C］． In:Green K A,Pollock T M, Harada H, et al. Superalloys 2004, Seven Springs, PA. TMS, 2004:15 – 24.

［24］ Reed R C. The superalloys fundamentals and applications［M］． Cambridge, UK: Cambridge university press, 2006.

［25］ 赵希宏，黄朝晖，谭永宁,等．新型 Ni_3Al 基定向高温合金 IC10［J］．航空材料学报，2006，26（3）：20－24.

［26］ 师昌绪,陆达,荣科．中国高温合金四十年［M］．北京:中国科学技术出版社,1996.

［27］ 中国航空材料手册编辑委员会．中国航空材料手册(第2版)第5卷．粉末冶金材料 精密合金与功能材料［M］．北京:中国标准出版社,2002.

［28］ Mourer D P,Williams J L. Dual heat treat process development for advanced disk applications［C］. In:Green K A,Pollock T M,Harada H, et al. Superalloys 2004, Seven Springs, PA. TMS, 2004: 401－407.

［29］ 郭建亭．高温合金材料学:中册——制备工艺 ［M］．北京:科学出版社，2008.

［30］ Gayda J,Gabb T P,Kantzos P T. The effect of dual microstructure heat treatment on an advanced nickel－base disk alloy［C］. In:Green K A,Pollock T M,Harada H, et al. Superalloys 2004, Seven Springs, PA. TMS, 2004:323－329.

［31］ Gu Y F,Cui C,Harada H,et al. Development of Ni－Co base alloys for high－temperature disk applications［C］. In:Reed R C,Green K A,Caron P,et al. Superalloys 2008, Seven Springs, PA. TMS, 2008:53－61.

第 2 章　等轴晶铸造高温合金

2.1　概述

铸造高温合金是由母合金锭重熔后直接浇注成零件的高温合金,是在高温及氧化腐蚀环境中长期稳定工作的金属结构材料[1]。铸造高温合金最重要的用途是制造航空发动机、航天火箭发动机和各种工业燃气涡轮发动机涡轮叶片、导向叶片、整铸涡轮和导向器、增压器、涡轮机匣、尾喷管调节片等零部件。

铸造高温合金按凝固结晶组织分类,有等轴晶铸造高温合金、定向凝固柱晶高温合金和单晶高温合金[2]。等轴晶高温合金铸件的晶粒组织呈多边形(二维方向)或多面体(三维方向)。

按照合金的基体元素分类,等轴晶铸造高温合金分为铁基等轴晶铸造高温合金(或铁—镍基)、镍基等轴晶铸造高温合金和钴基等轴晶铸造高温合金[3]。

目前,铁—镍基和镍基等轴晶铸造高温合金的应用最广泛。铁—镍基等轴晶铸造高温合金由于价格便宜,在航空航天、地面和海洋等武器装备上得到了一定程度的应用。目前,除了 K4169 和 K213 两个牌号的合金还在被广泛应用以外,其他铁—镍基等轴晶铸造高温合金在航空和航天发动机以及地面燃气轮机上的应用日趋减少。K4169 合金主要用于制作航空发动机扩压器和机匣等大型复杂结构件以及航天火箭发动机涡轮泵等相关部件;K213 合金主要用于制作地面坦克用燃气轮机转子叶片和导向叶片[4]。

镍基等轴晶铸造高温合金工作温度高、组织稳定、有害相少、抗氧化抗腐蚀性能好,是目前航空发动机用牌号最多、使用最广的铸造高温合金,如 K4648、K418(K418B)、K423A、K438G、K424、K417(K417G)、K4002、K403、K465、K447A、K419 等合金,广泛用于制造航空发动机的涡轮转子叶片、导向叶片、整体涡轮、整体导向器、扩压器和机匣等其他结构件[5]。

本章将重点介绍等轴晶铸造高温合金的成分特点、组织、力学性能及其应用。

2.1.1　国外等轴晶铸造高温合金的发展

国外首先开展了等轴晶铸造高温合金的研究。20 世纪 50 年代,等轴晶铸造高温合金得到迅速发展,陆续出现了至今仍被广泛使用的性能优异的 IN100、

B – 1900、MAR – M200 和 ЖС6к 等合金[6,7]。国外等轴晶铸造高温合金的化学成分见表 2 – 1。

表 2 – 1　国外等轴晶铸造高温合金化学成分[6,7]

合金	化学成分/%（质量分数）													
	Ni	Cr	Co	Mo	W	Ta	Nb	Al	Ti	Fe	C	B	Zr	其他
IN100	余	10	15	3				5.5	4.7		0.18	0.014	0.06	1.0V
IN162	余	10	2.5					6.5	1.0		0.12	0.02	0.10	
IN731	余	9.5	10	2.5				5.5	4.6		0.18	0.015	0.06	1.0V
IN738	余	16	8.5	1.7	2.6	1.7	0.9	3.4	3.4		0.17	0.01	0.1	
IN792	余	12.4	9	1.9	3.8	3.9		3.1	4.5		0.12	0.02	0.1	
B – 1900	余	8	10	6		4		6	1		0.1	0.015	0.1	
M – 21	余	5.7		2	11		1.5	6			0.13	0.02	0.12	
MAR – M200	余	9	10		12		1	5	2		0.15	0.015	0.05	
MAR – M247	余	8.2	10	0.6	10	3		5	1		0.16	0.02	0.09	
Nimocast80	余	20						1.2	2.4		0.05			
G64	余	11		3	3.5	2		6			0.12	0.25		
ЖС6к	余	11.5		4	5			5.5	2.8	≤2	0.15	0.02		4.5Co

2.1.2　我国等轴晶铸造高温合金的发展

我国铸造高温合金的发展从 20 世纪 50 年代中期开始,从仿制开始,发展到独创和提高阶段。等轴晶铸造高温合金以国家统一的形式命名为 K 系列。由于航空发动机发展的急需,我国已发展了一系列装备在航空发动机上的等轴晶铸造高温材料。

50 年代中期,由于某喷气发动机用导向叶片的需要,北京航空材料研究院在苏联专家的指导下,研制出了 K401 铸造高温合金[5]。

1960 年—1963 年,我国研制了某发动机导向叶片材料 K403 合金。按照苏联有关资料采用非真空熔炼工艺,合金性能达不到技术指标,改用真空熔炼技术突破了技术关键,使合金性能稳定提高,满足了新机研制需求,同时在某厂以多层壳型精铸代替湿法造型技术,开创了我国铸造高温合金精铸新工艺。随后我国相继研制了 K405、K412、K418、K419、K438、K418、K418B、K4002、K465 和 K447A 等一系列等轴晶铸造高温合金(化学成分如表 2 – 3 所列),应用于航空发动机和其他工业部门,其性能水平与国外同类合金相当[5]。我国等轴晶铸造高温合金系列的特点是合金化程度高、多种强化手段(如固溶强化、沉淀强化、晶界强化等)、成形性能

17

好,可以铸造气冷空心涡轮叶片,提高了叶片工作温度。与国际相比,我国等轴晶铸造高温合金材料本身并不落后,主要是铸造工艺技术落后。表2-3列出了国内外使用温度和持久性能相近牌号的等轴晶铸造高温合金。

随着航空、航天、舰船燃气发动机和工业用地面燃机的发展,对材料使用温度和性能要求的不断提高,我国等轴晶铸造高温合金也在不断发展,主要方法是提高合金的合金化程度,使高熔点合金元素 W、Mo、Ta 的含量和 γ' 相含量增多,以满足发动机结构铸件不断提高的综合性能要求[5]。

表 2-2 我国等轴晶铸造高温合金的化学成分[5]

合金	成分/%(质量分数)										
	C	Cr	Ni	Co	W	Mo	Al	Ti	B	Zr	其他
K401	0.1	15.5	余		8.5		5	1.75	0.04		
K403	0.14	11	余	5.2	5.2	4.2	5.5	2.6	0.017	0.05	
K405	0.14	10.2	余	10	4.8	4	5.4	2.5	0.02	0.07	
K406	0.15	15.5	余			4.7	3.6	2.5	0.07	0.10	
K417	0.17	9	余	15		3	5.3	4.7	0.017	0.07	0.75V
K417G	0.17	9	余	10		3	5.3	4.4	0.017	0.07	
K418	0.12	12.5	余			4.3	6	0.75	0.01	0.1	2.2Nb
K18B	0.05	12	余			4.5	6	0.7	0.01	0.1	2.0Nb
K419	0.12	5.8	余	12	10	2	5.5	1.3	0.08	0.05	2.9Nb
K19H	0.12	6	余	12	10.1	2	6.1	1.3	0.08	0.05	2.5Nb,1.4Hf
K23A	0.16	14.3	余	8.5	—	7.2	4.2	3.6	0.01		
K438	0.15	16	余	8.5	2.6	1.8	3.5	3.25	0.01	0.1	0.8Nb,1.75Ta
K38G	0.17	16	余	8.5	2.5	1.7	4	3.6	0.01	0.1	0.7Nb,1.7Ta
K002	0.15	9	余	10	10	<0.5	5.5	1.5	0.015	0.05	2.5Ta,1.5Hf

表 2-3 国内外等轴晶铸造高温合金牌号对比

级差	温度/℃	σ_{100}/MPa	中国	俄罗斯	美国	英国
中低温区使用等轴晶铸造高温合金	650	660	K4169		IN718C	
		735	K213	ВЖ36-л3		
中温区使用等轴晶铸造高温合金	850	137	K4648	ВХ4Л-ВИ		
		372	K418		IN713C	
		381	K423A			C1023
		402	K438G		IN738	
		420	K424	ВЖл-12у		
		421	K417		IN100	
高温区使用等轴晶铸造高温合金	1000	161	K4002		MAR-M002	
		165	K403	ЖС6К		
		167	K465	ЖС6У		
		173	K447A		Mar-M247	
		186	K419			

2.2 等轴晶铸造高温合金成分及其组织

2.2.1 元素作用

等轴晶高温合金成分非常复杂,含有十多种金属元素。这些合金元素在合金中起着不同的作用,具体作用见表 2-4[8,9]。

表 2-4 等轴晶铸造高温合金中各元素的作用[8]

元素	Ni	Co	Cr	Fe	W	Mo	Re	Al	Ti	V	Nb	Ta	Zr	Hf	C	B	Y
基体形成元素	√	√	√	√	√	√	√										
γ′相形成元素								√	√	√	√	√	√				
碳化物形成元素			√		√	√					√	√	√	√			
晶界强化元素													√	√	√	√	√
抗氧化能力形成元素			√		√			√				√					√

1. Co

Co 主要固溶于 γ 基体中,少量进入 γ′ 相。Co 在 γ 相和 γ′ 相中的分配比为 1:0.37,在 M_6C 碳化物和 μ 相中也有相当高的溶解度。Co 的主要作用是固溶强化基体,它降低了基体的堆垛层错能,降低了 Al、Ti 在基体中的溶解度从而增加了 γ′ 相的数量,提高了 γ′ 相的溶解温度,这些作用对提高合金的蠕变抗力效果显著。同时,Co 可以增加 Cr、Mo、W、C 在基体中的溶解度,减少次生碳化物析出,改善晶界碳化物形态。在等轴晶高温合金中,Co 含量通常高于 10%。

2. Cr

Cr 主要进入 γ 基体相中,它在 γ 相和 γ′ 相中的分配比为 1:0.14。Cr 主要固溶强化 γ 基体,还依靠在晶界上析出的粒状 $M_{23}C_6$ 碳化物来强化晶界。Cr 的主要作用是保护合金表面不受 O、S、盐的作用而产生氧化和热腐蚀。目前耐腐蚀较好的合金 Cr 含量一般高于 15%。另外,高 Cr 的有害作用是促进 σ 相形成,使合金的组织稳定性变差。由于 Cr 的高温强化效果远低于 W、Mo、Nb、Ta 等高熔点合金元素,所以要进一步提高合金的高温强度就要降低 Cr 量并增加高熔点合金元素的含量。

3. Al、Ti

Al、Ti 是高温合金中形成 γ′ 相的主要元素,这两个元素在 γ 相和 γ′ 相中的分配比分别为 0.24:1 和 0.1:1。在 γ′ 相中,Ti 可置换部分 Al,减小 Al 的溶解度,促进 γ′ 相的析出。高温合金之所以在高温下保持高的强度,主要依靠了 γ′

相的沉淀强化作用。当 Al 量或 Ti 量超过上限时,可能出现有害的 β - NiAl 相或 η - Ni₃Ti 相。Ti 是碳化物形成元素,可促进 MC 碳化物形成。Al 和 Ti 都是提高合金表面稳定性的重要元素,通常认为,高 Al 有利于提高合金的抗氧化能力,而高 Ti 则有利于提高耐热腐蚀性。

4. W、Mo

W、Mo 元素主要进入 γ 相中,在 γ 相和 γ′ 相中的分配比分别为 1:0.88 和 1:0.33。由于元素在 γ′ 相中也具有相当高的溶解度,尤其是 W 加进高温合金时导致 γ′ 相数量增加。这两个元素的原子半径与 Ni 相差较大,无论对 γ 相还是 γ′ 相都有很强的固溶强化效果。合金中加进 W、Mo 元素可提高原子间结合力,提高合金的再结晶温度和扩散激活能,从而有效地提高合金的热强性。同时,这两种元素是碳化物形成元素,主要形成 M_6C 碳化物,沿晶界分布的颗粒状 M_6C 碳化物对提高合金的高温持久性能起重要作用。在 MC 碳化物中,W 和 Mo 也有相当高的溶解度。

W、Mo 都是促进 TCP 相形成的元素,主要形成 μ 相。当合金中两种元素含量超出溶解度极限时还会产生其他有害相,当合金 C 含量高时,极易形成大块的初生 M_6C;当 C 含量较低时(<0.1%),则易生成初生 μ 相或 W 和 Mo 的固溶体 - α(W、Mo)相。

W、Mo 对高温合金的抗氧化和耐热腐蚀性能是不利的,因为 W 和 Mo 易生成挥发性的氧化物,难于形成致密的氧化皮。在有 Na_2SO_4 的环境中,含 W、Mo 较高的合金会引起酸性熔融反应,产生严重的热腐蚀,高 Mo 合金常发生灾难性的腐蚀,因此在高强铸造高温合金中,Mo 含量常被限定在 2% 以下。

在论及 W、Mo 这两种元素的作用时,人们常注意其共性的一面,但研究证明,这两个元素的作用是不等价的,如 W 倾向偏析于枝晶干,而 Mo 则偏析于枝晶间;加入等原子百分数的 W 或 Mo 时,Mo 形成 μ 相或 M_6C 的倾向明显大于 W。

5. Nb、Ta

Nb、Ta 元素是 γ′ 相形成元素,它们均可进入 γ′ 相并置换一部分 Al 和 Ti。Nb、Ta 元素在 γ 相和 γ′ 相的分配比都小于 0.05:1。两种元素加入高温合金会促进 γ′ 相析出,延缓 γ′ 相聚集长大过程,因而可提高合金的高温强度。同时,两个元素与 C 的亲和力高于 Ti,因此它们不仅可以形成初生的 NbC 和 TaC,而且在高温下还能析出次生的 NbC 和 TaC。Nb 和 Ta 在 μ 相中的溶解度虽然不如 W、Mo 高,但它们通过增加 γ′ 相量、减少 γ 量来提高 γ 基体的 Cr、Mo、W 浓度,间接促进 TCP 相形成。Ta 除了有效提高合金的热强性以外,同时还能增加合金的抗氧化性能和耐腐蚀性能,而 Nb 则严重损伤合金的抗氧化性。

6. Zr、Hf[10]

Zr、Hf 是强烈形成 γ' 相的元素,它们在 γ 相中的溶解度极低。这两个元素在 γ 相和 γ' 相中的分配比都为 0.05:1。Zr 最初是微量添加的合金元素,用于强化晶界,加入量通常小于 0.1%。Hf 在高温合金中的加入量通常高于 1.5%,主要是为了提高铸造合金的中温强度和塑性。Zr 和 Hf 是强正偏析元素,偏析于晶界和枝晶间,促进 γ/γ' 共晶形成。同时,这两个元素是强烈形成碳化物的元素,不仅可以形成富 Zr 和 Hf 的初生 MC,而且也可在高温热处理或高温长时使用中形成次生 MC。Zr 和 Hf 与 S 有很强的亲和力,常攫取枝晶间的 S 形成 Zr_2SC 或 Hf_2SC,起着净化晶界和枝晶间的作用。Zr 和 Hf 还形成金属间相 Ni_5Zr 或 Ni_5Hf,降低了合金的初熔点。Zr 和 Hf 在一些合金化行为中也表现出不等价作用,当在高温合金中加入等原子百分数的 Zr 和 Hf 时,形成的 Ni_5Zr 相比 Ni_5Hf 相更多,而且 Zr 在 Ni_5M 中的溶解度比 Hf 高,但 Zr 在 γ' 相中的溶解度比 Hf 低。

7. C、B

C、B 是高温合金中两个最重要的晶界和枝晶间强化元素,它们在 γ 相中的溶解度极低,又不进入 γ' 相。偏聚于晶界和枝晶间区的 C 和 B 除了作间隙元素填充这些区域的间隙,减慢扩散,从而降低晶界和枝晶间开裂倾向以外,还形成碳化物和硼化物,强化了晶界和枝晶间。镍基高温合金中形成的碳化物主要有 MC、M_6C、$M_{23}C_6$,硼化物主要是 M_3B_2。M_3B_2 与 MC 同为初生相,前者比后者更稳定。由于碳化物和硼化物固结了一定数量的 TCP 相形成元素,因此 C 和 B 是高温合金显微组织稳定剂,而且 B 的稳定作用更强。

8. Mg、La、Ce、Y

Mg、La、Ce、Y 元素在高温合金中属微量添加元素,加入量一般小于 0.02%。加这些元素的目的是为了清除合金中的有害杂质和气体等有害作用,进一步净化和强化晶界。碱土金属 Mg 和稀土金属 La、Ce、Y 是化学活性很高的元素,与 O 和 S 有很强的亲和力,在合金冶炼过程中起到良好的脱 O、脱 S、除气的作用,也能净化晶界。Mg 是偏聚于晶界的元素,能使晶界 M_6C 碳化物呈粒状分布,阻止沿晶裂纹的扩展,对提高合金的高温蠕变强度有利。

9. 其他元素

Fe 和 V。Fe-Ni 基高温合金的高温性能远不及镍基合金。镍基合金加 Fe 会严重损害高温性能,使显微组织稳定性变坏。因此在镍基合金中必须严格限制 Fe。早期有少数高温合金加进小于 1% 的 V。V 是很强的形成碳化物和 γ' 相的元素,能有效提高合金的蠕变强度。V 的氧化物 V_2O_5 在 700℃～1000℃ 时会与 NiO 和 Cr_2O_3 起反应妨碍生成致密的氧化皮,因此少量 V 就足以危及合金的抗氧化性能。

2.2.2 铸态组织

等轴晶铸造高温合金会形成粗大晶粒,由于界面生长失稳,多形成枝晶组织(图2-1),并且在后期的热处理过程中不能细化,如K417合金晶粒可达5mm~6mm。粗大的晶粒有利于提高高温强度特别是抗蠕变性能,因为在等强温度以上,晶内强度高,晶界成为薄弱环节,晶界变形量会随温度的升高而明显增加,而且裂纹易于在晶界形成与扩展,从而使材料失效。

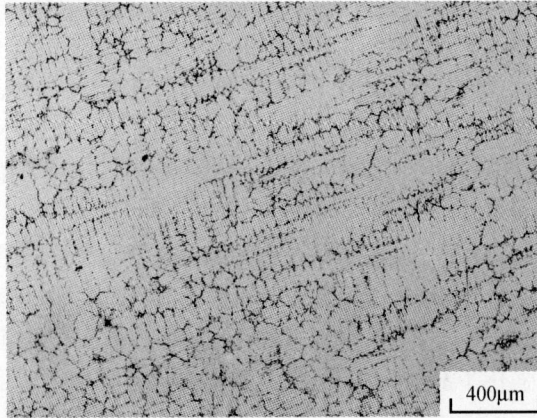

400μm

图2-1 等轴晶铸造高温合金典型的枝晶组织

等轴晶粗大的晶粒和枝晶结构造成明显的凝固偏析。最先凝固的枝晶干通常富集高熔点元素,如W、Mo等,枝晶间富集低熔点元素,如Al、Ti等。等轴晶合金铸态组织中析出了多种相,它们是γ相、γ′相、γ″相、γ/γ′共晶相、碳化物、硼化物以及其他相。

1. γ相

面心立方结构的γ相是镍基和铁镍基高温合金的基体,该相对Co、Cr、Mo和W等元素有较大的溶解度,在合金中γ相是多种元素形成的固溶体,根据固溶元素种类和含量不同,该相的晶格常数在0.352nm~0.360nm范围内。在γ′相强化的镍基高温合金中,根据合金成分不同,γ相含量在40%~90%(质量分数)范围内。不同成分的合金在不同温度下各种元素在γ相内的溶解度是不同的,溶解度的变化导致γ′相的析出、碳化物反应和TCP相的形成。

表2-5为我国部分等轴晶铸造高温合金中γ相的化学成分。可以看出,为了更有效地提高合金的高温强度,应尽可能提高W、Mo、Nb等高熔点合金元素在γ相中的含量。

22

表 2 - 5   我国部分等轴晶铸造高温合金 γ 相的成分 %（质量分数）

	C	Cr	Co	W	Mo	Al	Ti	Ta	Nb	Hf	Zr	B
M246	0.15	8.67	10.09	9.89	2.45	5.76	1.39	1.8			0.12	0.02
K002	0.13	9.64	8.84	10.13	0.57	5.85	1.71	2.43		1.68	0.1	0.01
K19	0.11	6.1	12	10	2	5.5	1.1		3.0		0.1	0.07
K6	0.14	14.77			4.95	3.52	2.49				0.1	0.12

2. γ′相

γ′相是面心立方有序结构相,根据 γ′相的成分不同,晶格常数略有变化,通常在 0.356nm ~ 0.361nm 范围。γ′相成分复杂,除 C 和 B 以外,其他合金元素都在该相中有一定的溶解度,尤其是 Al、Ti、Nb、Ta、V、Zr、Hf 等 γ′相形成元素在该相中的溶解度更大。

铸态下 γ′相有两种,分别是次生 γ′相和共晶 γ′相,如图 2 - 2 所示。次生 γ′相是合金凝固后从 γ 相中脱溶出来的。大多数等轴晶铸造高温合金中次生 γ′相沉淀温度在 1220℃ 以下。共晶 γ′相是由液体金属析出的,其多在 1230℃ 温度下形成。

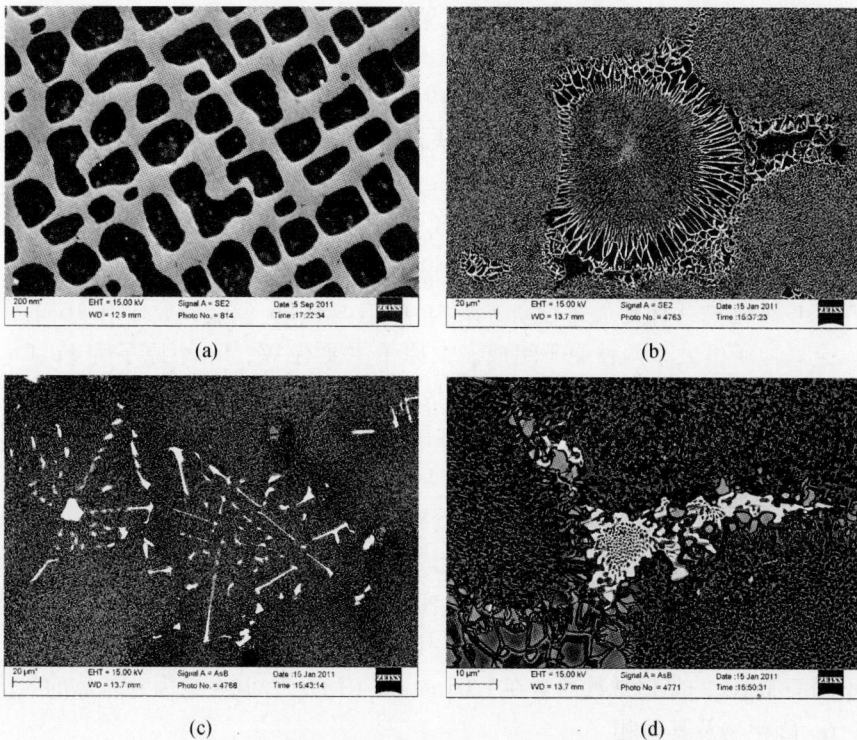

(a)   (b)

(c)   (d)

图 2 - 2   K447A 等轴晶铸造高温合金的典型组织形貌

(a) γ 和 γ′相；(b) γ/γ′共晶相；(c) 碳化物；(d) Ni_5Hf 相。

23

3. γ″相

γ″相是含 Nb 高温合金的主要强化相,它与基体共格,由于该相晶格 C 轴为 γ 晶格常数的 2 倍,所以 γ/γ″两相间的共格畸变很大。高 Nb 合金具有很高的屈服强度,这与 γ″相的共格强化有很大关系。γ″相呈盘状,盘面与 γ″相的 C 轴方向垂直,直径是厚度的 5 倍~6 倍。

4. γ/γ′共晶

γ/γ′共晶组织是合金最后凝固形成的,该组织通常沿晶界和枝晶间分布。根据合金的成分和铸造条件不同,共晶 γ/γ′的形态是多种多样的,但常见的形貌有"葵花"状和"光板"状两种。γ/γ′共晶组织含量与等轴晶铸造高温合金的凝固参数密切相关,也就是与通过合金固—液温度范围的冷却速度有关,因此该组织含量与枝晶间距有直接关系。如 K5 合金铸造成形试棒枝晶间距 56μm 时,γ/γ′共晶含量为 1.2%(体积分数),但当用预冷模法铸造的试棒枝晶间距为 15μm 时,γ/γ′共晶含量增至 6.5%(体积分数)。

5. 碳化物

碳化物是等轴晶铸造高温合金常见的强化相之一,主要包括 MC、M_6C 和 $M_{23}C_6$ 等类型。

MC 碳化物含量通常小于 2%(体积分数)。该相具有面心立方结构,晶格常数在 0.418nm~0.468nm 范围。虽然在许多金属材料中可以形成 TiC、NbC、TaC、VC、ZrC、HfC 碳化物,但在高温合金中很少形成只有一种金属元素形成的碳化物。MC 碳化物中 M 是各种元素的总称,主要是 Ti、Nb、Ta、V、Zr 和 Hf,W 和 Mo 也有较高的含量,Ni、Co、Cr 含量很低。

M_6C 碳化物具有复杂面心立方结构,单胞内有 96 个金属原子和 16 个碳原子。金属原子由大小两种原子组成。大原子主要有 W、Mo,小原子为 Fe、Co、Ni 等元素。M_6C 碳化物是成分变化范围最宽的碳化物。除上述元素外,Cr 和 Nb 在 M_6C 中有较大的溶解度,Al、Ti、Hf 在该相中的溶解度较低。该相的晶格常数为 1.10nm~1.175nm。

$M_{23}C_6$ 型碳化物是含 Cr 高于 6%(质量分数)的镍基高温合金中最常见的碳化物。这种碳化物中的 M 通常代表 Cr,在成分复杂的合金中,随着合金成分和热处理不同,Cr 可以部分地被 W、Mo、Fe、Co、Ni 代替。$M_{23}C_6$ 碳化物的晶体结构是复杂面心立方结构,每个单胞有 116 个原子,其中有 92 个金属原子和 24 个碳原子,成分不同的 $M_{23}C_6$ 的晶格常数通常在 1.05nm~1.07nm 之间,大约为 γ 基体的 3 倍。

6. 硼化物及其他相

硼化物也是等轴晶铸造高温合金中的一种常见相。B 是很强的正偏析元素,硼化物的种类很多,有 MB、M_3B_2、M_3B、M_5B_4 等。硼化物主要是 M_3B_2 型的,为四方结构;金属原子 M 由两类元素组成,一类为原子半径大的元素,如 Ti、Mo、Al 等;另一类为原子半径小的元素,如 Fe、Co、Ni、Cr 等。硼化物的成分范围较宽,一般含 Cr、Mo、Ti、Fe 较多。

加入微量 B,由于 B 在晶界偏聚,可以提高强度和塑性。晶界硼化物小颗粒也有强化晶界的作用。

此外,等轴晶铸造高温合金中还存在 Ni_5Hf 和 Ni_5Zr 等相[11,12]。

2.2.3　固溶组织

固溶热处理的作用就是将铸态粗大的 γ' 相全部或部分固溶后,使后期时效处理析出均匀、细小的 γ' 相,以提高合金的高温蠕变强度。通常,等轴晶铸造高温合金固溶温度范围为 1180℃ ~ 1210℃。合金固溶温度越高,铸态粗大 γ' 相固溶得越多,固溶处理后析出细 γ' 相越多,合金强度越高。一般来说,等轴晶铸造高温合金中大多存在如 M_3B_2、Ni_5Hf 等低熔点相,从而大大降低了合金的初溶温度。为防止合金初熔,采用不完全固溶热处理。

在固溶处理过程中,铸态组织的显微偏析得到改善,且随着固溶温度的提高,时间延长,偏析消除越好,但仍不能完全消除偏析和共晶。图 2 - 3(a)为固溶处理后残留的共晶相。

2.2.4　时效组织

等轴晶铸造高温合金时效处理温度一般为 860℃ ~ 950℃,时间为 16h ~ 32h;时效处理温度低则时间长,温度高则时间短。时效过程中,铸态粗大的 γ' 相不发生变化,只是细 γ' 相析出于 γ' 相之间的 γ 基体内,如图 2 - 3(b)所示。

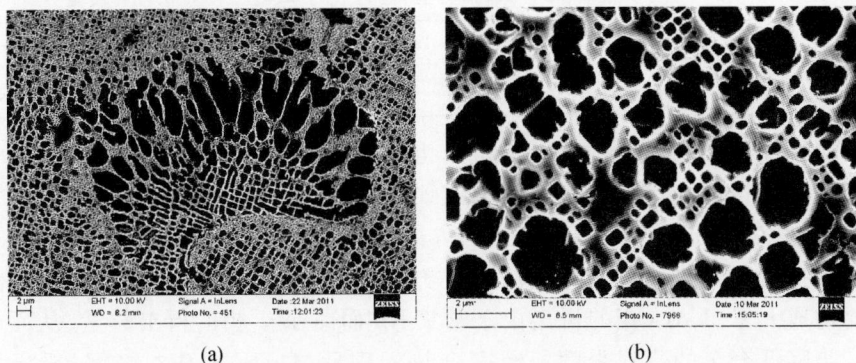

(a)　　　　　　　　　　　　(b)

图 2 - 3　等轴晶铸造高温合金固溶和时效处理后组织

(a)固溶后的 γ/γ' 共晶相;(b)细小的 γ' 相。

2.3 等轴晶铸造高温合金的应用

2.3.1 整体结构件上的应用

整体结构铸件大量应用于航空航天发动机及地面燃机,与传统的多件钣金件焊接或连接的大型复杂构件相比,直接用精密铸造技术一次成形具有十分重要的经济价值和军事价值。在航天方面,美国 NASA 在 20 世纪 90 年代用高温合金大型精密铸件作为发现号航天飞机主发动机(Space Shuttle Discovery Main Engine,SSME)的零件,是减少成本和提高使用功能的最有效的解决途径。发动机涡轮泵由过去 300 多个高温合金小铸件、变形件、钣金件焊接组合件变成高温合金整体铸件,整体铸件含内置流道、大尺寸法兰、叶片和导流部分等结构单元。航天飞机主发动机部件数量减少 50%,寿命由 3 次提高到 10 次,每个发动机增值 4500 万美元。在航空方面,1965 年美国首次采用 In718 合金制造了第一个整体精铸机匣为重要里程碑,美国有关公司在 CF6、CFM56、T700、PW4000 等多种发动机中成功应用大型高温合金整体精铸件,从而使发动机功率显著提高,且同时降低了制造成本。

K4169 合金是我国用于制备整体构件的等轴晶铸造高温合金,该合金相当于美国 Inconel718C 合金,是由变形合金 Inconel718 合金发展的 Ni – Fe – Cr 基铸造合金。该合金是目前含 Nb 量较高的合金之一,其化学成分如表2 – 6所列。K4169 合金在 650℃下具有优异的高温综合性能,目前已广泛应用于航空发动机整体铸造机匣。图 2 – 4 为 K4169 合金航空发动机大型涡轮机匣。

表 2 – 6 K4169 合金的化学成分 %(质量分数)

Ni	Cr	Mo	Al	Ti	Nb + Ta	C	Zr	Fe
50 ~ 55	17 ~ 21	2.8 ~ 3.3	0.3 ~ 0.7	0.65 ~ 1.15	4.4 ~ 5.4	0.02 ~ 0.08	≤0.05	余

K4169 合金铸态组织中枝晶间处析出大量连续分布且呈岛状的 Laves 相以及一定量的碳化物。能谱分析该碳化物富含 Nb 和 Ti,表明该碳化物为 MC 型碳化物(Nb,Ti)C。Laves 相一方面作为脆性相,在应力作用时成为裂纹源和扩展通道,导致脆性断裂;另一方面该相富含 Nb,而 Nb 又是 γ'' 相的主要构成元素,Laves 相的析出由于富集 Nb 而减小 γ'' 相的析出数量,从而会进一步降低合金的高温强度。经完全热处理后,Laves 相基本溶解,析出大量呈盘片状的 γ'' 相(Ni_3Nb)和少量的 δ 相。图 2 – 5 为 K4169 合金典型组织形貌。

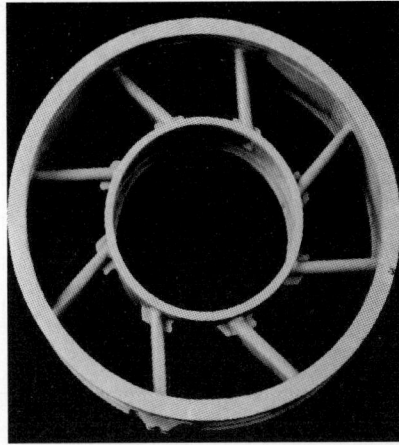

图 2 - 4　K4169 合金航空发动机大型涡轮机匣

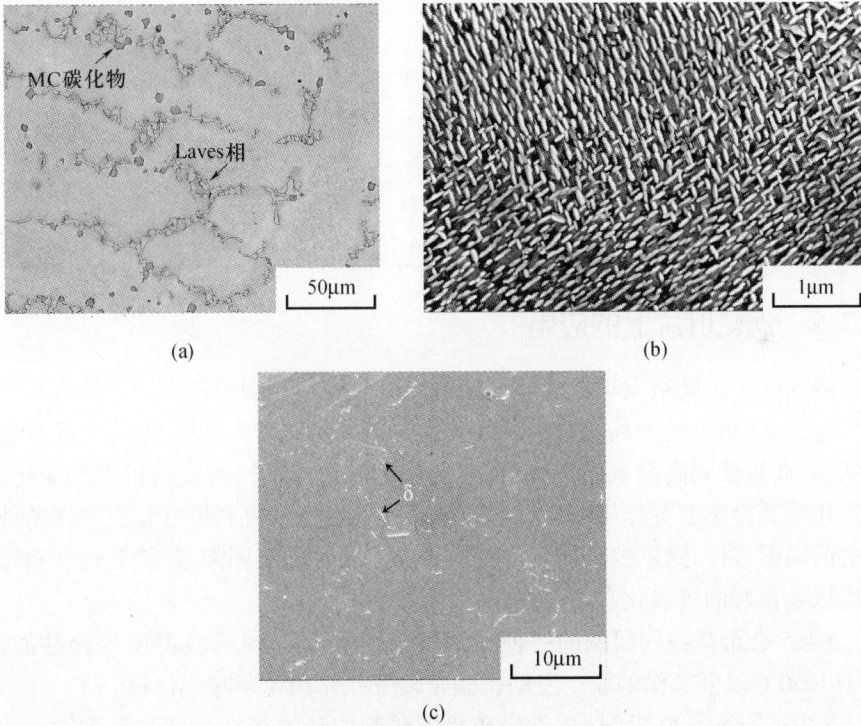

(a)

(b)

(c)

图 2 - 5　K4169 合金的典型组织形貌

(a) 铸态 Laves 相；(b) 热处理后 γ'' 相；(c) 热处理后 δ 相。

K4169 合金具有良好的高温性能,典型力学性能如表 2-7、表 2-8 所列。

表 2-7　K4169 合金拉伸性能

温度/℃	$\sigma_{P0.2}$/MPa	σ_b/MPa	δ_5/%	ψ/%
25	935	1100	16	26
400	760	870	18	35
500	810	905	16	30
600	795	895	10	28
700	680	790	12	24

表 2-8　K4169 合金持久性能

温度/℃	σ/MPa	t/h	δ_5/%	ψ/%
550	880	44	2	16
	790	1025	10	18
620	700	199	5	5
	680	63	3	12
650	620	196	3.5	9
	570	354	3	9
	580	20	2	11
700	520	183	4	2
	420	762	2	6

2.3.2　涡轮叶片上的应用

涡轮叶片是航空发动机和燃气轮机中最关键的热端部件之一。该件在高温燃气包围下,承受转子高速旋转时叶片自身的离心力、气动力、热应力等复杂应力状态,而且受到高温氧化和严重的热腐蚀作用。同时,当发动机工况变化时,叶片还受到冷热疲劳作用。所以涡轮叶片是航空发动机和燃气轮机工作条件最恶劣的高温零件,这就要求涡轮叶片材料具有良好的屈服强度、持久强度和蠕变强度以及良好的抗氧化和耐热腐蚀性能。

K465 合金是我国研制的一种镍基铸造高温合金,具有良好的综合性能,适用于 1050℃ 以下工作的航空发动机涡轮转子叶片和导向叶片材料。

K403 合金是 20 世纪 60 年代初我国研制成功的等轴晶铸造高温合金[13],其化学成分如表 2-9 所列。K403 合金的液相线温度为 1338℃,固相线为 1260℃。合金的流动性良好,铸造收缩率为 2%,可铸出形状复杂的铸件。由于结晶间隔大,导热性差,易形成粗大晶粒,对于大型铸件也容易产生缩松。合金采用真空感应炉熔炼母合金和重熔浇注铸件,如果在低真空或大气下重熔浇注,则会形成大量氧化斑疤而使铸件报废。K403合金具有较高的热强性,在1000℃/1000h的持久强度可达150MPa,但中温塑性低,700℃~800℃的δ_5为3%左右,适用于制作1000℃以下的涡轮导向叶片和900℃以下的转子叶片及其他零件,目前已在我国十几种航空发动机上得到广泛应用。图2-6为K403合金航空发动机导向器。

表2-9   K403合金的化学成分   %(质量分数)

W	Cr	Mo	Al	Ti	C	B	Zr	Ce	Ni
4.8~5.5	10~12	3.8~4.5	5.3~5.9	2.3~2.9	0.11~0.18	0.012~0.022	0.03~0.08	0.01	余

图2-6   K403合金航空发动机导向器

该合金具有铸造性能良好,用熔模精铸法可铸出形状复杂的零件,如薄壁空心叶片和整体涡轮等。

K403典型力学性能如表2-10与表2-11所列。

表2-10   K403合金拉伸性能

温度/℃	σ_b/MPa	δ_5/%	ψ/%
20	900	6.0	13.0
600	975	5.0	12.5
700	1000	4.0	11.0
750	935	3.5	8.5
800	990	3.5	4.5
850	980	3.0	5.0
900	835	4.0	5.5
950	700	5.0	8.5
1000	540	3.0	3.0

表 2 – 11   K403 合金持久性能

温度/℃	σ_{100}/MPa	σ_{300}/MPa
700	718	652
800	508	443
900	314	261
1000	165	129

2.3.3 整体涡轮上的应用

随着航空发动机推重比的进一步提高,作为核心部件的涡轮盘工作条件进一步恶化。叶盘位于燃烧室和导向器之后,承受交变载荷,要求有高的屈服强度、抗拉强度和塑性,足够的持久、蠕变强度和低循环疲劳强度,良好的耐蚀性能和组织稳定性;涡轮盘的叶片工作于高温腐蚀性燃气环境中,承受高温气体的冲击和自身转动产生的热应力及机械应力,容易发生断裂,因此叶片除了应具有良好的抗氧化性、耐腐蚀能力和足够高的强度外,还应具有良好的机械疲劳、热疲劳性能以及足够的塑性和冲击韧性。基于对涡轮盘的转子叶片和轮盘的不同性能要求,中小型发动机一般采用整体铸造叶盘,即将叶片和轮盘一次整体铸造而成。在目前先进的小型发动机上,整体叶盘叶片的极限温度大于 1000℃,转数超过 100000r/min。在这样高的温度和转数条件下,整体叶盘承受很高的机械应力和热应力,容易造成叶片和轮盘断裂。

为了解决这些问题,人们不断研究强度和承温能力更高的新型合金材料和先进工艺研究。美国于 20 世纪 70 年代开始,大量开展了定向/细晶双性能合金材料及双性能叶盘铸造工艺研究,相继研究成功了 Mar – M247、CM681 双性能合金材料及双性能整体叶盘铸造技术,采用双性能整体叶盘材料的小型发动机已投入使用,该整体叶盘叶片为定向柱晶组织,轮盘为等轴晶组织,由于成本低,具有良好的市场前景。

北京航空材料研究院研究出了定向、等轴晶双性能整体叶盘材料 K447 合金,同时具有优良的等轴晶性能和定向柱晶性能,铸造性能良好,可靠性高、成本低,填补了我国在 1000℃ 以上工作的定向/细晶双性能整体叶盘材料的空白[14,15]。表 2 – 12 为 K447A 化学成分。图 2 – 7 为 K447A 合金双性能整体叶盘,其中轮盘部位为细小等轴晶组织,叶片为定向柱晶组织。

表 2 – 12   K447A 合金成分　　　　　　　　　　　　　　%(质量分数)

C	Cr	Co	W	Mo	Ta	Al	Ti	B	Zr	Hf	Ni
0.13 ~ 0.17	8.0 ~ 8.8	9.0 ~ 11.0	9.5 ~ 10.5	0.5 ~ 0.8	2.8 ~ 3.3	5.3 ~ 5.7	0.9 ~ 1.2	0.01 ~ 0.02	0.03 ~ 0.08	1.2 ~ 1.6	余

K447A 合金热处理后会形成了大小两种 γ' 相,且在晶界上析出 $M_{23}C_6$ 碳化物,γ' 相在 $M_{23}C_6$ 周围不均匀析出,从而在碳化物周围形成一层薄薄的 γ' 相包覆物。这是因为合金在热处理过程中 $M_{23}C_6$ 碳化物的析出颗粒数增多,而且包覆 $M_{23}C_6$ 碳化物的 γ' 膜则变宽变厚。由于晶界处析出的 $M_{23}C_6$ 碳化物属于 Cr 含量较高的 $Cr_{23}C_6$,晶界上大量析出 $Cr_{23}C_6$ 会消耗大量 Cr,逐渐形成一个贫 Cr 区。此外,晶界为高缺陷区,晶界处的扩散速率远高于晶粒内。因为合金中 Cr 大量消耗,造成 Al、Ti 含量提高,所以晶界上的 Al、Ti 含量大大提高,大量析出 γ',引起晶界上 γ' 相的富集,形成 γ' 相聚集成包覆膜。γ' 膜一旦形成不断吞并周围立方体形的 γ' 而逐渐增厚,因此形成连续的包覆膜。这种形成于碳化物周围及晶界上的 γ' 包覆膜,具有延缓裂缝成长及韧化晶界的效应。图 2-8 为 K447A 合金典型组织形貌。

K447A 典型力学性能如表 2-13 与表 2-14 所列。

图 2-7 K447A 合金双性能整体叶盘

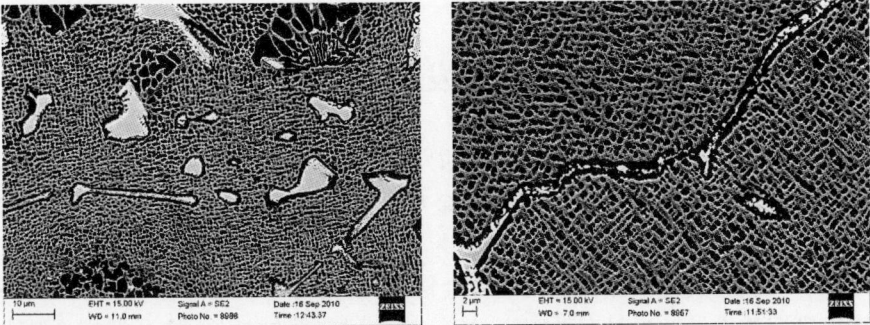

(a)   (b)

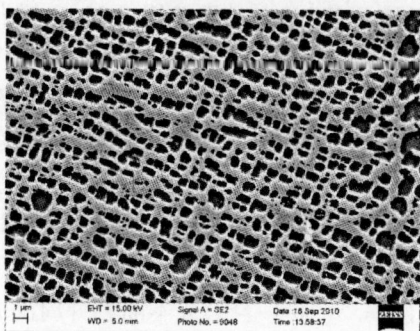

(c)

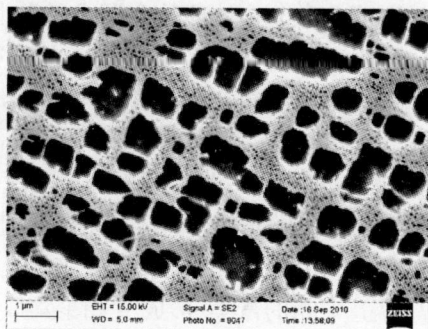

(d)

图 2-8　K447A 合金典型组织形貌

表 2-13　K447A 合金拉伸性能

试验温度/℃	σ_b/MPa	δ_5/%	ψ/%
20	1307	10.5	12.1
760	1294	6.1	9.8
980	628	6.1	10.5

表 2-14　K447A 合金持久性能

温度/℃	σ/MPa	t/h	δ_5/%	ψ/%
760	724	147	7.3	10.9
870	390	189	5.1	7.2
980	200	105	6.3	11.3
980	235	54.4	6.2	10.3
1040	127	68.8	5.2	9.9

2.4　等轴晶铸造高温合金发展前景

随着航空发动机和地面燃气轮机的发展,要求等轴晶铸造合金不断提高使用温度和高温强度,这主要依赖于合金成分优化设计和工艺进步,发展方向如下:

(1) 研制新型等轴晶铸造高温合金材料,根据合金化理论和冶金原理,采用计算机模拟技术设计出具有低密度、抗氧化和耐热腐蚀性好、抗高温蠕变疲劳、高损伤容限、高断裂韧性的等轴晶铸造高温合金新型材料。

(2) 改进和提高合金的熔炼工艺和设备,将合金 O、N、S 等杂质元素的含量控制在 0.0005% 以下，提高合金的冶金质量水平。

（3）采用快速凝固工艺可以降低合金元素偏析，使合金的成分、组织和性能稳定，提高发动机批生产的可靠性。

（4）应进一步加强高温合金大型复杂薄壁铸件的热控凝固技术（TCS）和细化工艺研究，提高铸件的冶金质量和性能水平。

（5）传统等轴晶铸造高温合金的改进改型。对有些传统等轴晶铸造高温合金进行改进改型研究，如 IN718C（国内 K4169）合金在发动机上的所占重量比较大，目前美国已经发展到了 ALLVAC® 718PLUS 第二代合金，合金中增加了 Co 和 W，其他合金元素含量均进行了调整，合金的性能得到了大幅度提高。我国应根据需要，开展有关合金的改进改型研究。

参 考 文 献

[1] 郭建亭. 高温合金材料学[M]. 北京：科学出版社，2010.

[2] 柳百成，黄天佑. 中国材料工程大典，第18卷. 材料铸造成形工程（上）[M]. 北京：化学工业出版社，2006.

[3] 陈国良. 高温合金学[M]. 北京：冶金工业出版社，1988.

[4] 《工程材料实用手册》编辑委员会. 工程材料实用手册[M]. 北京：中国标准出版社，2002.

[5] 师昌绪，陆达，等. 中国高温合金四十年[M]. 北京：中国科学技术出版社，1996.

[6] 冶军. 美国镍基高温合金[M]. 北京：科学出版社，1978.

[7] 西姆斯 C I. 高温合金[M]. 赵杰，译. 大连：大连理工大学出版社，1991.

[8] 郑运荣，张德堂. 高温合金与钢的彩色金相研究[M]. 北京：国防工业出版社，2000.

[9] 黄乾尧，李汉康. 高温合金[M]. 北京：冶金工业出版社，2000.

[10] 郑运荣，蔡玉林，阮中慈，等. Hf 和 Zr 在高温材料中作用机理研究[J]. 航空材料学报，2006，26（3）：25 - 34.

[11] 蔡玉林，郑运荣. 高温合金的金相研究[M]. 北京：国防工业出版社，1986.

[12] 马淑琴，郑运荣，蔡玉林. 铸造镍基高温合金中 Ni₅Zr 的溶解与转变[J]. 金属学报，1981（5）.

[13] 汤鑫，刘发信，李爱兰，等. 细晶铸造 K403 合金热等静压及热处理工艺研究[J]. 航空材料学报，2003，231 增刊：45 - 50.

[14] 汤鑫，曹腊梅，盖其东，等. 高温合金双性能整体叶盘铸造技术[J]. 航空材料学报，2006，26（3），93 - 98.

[15] 汤鑫，曹腊梅，李爱兰，等. 高温合金整体叶轮铸造技术的研究进展[J]. 航空材料学报，2005，25（3），57 - 62.

第3章 定向凝固柱晶高温合金

3.1 概述

3.1.1 国外定向凝固柱晶高温合金的发展

1950 年前后,真空熔炼(VIM)技术的采用对锻件和铸件都产生了有益的影响[1,2]。真空熔炼不仅去除了阻碍高温合金发展的有害杂质,也使得一些主要的强化元素和抗氧化元素的加入及控制成为可能,因而使得高温合金成分控制得到了极大改善,从而生产出高性能的零件。在高温合金发展的最初 30 年里,真空熔炼是最主要的工艺,该技术的应用对高温合金的发展具有重要意义,可称为高温合金制造技术的革命。

20 世纪 60 年代后期,Versnyder 及其同事们发现,等轴晶铸造高温合金中与应力轴垂直的晶界是高温合金变形开裂时的主要裂纹源。于是,他们提出了将横向晶界消除以提高合金高温性能的设想。这一设想的实现引发了高温合金制造技术的又一次革命——定向凝固技术的诞生。70 年代中期,工艺技术的快速发展超过了合金的发展速度,这对研究出更好的高温合金创造了有利条件。首先,在真空熔炼高温合金的基础上生产出了定向凝固的叶片。定向凝固就是铸件冷却时,热量只朝一个方向散失的凝固。此时,傅里叶导热方程为

$$\frac{\partial T}{\partial \tau} = \alpha \nabla^2 T \tag{3-1}$$

严格控制上述单向热流条件和铸件中的温度梯度,使在特制铸型中的液态金属沿热流相反方向定向结晶,这样的工艺就是定向凝固。定向结晶的铸件组织和性能具有明显的方向性,在沿定向生长方向上的力学性能特别优异。目前,定向凝固技术广泛应用于铸造高温合金燃气轮机叶片和航空发动机涡轮叶片等关键部件。如果对铸造工艺加以特殊的设计和控制,那么还可以得到只由一个柱状晶体构成的叶片,即单晶叶片。另外,高温应梯度定向凝固技术的出现,使高温合金性能得到进一步提高,促进了高温合金材料的进一步

发展[3,4]。

高温合金中的高熔点元素持续增加,使持久强度明显提高,同时也带来中温韧性差及显微组织出现 TCP 相等问题[5]。到 20 世纪 60 年代,依靠合金化难以进一步提高合金的性能,于是人们转向工艺改进。普惠公司首先采用定向凝固技术生产出定向凝固柱晶涡轮叶片[6]。燃气发动机涡轮叶片工作时,其纵向为主要的承载方向,横向晶界存在高应力,所以等轴晶铸造涡轮叶片的失效往往是由垂直于主应力的横向晶界开裂引发的。横向晶界的强弱对叶片的纵向性能有着重要的影响,而纵向性能对涡轮叶片的可靠性有着决定性的影响。铸造等轴晶涡轮叶片各个方向上晶粒的位向是随机分布的,其纵向性能与横向性能一样,是各个位向晶粒综合效果,而不是最优性能位向。定向凝固柱晶由于消除了横向晶界这一薄弱环节,并且能使晶粒按[001]方向择优生长,改变了受力条件,不但使韧性提高了,而且强度也得到提高,因此,柱状晶结构更加充分地发挥了材料的潜力。柱状晶叶片耐温能力较等轴晶叶片提高了约 25℃,发动机性能明显提高。20 世纪 70 年代末,定向凝固柱晶涡轮叶片占据了航空发动机涡轮叶片的主导地位。

国外从 20 世纪 60 年代开始对定向凝固柱晶合金涡轮叶片进行研究,至今各国已经研制和生产了多种定向凝固柱晶合金用于航空发动机。近年来,由于定向凝固柱晶涡轮叶片制造的整个工艺流程较短、成品率较高和检测费用较低,制造成本比定向凝固单晶叶片低,故定向凝固柱晶合金也得到了较大发展。表 3 - 1 列出了国外定向凝固柱晶合金的化学成分及其在航空发动机上的使用情况。可以看出,国外定向凝固柱晶合金已由第一代发展到第三代,正在探索第四代,其性能水平不断提高,其所适用的发动机性能水平(推重比)也在不断提升。

图 3 - 1 示出了各代定向凝固柱晶合金的性能发展水平,每代定向凝固柱晶的承温能力通常与前一代单晶合金相同。在定向凝固柱晶高温合金发展初期,大多都沿用等轴晶铸造高温合金的成分,形成第一代定向凝固柱晶高温合金[7],其中使用较多的定向凝固柱晶合金有 MAR - M200、PWAl422、GTD - 111、MGAl400、CM247LC、TMD - 5、René80、René125 等。第二代定向凝固柱晶合金的性能提高、成本低、工艺较简单,在某些情况下可以代替单晶合金,典型合金代表有 PWA1426、René142、CM186LC 等。目前研制的第三代定向凝固柱晶合金可用于 1100℃,如 TMD - 103 合金,在 1100℃、137MPa 时的持久寿命为 93.7h,比第二代定向凝固柱晶合金承温能力提高 36℃,热腐蚀抗力与 IN792 + Hf 相当,抗氧化性能优于第二代单晶合金 CMSX - 4。第四代定向凝固柱晶合金 TMD - 107 具有更高的蠕变断裂强度[8]。

表3-1 国外定向凝固柱晶合金化学成分和应用

%（质量分数）

代	合金	Ni	Cr	Co	Mo	W	Nb	Ta	Al	Ti	B	Zr	C	Hf	Re	Y	Ce	V	La	Ru	发动机型号
第一代	PWA1422	余	8	9	—	12	1	—	5.0	1.9	0.015	0.03	0.13	2.0	—	—	—	—	—	—	F101-PW-100
	Rene80H	余	14	9	4	4	—	—	3.0	4.7	0.015	0.01	0.07	0.8	—	—	—	—	—	—	F101-GE-100
	Rene125H	余	8.9	10	1.9	6.8	<0.1	3.8	4.7	2.4	0.014	0.04	0.10	1.5	—	—	—	0.1	—	—	CFM56-5
	Mar-M002	余	8	10	—	10	—	2.6	5.5	1.5	0.015	0.03	0.15	1.5	—	—	—	—	—	—	RB199-22B
	Mar-M247	余	8	10	0.6	10	—	3.0	5.5	1.0	0.015	0.03	0.15	1.5	—	—	—	—	—	—	T56-A-427
	CM247LC①	余	8	9	0.5	10	—	3.2	5.6	0.7	0.015	—	0.07	1.4	—	—	—	—	—	—	T700-GE-701
	ЖС26	余	4.3~5.6	8.0~10	0.8~1.4	10.9~12.5	—	—	5.5~6.2	0.8~1.2	0.015	—	0.13~0.18	—	1.4~1.8	—	0.025	0.8~1.2	0.005	—	РД-33
	ЖС2.6У	余	4.3~5.6	8.0~10	0.8~1.4	10.9~12.5	—	—	5.65~6.25	0.9~1.3	0.015	0.025	0.12~0.18	<0.1	1.2~1.6	0.025	—	—	0.05	—	—
	ЖС30	余	5.0~9.0	7.5~9.5	0.4~1.0	11.0~12.6	0.4~1.4	0.05~0.10	4.8~5.8	1.4~2.3	0.02	—	0.11~0.20	0.3~0.4	1.2~1.4	—	—	—	—	—	—
第二代	PWA1426	余	6.5	10	1.7	6.5	—	4.0	6.0	—	0.015	—	0.10	1.5	3.0	—	—	—	—	—	F100-PW-229
	Rene142	余	6.8	12	1.5	4.9	—	6.35	6.15	—	0.015	0.02	0.12	1.5	2.8	—	—	—	—	—	T700-GE-701
	Rene150	余	5.0	12	1.0	5.0	—	6.0	5.5	—	0.015	—	0.05	1.5	3.0	—	—	2.2	—	—	—
	CM186LC	余	6.0	12	0.5	8.0	—	3.0	5.7	0.7	0.015	—	0.07	1.4	3.0	—	—	—	—	—	—
第三代	ЖС32②	余	4.3~5.6	8.0~10	0.8~1.4	7.7~9.5	1.4~1.8	3.5~4.5	5.6~6.3	<0.2	0.02	—	0.12~0.18	—	3.5~4.5	0.005	—	—	—	—	РД-33
第四代	TMD-103	余	3.0	12	2.0	6.0	5.0	6.0	6.0	—	0.015	—	0.07	0.1	—	—	—	—	—	—	研制
	TMD-107	余	3.0	6.0	3.0	6.0	5.0	6.0	6.0	—	0.015	—	0.07	—	—	—	—	—	—	2	研制

① CM247LC 又名 Rene'108,其密度为8.54g/cm³;
② 既可用作定向柱晶叶片,又可用作单晶叶片,其密度为8.6g/cm³

36

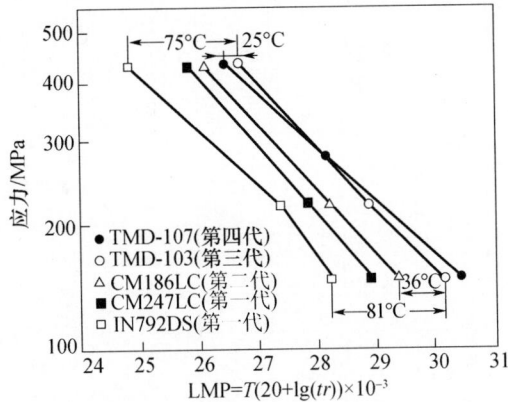

图 3-1　第一代、第二代、第三代、第四代定向凝固柱晶合金的蠕变断裂强度比较

目前,第一代、第二代定向凝固柱晶合金已被制成多种结构的涡轮叶片和导向器叶片,在国外多种先进发动机上使用,尤其是复杂型腔的空心冷却叶片,早已进入批量生产阶段[8]。

3.1.2　国内定向凝固柱晶高温合金研究现状

在铸造高温合金领域,我国的科研工作者经过长期努力取得了丰硕的成果,从简单仿制国外合金发展到自主研制有特色的合金。不但采用了真空熔炼和真空铸造技术,生产了一系列高性能铸造高温合金(这些技术已经成为制造燃气涡轮发动机的关键技术)而且使铸造高温合金研究与精密铸造技术发展紧密结合,使我国制造的铸造高温合金零件从技术较低的部件(如实心叶片)发展到承受苛刻负荷的关键部件(如空心涡轮叶片、整体涡轮盘)。

我国的定向凝固柱晶高温合金是根据航空发动机设计部门研制新发动机和引进国外发动机的需求而发展起来的,既有仿制国外材料的合金,也有自主研发的合金。近 10 多年来,随着我国航空发动机需求的扩大,定向凝固柱晶高温合金得到了迅速的发展和应用,已研制了镍基、钴基和 Ni_3Al 基定向凝固柱晶高温合金 10 多种,还研制了燃气涡轮发动机用抗腐蚀定向凝固柱晶合金。目前,正在研制第二代、第三代定向凝固柱晶合金,以满足新型发动机的研制需求。表3-2示出了我国仿制和研制的定向凝固柱晶合金及其在发动机上的应用状况。采用这些合金制造各种类型发动机的涡轮转子叶片和导向器叶片,尤其是集定向凝固、复合冷却和无余量空心精铸三位一体的叶片制造技术的研制成功填补了我国的空白,促进了我国航空发动机的发展,缩短了与工业发达国家在叶片制造技术方面的差距。

表 3-2 我国定向凝固柱晶高温合金

%（质量分数）

合金	Ni	C	Cr	Co	Al	Ti	Mo	W	Nb	Hf	Ta	Zr	B	其他	发动机叶片类型
DZ4	余	0.10~0.16	9.0~10.0	5.5~6.5	5.6~6.4	1.6~2.2	3.5~4.2	5.1~5.8	—	—	—	≤0.02	0.012~0.05	—	Ⅰ级、Ⅱ级涡轮叶片和Ⅰ级导向器叶片
DZ6	余	0.08~0.15	6.5~7.0	11.5~12.5	5.5~6.5	—	1.0~2.0	4.8~5.2	—	1.3~1.7	6.0~6.5	≤0.05	0.01~0.02	Re2.5~3.2	Ⅱ级空心涡轮叶片
DZ8	余	0.07~0.10	8.00~8.70	9.00~10.00	5.25~5.75	0.60~0.90	0.40~0.60	9.30~9.70	—	1.30~1.70	2.80~3.30	0.005~0.02	0.01~0.02	—	高压涡轮空心叶片
DZ17G	余	0.13~0.22	8.5~9.5	9.0~11.0	4.8~5.7	4.1~4.7	2.5~3.5	—	—	—	—	—	0.012~0.02	—	低压Ⅰ级实心涡轮叶片
DZ22	余	0.12~0.16	8.0~10.0	9.0~11.0	4.75~5.25	1.75~2.25	—	11.5~12.5	0.75~1.25	1.4~1.8	—	≤0.05	0.01~0.02	V0.6~0.9	高压涡轮空心叶片
DZ22B	余	0.12~0.14	8.0~10.0	9.0~11.0	4.75~5.25	1.75~2.25	—	11.5~12.5	0.75~1.25	0.8~1.1	—	≤0.05	0.01~0.02	—	高压涡轮实心叶片
DZ125	余	0.07~0.12	8.4~9.4	9.5~10.5	4.8~5.4	0.70~1.20	1.5~2.5	6.5~7.5	—	1.2~1.8	3.5~4.1	≤0.08	0.01~0.02	—	高压涡轮空心叶片
DZ125L	余	0.06~0.14	8.2~9.8	9.2~10.8	4.3~5.3	2.0~2.8	1.5~2.5	6.2~7.8	—	—	3.3~4.0	≤0.05	0.005~0.0015	—	高压涡轮空心叶片
DZ40M	9.5~11.5	0.45~0.55	24.5~26.5	余	0.7~1.2	0.05~0.30	0.10~0.50	7.0~8.0	0.4~1.0	—	0.10~0.50	0.10~0.30	0.008~0.018	—	高压涡轮空心导向器叶片
DZ38G①	余	0.08~0.14	15.5~16.4	8.0~9.0	3.5~4.3	3.5~4.3	1.5~2.0	2.4~2.8	—	—	1.5~2.0	—	0.005~0.015	P≤0.005	舰用燃气涡轮机叶片
DZGTD111①	余	0.07~0.14	13.5~14.5	9.0~10.0	2.6~3.4	4.6~5.4	1.0~2.0	3.0~4.0	—	—	2.5~3.5	0.01	0.01	—	地面燃机涡轮叶片（研制）

① DZ38G 和 DZGTD111 为抗腐蚀合金类

3.1.3 典型定向凝固柱晶高温合金介绍

到目前为止,国内研制的定向凝固柱晶高温合金有 11 个牌号已经列入《中国航空材料手册》第 2 卷(第 2 版)《变形高温合金和铸造高温合金》中。在这 11 个牌号中,DZ4、DZ5、DZ17G、DZ22、DZ22B、DZ38G、DZ125 和 DZ125L 合金属于镍基合金,DZ40M 合金属于钴基合金,IC6 和 IC6A 合金属于金属间化合物 Ni_3Al 基[9]。下面对这些主要合金作简要介绍。

DZ4:密度 8.15g/cm³, γ' 相的含量约为 60%(质量分数),熔化温度为 1310℃～1365℃,初熔温度约为 1290℃,合金无 Hf,高强度,具有良好的综合性能;铸造性能良好,可铸成壁厚小至 0.5mm 的空心叶片;合金组织中无 γ/γ' 共晶;铸件可进行真空钎焊和氩弧焊;初熔温度高,适合制造在 1000℃以下工作的涡轮叶片和 1050℃以下工作的导向器叶片[9]。

DZ17G:密度 7.84g/cm³, γ' 相的含量约为 65%(质量分数),熔化温度为 1286℃～1342℃,合金密度较低,该合金中温强度高、蠕变性能好、塑性较高、组织稳定;铸造性能良好,可铸成定向凝固涡轮叶片;铸件可采用低压气相渗 Al 或 Al－Si 涂层;适用于制作 980℃以下工作的长寿命燃气涡轮转子叶片和导向叶片及其他高温用零件[9]。

DZ22(相近牌号为美国 PWA1422):密度 8.56g/cm³, γ' 相的含量约为 60%(质量分数),熔化温度为 1307℃～1366℃,初熔温度为 1230℃～1240℃,含 Hf 为 1.5%(质量分数),具有良好的中高温综合性能及优异的热疲劳性能;可铸成壁厚小至 0.5mm 的空心叶片;合金组织中含 Hf_5Ni 化合物;铸件可进行真空钎焊;适合制造在 1000℃以下工作的涡轮叶片和 1050℃以下工作的导向器叶片以及其他零件[9]。

DZ40M(相近牌号为美国 DS X40):密度为 8.68g/cm³,以碳化物为主要强化相,碳化物量占合金重量的 7%～10%,两种初生的碳化物 M_7C_3 和 MC 分布在 γ固溶体基体上,骨架状分布的 M_7C_3 是合金低温受力的承载相,在高温使用过程中会发生碳化物转变,析出弥散分布的颗粒状 $M_{23}C_6$,沉淀强化基体,熔化温度为 1345℃～1395℃,合金具有优良的抗热疲劳性能、抗氧化及耐腐蚀性能,良好的持久、蠕变、疲劳等综合力学性能,组织稳定,无缺口敏感性;零件在铸态下使用,可采用钎焊焊接,焊接性能好;由于资源缺乏,应用受到限制;适合于制作 1050℃以下工作的具有复杂内腔的气冷空心导向叶片[9]。

DZ125(相近牌号为美国 DS René125):密度为 8.48g/cm³, γ' 相的含量约为 60%(质量分数),熔化温度为 1259℃～1377℃,初熔温度为 1230℃～1240℃,含 Hf 为 1.5%(质量分数),具有良好的中高温综合性能以及优异的热疲劳性能;

具有良好的铸造性能,可铸成壁厚小至 0.6mm 的空心叶片;长期时效后组织稳定;铸件可以进行真空钎焊;适合制造在 1000℃ 以下工作的涡轮叶片和 1050℃ 以下工作的导向器叶片以及其他高温零件[9]。

DZ125L(相近牌号为美国 DS René125):密度为 $8.35g/cm^3$,γ' 相的含量约为 70%(质量分数),熔化温度为 1243℃ ~ 1360℃,合金不含 Hf,采用了特殊方法降低 P、S、Si 等杂质含量以减少枝晶偏析的低偏析技术,具有良好的力学性能,成本低廉;铸件可以进行真空钎焊,并可采取低压气相渗 Al 或气相沉积工艺;适合制造在 1000℃ 以下工作的涡轮叶片和 1050℃ 以下工作的导向器叶片以及其他高温零件[9]。

DZ8(相近牌号为美国 DS René108):密度为 $8.63g/cm^3$,γ' 相的含量超过 60%(质量分数),熔化温度为 1324℃ ~ 1376℃,初熔温度约为 1270℃,含 Hf 为 1.5%(质量分数);屈服强度略高于 DZ125 合金,持久强度基本与其持平;具有良好的铸造性能,主要用于制造涡轮发动机的转子叶片和导向叶片[10]。

DZ6(相近牌号为美国 DS René142):密度为 $8.7g/cm^3$,γ' 相的含量约为 60%(质量分数),熔化温度为 1334℃ ~ 1360℃,含 Hf,并含有 3% 的 Re,不含 Ti;具有良好的抗氧化、耐腐蚀性能,合金具有突出的铸造性能,可以进行不同尺寸和结构的空心涡轮叶片定向凝固成形;合金的使用温度比一代定向凝固柱晶合金高 30℃,与一代单晶合金水平相当,适合制作在 1050℃ 工作的燃气涡轮转子叶片[10]。

3.2 定向凝固工艺及设备

定向凝固工艺是将熔化好的合金浇入已经预热到合金液相线温度以上的陶瓷壳型中,通过控制金属凝固过程中的温度场分布,使得壳型中的温度梯度是单向一维的,壳型中热量传输也是单向一维的,使那些生长较快的[001]取向晶粒平行单向生长,充填型腔,从而得到柱晶组织的铸件[11]。

根据成分过冷理论,要使合金定向凝固得到平面凝固组织,主要取决于合金的性质和工艺参数的选择。前者包括溶质量、液相线斜率和溶质在液相中的扩散系数,后者包括温度梯度和凝固速率。如果所研究合金的成分已定,则靠工艺参数的选择来控制凝固组织,其中固—液界面液相一侧的温度梯度是最关键的,所以人们都致力于提高温度梯度。可以说,定向凝固技术的发展历史是不断提高固—液界面温度梯度的历史。高温度梯度一方面可以得到理想的合金组织和性能,另一方面又可以允许加快凝固速率,提高设备利用率[12]。

3.2.1 发热铸型法

发热铸型法(EP 法)就是将熔化好的金属液浇入侧壁绝热、底部冷却、顶部覆盖发热剂的铸型中(图 3-2),在金属液和已凝固金属中建立起一个自上而下的温度梯度,使铸件自下而上进行凝固,实现单向凝固。这种方法所能获得的温度梯度不大,并且很难控制,致使凝固组织粗大、铸件性能差,因此,该法不适于大型、优质铸件的生产。但其工艺简单、成本低,可用于制造小尺寸、小批量零件。

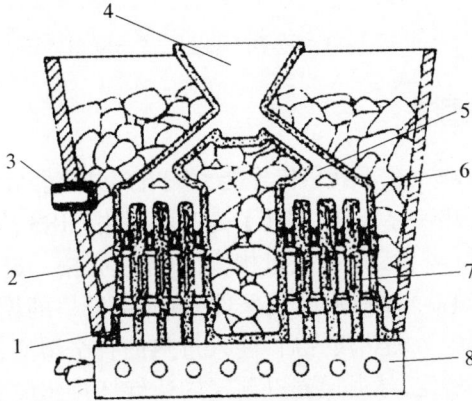

图 3-2　发热剂法装置[12]

1—起始段；2—隔热层；3—光学测温架；4—浇口杯；
5—浇道；6—发热剂；7—零件；8—水冷铜底座。

3.2.2 功率降低法

图 3-3 所示为定向凝固功率降低法(PD 法)装置示意图。把一个开底的模壳放在水冷底盘上,石墨感应发热器放在分上、下两部分的感应圈内。加热时,上、下两部分感应圈全通电,在模壳内建立起所要求的温度场,然后注入过热的合金熔液。此时下部感应线圈停电,通过调节输入上部感应圈的功率,使之产生一个轴向温度梯度。在功率降低法中,热量主要是通过已凝固部分及冷却底盘由冷却水带走。这种工艺可达到的温度梯度很小,在 $10\,^{\circ}\text{C/cm}$ 左右,因此制出的合金叶片,其长度受到限制,并且柱状晶之间的平行度差,甚至产生放射形凝固组织。合金的显微组织在不同的部位差异较大,加之设备相对复杂,且能耗大,目前一般不采用此工艺。

41

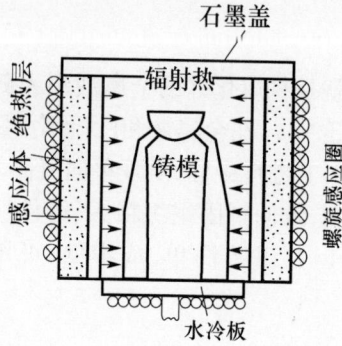

图 3 - 3　功率降低法装置示意图[12]

3.2.3　高速凝固法

　　功率降低法的缺点在于其热传导能力随着离结晶器底座的距离的增加而明显下降。为了改善热传导条件,发展了高速凝固法(HRS 法)。其装置和功率降低法差不多,只不过多了一个抽拉机构,可以使模壳按一定速度向下移动。用移动模壳(或移动加热器)以加强散热条件,将底部开口的模壳置于水冷底座上,并置于石墨加热器中。加热模壳后,注入过热的合金熔液,浇注后保持几分钟,使合金熔液达到热稳定,然后模壳以预定的速度经过感应器底部的辐射挡板从加热器中移出。为得到最好的效果,在移动模壳时,凝固面应保持在挡板附近。图 3 - 4 为高速凝固法装置图。这是目前工业化生产中采用的主流工艺方法,也称为壳型移动法。

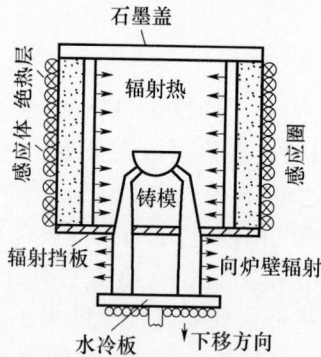

图 3 - 4　高速凝固法装置[12]

　　在前期凝固阶段,其热量的散失是通过水冷底座的对流传热为主;离开结晶器某一距离后,对流传热方式减小,转为以辐射传热为主,这样使凝固仍以较快

42

的速度进行。把两种传热用 h_{co} 和 h_{ra} 两种等效热交换系数来表示,则散热热流密度为[13]

$$q = (h_{co} + h_{ra})(T - T_0) \qquad (3-2)$$

式中:h_{co} 为对流传热的等效热交换系数;h_{ra} 为辐射传热的等效热交换系数;T 为温度;T_0 为冷却底座温度。

凝固开始时,$h_{co} \gg h_{ra}$,但凝固至离冷却底座一定距离时,h_{co} 等于 h_{ra}。此后可认为已建立起稳态凝固。利用热平衡边界条件,则[12]

$$G_{TL} = (\lambda_s G_{TS} - \rho_s \Delta h R)/\lambda_L \qquad (3-3)$$

式中:λ_L、λ_s 为液相热导率和固相热导率;G_{TL}、G_{TS} 为液相的温度梯度和固相的温度梯度;Δh 为凝固潜热;ρ_s 为固相密度;R 为凝固速率。

可以看出,G_{TL} 对 R 和 G_{TS} 是很敏感的。凝固速率 R 越小,G_{TL} 越大,所以慢速凝固造成较高的液相温度梯度。因此在高速凝固法中,最大稳态凝固的温度梯度取决于辐射特性和铸锭的尺寸。通过上面简单的推导,可以找到增大 G_{TL} 的途径。

1. 增大温度梯度

通过增大 G_{TS} 来实现加强固相的散热强度。采用容量大的冷却剂,导出结晶潜热,以便增加 G_{TL}。

2. 提高液相温度

提高液相温度是一种直接增大 G_{TL} 的方法,当然,液相温度不能无限度地提高,要注意模壳的高温强度以及高温下的模壳和液态金属的反应。把靠近凝固前沿的熔体局部加热到更高的温度也是可行的。

另一种方法是加辐射挡板,把高温区和低温区分开,从而加大界面附近的 G_{TL},挡板能起到以下两个作用:

(1) 模壳移动时,辐射热的损失降到最小,使加热器内维持相对均匀的温度场。

(2) 使感应圈到铸件凝固部分表面的辐射热保持最小,从而加强了传热。

与功率降低法相比,高速凝固法有以下几个优点:

(1) 有较大的温度梯度,能改善柱状晶质量和补缩条件,在约 300mm 的高度内可以完全是柱状晶。

(2) 局部凝固时间和糊状区都变小,使显微组织细密,减少偏析,从而改善合金组织。

(3) 提高凝固速率 2 倍 ~ 3 倍,R 达到 300mm/h。

3.2.4　液态金属冷却法

高速凝固法是由辐射换热来冷却的,所能获得的温度梯度和冷却速度都很有限。为了获得更高的温度梯度和生长速度,在高速凝固法的基础上,将抽拉出的铸件部分浸入具有高热导率的高沸点、低熔点、热容量大的液态金属中,形成了一种新的定向凝固技术,即液态金属冷却(LMC)法。这种方法提高了铸件的冷却速度和固—液界面的温度梯度,而且在较大的生长速度范围内可使界面前沿的温度梯度保持稳定,结晶在相对稳态下进行,能得到比较长的单向柱晶。

在提高排热能力和增大固—液界面液相温度梯度方面,功率降低法和高速凝固法都受到一定条件的限制。液态金属冷却法以液态金属代替水作为模壳的冷却介质,模壳直接浸入液态金属冷却剂中,散热大大增强,以至在感应器底部迅速发生热平衡,造成很高的 G_{TL},几乎不依赖浸入速度。液态金属冷却法装置见图3-5。冷却剂的温度,模壳的传热性、厚度和形状,挡板位置,熔液温度等因素都会影响温度梯度。

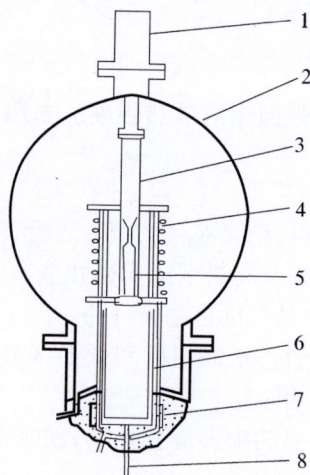

图3-5 液态金属冷却法装置[13]
1—降落机构;2—真空室;3—吊架;4—加热器;
5—壳型;6—液锡池;7—电热丝;8—转轴。

液态金属冷却剂的选择条件如下:
(1) 有低的蒸气压,可以在真空中使用;
(2) 熔点低,热容量大,热导率高;
(3) 不溶于合金中;
(4) 价格便宜。
该方法的工艺过程与高速凝固法相似,当金属溶液注入模壳后,按预定速度将模壳逐渐浸入液态金属液中,使冷却的液态金属液面保持在合金凝固面附近,并保持在一定的温度范围内,使传热不因凝固的进行而变小,也不受模壳形状的影响。冷却的液态金属液可以是静止或者流动的。常用的液态金属有 Ga - In 合金、Ga - In - Sn 合金、Sn 液以及 Al 液,前二者熔点低,但价格昂贵,因此只适于在实验室条件下使用。Sn 液熔点稍高(232℃),但由于价格相对比较便宜,冷却效果也比较好,因而适于工业应用。但对高温合金来说,Sn 是有害杂质元素,应注意 Sn 污染铸件的问题。该法已被英美等国用于航空发动机叶片的生产。而 Al 液冷却剂则在苏联用于航空发动机叶片的生产。

上述这几种传统定向凝固技术所具有的冷却速率和温度梯度还是比较小的,见表 3 - 3。即使是液态金属冷却法,其冷却速度和温度梯度仍不够高,这样产生的一个弊端就是使得凝固组织有充分的时间长大、粗化,以致产生严重的枝晶偏析,限制了材料性能的提高。为了克服传统定向凝固技术的缺点,人们开发了多种新型定向凝固技术,它们主要有:流态床冷却法(FBQ)、(FBQ)区域熔化液态金属冷却法(ZMLMC)、深过冷定向凝固技术(DUDS)、电磁约束成形定向凝固技术(DSEMS)和激光超高温度梯度快速定向凝固等。这几种新型的定向凝固技术中,流态床冷却法是针对低熔点金属污染高温合金问题而开发的,其温度梯度与液态金属冷却法相当,其他方法所得到的温度梯度比传统的定向凝固技术高得多,但还有好多问题有待解决,仍处于实验室研究阶段。目前国际上用于发动机导向和涡轮叶片生产的主要是高速凝固法和液态金属冷却法,高速凝固法在美、英、德等国得到普遍采用,国内航空发动机的科研院所和工厂进行了相关研究,已掌握了此项工艺技术。而液态金属冷却法在俄罗斯得到广泛应用,我国东安发动机公司也从俄罗斯引进了这项技术。

表 3 - 3　不同定向凝固方法的主要冶金参数[12]

项目	PD 法	HRS 法	LMC 法
温度梯度/(K/cm)	7 ~ 11	26 ~ 30	73 ~ 103
冷却速度/(K/h)	90	700	4700
局域凝固时间/min	85 ~ 88	8 ~ 12	1.2 ~ 1.6

3.2.5　流态床冷却法

Nakagawa 等首先用流态床冷却法来获得很高的 G_{TL},进行定向凝固。流态床冷却法用流态化的 150 号的中 ZrO_2 粉作为冷却介质。冷却介质温度保持在

100℃～120℃。在相同的条件下，液态金属冷却法的温度梯度 G_{TL} 为 100℃/cm～300℃/cm，而流态床冷却法的温度梯度为 100℃/cm～200℃/cm，二者的凝固速率和糊状区宽度相近[12]。

3.2.6　区域熔化液态金属冷却法

　　加热和冷却是定向凝固过程的两个基本环节，并对定向凝固过程的温度梯度产生决定性的影响。定向凝固技术从高速疑固法发展到液态金属冷却法，使温度梯度大幅度提高，是因为改进了冷却方式，同时也发挥了冷却环节的最大潜力。要进一步提高定向凝固的温度梯度，改变加热方式是一条有效的途径。

　　分析一下液态金属冷却法定向凝固过程不难发现，以下两个问题限制了温度梯度的提高。一是凝固界面不处于最佳位置，当抽拉速率较低时，界面相对于挡板上移，使得凝固界面远离挡板；二是未凝固液相中的最高温度面远离凝固界面，界面前沿温度分布平缓。如果改变加热方式，采用在距冷却金属液面极近的特定位置强制加热，将凝固界面位置下压，同时使液相中最高温度区尽量靠近凝固界面，使得界面前沿液相中的温度分布变陡，可进一步提高温度梯度。如果采用区域熔化法加热结合液态金属冷却，就形成了区域熔化液态金属冷却定向凝固法（ZM-LMC），这种方法 G_{TL} 可达 1270K/cm，该方法的装置示意图如图 3-6 所示。

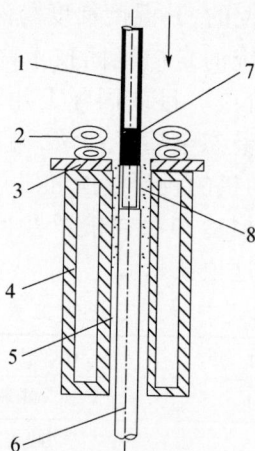

图 3-6　区域熔化液态金属冷却定向凝固法装置[12]
1—试样；2—感应圈；3—隔热板；4—冷却水；
5—液态金属；6—拉杆机构；7—熔区；8—坩埚。

　　区域熔化液态金属冷却法的冷却部分与液态金属冷却法相同，加热部分可以是电子束或者高频感应电场，两部分相对固定且距离很小，使凝固界面不能上移,集中对凝固界面前沿液相加热,充分发挥过热度对温度梯度的贡献。可见,区域熔化液态金属冷却法定向凝固过程、熔区宽度对温度梯度有重要影响;在相同的加热温度(过热度)下,熔区越窄,温度梯度越高。

细化枝晶组织有多种方法,而效果最显著的是增大凝固过程中的冷却速率。对于定向凝固柱晶和单晶铸件来说,就是要提高凝固过程中的温度梯度和生长速率,定向凝固技术的发展正是伴随着温度梯度的逐渐增大而发展的。目前用于生产的定向凝固方法,其温度梯度一般不超过 150K/cm,获得的高温合金定向凝固组织一次枝晶间距的典型值大于 $200\mu m$,侧向分支仍很发达。利用区域熔化液态金属冷却法可在较快的生长速率下进行定向凝固,获得侧向分枝生长受到抑制、一次枝晶间距超细化的定向凝固组织,即超细柱晶组织。这种特殊的超细微观组织特征,使定向凝固柱晶合金和单晶合金的性能都有明显提高。以 K640 钴基合金为例,持久寿命提高了 3 倍;对于定向凝固柱晶合金 DZ22,也能明显提高其持久性能,随冷却速度的增加,持久强度提高。

3.3　定向凝固柱晶高温合金的热处理

3.3.1　固溶热处理

与等轴晶铸造高温合金相比,定向凝固柱晶高温合金的固溶处理温度高。第一代定向凝固柱晶高温合金的固溶处理温度大多都在 1200℃ 以上,第二代定向凝固柱晶高温合金的固溶温度更高一些,在 1220℃ 以上,而等轴晶铸造高温合金的固溶温度通常都在 1200℃ 以下。当然,也有少数等轴晶铸造高温合金的固溶处理温度高于 1200℃,而有一些等轴晶铸造高温合金常常不进行热处理,在铸态下直接使用。

高温合金固溶处理的目的主要有两个:第一,溶解或大部分溶解主要强化相。定向凝固柱晶高温合金采用高的固溶处理温度,其目的是使主要强化相 γ' 相的回溶量增加,在随后的热处理过程中析出细小 γ' 相数量增多,从而使持久强度增加。同时,通过高温固溶处理还可溶解晶界上分布不合理的二次碳化物、硼化物等相,为以后时效析出均匀细小弥散分布的强化相做准备,也为晶界上析出颗粒状呈链状分布的二次沉淀相做准备。第二,降低或消除偏析。高温合金零件毛坯,特别是铸造高温合金毛坯往往存在严重的凝固偏析,枝晶轴和枝晶间化学成分不均匀,造成强化相分布不均匀,从而使合金力学性能不均匀,甚至导致 TCP 相的析出。

在理想状态下,必须使所有铸态 γ' 相溶解,使合金成分完全均匀,以便从固溶温度冷却到 γ' 相的全溶温度以下时,γ' 相能相对均匀细小地在整个合金组织中析出。以 DZ22 合金为例,其铸态显微组织中含有大约13%(体积分数)的共晶 γ′相和数量较多、尺寸较大的初生 γ′相,合金元素的枝晶偏析严重。随着固溶温度提高,元素扩散速度加大,γ′相回溶速度加快。据测定,粗大 γ′相在1240℃基本回溶完毕,共晶 γ′相在1250℃基本溶完(图3-7)。在随后的冷却过程中,重新析出细小的均匀弥散分布在基体上的 γ′相,合金元素分布更趋均匀化。当 DZ22 合金的固溶温度从1205℃提高到1220℃~1230℃时,可使980℃和1040℃的持久寿命提高20%~25%,见图3-8。金相观察发现,经1205℃固溶处理后,仍有大约12%(体积分数)的共晶 γ′相和相当多的粗大 γ′相。经过1230℃固溶后,共晶 γ′相数量降至8%(体积分数)左右,粗大 γ′相已剩下不多,而重新析出的细小 γ′相大大增多(约40%(体积分数)),这使得持久性能提高[13]。

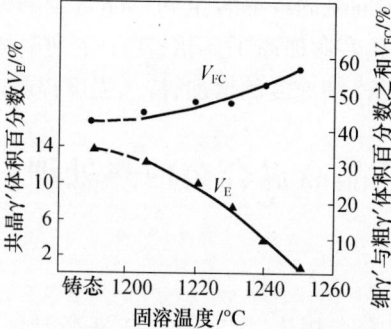

图3-7 各种 γ′相的量与固溶温度的关系

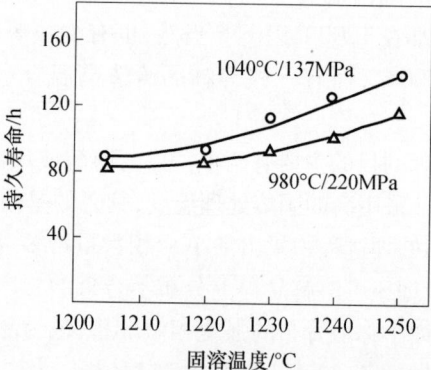

图3-8 固溶温度对 DZ22 合金持久性能的影响

固溶处理温度要限制在初熔温度以下,以防止合金熔化,因为熔化会导致凝固偏析,形成 γ′相共晶和产生收缩疏松。γ′相全熔温度和合金初熔温度都与合金成分有关。最好先进行均匀化预处理,以便更容易使固溶温度保持在这两个

48

临界温度之间。进行固溶处理的难易程度,取决于初熔温度和 γ′溶解温度的差值。对于大多数定向凝固柱晶高温合金,特别是含 Hf 合金,初熔温度与 γ′相完全回溶温度之间的差值是负的,所以这些合金不能完全固溶,通常只好将固溶热处理温度选择在初熔温度之下。再以 DZ22 合金为例,该合金中的 Hf 主要富集在 $MC_{(2)}$ 碳化物、枝晶间粗大 γ′相和共晶 γ + γ′边缘。而在共晶 γ + γ′边缘,主要以低熔点化合物 Ni_5Hf 的形式存在,Ni_5Hf 的熔化是合金初熔的主要原因[14]。采用 1180℃/2h 预处理能够有效地消除 Ni_5Hf,反应式为式(3 – 4)。Ni_5Hf 分解转变为稳定的 $MC_{(2)}$,见图 3 – 9,可使合金的初熔温度提高 20℃,从而固溶温度也随之提高[15]。

$$Ni_5Hf + \gamma(C) \rightarrow HfC + \gamma \tag{3 – 4}$$

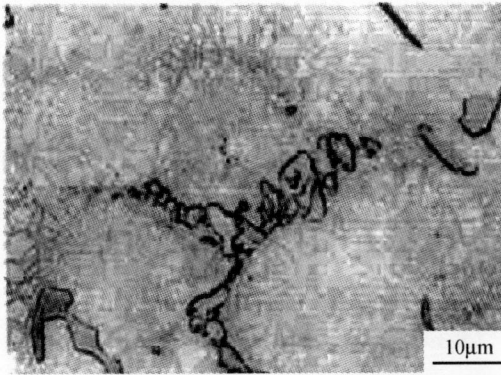

(a)

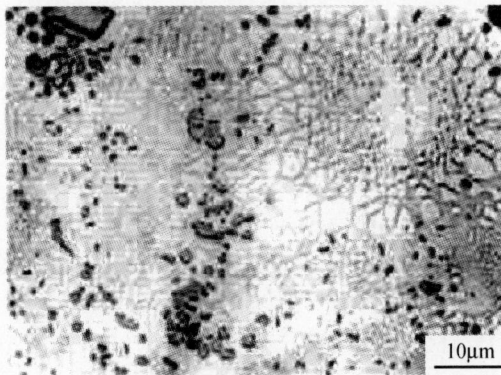

(b)

图 3 – 9　Ni_5Hf 分解转变为稳定的 $MC_{(2)}$

(a) DZ22 合金铸态下共晶边缘 Ni_5Hf 的形貌;(b) 1180℃/2h 处理后 Ni_5Hf 分解为次生 $MC_{(2)}$。

许多柱晶高温合金都含有少量的 $\gamma + \gamma'$ 共晶组织,虽然总是希望完全固溶这些共晶 γ' 相及粗大的铸态 γ' 相,但由于合金中后者的量人得多,所以重点还是放在固溶这种铸态 γ' 相上。由于共晶组织最后形成,所以共晶 γ' 相最难固溶而且常常不会溶解。但在大多数柱晶高温合金中,由于这种组织的体积百分数含量相对很低,共晶 γ' 相造成的强度损失可以忽略。

第二代定向凝固柱晶高温合金固溶处理保温后,还需采用快速冷却。为了获得细小 γ' 相,固溶后必须要快冷,因为高体积分数 γ' 相的高温合金在固溶处理后很难抑制 γ' 相长大。如果冷速太慢,γ' 相不仅析出,而且快速长大,长大后的 γ' 相使合金的持久性能降低。所以,采用快速冷却来抑制 γ' 相长大,以便与以后时效过程中析出的细小 γ' 相一道,都保持在一个合适的 γ' 相尺寸范围。莫卫红对定向凝固柱晶高温合金 DZ4 在高压气淬真空炉中的热处理研究证明了上述结论[16]。

除对 γ' 相影响外,固溶热处理还对其他相有影响。MC 碳化物开始溶解,较高的 C 含量使碳化物在随后较低温度的热处理过程中析出。固溶热处理使合金的均匀性增加,有助于防止枝晶间高偏析区域中有害相如 σ 和 μ 相的析出。

3.3.2 涂层热处理

对大多数定向凝固柱晶高温合金进行的第二种热处理是涂层热处理,涂层热处理的目的是使涂层与基体结合在一起。通常采用的温度是 980℃ ~ 1120℃,而保温时间可长达 8h,这种高温与长时间的联合作用会导致 γ' 相长大,从而使力学性能发生改变。涂层热处理后冷却时间很短,不足以使 γ' 相粒子明显长大,因而,较低温度涂层热处理后的冷却速度,对合金的性能影响不大。在涂层热处理过程中,析出 M_6C 和一些 $M_{23}C_6$,碳化物的类型取决于合金成分。

定向凝固柱晶高温合金 DZ111 是一种抗氧化腐蚀合金,具有较高的中温、高温力学性能,可用于制作航空发动机涡轮转子叶片和导向叶片及高温部件,尤其对工业用燃气涡轮叶片更为合适。为研究涂层后组织的变化,采取了两种不同的热处理制度。A 制度为常用的两级热处理,即 1210℃/4h,AC + 870℃/32h,AC;B 制度为 1210℃/4h,AC + 1080℃/4h,AC + 870℃/32h,AC。即后者有涂层扩散温度的模拟处理。铸态显微组织观察发现,γ' 相尺寸较大,形态不规则,分布也不均匀;经 A 制度处理后,γ' 相大小约为 0.3μm,形状为近似球形,弥散分布;经 B 制度处理后,γ' 相为形态规则的"田"字形,大小约为 0.4μm,排列很整齐,见图 3 - 10[17]。

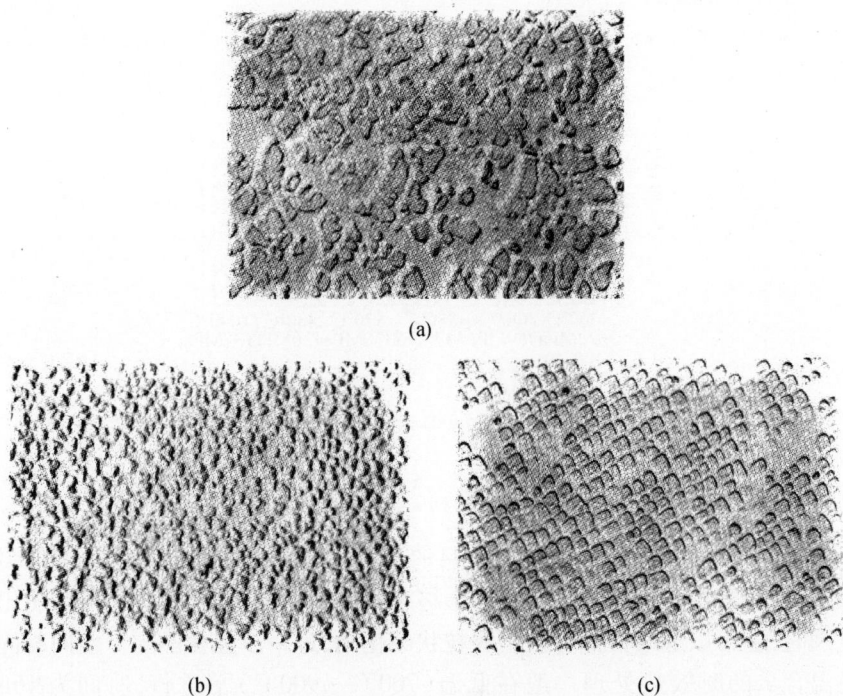

图 3-10 DZ111 合金中枝晶干 γ′ 相的大小及形态, ×3000

(a) 铸态; (b) A 制度处理; (c) B 制度处理。

B 制度处理后, 组织中 γ′ 相尺寸比 A 制度的稍有增大。这是由于在 B 制度处理中, 组织中的 γ′ 相在高温固溶后又在 1080℃ 高温下时效 4h, γ′ 相又重新析出并长大, 而后经过 870℃ 时效 32h, γ′ 粒子继续长大的缘故。DZ111 合金的中温、高温持久性能如图 3-11 所示。从图可以看出, 中温 760℃~870℃, B 热处理制度的持久寿命要比 A 热处理制度好得多, 并且塑性无明显降低; 而在高温 980℃ 和 1040℃ 下, 两种制度下的持久寿命相差不大。

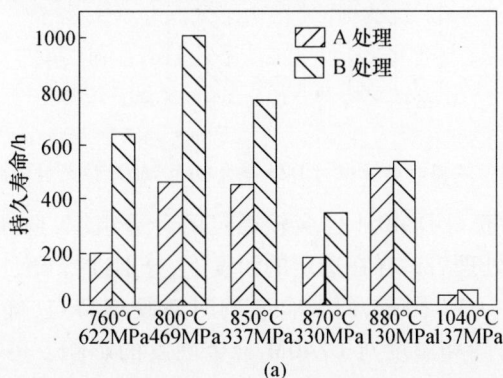

(a)

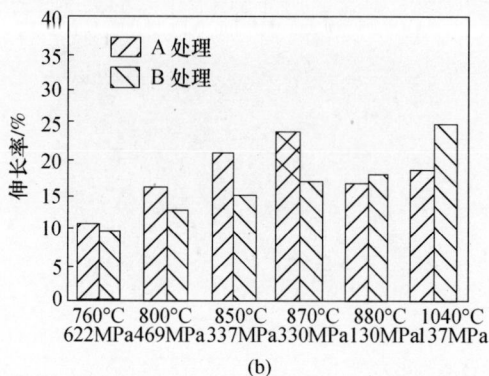

(b)

图 3 – 11　DZ111 合金经过 A、B 两种热处理后的持久性能比较

3.3.3　时效热处理

　　时效处理在固溶处理之后,主要目的是进一步析出细小的 γ′ 相,增加强化相数量,进一步提高合金的强度。当最终时效温度较高,处于碳化物等的析出温度范围时,还可以继续沿晶界析出颗粒状碳化物,进一步强化晶界。定向凝固柱晶高温合金的时效热处理一般在低温(700℃ ~ 900℃)下进行,时间为 16h ~ 32h。对 DZ6 二代定向凝固柱晶高温合金的研究表明,中温 870℃/16h 时效处理使合金纵向 760℃/780MPa 持久寿命比 900℃/4h 时效处理时提高 1 倍[10],见图 3 – 12。

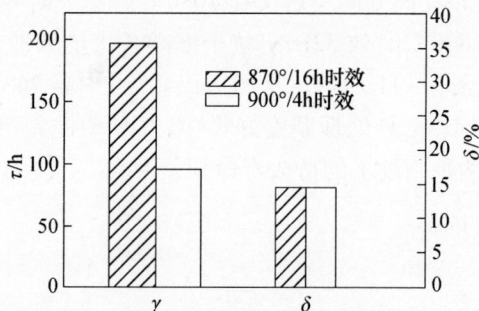

图 3 – 12　不同时效处理对 DZ6 合金纵向 760℃持久性能的影响

　　姜文辉等[18]为获得 DZ40M 合金较稳定的合金组织,选择 950℃ 和 1050℃时效处理。将固溶处理后试样在选定的温度下,分别进行 6h、12h、24h 和 48h 时效处理。通过硬度(HV)测量,研究合金的时效硬化特点,确定时效工艺。图 3 – 13 显示了时效时间和温度对 DZ40M 合金硬度的影响。可以看出,在 950℃

和1050℃时效,合金可发生硬化。其中,以950℃时效硬化更为明显,时效12h后合金硬度可达364 HV,而1050℃时效24h合金硬度仅为287 HV。由时效硬化曲线确定了两个温度下的时效制度分别为950℃/12h和1050℃/24h。时效处理引起二次$M_{23}C_6$碳化物沉淀。950℃/12h时效显著提高DZ40M合金室温强度和高温持久寿命,同时也降低塑性,但合金仍保持一定的塑性;1050℃/24h虽然能提高室温拉伸性能,但削弱了高温持久性能,见表3-4和表3-5。

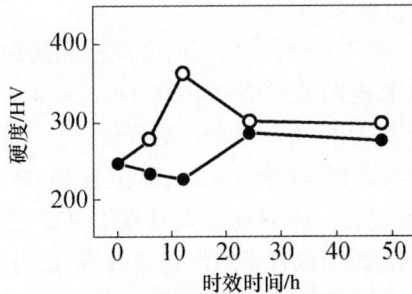

图3-13 DZ40M合金时效硬化曲线

●—1050℃;○—950℃。[18]

表3-4 DZ40M合金室温拉伸性能[18]

热处理状态	σ_b/MPa	$\sigma_{0.2}$/MPa	δ/%
铸态	672	422	19
950℃/12h	1039	649	9
1050℃/24h	966	512	21

表3-5 DZ40M合金高温持久性能[18]

热处理状态	980℃/83MPa	
	τ/h	δ/%
铸态	59.75	56.0
950℃/12h	278.08	28.0
1050℃/24h	48.91	19.0

3.3.4 长期时效

航空涡轮发动机涡轮叶片工作环境十分复杂,对所选用的合金要求很高,其中,合金的组织稳定性与叶片长期使用的可靠性有密切关系。因此,为确保材料在寿命期内的可靠使用,长期时效的研究非常重要。高温合金在使用温度范围内可能发生的组织变化,主要表现在:①主要强化相γ'尺寸的长大和形态的变化;②碳化物分解转变;③出现TCP相。然而,不同的高温合金变化规律会有所不同。高温合金长期在高温下使用,易使 γ' 相的形态、尺寸及体积分数发生变化,也生成 TCP 相(σ 相和 μ 相等),这都严重损害合金的力学性能[19]。Steven[20]认为 IN738 镍基高温合金在长期时效过程中,球形 γ' 相粗化遵守 LSW 粗化理论,合金的蠕变性能随时效时间的增加而降低。Acharya[21]认为 CMSX-10 单晶高温合金在长期时效时蠕变性能降低是由 γ' 相的定向粗化造成的。因此,对定向凝固柱晶高温合金长期时效组织稳定性的考察,亦有十分重要的意义。

张宏炜[22]通过对一种含 Re 的二代定向凝固柱晶高温合金长期时效后组织研究发现,950℃/1000h 长期时效对该合金的微观组织影响不大,主要是 γ' 相稍有聚集长大,部分 $\gamma + \gamma'$ 共晶相和碳化物开始分解,尺寸相对减小。长期时效对该合金的持久性能基本没有影响(表 3-6),这主要是 Re 的加入阻止了合金元素的扩散,提高了组织稳定性。陈荣章等人发现 DZ125 合金在 900℃/4000h 时效,也未出现 TCP 相析出,说明该合金组织稳定性好,成分合理[23]。

表 3-6　长期时效对合金持久性能的影响

试样状态	试验条件	持久寿命/h	$\delta_5/\%$	$\psi/\%$
时效前	975℃	63~84	12~22	18~26
时效后	294MPa	69~88	20~21	26~30
时效前	1000℃	40~53	22~25	25~26
时效后	275MPa	39~41	19~20	26~32

夏鹏成[19]等人研究了 DZ951 合金长期时效后 γ' 相的变化。标准热处理合金 γ' 相为规则排列的立方形,尺寸为 300nm 左右,体积分数约为 68%。图 3-14 为 DZ951 合金 γ' 相在长期时效过程中的演化。在 900℃时效 100h 后,γ' 尺寸变化较小,仍为立方形,尺寸增加到 340nm 左右(图 3-14(a))。随时间的延长,小的 γ' 相逐渐溶解,大的 γ' 相长大并形筏,出现不同形态和尺寸的 γ' 相(图 3-14(b)、(c))。合金在 1000℃时效,随时间的增加,γ' 尺寸增加(图 3-14(d)、(e))。与 900℃时效相比,合金在 1000℃时效时 γ' 具有较好的立方度。直到时效 2000h 时,γ' 开始形筏(图 3-14(f))。γ' 体积分数随时间增加而降低。合金 1050℃时效时,γ' 长大速度明显增加。时效 100h 后,γ' 尺寸达到 550nm 左右,但仍为立方形(图 3-14(g)),随后 γ' 开始定向形筏(图 3-14(h)、(i))。通过测量 DZ951 合金经不同时效处理时的 γ' 尺寸,并对 $[(\bar{a}/2)^3 - (\bar{a}_0/2)^3]^{1/3}$ 和 $t^{1/3}$ 作图(a 为长大后立方 γ' 相边长,a_0 为原始立方 γ' 相边长),见图 3-15。由图可看出,这些数据很好地符合直线关系。可见,DZ951 合金在长期时效时,γ' 相长大受扩散控制,遵循 LSW 理论。

图 3 – 14 DZ951 合金 γ′相长期时效过程中的演化
(a) 900℃时效 100h；(b) 900℃时效 1000h；(c) 900℃时效 2000h；
(d) 1000℃时效 100h；(e) 1000℃时效 1000h；(f) 1000℃时效 2000h；
(g) 1050℃时效 100h；(h) 1050℃时效 300h；(i) 1050℃时效 500h。

DZ17G 合金在 800℃～900℃温度区间长达 10000h 时效过程中没有出现脆性的 TCP 相，表现出良好的长期组织稳定性；时效过程中二次 γ′相粗化长大并相互连接，MC 碳化物发生分解，晶界析出相尺寸增加。900℃长期时效导致 γ′相数量减少，$M_{23}C_6$ 碳化物数量显著增加；随时效温度升高，合金室温抗拉强度提高，屈服强度下降，拉伸塑性增加[24]。

贾新云[25]等人通过对 DZ8 长期时效后的组织和性能研究表明，900℃长期时效后，随时效时间的延长，γ′相的形貌逐渐由立方形变为圆形，γ′相的尺寸逐

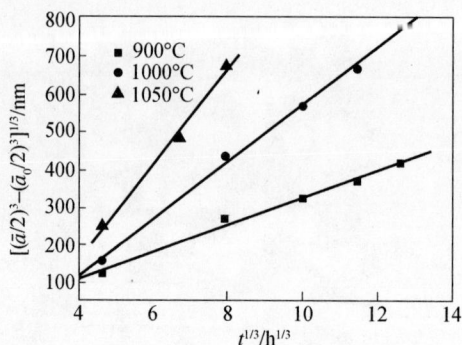

图 3-15　γ′相尺寸与时效时间的关系

渐长大,合金经过 3000h 长期时效后没有出现脆性的 TCP 相,表明该合金具有良好的组织稳定性。长期时效对 DZ8 合金室温拉伸性能的影响见图 3-16。可以看出,随时效时间的增加,室温 σ_b 和 $\sigma_{0.2}$ 均呈缓慢下降趋势,如断裂强度从标准状态的 1283MPa 降为 1000h 时效后的 1184MPa,下降幅度仅为 8%;拉伸塑性则基本上呈上升趋势。总的说来,长期时效后 DZ8 室温拉伸性能基本上是稳定的。

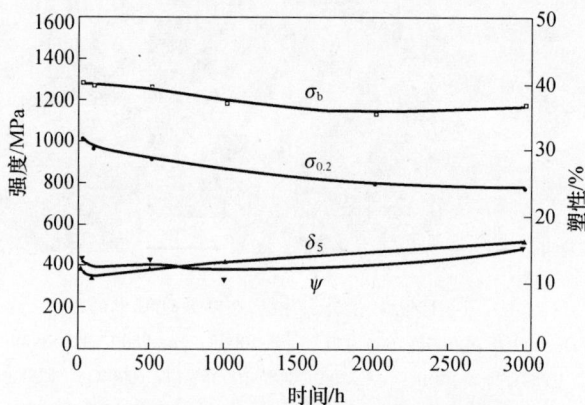

图 3-16　长期时效对 DZ8 合金室温拉伸性能的影响

　　长期时效对 DZ8 合金持久性能的影响见表 3-7。结果表明,随时效时间的增加,760℃/804MPa 的持久寿命在时效 100h 时达到峰值 114h;时效 100h 后,随时效时间的延长,持久寿命呈下降趋势;如持久寿命从标准状态的 81.67h 降为 1000h 时效后的 37.83h,下降幅度达 54%;980℃/220MPa 的持久寿命,在时效 100h 时达到峰值 86h;时效 100h 后,随时效时间的延长,持久寿命呈下降趋势;如持久寿命从标准状态的 82.67h 降为 1000h 时效后的 62.96h,下降幅度约为24%。持久塑性随时效时间的延长基本上呈增加的趋势。

表 3 - 7　长期时效对 DZ8 合金持久性能的影响

热处理状态	760℃/804MPa			980℃/220MPa		
	τ/h	$\delta/\%$	$\psi/\%$	τ/h	$\delta/\%$	$\psi/\%$
ST	81.67	17.56	18.96	82.67	35.68	52.26
ST + 100h	114.32	22.76	24.26	86.42	33.80	53.49
ST + 500h	62.25	23.40	23.77	69.00	19.60	34.46
ST + 1000h	37.83	27.00	31.78	62.96	39.24	54.48
ST + 2000h	33.02	25.28	27.72	49.50	37.04	51.36
ST + 3000h	25.12	30.64	29.78	42.50	32.40	60.72

黄朝晖[26]等人通过对 DZ6 合金长期时效后组织的研究发现,合金经900℃/3000h 无载荷长期时效后,γ'相发生条状化,组织形貌变化如图 3 - 17 所示;980℃/1000h 无载荷长期时效后,γ'相长大和聚集,MC 分解并析出少量 $M_{23}C_6$ 和 M_6C 相,无 TCP 相析出。900℃长期时效后 DZ6 合金室温拉伸性能变化见图 3 - 18。合金的 $\sigma_{0.2}$ 值随时效时间延长逐渐下降,1000h 后下降 6%,而3000h 后下降 13.8%。σ_b 数值在 3000h 后下降了 16.3%。伸长率呈轻微下降趋势,2000h 以前变化不明显,但 3000h 后下降到 9%。

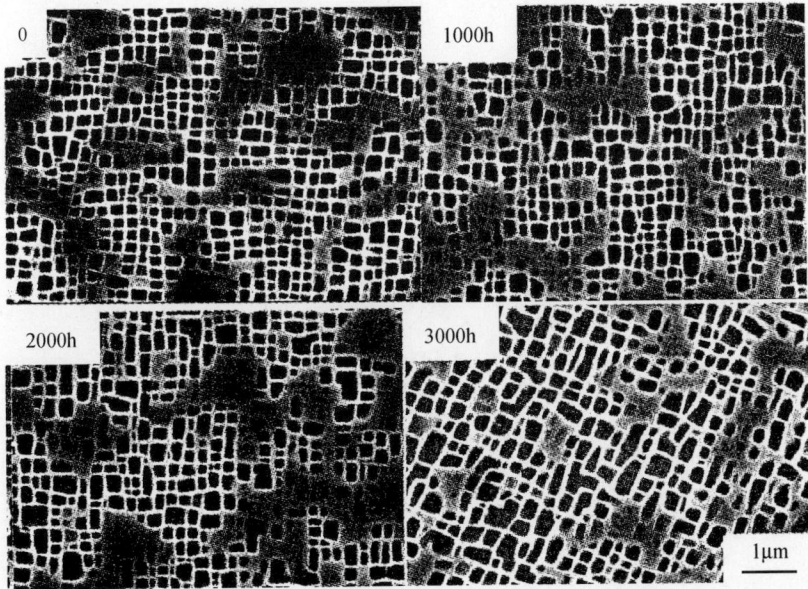

图 3 - 17　DZ6 合金长期时效后 γ' 相变化

(a)

(b)

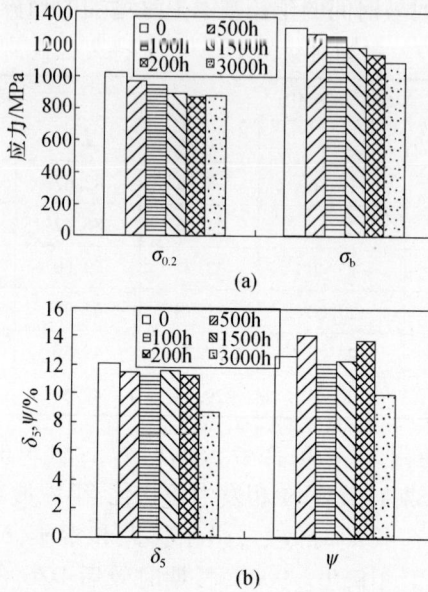

图 3-18 900℃长期时效对 DZ6 合金室温拉伸性能的影响

DZ6 合金 900℃长期时效后持久性能变化如图 3-19 所示。760℃/780MPa 的持

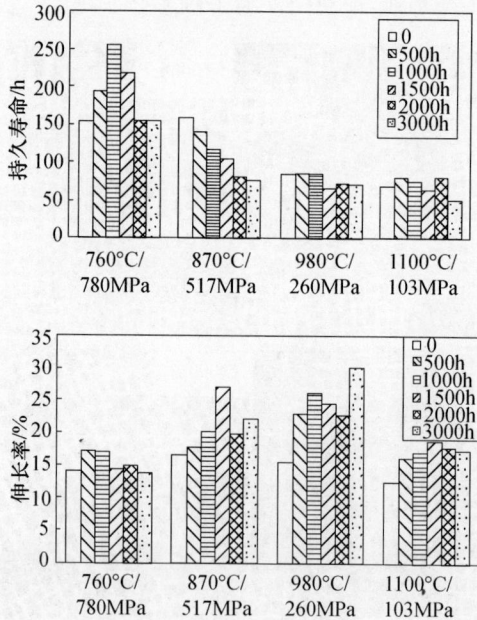

图 3-19 900℃长期时效对 DZ6 合金不同温度持久性能的影响

久寿命1000h前逐渐提高,从2000h开始下降到与热处理状态持平。分析认为,由于760℃持久寿命对 γ' 相尺寸敏感,当 γ' 相尺寸在 $0.3\mu m \sim 0.45\mu m$ 时,寿命最佳。而且,晶界碳化物的析出对合金有强化作用。2000h后 γ' 相开始长大,这是导致760℃持久寿命下降的原因。870℃/517MPa 的持久寿命呈递减趋势,1000h后下降25%,3000h后下降48%;980℃和1100℃的持久寿命下降幅度相对较小,3000h后的寿命分别下降17.8%和26.7%。高温持久寿命下降不明显的原因是高温下 Re 保持了很好的强化作用。所有温度下的伸长率均呈现出不同程度的提高。

DZ6 合金在 980℃时效后持久性能的变化见图 3 - 20。不同温度下持久寿命的变化规律与900℃时效的基本相同,高温980℃和1100℃的寿命在1000h后分别下降21.4%和11.7%;而900℃时效1000h后980℃和1100℃的寿命基本未发生改变。由此看出,时效温度对性能的影响还是很重要的。760℃/780MPa和870℃/512MPa 的寿命在1000h后下降50%左右,比高温持久寿命下降的严重。伸长率均有不同程度提高,但1100℃/103MPa 下的数值一直保持在10% ~ 15%,变化不明显。

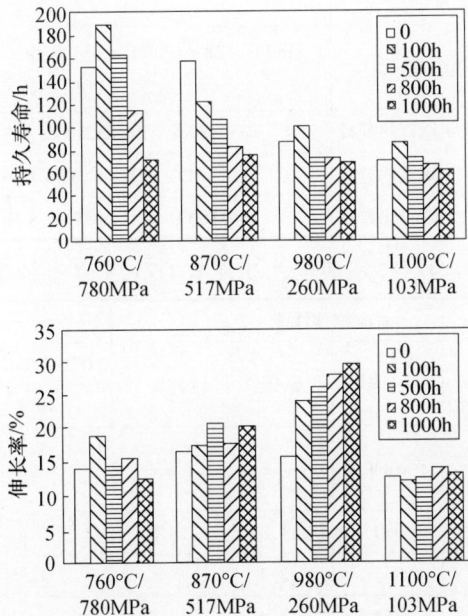

图 3 - 20 980℃长期时效对 DZ6 合金不同温度持久性能的影响

3.3.5 修复热处理

涡轮叶片在真空热处理过程中,有时因设备故障会出现一些意外情况,如停电造成热处理过程中断,导致固溶保温时间不够;控温仪表的偏差,造成固溶温度偏低;设备故障,如冷却风扇未能打开等造成固溶后的冷却速度偏低等,最终导致叶片性能检验不合格。余力等人通过模拟以上三种在实际生产中可能出现的热处理情况,研究了修复热处理对 DZ125 合金组织和性能的影响[27]。可能出现的热处理情况和修复热处理工艺参数如表 3-8 所列。表 3-9 为经表 3-8 中所示的工艺处理后,DZ125 合金性能的测试结果。由表 3-9 可见,经各种模拟叶片修复热处理后,合金性能完全满足技术条件规定值。经分析,工艺 1 相当于在 1210℃进行了一次预处理,有利于低熔点相的分解和扩散,对合金的均匀化是有利的;工艺 2 延长了固溶保温时间,有利于合金组织均匀化;工艺 3 重新固溶处理后,可以使粗大 γ′相回溶,在随后的冷却和时效过程中,重新析出均匀、细小的立方化 γ′相,使性能满足要求。因此,在模拟的 DZ125 合金热处理过程中出现固溶温度偏低、固溶保温时间不足或固溶后冷却速度偏低的情况下可以对零件重新进行标准热处理。对合金进行多次修复处理,合金的组织和性能没有明显变化。

表 3-8 试验采用的热处理工艺

工艺编号	试 验 方 案	工 艺 参 数
0	标准热处理	1180℃×2h + 1230℃×3h(空冷) + 1100℃×4h + 870℃×20h(空冷)
1	固溶温度偏低 + 修复热处理	1180℃×2h + 1210℃×3h + 标准热处理
2	保温时间不足 + 修复热处理	1180℃×2h + 1230℃×2h + 标准热处理
3	冷却速度偏低 + 修复热处理	1180℃×2h + 1230℃×3h + 标准热处理

表 3-9 经不同工艺处理后 DZ125 合金的性能

工艺编号	室温拉伸性能				持 久 性 能			
					760℃/725MPa/48h	980℃/235MPa/20h		
	σ_b/MPa	$\sigma_{0.2}$/MPa	δ_5/%	ψ/%	δ/%	δ/%	τ/h	ψ/%
DZ125 合金锭技术条件	≥980	≥840	≥5	≥5	≤4	≤2	≥32	≥10
0	1299	980	11.3	18.0	2.4	1.1	62	42.1
1	1319	994	12.4	9.7	1.3	0.9	68	39.8
2	1291	964	12.4	14.2	2.2	1.5	71	45.0
3	1304	991	8.8	10.9	3.0	1.0	56	50.2

3.3.6 典型合金的热处理制度

定向凝固柱晶高温合金最常用的热处理为固溶加时效处理。在高温固溶处理后,进行时效处理,这样可以保证在合金基体内有弥散的 γ' 相质点析出,典型定向凝固柱晶高温合金热处理和重要力学性能如表 3 – 10 所列。

表 3 – 10　典型定向凝固柱晶高温合金热处理和重要力学性能

合金	热处理制度	拉伸强度 σ_b/MPa			持久强度/MPa					
		室温	760℃	1000℃	$\sigma_{100h}^{760℃}$	$\sigma_{100h}^{1000℃}$	$\sigma_{100h}^{1040℃}$	$\sigma_{1000h}^{760℃}$	$\sigma_{1000h}^{1000℃}$	$\sigma_{1000h}^{1040℃}$
DZ4	$(1220\pm10)℃\times4h/AC +$ $(870\pm10)℃\times32h/AC$	1060	1185	575	804	181	142	677	125	112
DZ17G	$(1220\pm10)℃\times4h/AC +$ $(980\pm10)℃\times16h/AC$	1050	700℃/1050	600℃/495	725	980℃/185	—	605	980℃/110	
DZ22	$(1205\pm10)℃\times2h/AC +$ $(870\pm10)℃\times32h/AC$	1220	1270	585	804	181	137	686	109	73
DZ22B	$(1175\pm10)℃\times0.5h/AC +$ $(1205\pm10)℃\times2h/AC +$ $(1080\pm10)℃\times4h\sim6h/AC +$ $(870\pm10)℃\times32h/AC$	1080	1200	570	793	950℃/217	135	629	950℃/135	77.7
DZ125	$(1180\pm10)℃\times2h/AC +$ $(1230\pm10)℃\times3h/AC +$ $(1100\pm10)℃\times4h/AC +$ $(870\pm10)℃\times20h/AC$	1320	1210	575	815	187	138	672	121	84
DZ125L	$(1220\pm10)℃\times2h/AC +$ $(1080\pm10)℃\times4h/AC +$ $(900\pm10)℃\times16h/AC$	1138	1237	980℃/699	864	211	158	744	143	108
DZ40M	铸态	600℃/495	700℃/515	185	700℃/400	800℃/265	900℃/140	700℃/340	800℃/195	900℃/95
DZ38G	1190℃×2h/AC+1090℃×2h/AC+850℃×2h/AC	1180	750℃/1145	480	750℃/706	142	—	750℃/620		
DZGTD111	—	1260	850℃/950	410	—	—	112	800℃/469		

以二代定向凝固柱晶高温合金 DZ6 的热处理研究为例[10],该合金含有 3% 的 Re 元素,难熔元素的含量达到了 14% ~16%(质量分数),用金相法测得合金的初熔温度为 1290℃。为避免合金在高温固溶时初熔,先在固溶前进行了 1180℃的均匀化预处理,然后实施了三种不同的固溶 + 时效热处理:

(1)1180℃ ×2h + 1280℃ ×2h/AC + 1120℃ ×4h/60min,缓冷→1080℃ × 4h/AC + 870℃ ×16h/AC。

（2）1180℃×2h+1280℃×2h/AC+1120℃×4h/AC+1080℃×4h/AC+870℃×16h/AC。

（3）1180℃×2h+1280℃×2h/AC+1120℃×4h/60min，缓冷→1080℃×4h/AC+900℃×4h/AC。

DZ6的热处理试验结果表明：1120℃时效后快冷（制度2），横向870℃/448MPa持久寿命只有36h；而采取缓冷后（制度1），寿命提高至244h，而且时效后缓冷处理明显提高了持久塑性。当时效工艺由900℃×4h（制度3）变为870℃×16h（制度1）后，合金的纵向中温760℃/780MPa持久寿命提高了1倍，但对持久塑性影响很小[10]。合金在1180℃的预处理，使得合金在1280℃下固溶未发现初熔，其热处理后的组织形貌如图3-21所示。

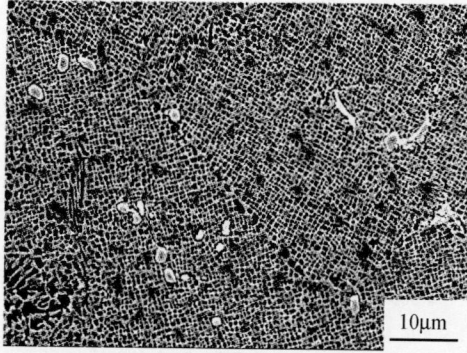

图3-21　DZ6合金热处理后组织及晶界形貌[10]

3.4　我国定向凝固柱晶高温合金的应用研究

3.4.1　Hf对合金的影响

自20世纪60年代中期以来，冶金工作者在改善镍基铸造高温合金的中温强度方面开展了大量的研究工作，取得了很大的成果，其中卓有成效的办法之一是加Hf，由此发展了一系列的含Hf合金。此后，D. N. Duhl等人又将加Hf的概念引入定向凝固柱晶高温合金中，在改善定向凝固柱晶高温合金的横向性能方面作用显著[11,28]。

3.4.1.1　对合金显微组织的影响

铸造高温合金枝晶干不含Hf，Hf以富Hf相形式存在，各种初生相的含Hf量按下列顺序递减：$MC_{(2)}$，$(Hf, Ti)_2SC$，Ni_5Hf，$MC_{(1)}$，共晶γ'相。

1. γ'相

高温合金中加入Hf，其原子主要直接溶解到γ'相中，使γ'相的成分变为Ni_3（Al，

Ti,Hf)。Ni$_3$Al 中可以溶解约 7%（原子分数）的 Hf。研究表明,加入铸造镍基高温合金中的 Hf 有 90%进入 γ′相（含 γ + γ′共晶）。进入 γ′相的 Hf 使 γ′相数量增多,提高了 γ′相的强化效果。进入 γ′相的铪原子改变 γ′相的化学成分,提高 γ′相的反相畴界能,有利于提高位错以切割机制通过 γ′相合金的强度。γ′相中含有 Hf 后,因铪原子半径较大,从而增加 γ/γ′点阵错配度,有利于共格应变强化机制强化合金,但不利于高温蠕变性能的改善。因为过高共格应变导致 γ′相周围出现界面位错,提供原子扩散短回路,有利于位错攀移越过 γ′相,从而降低蠕变性能。

Hf 还改变 γ′相的形态,由立方形变为树枝状,同时增加晶界附近块状 γ′相数量。晶界附近富 Hf 的柱状 γ′相的发展,使晶界由平直状变为弯曲状。弯曲晶界中颗粒状碳化物可以阻止中温晶界滑移而不降低塑性。碳化物周围的粗大 γ′相可通过分散滑移减少晶界空穴和裂纹的形成,或使裂纹钝化而进行塑性调节,从而改善中温强度和塑性,提高持久寿命。

2. 碳化物

加 Hf 改变了 MC 碳化物的形态。当合金中 Hf 的含量高于 1.5%时,MC 由原来的骨架状变为块状,并形成两种 MC 碳化物:一种是原先富 Ti、Nb、Ta 但溶进少量 Hf 的 MC$_{(1)}$;另一种是以 Hf 为主的 MC$_{(2)}$。这两种碳化物常常彼此分开,但也有共生的情况,如图 3 – 22 所示。MC$_{(2)}$处于更接近枝晶间的位置[29]。

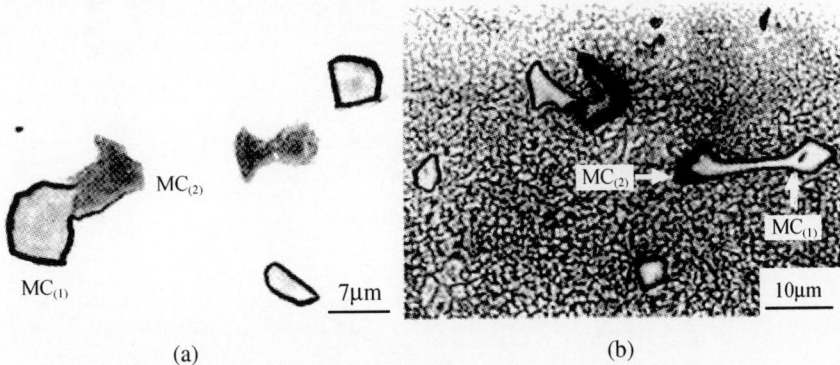

图 3 – 22 铸态合金中的 MC$_{(1)}$和 MC$_{(2)}$碳化物

3. γ + γ′共晶

众所周知,根据合金的凝固顺序,共晶 γ + γ′是在凝固末期即枝晶区和晶界形成的,其大小、形态与冷却条件和成分有关。Hf 是在枝晶间强烈偏析的元素,又是 γ′的形成元素,因此 Hf 显著促进晶界和枝晶间形成大量的 γ + γ′共晶[30]。共晶 γ + γ′增加的主要原因是 Hf 的加入改变了合金的凝固特性,使得液、固相线之间的温度范围变宽。

4. Ni₅Hf

含 Hf 的合金中常出现一种金属间化合物 Ni_5Hf，在铸造高温合金中加入 0.4% 的 Hf 就可能在枝晶间区发现微量的 Ni_5Hf 相。该相形貌呈蜂窝状[31]，见图 3-9。

5. 显微组织稳定性

Hf 的重要作用之一是抑制热暴露过程中 M_6C 相的形成，从而有利于晶界的稳定和减少 M_6C 开裂的危害[29,32]。含 Hf 的合金在 900℃ 长时间热暴露后显微组织变化的另一特点是形成次生的 $MC_{(2)}$，其中 M 的 Hf 含量远比铸造时形成的一次 $MC_{(2)}$ 高，次生 $MC_{(2)}$ 可通过 $Ni_5Hf + \gamma(C) \longrightarrow MC_{(2)} + \gamma$ 形成。次生的 $MC_{(2)}$ 还可利用共晶 γ' 中的高 Hf 量和 γ 基体中残存的 C 通过 $\gamma'(Hf) + \gamma(C) \longrightarrow MC_{(2)} + \gamma$ 形成[29]。

3.4.1.2 对力学性能的影响

定向凝固柱晶高温合金加 Hf 主要是为改善中温横向性能。Hf 能提高 760℃ 拉伸强度和塑性，尤其提高 760℃ 持久寿命和塑性更加明显，见图 3-23[30]。加 Hf

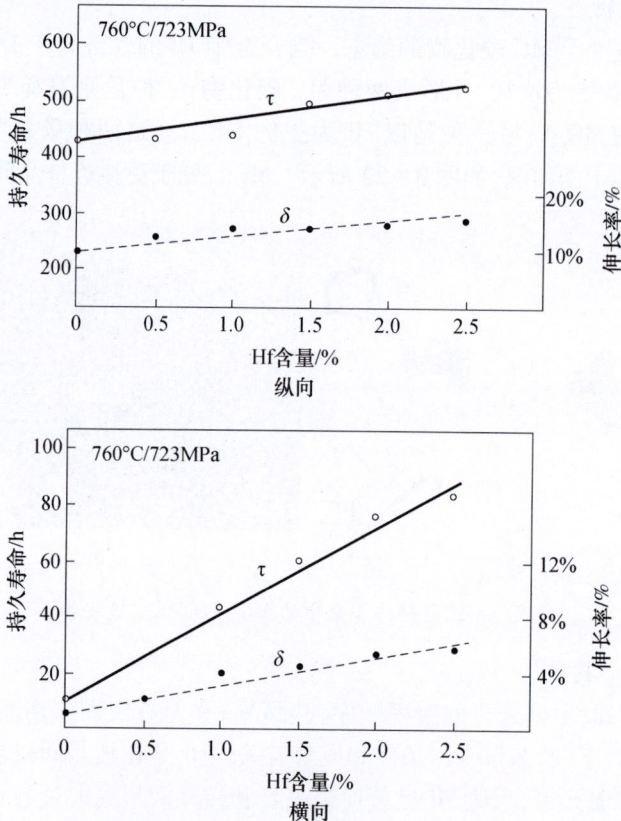

图 3-23 Hf 含量对合金中温持久性能的影响

64

提高合金中温强度和塑性的主要原因是增加了共晶 γ' 的量并进一步强化共晶 γ' 本身。加 Hf 合金的枝晶间区分布着大量被 γ 网格分割开来的小块状共晶 γ'，变形时易产生均匀的滑移，可有效调节枝晶间区高应力造成的严重变形，又不容易开裂。另一个原因是 Hf 夺取了枝晶间和晶界区的 S 形成了硫化物，降低了 S 的有害作用，从而增强了枝晶间和晶界的结合强度。

对 DZ22 合金高温性能的研究表明[28]，随 Hf 含量的提高，合金 1040℃/127MPa 持久寿命降低而塑性提高。其原因如下：首先，过量的共晶 γ' 相对合金高温性能有不利的影响。共晶 γ' 相是塑性相，高温下强度很低。高温持久试样断口中常可看到共晶 γ' 相被拉长，很多二次裂纹在共晶 γ' 处产生。其次，作为凝固末期析出的共晶 γ' 是低熔点相[14,28]，特别是它的成分不均匀，更增加了自身的不稳定性。共晶 γ' 边缘局部富 Hf，容易形成低熔点化合物（如 Ni_5Hf），因而造成先行熔化的条件，显然这对高温性能不利。另外，加 Hf 后合金 γ' 相高温稳定性降低。Hf 进入 γ' 相使 γ/γ' 点阵错配度增大，共格应力提高。在高温下过高的共格应力将导致共格关系的破坏，使界面附近出现位错，提供短回路扩散通道，促进 γ' 相集聚长大。而且在高温应力作用下，主要的形变机制是扩散，位错沿 γ' 相周围攀移通过。在 γ' 相总量变化不大的情况下，γ' 相的明显集聚则增大了质点间距，为位错攀移通过创造了有利条件。再次，加 Hf 大于 0.5%（质量分数）的合金中存有低熔点相 Ni_5Hf，这是强度薄弱区。在高温持久试验过程中，它极可能成为裂纹的起点和扩展通道。

王玉屏等[33]通过研究表明，Hf 的加入可显著提高 DZ22 合金抗疲劳开裂的能力，如图 3-24 所示。其主要原因之一是 Hf 明显扩大合金的凝固范围，有利于初生 MC 碳化物在更宽的温度范围内形成块状而不是条状，垂直于轴向应力的长条状 MC 碳化物在低周疲劳的前几个循环中即发生开裂而成为疲劳裂纹的

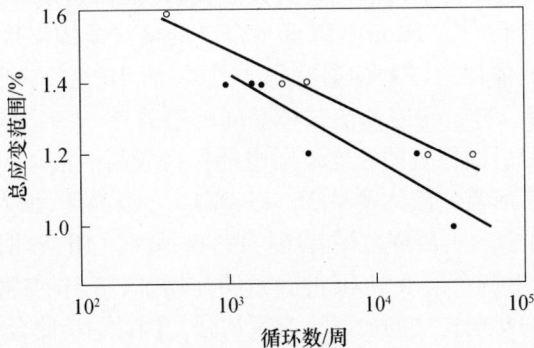

图 3-24　$\Delta\varepsilon_T$-N_f 曲线[33]

●—不含 Hf 试样；○—含 Hf 试样。

萌生源,而趋于块状的 MC 碳化物则具有较好的抗疲劳开裂的能力。因此,MC 碳化物的形态是决定低周疲劳寿命的主要因素。另外,Hf 增加 $\gamma + \gamma'$ 共晶体积分数及其对晶界和枝晶间的净化作用,可有效提高晶界和枝晶间的结合强度与韧性,这也是 Hf 改善 DZ22 合金低周疲劳抗力的重要原因。

3.4.1.3 对初熔的影响

含 Hf 合金的初熔与合金中存在的低熔点相 Ni_5Hf 密切相关。含有这种金属间化合物较多的合金,初熔出现在较低的温度,1160℃即可出现明显的初熔。凡是影响 Ni_5Hf 的量和分布状态的因素都是影响合金初熔的因素。差热分析表明,含 Ni_5Hf 量超过1%(体积分数)时,DTA 曲线上在1135℃~1165℃温度区间会出现一个吸热峰,它对应该相的熔化温度范围。当定向凝固柱晶高温合金在固溶处理时形成超过3%(体积分数)的初熔区时,无论是在拉伸还是持久试样断口上都可以看到沿初熔区的共晶 γ' 相边缘断裂的特征,760℃ 和 1040℃ 的持久寿命也明显降低。

Ni_5Hf 相的存在还使得合金中的 M_3B_2 硼化物的初熔点降低,使其在1205℃就发生熔化。同时,Ni_5Hf 的熔化对共晶 γ' 的初熔也起诱导作用。Ni_5Hf 的初熔温度远低于 γ' 固溶温度成了限制高温合金固溶处理的重要因素,因而消除 Ni_5Hf 相成了主要目标。利用 Ni_5Hf 相在高温下不稳定并可转变成 $MC_{(2)}$ 碳化物这一特性,可有效消除该相,从而达到提高合金初熔温度的目的[28-30,32-34]。Ni_5Hf 消失主要靠两条途径:一是通过 $Ni_5Hf + \gamma(C) \longrightarrow MC_{(2)} + \gamma$,二是在高于1100℃的高温下该相有显著的回溶。

3.4.1.4 对凝固过程的影响

Hf 是一个极为强烈的正偏析元素,严重的偏析在枝晶间,其偏析程度比 Ti 还严重。Hf 的加入,改善了其他元素的枝晶偏析程度,这对于增加枝晶干与枝晶间的相对强度有利[29]。Hf 虽然降低了合金的最终凝固温度,但在共晶 γ' 析出以前枝晶间的液体保持好的连通状态。另外,含 Hf 合金凝固后期产生的富 Hf 熔体有很好的流动性,很容易流过枝晶间的窄通道[32,34]。含 Hf 合金的主要凝固特性是在凝固后期很宽的温度范围内都保持较高的液体量,但保持枝晶间的液体成连通状态所需的液体量最少。以 DZ22 合金为例,加入 Hf 后,合金固、液相线温度都有下降[28],凝固范围有所扩大,这是因为 Hf 元素改变了凝固区剩余溶液的成分,使得剩余溶液中 Hf 的含量明显增加,富 Hf 溶液流动性极好,对合金凝固后期毛细孔通道之间的联系有所加强。因此,Hf 使合金凝固后期的补缩得到改善,能减少疏松的倾向性,特别是在定向凝固制造复杂薄壁铸件时,富 Hf 溶液可以弥合由于型芯材料在合金凝固时产生的塑性变形而造成的纵向晶界裂纹,提高了合金的抗开裂倾向性和可铸性[30]。

3.4.1.5　对焊接的影响

在焊接过程中,常常在焊缝区和热影响区产生裂纹,许多铸造高温合金被认为是不可焊的。加 Hf 后合金大大降低了焊缝区和热影响区的开裂敏感性。这是由于在焊缝熔化区和热影响区存在富 Hf 的趋肤液,对焊接裂纹起到"自钎焊"的作用,使裂纹得以愈合[34]。

3.4.1.6　与陶瓷型壳材料的反应

由于趋肤效应,富 Hf 的熔体与型壳材料之间会产生反应形成 HfO_2。当合金中的 Hf 含量低于 1.0% 时,HfO_2 呈小颗粒状;当合金的 Hf 含量高于 2.0% 时,铸件表面会形成连续的 HfO_2 层,该层富 Hf 贫 Ni、Cr[34]。

3.4.2　Re、Ti、Ta 等对合金性能的影响

航空发动机性能的提高,对涡轮叶片材料的耐温能力提出了更高的要求。国外发展的第二代定向凝固柱晶高温合金已经用于军用、民用发动机涡轮叶片,合金的特点是含有 3% 的 Re;正是由于 Re 的加入,提高了合金的高温蠕变强度。

谭永宁[35]等人的研究发现,合金中加入 Re 后,其铸态组织中 $\gamma + \gamma'$ 共晶相的尺寸减小,但共晶数量随着 Re 含量的增加而增多。Re 的加入使得 γ 相含量增加,这是因为 Re 主要分布在 γ 相中。还发现 Re 的加入提高了合金的室温拉伸强度(图 3 – 25),这主要有两方面原因,一是 Re 在 γ 相中的短程有序的分布,使得高温时位错的运动被限制在基体通道内;二是 Re 分布在 γ' 相的邻近处,由于 Re 是低扩散性元素[26,27],它抑制了 γ' 相的长大和粗化,从而使合金在高温下保持较好的强度。

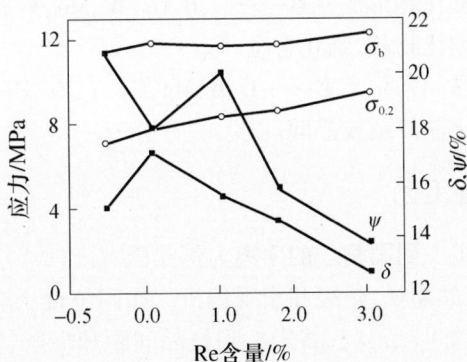

图 3 – 25　合金室温拉伸性能与 Re 含量的关系

张宏炜[22]通过对一种 Re 含量为 4% 的定向凝固柱晶高温合金长期时效后组织和性能的研究发现,950℃/1000h 长期时效后,合金中没有 σ 相等对性能有

害相出现,微观组织变化不大,持久性能基本没有变化,组织稳定性比较好,合金具有长期使用的能力,这主要是 Re 能提高合金的扩散激活能,降低了合金元素的扩散速率,防止了 γ′相的粗化,提高了合金组织的热稳定性。

对于定向柱晶高温合金而言,为保持合金的高温强度,要求合金中含有一定量的 γ′相,这就要求合金中有一定的 Al 和 Ti 的含量。然而,这两种元素含量的提高,相应又使得合金的其他性能下降,尤其是对其焊接性能很不利。Ti 和 Ta 是 γ′相形成元素,主要进入 γ′相,同时也是 MC 碳化物形成元素。只有在微量 C 的合金中,Ti 和 Ta 才主要进入 γ′相。随着 Ti 和 Ta 元素的增加,合金铸态组织中枝晶间共晶数量和尺寸明显增加,三次枝晶逐渐出现[10]。随着 Al 和 Ta 含量的增加,合金持久性能得到提高,但过量加入会使性能明显降低。

定向凝固柱晶高温合金中所涉及的合金元素有近 20 种,主要有 Fe、Co、Ni、Ti、Zr、Hf、V、Nb、Ta、Cr、Mo、W、Re、Al、Mg、Ce、Y、C、B 等。这些元素在合金中的作用可归纳为六个方面:

(1) 形成奥氏体基体的元素——Ni,Fe,Co。

(2) 稳定表面的元素——Cr、Al、Ti、Ta、Y、Re、Hf。其中 Cr、Al、Y、Re、Hf 主要提高合金的抗氧化能力,而 Cr、Ti、Ta 有利于抗热腐蚀。

(3) 固溶强化元素——W、Mo、Re、Al、Nb、Ta,固溶进 γ 基体中,起固溶强化作用。

(4) 金属间化合物形成元素——Al、Ti、Nb、Ta、Hf 和 W,这些元素既可形成金属间化合物 Ni_3Al、Ni_3Nb、Ni_3Ti,还可固溶进金属间化合物中,进一步强化金属间化合物。

(5) 碳化物和硼化物形成元素——C、B、Cr、W、Mo、V、Nb、Ta、Zr、Hf 能形成各种类型碳化物和硼化物相,强化合金。

(6) 晶界和枝晶间强化元素——C、B、Mg、Ce、Y、Zr、Hf,这些元素以间隙原子或第二相形式强化晶界或枝晶间。

3.4.3 定向凝固工艺

同一时间从液相线到固相线的距离为粥状区宽度(ΔX),此宽度的大小将强烈影响到各种特性,如缩松、热裂和宏观偏析。而同位置从液相线到固相线所需的时间为局部凝固时间(Δt),它将影响到枝晶间距和夹杂物的大小。由于定向凝固过程是在非稳态条件下进行的,因此它的温度梯度 G、凝固速度 R 和 G/R 值在整个凝固过程中是不断变化的。温度梯度 G 直接影响晶体生长速度和晶体组织与性能,研究结果表明,高的温度梯度对改善化学成分的均匀性,降低枝晶间的微观疏松尺寸、数量十分有效,因而有利于提高持久强度和疲劳寿命[38]。

为了提高温度梯度，人们不断改进定向凝固工艺的方法。最初发展的功率降低法(PD)的温度梯度只有 10℃/cm，逐渐发展到目前普遍采用的高速凝固法，温度梯度可达 30℃/cm，我国目前工业生产中定向凝固炉的温度梯度，通过强制冷却水冷铜结晶器可达 30℃/cm ~ 80℃/cm。王罗宝等人的研究[39]表明，功率降低法和高速凝固法的 760℃ 横向持久性能随 Hf 含量的增加而提高，而高速凝固法提高的幅度比功率降低法大得多。高速凝固法 760℃ 纵向持久寿命虽然随 Hf 含量的增加基本保持不变，但寿命水平比功率降低法试样高出 100h 左右。在高温持久性能方面，尽管两种工艺方法的试样持久寿命都随 Hf 含量增加而下降、但是高速凝固法总的高温(1040℃)持久寿命水平比功率降低法高。这两种定向工艺所得力学性能的差异是由于它们局部凝固速度的不同造成的。高速凝固法局部凝固速度较快，因而，枝晶臂间距较小，$\gamma + \gamma'$ 共晶相的数量较少、尺寸也较小，而且，Hf 偏析的减小、晶粒取向的发散度也较小。所有这些都有利于进一步提高合金中温和高温持久性能。

增加固相晶体的温度梯度 G_S，能够增加液相温度梯度 G_L；另外，为提高 G_L 也可以提高固—液界面前沿高温合金熔体的温度。G_L 增大，合金的凝固区间变窄，疏松少，偏析少，组织致密，力学性能好。同时，G_L 增大还可以提高凝固速率 R。顾林喻等利用超高梯度快速定向凝固装置，对 DZ22 合金在快速定向凝固下的枝晶组织和显微偏析进行了研究[40]。结果表明：快速定向凝固的一次枝晶间距和二次枝晶间距及冷却速率随凝固速率变化有一极值，见表 3 – 11。在凝固速率为 815μm/s 时，枝晶间距为最小，而冷却速率为最大。各元素显微偏析程度随冷却速率增大而减小。除 Hf 元素外，在最大冷却速率为 54℃/s($R = 815$μm/s)时，其余元素的偏析比均趋于 1。刘忠元等人的研究也得到了类似的结果[41,42]。

表 3 – 11　一次枝晶间距、二次枝晶间距与凝固速率和冷却速率的关系

$R/(\mu m/s)$	$\lambda_1/\mu m$	$\lambda_2/\mu m$	$G_L/(℃/cm)$	$G_L \cdot R/(℃/s)$
108	76.5	27.6	1264	13.7
243	67.8	16.6	1143	27.8
396	69.05	16.6	1143	27.8
396	69.05	16.7	1005	39.8
536	53.3	15.4	879	47.1
625	54.7	13.5	799	49.9
705	45.7	11.2	727	51.2
815	28.8	8.4	628	54.0
1034	45.7	12.4	431	44.6

用高速凝固工艺制备定向凝固柱晶高温合金时,铸型的抽拉速率是个非常重要的参数。在稳态生长条件下,固—液界面两边的温度是稳定的。铸件的抽拉速率主要受铸件辐射传热特性的影响,在小于临界抽拉速率的条件下,凝固速率 R 与抽拉速率基本一致,而且固—液界面稳定在辐射挡板附近。

郭建亭[38]等人通过对 DZ17G 合金不同抽拉速率下显微组织和力学性能的研究发现:抽拉速率缓慢时,枝晶生长粗大;随着抽拉速率的增加,一次枝晶在垂直方向凝固生长加快,减缓了在水平方向上的生长,一次枝晶干越来越细,同时二次枝晶数量越来越多,直至达到 7mm/min 时达到最佳状态。当抽拉速率进一步增加到 10mm/min 时,枝晶出现了严重的分叉和不连续现象,这无疑给合金性能带来不利影响。为获得良好的定向柱状晶粒、均匀致密的组织和最佳的力学性能,必须控制固—液界面前沿的温度梯度 G 和凝固生长速度 R 的最佳配合。楼琅洪[43]等人通过对 DSM11 合金定向凝固速度的研究发现:抽拉速率为 4mm/min 时,一次枝晶间距较宽,而二次或三次枝晶不发达;抽拉速率为 7mm/min 时,由于枝晶在垂直方向凝固加快,使得一次、二次和三次枝晶间距缩小;当抽拉速率为 11mm/min 时,纵向仍保持柱晶状态,横向二次和三次枝晶稳态生长规律已经被破坏,呈现多晶倾向。随着抽拉速率的提高,各次枝晶间距细化;而当抽拉速率为 11mm/min 时,一次枝晶间距又粗化。当抽拉速率从 11mm/min 降至 7mm/min 时,合金元素的偏析度明显提高;当抽拉速率降至 4mm/min 时,合金元素的偏析度却下降。这是由于凝固速度慢时,合金凝固后有个高温扩散过程。抽拉速率为 7mm/min 时,合金的持久性能最佳。刘忠元等人[41]研究了两种定向凝固方法对 DZ22 合金力学性能和组织的影响,发现采用高速凝固法制得的合金铸件枝晶组织粗大、侧向分枝发达、枝晶偏析严重、析出相粗大。而区域熔化液态金属冷却法制备的合金铸件枝晶组织明显细化,MC 碳化物尺寸减小,γ+γ'共晶和 MC 碳化物只沿一次枝晶轴的晶界和枝晶间形成小扇形状的共晶,枝晶偏析得到抑制;一次、二次枝晶臂间距分别为高速凝固法的45%和32%,使 DZ22 合金在 980℃/220MPa 条件下的高温持久寿命由 72h 增加到 168h,提高了130%(表3-12)。

表3-12　两种定向凝固方法 DZ22 合金的高温持久性能

定向凝固工艺	凝固参数			试样	980℃/220MPa 持久寿命	
	R/(μm/s)	G/(K/cm)	T'/(K/s)		τ/h	ψ/%
HRS	120	40	0.48	02	66.3	56.00
				03	78.5	33.13
ZMLMC	220	1140	25.1	31	192	51.49
				32	144	50.05

当过热的熔融合金浇注到底部开口的过热型壳后,在铸件底部形成具有1000 个晶粒/cm² 的激冷层。此时,铸件的热量以热传导占优势自上而下地通过水冷结晶器传出,这时的温度梯度大、枝晶间距小,故组织较均匀,碳化物和共晶呈分散和细小状态。但随铸型抽拉速率的增加,热传导逐渐被热辐射占优势所代替,故在距结晶器高度 80mm ~ 120mm 处 G 和 G/R 曲线出现凹坑。此处的柱晶开始长大和竞争,那些与最陡温度梯度相平行的[001]取向的柱晶长得更迅速,它们伸长并压抑临近的晶粒,其结果使枝晶间距粗化,此处在高温受力时裂纹发展就容易得多。为使与热流方向相反的柱晶细和直,则要求纵向热流绝对大于横向热流,此时的凝固界面才能接近平面,以避免出现横晶、斜晶、等轴晶等。为保证凝固界面是平面,必须保证合金与型壳加热到比合金液相线温度高120℃ ~ 200℃。为使型壳温度均匀,在此温度下要保温 10min。要加强热传导和热辐射效应,以提高纵向温度梯度。要使固—液界面的凝固速度与铸型的抽拉速率相匹配,其目的是使横向热流趋近于最小。

随着铸型抽拉速率的增加,纵向枝晶间距呈双曲线型增加,即抽拉速率大于7mm/min 之后纵向的枝晶间距增加很快。抽拉速率最快的温度梯度小,其热量来不及导出,则平行于热流的一次枝晶轴的数量明显地减少,而结晶潜热也不能及时排出。这就使临近的液相温度提高,其结果使一次枝晶轴之间的距离增加,二次枝晶和三次枝晶发达。随着铸型抽拉速率的增加,合金的纵向持久寿命逐渐降低,而中温持久寿命降低得更加明显,看来影响合金持久寿命的是枝晶组织,即细的枝晶间距可使铸件具有均匀、分散、细小的 MC 碳化物和 $\gamma + \gamma'$ 共晶,在高温受力时裂纹的扩展在枝晶干密集的试样中将受到限制[44]。

3.4.4　薄壁性能

采用气冷空心涡轮叶片是提高航空发动机涡轮前温度的重大技术之一。随着涡轮工作温度的提高,叶片的内腔结构越来越复杂,其壁厚也随之减薄。铸造高温合金的研究表明:当壁厚减小到一定程度时,零件的中温、高温持久性能会下降,这就是薄壁效应。该效应对空心涡轮叶片有重要影响,因此叶片设计师极其重视合金的薄壁性能数据。

与普通等轴晶铸造高温合金一样,定向凝固柱晶高温合金的持久寿命也随试样壁厚的减小而降低,尽管降低的幅度较小[45]。其原因是:在薄壁的情况下,容易出现简单晶界从壁的一侧贯穿至另一侧的情况;晶粒数目较少,或者说,枝晶密度较小使在持久试验中裂纹切割枝晶干而扩展所受的阻力较小,容易出现裂纹迅速穿透壁厚的情况,导致持久寿命降低;试样存在加工硬化层、表面再结晶层和氧化层,减少了薄壁试验的有效承载面积,也使持久寿命降低。

穆寿昌等人对定向凝固柱晶高温合金 DZ22、DZ4 的板状薄壁性能试样进行了研究。他们发现:薄板的厚度对室温和 760℃ 中温拉伸性能没有影响,但使760℃ 中温和 980℃ 高温持久性能明显下降[44,46]。值得注意的是,国内外大多数薄壁性能研究者都采用平板状试样,如图 3-26 所示,并且是从厚壁毛坯上经过机加工得到的,尽管也有用空心管状试样来进行热机疲劳试验,但也同样是由棒材经过机加工获得的。据认为,这主要是为了保证厚壁与薄壁的显微组织相同,从而能更好地反映尺寸效应。然而,就涡轮空心叶片的实际工艺情况而言,二者的差别是很大的。空心涡轮叶片形状是空间曲面尤其是带有气膜孔的进气边,其生产工艺是采用无余量熔模精密铸造工艺,叶身基本不加工或者极少量抛修。因此,需要从工艺上来模拟涡轮空心叶片的情况,采用形状和尺寸接近于精铸空心叶片的精铸管状试样所测得的性能数据对叶片设计师更有参考价值[47]。

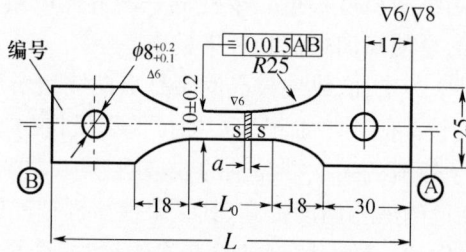

图 3-26　板状试样示意图

张宏炜[47]设计了利用空心管状试样(图 3-27)对一种高性能定向凝固柱晶高温合金 DZ125 进行薄壁性能的考察,通过与标准试样在 900℃/370MPa 下的持久性能比较(表 3-13),得出该合金的持久性能没有随壁厚减少而降低。其原因是薄壁试样凝固速度较快,使枝晶间距减少,枝晶密度增大,并使枝晶间的强化相细化,这些有利于持久性能提高的因素补偿了因壁厚减少而导致性能下降的不利因素,从而使薄壁试样性能保持与标准试样同一水平。

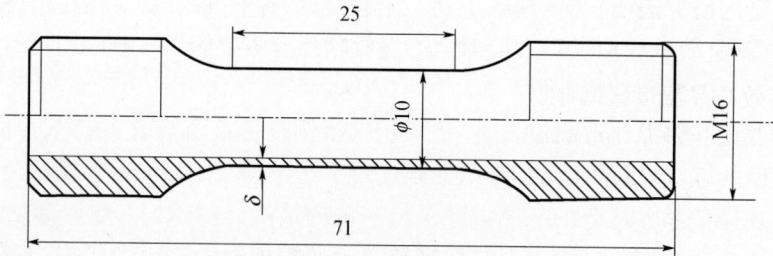

图 3-27　管状空心试样示意图

表 3-13 不同壁厚试样持久性能及相应组织比较(900℃/370MPa,大气下)

试样类型	持久寿命/h	伸长率/%	枝晶密度/(个/mm)	一次枝晶间距/mm
标准试样	149.9	21.44	3~4	0.25
δ=1.6mm	139.5	18.62	5~6	0.18
δ=1.2mm	142.5	17.28	6~7	0.15
δ=0.8mm	149.5	20.96	5~6	0.17

3.4.5 可铸性

定向凝固柱晶高温合金可铸性的最重要标志就是它的热裂倾向性,亦即合金在定向凝固过程中产生纵向晶界开裂的倾向性[48]。热裂纹是在合金凝固温度范围内,接近固相线温度时形成的,或者说是在有效结晶温度区间形成的,此时合金处于固—液两态。晶间液相收缩产生孔洞,收缩应力破坏晶间搭桥而造成晶间分离,孔洞连接、扩展形成热裂纹[49]。有效结晶温度区间,其上限是指形成晶体骨架,堵塞补缩通道,合金开始线收缩的温度,其下限为凝固结束时的实际固相线温度。叶片在定向凝固时液—固界面示意图如图 3-28 所示。

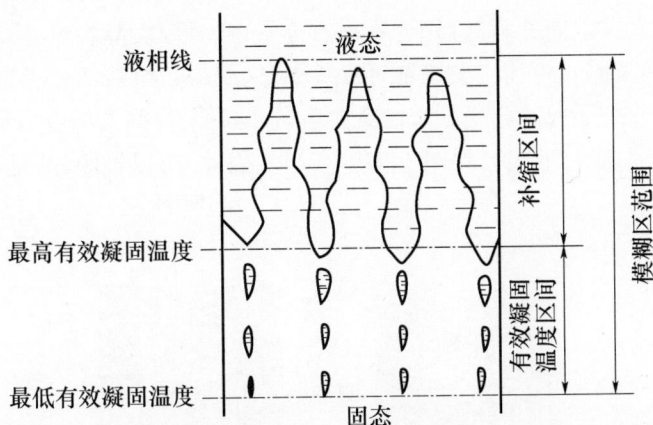

图 3-28 定向凝固过程中液—固界面糊状区示意图

有效结晶温度区间越大,凝固期间的线收缩越大,而合金在此区间的强度和塑性越低。因此从力学性能角度,有效结晶温度区间也称为"脆性温度区间"。脆性区越大,合金凝固时处于脆性区的时间越长,热裂就越容易形成。

铸件在合金凝固期间如能自由收缩,不受外部和内部阻力,即使在此时呈现极低的强度和塑性,也不致形成裂纹;但实际的凝固收缩过程,往往受到型壳、型芯、铸件及浇注系统的结构等各种阻力,致使铸件内部产生应力,如果应力超过合金在该温度下的强度,即产生热裂。

合金在凝固期间的热裂还与合金结晶末期晶体周围的液体性质及其厚薄密切相关。当铸件凝固到固相线附近时,晶体周围还有少量未凝液体,构成一层液膜。随着固相线温度的接近,液膜由厚变薄,当铸件全部凝固时,液膜即消失。合金中若含有如S、P等较多低熔点溶质或化合物,会使实际固相线下移,扩大凝固温度范围,液膜存在时间相应延长,并相应增加凝固期间的收缩量。在结晶末期,当凝固收缩致使晶体和晶间液膜内所产生的拉伸应力足够大时,液膜就会开裂。

拉断液膜所需的应力(P,N)为

$$P = 2\sigma F/b \qquad\qquad (3-5)$$

式中:σ为液体的表面张力(N/m);F为晶间液膜的表面积(m^2);b为液膜的厚度(m)。

式(3-5)反映了晶间液膜的表面张力和其厚度对铸件抗裂性的影响。拉断液膜所需应力(P)与液体的表面张力(σ)及固体同液体的接触面积(F)成正比,而与液膜的厚度(b)成反比。液膜的表面张力与合金的化学成分和铸件的冷却条件有关。液膜厚薄取决于晶粒大小,晶粒越小,晶界面积就越大,单位面积上的液膜数量和厚度就越小,故增加了铸件的抗裂性。Y. Z. Zhou 等的研究结果也证明了在定向凝固过程中,随着抽拉速率的提高,晶粒尺寸减小,晶界比例增加,一次枝晶间距和二次枝晶间距减小,这使得残余液体变得更加分散,由于残余液体收缩形成的应变分布也更加均匀,同时晶界间的结合力提高,合金的热裂倾向性因而得到改善,见图3-29[50-52]。因此,可以推断,凡是能够降低晶

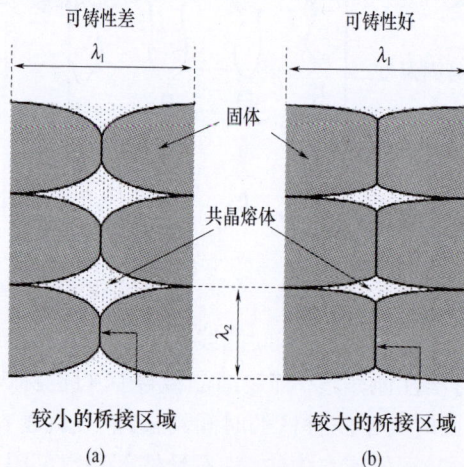

图 3-29 残余共晶熔体对枝晶桥接的影响[50]
(a) 较大的共晶熔体液池导致枝晶间较小的桥接面积和较弱的晶界结合力;
(b) 较小的共晶熔体液池导致较大的桥接面积和较强的晶界结合力。

74

体和液膜之间表面张力的表面活性元素,都能够促使合金抗裂性下降。高温合金中 S、P、O 等都属于表面活性元素,随其含量的增加,合金的抗裂性也随之下降。

影响热裂倾向性的因素很多,如合金成分、叶片形状、型壳和型芯材料以及熔铸工艺参数等,最直接的影响因素是合金成分。很多试验结果表明,合金中含有的 Hf、Zr、B、Mo、S 等元素对热裂倾向性有明显影响。Ti 的影响程度最大,Zr 次之,再次之是 B 和 Al,最小是 Hf。加入一定量 Hf 后,在晶界上形成一定量的共晶 γ' 相。根据 Dyson 原理,这种晶界可防止空穴和裂纹的产生,但是加入过量的 Hf 产生过量的 γ' 相反而对性能不利,所以 Hf 的加入量一般控制在 1.5% 以下。Hf 对热裂的影响作用将在下面详细讨论。镍基高温合金一般都加入微量的 Zr 作为晶界强化元素。但通常认为,Zr 是引起晶界开裂的敏感元素,其含量的极小变化,都对定向凝固柱晶高温合金的可铸性有很大的影响。过量的 Zr 能在晶界上形成过多的共晶 γ' 相,因而易引起晶界开裂。Ti 和 Mo 被认为对定向凝固柱晶高温合金的可铸性不利,易导致晶界开裂,最好不要加入,但这两种元素对于合金的力学性能有不可忽视的好处,故通常的高温合金中都有一定的加入量[48]。Ti 元素含量的增加,导致合金的共晶析出温度提高,致使在枝晶间保持联通的液体被过早地隔断,增加了液体的不可补缩区面积,使富 Hf 液池的流动性和浸润性难以发挥,增大了高温合金定向凝固过程的热裂倾向性[53]。合金中过量的 S 和 Mg 也是易产生晶界裂纹的因素,它们的含量应分别控制在 0.002% 和 0.02% 以下[48]。

定向凝固柱晶高温合金由于存在纵向晶界,在横向塑性不足的情况下,晶界裂纹是造成叶片故障的主要因素。定向凝固柱晶高温合金一般用作发动机空心冷却叶片,其结构复杂,叶身壁薄。因此,定向凝固柱晶高温合金必须有优良的可铸性,以减少定向柱晶开裂,提高横向塑性。DZ22 和 DZ22B 合金是通过添加 1% ~1.5%(质量分数)的 Hf 来减少柱晶高温合金晶界开裂,提高横向塑性,保证合金有很好的可铸性的。这是因为加 Hf 后,改善了合金中碳化物和 γ' 相的形态,γ' 相的边界呈锯齿状,提高了横向结合力,改善了合金的中温性能和横向塑性。同时,Hf 偏析在枝晶间形成富 Hf 相,并进入 γ' 相中,增加了 $\gamma+\gamma'$ 共晶相的含量,从而降低液相线的温度。Hf 的加入可以缩小失去枝晶间毛细补缩作用的温度与固相线温度之间的范围,减少凝固后期连通枝晶间液体所需的溶液量。凝固后期,富 Hf 的熔体具有良好的流动性和独特的趋肤效应。所以,含 Hf 的合金具有良好的可铸性。我国自行研制的 DZ4 合金不含 Hf,它是通过无 Zr(Zr 含量 ≤0.02%(质量分数))和减少 Ti 含量,来消除 $\gamma+\gamma'$ 共晶,缩小 ΔT_1(液相线温度与枝晶间通道被堵塞的温度差值),以保证合金具有很好的可铸性,减少热裂倾向性。DZ125 合金是通过降低合金中 Ti 的含量来减少定向凝固柱晶高温合金晶界开裂,提高可铸性的。

由于定向凝固形成的晶界粗大平直,为热裂纹的扩展提供了有利条件,微小的外界扰动也会使热裂纹的尺寸和总条数发生较大的变化。增加热裂试验次数的方法不适合工业化条件下评定合金的热裂倾向性。因此,根据定向凝固柱晶高温合金热裂倾向性的试验结果,王艳丽[54]等人提出了热裂倾向性半定量评定方法。首先,依据热裂纹形成时的凝固收缩阻碍条件,将合金热裂倾向性分为 4 个等级,即全不裂、1.0mm 试管裂、1.5mm 试管裂以及全裂。然后,考虑薄壁定向凝固柱晶铸件易产生穿透性裂纹的特点,将每种尺寸的热裂纹情况分为三个等级,即不裂、非穿透性裂、穿透性裂。通过分析热裂纹形成条件,三种热裂纹试样只能存在 10 种情形。根据实际情况,随着热裂倾向性增加,热裂纹情况可能产生 7 个热裂倾向等级,如表 3 – 14 所列。依此制定了定向凝固柱晶高温合金热裂倾向等级半定量评定方法,试验结果表明,针对定向凝固柱晶叶片类铸件热裂纹形成特点提出的热裂倾向等级半定量评定方法具有很好的重复性。

表 3 – 14　热裂倾向性等级半定量评定标准

热裂程度	1.0mm 试管	no	np	p,np	p,np	p,p	p	p
	1.5mm 试管	no	no	no,np	no,np	p,np	p	p
	2.0mm 试管	no	no	no,np	no,np	no,np	no,np	p
热裂倾向等级		0	1	2	3	4	5	6

注:no 为不裂;np 为非穿透性裂;p 为穿透性裂

刘恩泽等人通过研究 DZ125L 合金铸造叶片的裂纹断口 SEM 照片,从断口形貌发现,叶片中存在成串的疏松,见图 3 – 30[10]。在热应力的作用下,叶片沿串状疏松被撕裂。在采用陶瓷型芯生产定向凝固叶片的过程中,热应力是不可避免的。因此,消除热裂纹的关键是减少串状疏松的形成。高温合金定向凝固过程中,当合金中的 S 和 C 元素由于凝固偏析的作用,其含量达到一定浓度以后,凝固后期便会有 $Ti_2(CS)$ 析出。由于 $Ti_2(CS)$ 的熔点很高,它的析出会导致附近的合金溶液迅速凝固,进而导致枝晶迅速搭接,由于不能得到充足的补缩便形成疏松。因为 $Ti_2(CS)$ 的不断形成,叶片枝晶间形成串状的疏松,当热应力过大时就使叶片中形成热裂纹缺陷。为避免 $Ti_2(CS)$ 的形成,可以大幅度地降低母合金中的 S 和 C 元素的含量。DZ125L 合金中的 S 元素含量已经达到国内先进水平,而 C 元素在定向凝固柱晶高温合金中也必须达到一定的含量。因此,从材料的纯净度方面来解决热裂纹,即降低母合金中 S 的含量来避免 $Ti_2(CS)$ 的析出,进而减少串状疏松的形成在国内现有条件下很难实现[10]。

图 3 - 30　DZ125L 合金铸造叶片的断口形貌

由图 3 - 28 可知,定向凝固过程中,不可补缩区的长度越小,叶片形成疏松的比例越小。通过工艺的改进,提高温度梯度,尽量缩短合金定向凝固过程中不可补缩区的长度,可由此来降低串状疏松形成的概率,进而减少叶片形成热裂纹缺陷的比例。同时,减少叶片浇注过程中的热应力,降低热裂纹产生的动力。热应力的减少通过改变型壳、型芯的膨胀系数以及叶片的组合方式等方法来实现。

3.4.6　再结晶

等轴晶铸造高温合金在等强温度以上,晶界强度低于晶内强度,所以在受到拉伸或蠕变应力后,裂纹往往都在垂直于应力轴的横向晶界形核并沿横向晶界扩展,造成拉伸和蠕变断裂。因此,消除了有害的横向晶界是定向凝固柱晶高温合金的标志性特点。但是,在定向凝固柱晶或者单晶叶片受到类似的应力后,如果表面存在再结晶等轴晶粒层,其垂直于应力轴的横向晶界就成为裂纹形核的有利位置与扩展的薄弱环节,必然要造成力学性能的降低。可以认为,再结晶层所占的面积几乎是无承载能力的部分。因此,出现再结晶层就意味着增大应力,增大的程度与再结晶的深度成正比。同时,由于再结晶层的承载能力低,且再结晶材料的力学性能、弹性模量等与基体材料有很大的差异,在承载时变形不协调使定向凝固柱晶合金叶片上再结晶区与基体材料界面处产生很大的应力集中,并使再结晶区与基体材料的界面处应力显著增大。在温度和应力的联合作用下,定向凝固柱晶结构铸件将在再结晶区与基体材料的界面处出现损伤并诱发疲劳裂纹萌生,使叶片在服役条件下发生低循环为主的疲劳开裂。

国内外开展了定向凝固柱晶高温合金再结晶的研究[55-57],大部分研究是围绕再结晶的微观组织进行的。在再结晶产生原因方面,一种观点认为,导致再结晶晶粒形成的阶段起始于部件凝固成形过程。当合金凝固时,凝固过程中液体开始在型壳中冷却,由于膨胀系数的不同产生了热应力。为了提高合金的高温强度,通常采用高温固溶处理使合金中形成细小的 γ' 沉淀相,但由于合金中的高熔点元素要求较高的固溶温度和较长的固溶处理时间,即使合金中存在微小的塑性应变,也足以引发再结晶。D. C. Cox 和 B. Roebuck 等人的研究认为[58],这种再结晶颗粒有在表面形成的趋向,并能导致疲劳寿命的减小。另一种观点认为,再结晶产生于铸造之后部件的加工和使用过程中。涡轮叶片在研制和生产过程中有时要经过吹砂、打磨、抛光等一些处理工序,这些工序会在叶片表面产生一定的塑性变形层,带有塑性变形的叶片在随后的高温热处理过程中会发生回复和再结晶[59]。

再结晶研究者主要借助于透射电镜和金相方法对已经发生再结晶的试样进行组织观察和研究。再结晶研究已经持续了半个多世纪,从早期研究变形金属和合金加热时显微组织的变化开始至今,再结晶理论已经发展到成熟阶段。从大量资料[58-61]来看,再结晶研究主要集中在以下几个方面:

(1)再结晶形核与长大机制及其驱动力;

(2)材料内部、外部因素对再结晶机制的影响;

(3)再结晶织构、不均匀晶粒、粗大晶粒和粗化结构等特殊结构的形成机制。

制作再结晶的试样有很多方法:

(1)可以用硬度仪在合金试样表面打压痕,再进行高温热处理;

(2)可以直接对试样进行喷丸处理,然后进行热处理;

(3)利用热模拟试验机对试样做热模拟试验,再做固溶热处理;

(4)对合金试样做疲劳试验后,进行固溶热处理。通过这些方法,可以得到再结晶的试样,然后还要对试样的再结晶组织进行观测。多数人用扫描电镜观察试样表面的形貌,透射电镜观察再结晶的微观组织。此外,还有一种判定高温合金发生再结晶的测试方法[58],是用 X 射线衍射仪拍摄试样特定晶向的衍射花样,通过观察衍射斑点的出现来判断再结晶的发生。

赵阳[10,62,63]等人对喷丸处理后的 DZ40M 合金表面再结晶研究表明,该合金在退火过程中发生再结晶,再结晶晶粒在塑性变形层内形核,在合金表面形成一层再结晶层。再结晶晶界的迁移受二次碳化物的阻碍,进而影响再结晶的速率,见图 3 - 31。再结晶层的厚度随退火温度的升高和退火时间的延长而增加,DZ40M 合金表面再结晶速率和再结晶厚度主要取决于退火温度,退火时间的影响较弱,见图 3 - 32 和图 3 - 33。

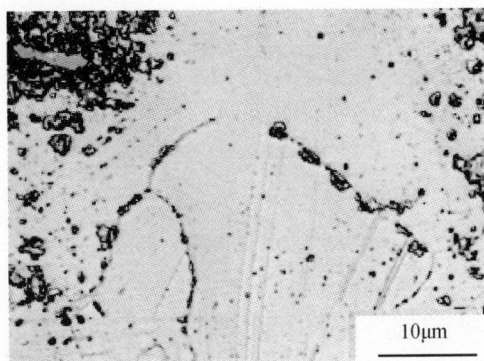

图 3 - 31　二次碳化物阻碍再结晶晶界迁移形态

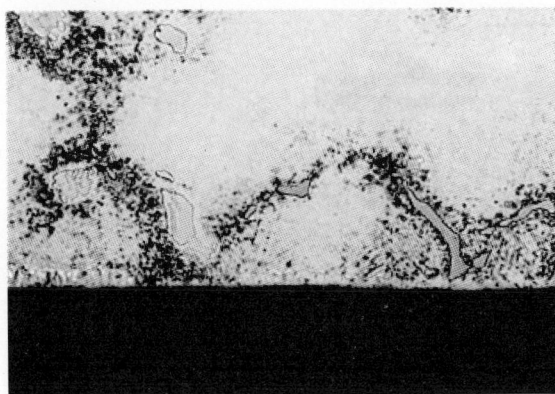

(a)

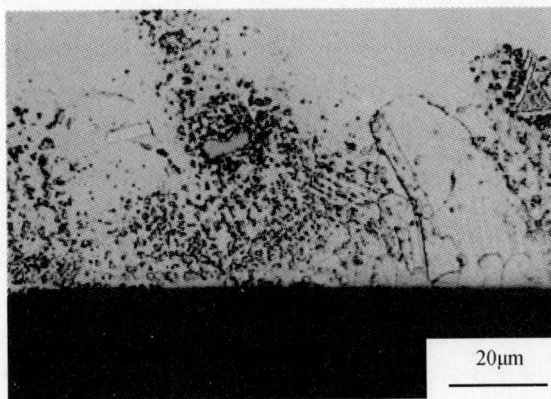

(b)

图 3 - 32　DZ40M 合金经 1423K 退火不同时间后的组织形态

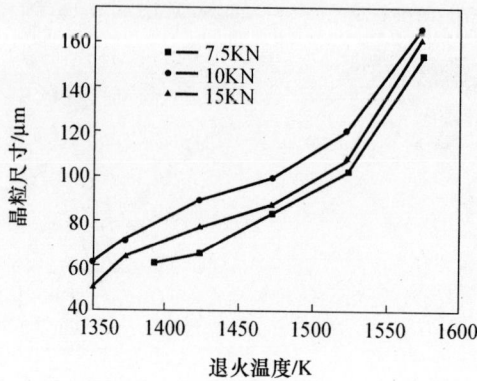

(a)

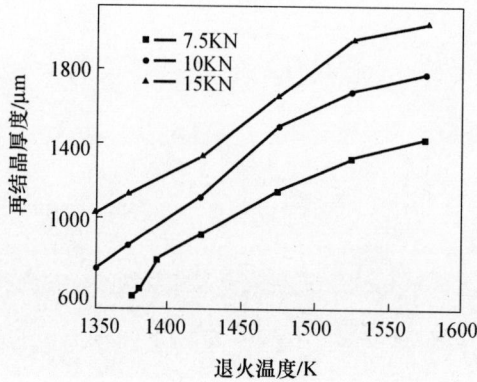

(b)

图 3 - 33　退火 60min 后晶粒尺寸和再结晶层厚度随退火温度的变化

谢光[10]等人研究了热处理温度、热处理气氛、预变形程度等因素对一种定向凝固柱晶高温合金再结晶的影响。压痕和喷砂变形经过 1225℃ ×2h/AC,1100℃×24h/AC 处理所产生的再结晶示于图 3 - 34 和图 3 - 35。从图可以看出,经1225℃处理的压痕样品在压痕周围产生了大量的再结晶,枝晶干产生的再结晶晶粒几乎越过枝晶间而合并,见图 3 - 34(a)。而该变形样品经过 1100℃处理的,几乎没有再结晶产生,见图 3 - 34(b)。喷砂变形样品经过 1225℃处理的,产生了约40μm 厚的再结晶层(图 3 - 35(a)),而经过 1100℃处理仍然产生了约 20μm 的再结晶层(图 3 - 35(b)),此条件下产生的再结晶组织主要为胞状再结晶,其 γ′相比原始的 γ′相要大,见图 3 - 35(c)。上述结果表明,在同样的热处理条件下喷砂更易产生再结晶,其可能原因为喷砂变形的存储能大。不同热处理气氛导致不同深度的再结晶,非真空热处理再结晶层厚度比真空处理再结晶层厚度高出约 1/3(图 3 - 36),分析原因为氧化导致的 Al 元素扩散促进 γ′相溶解,导致再结晶层厚度增加。

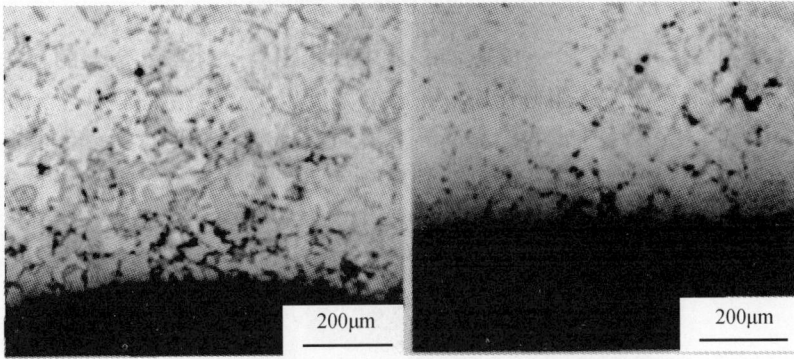

(a)   (b)

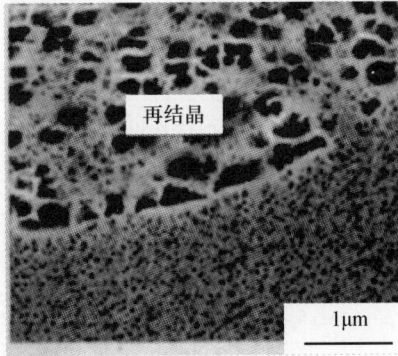

(c)

图 3 - 34　1500kg 压痕经过不同热处理的再结晶组织形貌

(a),(c)1225℃×2h/AC; (b)1100℃×24h/AC。

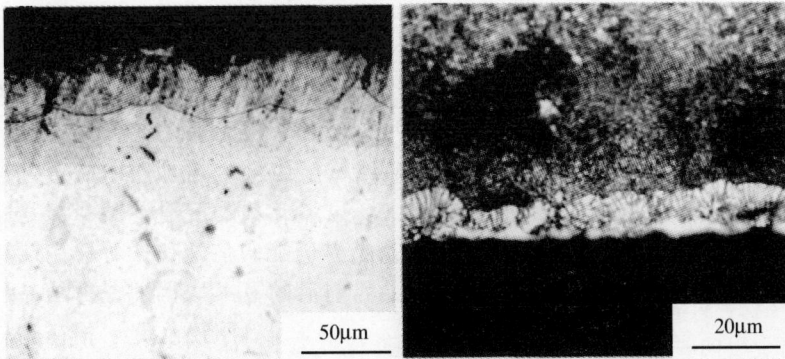

(a)   (b)

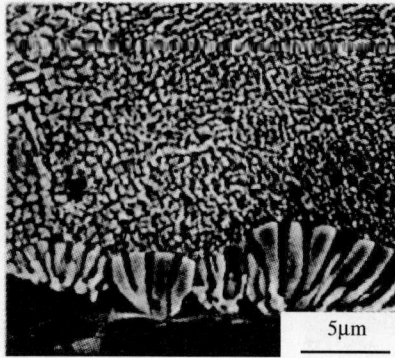

(c)

图 3 - 35　喷砂预变形不同热处理的再结晶组织形貌[10]
(a) 1225℃×2h/AC；(b) 1100℃×24h/AC；(c) 胞状再结晶。

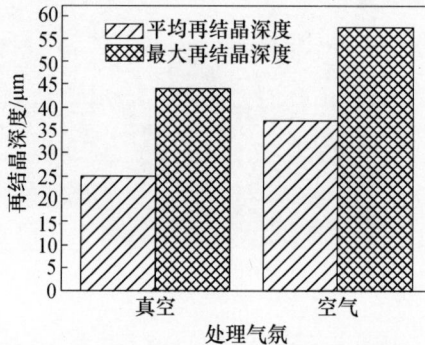

图 3 - 36　不同热处理气氛下的再结晶深度[10]

在再结晶产生机理及对性能影响方面也有不少研究成果。对于定向凝固柱晶高温合金的再结晶，文献[60]的研究指出，γ' 相的溶解是再结晶晶粒形成的重要条件；文献[61]的研究结果也表明，再结晶晶粒中的 γ' 相的位向与基体中的 γ' 相的位向不同，再结晶晶粒与基体之间的界面是大角度晶界，再结晶晶粒界面处基体中的 γ' 相的溶解是再结晶速率的控制因素。而根据文献[61]的研究结果，γ' 相的溶解则是再结晶晶粒形核的必要条件。以 DZ17G 合金为例，其 γ' 相的溶解温度很高，而 DZ17G 合金叶片的使用温度低于980℃。因此，正常情况下 DZ17G 合金在工作温度下应该不会发生动态再结晶。

由于定向凝固柱晶高温合金的晶界强化元素相对较少，再结晶层成为性能薄弱的区域，这种区域往往对叶片的高温力学性能产生一些不利的影响[57]，通常都会降低材料的持久和蠕变以及疲劳性能[64]。郑运荣等研究了 DZ22 合金

82

1.5mm 薄板试样经喷丸和 1205℃/2h + 870℃/32h 真空热处理后的持久性能[65]。薄板试样两侧各形成厚度约 80μm 的再结晶层,其对持久寿命的影响见表 3 – 15。从表可以看出,再结晶试样在 950℃下的持久寿命为无再结晶试样寿命的 70%,而在 760℃下的持久寿命仅为无再结晶试样寿命的 10%。

表 3 – 15　表层再结晶对 DZ22 合金持久性能的影响

试验温度/℃	应力/MPa	无再结晶		再结晶	
		寿命/h	伸长率/%	寿命/h	伸长率/%
760	724	360.4	17.3	12.8	8.0
760	724	438.5	19.3	21.2	9.2
760	724	367.8①	24.0①	43.9	10.6
760	724	490.5①	24.0①	58.1	9.2
950	255	111.1	34.0	69.2	30.7
950	255	114.0	36.0	82.3	30.7
① 厚度为 1.1mm 的板状试样					

张卫方等人将试样首先进行扭转预变形,然后进行真空热处理和持久试验,研究表明,再结晶层对定向凝固柱晶高温合金 DZ4 的持久寿命影响很大,见表 3 – 16[66]。随着扭转预变形程度的增加,定向凝固柱晶高温合金的持久寿命迅速降低。扭转变形 9.8°后 DZ4 合金的持久寿命下降了约 20%,扭转变形 19.6°与 3 次往返扭转 9.8°后的持久寿命基本相差不大,均比未扭转时的持久寿命下降了约 40%。表面 130μm 的再结晶使其持久寿命下降 33%。再结晶层本身的强度很低、再结晶层与基体的变形不协调以及界面所具有的缺口效应导致了定向凝固柱晶高温合金机械预变形与热处理后持久强度的降低。为进一步研究 DZ4 合金机械预变形程度与持久性能下降之间的关系,对其持久试验断口附近的金相组织进行观察。结果表明,未进行扭转的 1 号试样断口附近未见再结晶组织,而进行扭转预变形的 2 号 ~7 号试样断口附近均可发现不同程度的再结晶,其中 2 号和 3 号试样断口附近再结晶的深度约为 100μm,4 号 ~7 号试样断口的再结晶深度约为 130μm,见图 3 – 37。结合断口形貌可以看出,断口附近的再结晶尺寸与相对应断口上的沿晶特征区域尺寸基本一致。

表 3 – 16　DZ4 合金不同预变形后的持久寿命

编号	变形量	温度/℃	应力/MPa	持久寿命/h
1	0	800	600	181.5
2	0.08θ(9.8°)	800	600	157.17
3	0.08θ(9.8°)	800	600	142.50
4	0.16θ(19.6°)	800	600	121.75
5	0.16θ(19.6°)	800	600	103.17

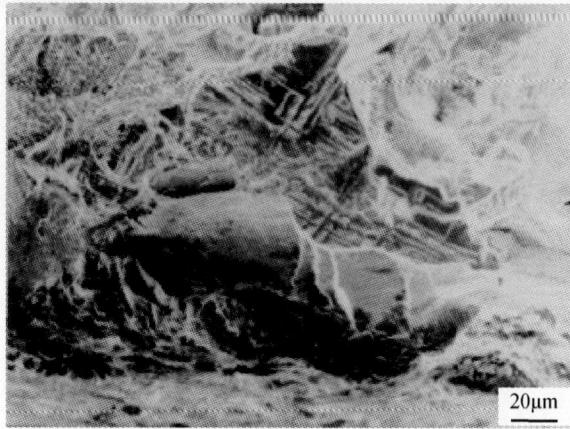

(a)

(b)

图 3-37　表 3-14 中 4 号试样

(a) 断口形貌；(b) 断口附近的再结晶组织。

　　贾波等指出，在高温静拉伸应力作用下，定向凝固柱晶高温合金 DZ4 的动态再结晶仅发生在表面[67]。对定向凝固柱晶高温合金 DZ4 试样表面进行 Al-Si 渗层处理，合金表面形成厚度为 20μm ~ 40μm 的渗层，在 950℃/120MPa、空气环境中对该试样进行 1000h 静载荷试验后，检查其再结晶情况，并与相同条件下表面未涂覆 Al-Si 渗层的 DZ4 试样进行对比，两种试样表面的再结晶情况见图 3-38。由图可见，未涂覆 Al-Si 渗层的 DZ4 试样表面发生了明显的再结晶，而涂覆 Al-Si 渗层的 DZ4 合金试样表面则未发生动态再结晶。动态再结晶容易在表面形核主要是由于空气的氧化作用,自由表面效应也有贡献。试样表面发生氧化后,一方面由于氧化层中 γ′ 相含量低于基体,位错攀移 γ′ 相所需要的临界门槛应力值降低;另一方面,试样表层溶质原子的氧化使固溶强化作用减弱,因此位错热激活的蠕变阻力减少,位错运动变得容易。位错运动的结果形成了新的大角度晶界,即产生再结晶晶粒。可以说表面氧化加速或控制着定向凝固柱晶高温合金 DZ4 的动态再结晶行为。此外,合金表面处于自由表面状态,自由能较高,且自由表面的存在使新晶粒形核时增加的界面能较低是合金表面容易形核的原因。

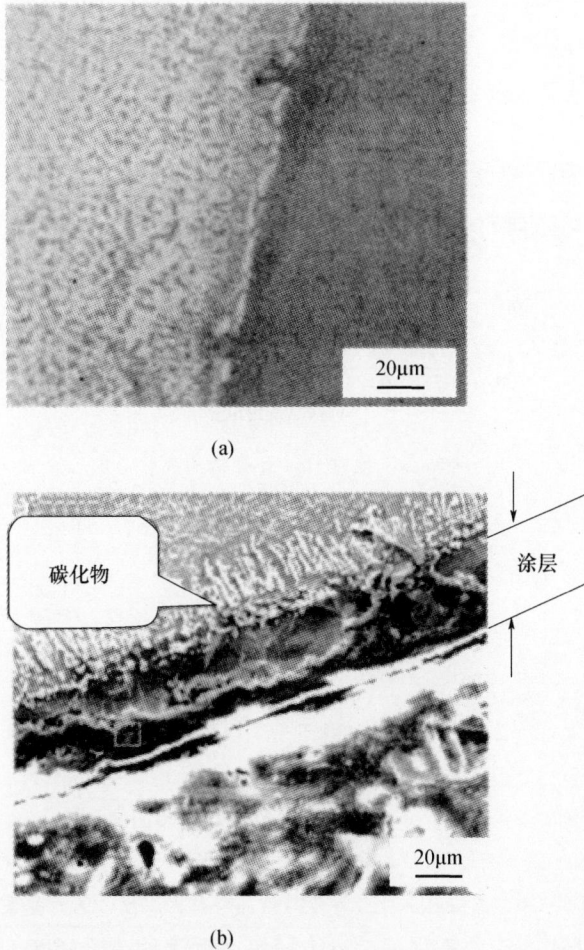

(a)

(b)

图 3-38 950℃/120MPa/1000h 条件下 DZ4 合金试样表面动态再结晶情况
(a) 表面无渗层;(b) 表面有渗层。

陶春虎等通过扭转变形和高温热处理使试样产生再结晶,然后进行高温低周疲劳试验[66,69]。他们通过断口观察发现,再结晶深度与 DZ4 合金疲劳寿命的关系曲线如图 3 – 39 所示,随着再结晶深度的增加,材料的疲劳寿命迅速降低。贾波等通过预变形和 1220℃/4h 热处理,研究了再结晶对 DZ4 合金板材 760℃低周疲劳性能的影响,得出了类似的试验结果[70]。结果表明,表面有再结晶层的定向凝固柱晶高温合金 DZ4 板材试样的疲劳性能大大降低,且疲劳寿命随着再结晶层深度的增大而降低,见图 3 – 40;断口观察表明,疲劳裂纹均起源于表面的再结晶区域与基体的界面。已有研究表明,不同喷丸强度对定向凝固柱晶高温合金疲劳性能的影响不同[71,72]。在一定的喷丸强度范围内,随喷丸强度的增加,再结晶试样的疲劳寿命并非单调降低,而是先减小后增大(表 3 – 17 和图 3 – 41)。

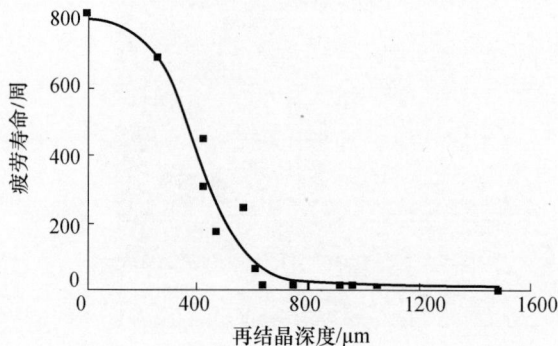

图 3 – 39　再结晶深度对 DZ4 合金低周疲劳寿命的影响

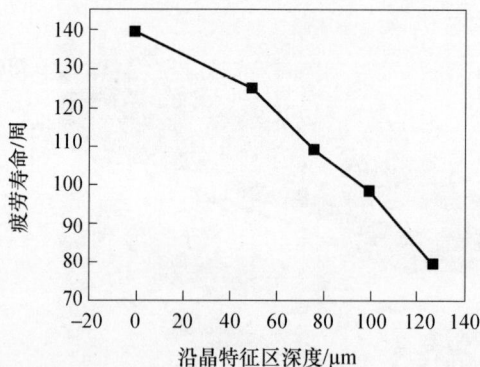

图 3 – 40　高温低周疲劳寿命与沿晶特征区深度之间的关系

表 3 – 17　DZ4 合金的高周疲劳寿命随喷丸强度的变化(800℃/350MPa)

喷丸强度	未喷丸	0.2MPa	0.4MPa
疲劳寿命/周	1.19×10^6	5.91×10^5	1.08×10^6

86

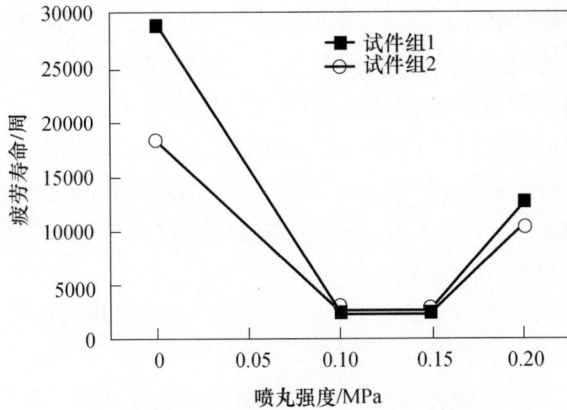

图 3 - 41　喷丸强度对疲劳寿命的影响

刘昌奎等人研究了 DZ125 定向凝固柱晶高温合金发生再结晶的温度条件以及吹砂条件对其再结晶行为的影响[73]。结果表明:铸态和热处理态 DZ125 定向凝固柱晶高温合金开始发生再结晶的温度基本相同,均在 1000℃ ~ 1050℃;该合金的再结晶深度随热处理温度的升高而增大(图 3 - 42);当热处理温度低

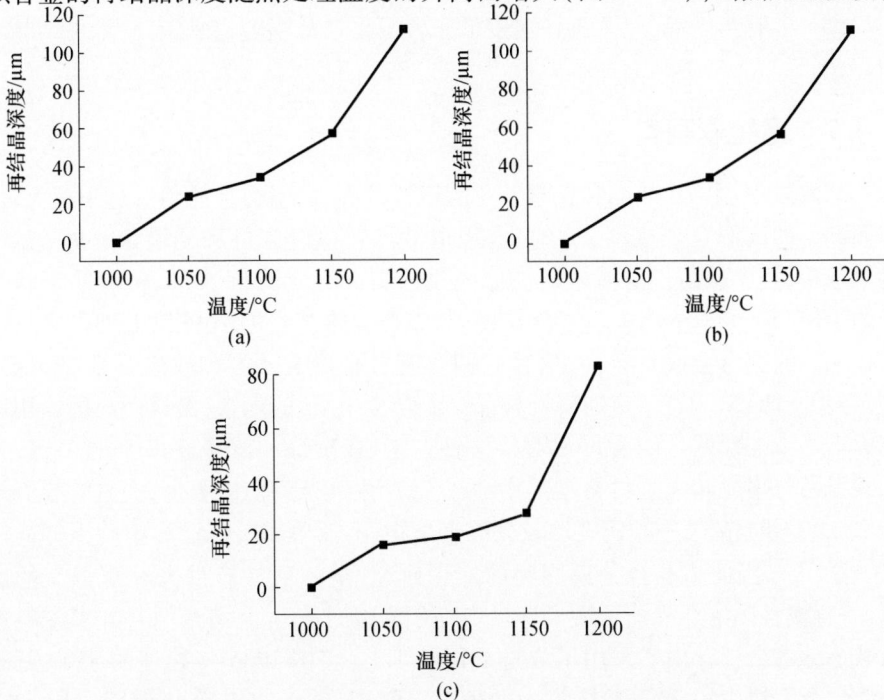

(a)

(b)

(c)

图 3 - 42　热处理温度对 DZ125 合金再结晶深度的影响

(a) 铸态,粗砂;(b) 铸态,细砂;(c) 热处理态,细砂。

于1150℃时,增大的幅度较小;当温度超过1150℃后,再结晶深度迅速增大。γ′相的溶解是DZ125合金再结晶的控制因素。随着吹砂压力或吹砂时间的增加,DZ125合金表面变形量增大,再结晶深度也随之增大。

定向凝固柱晶涡轮叶片的再结晶在发动机工作时使叶片产生裂纹或折断故障,甚至造成一等或者二等事故。近年来,定向柱晶涡轮叶片在大批量生产中暴露出的再结晶问题,应引以为戒,郑重对待定向凝固铸件表面的再结晶问题。为避免或尽量减轻再结晶的影响,以下几点值得注意:

（1）在叶片固溶处理前,不对叶片进行强力吹砂或机械抛光处理,也不要进行叶片冷矫形处理。

（2）高温固溶处理前无法避免表面机械处理的情况下,要尽量降低表面机械处理的强度,或者运用更合适的机械处理方法,尽量降低叶片表面残余应力。

（3）在不得不进行表面机械处理的情况下,在轻度处理后进行消除应力退火,使大部分应力消除,然后进行高温处理。

（4）固溶处理后进行表面机械处理,然后进行时效处理,根据DZ17G合金试验结果,可以不产生再结晶现象。

（5）如有再结晶,只要工作温度低于合金再结晶温度,允许有少量再结晶组织存在。

3.4.7　合金返回料

随着航空、电力、船舶和化学工业的迅速发展,高温合金的用量越来越大,伴随而产生的高温合金废料（如料头、浇道、冒口、报废零件和切屑等）也日益增多。通常,一个精铸件的质量仅占原先投入熔炼合金质量的30%,一些形状复杂的零件,甚至只占10%。这就是说,高温合金生产量的70%以上都以废料形式存在。这些合金成本较高,而且它们含有大量贵重元素和战略元素（Co、Cr、W、Ta、Re、Hf、Nb等）。定向凝固柱晶高温合金中Hf的加入,给返回料的应用研究提出了新的课题。Hf是一种强活泼性元素,在冶炼和铸造过程中比Al、Ti等元素更易与坩埚和壳型材料发生化学反应,产生夹杂物污染合金,而且它与氧结合生成的HfO_2又是一种密度比较大的夹杂物,不能单靠熔炼过程中的搅拌而使之上浮[80]。因此高温合金返回料的应用研究,是一项具有重大经济意义的课题,一直被各国冶金界所重视。1981年,美国Incol合金公司专门召开了废料返回熔炼学术会议。由于采用了先进的回收工艺,美国1986年处理的5500万磅高温合金废料中约70%继续作为同种合金使用,仅约20%降级使用。从1980年起,英、法、比利时等西欧国家联合实行一项名为COST50的研究计划,专门对含Hf的MM002合金和不含Hf的In100合金返回料应用问题进行深入研究,力图了解其内在规律,求得合适可行的回收熔炼工艺,先后提出了高温精炼、浇注过滤、吹氩去氮、冷床感应重熔等新技术,这有助于更好地处理和使用各种高温合金返回料。目前,这项研究仍在深入进行。

高温合金的废料有如下几种用途:①原级使用,即废料经过返回熔炼后,仍然与全新料一样,用于制造重要零件;②搭配使用,即与全新料按一定的比例混合使用;③降级使用,主要是多次返回熔炼且质量较差的废料,用于制造不太重要的零件或用于配置较低级的合金。此外,也有人采用萃取分离法从废料中回收某种纯金属。然而不管上述哪种用途,废料都必须按类分清,经过处理并熔炼成合金锭,其化学成分和力学性能都必须经过严格检查。近年来,对于返回料的应用,在一些国家的技术标准中已做了规定。例如,美国普惠公司为定向凝固柱晶高温合金 PWA1422 制定的技术条件中规定,不可将回收料直接重熔浇注零件,但可以用来制造母合金[74]。

高温合金的废料回收使用,是一个亟待解决的复杂问题。随着近年来对返回料研究的逐步深入,这一问题的解决在理论和实践上取得了进展。但是,合金的发展和零件制造技术的进步,也给返回料的回收应用提出了新的难题,如粉末高温合金的扩大应用、组合式多合金零件的应用以及零件涂层复杂化,都给高温合金废料回收带来更多的困难。我国高温合金的发展已经有 50 多年的历史,然而对其返回料的应用研究却很少,即使是用量很大的合金,也没有系统全面地研究过它们的废料回收和应用问题。现有技术标准规定的返回料用量仅凭经验确定,而且没有做到因合金而异[75]。

3.4.7.1 返回料添加比例

陈新予[76]等人通过对 DZ22 合金的废料(浇冒口、废零件等)按专门的工艺重熔精炼制成的返回合金锭进行研究发现,其化学成分(除 Hf、N 外)、力学性能(图 3 – 43 ~ 图 3 – 45)和显微组织无明显变化,用 50% 返回料锭与新料锭混合浇注定向凝固柱晶空心叶片,其冶金质量和力学性能没有降低。根据上述结果

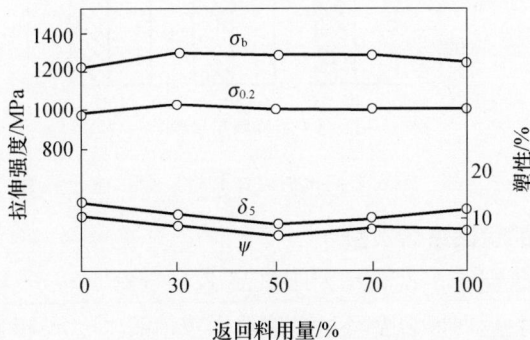

图 3 – 43　不同比例的返回料对室温拉伸性能的影响

并结合国外含 Hf 高温合金返回料的处理与应用情况,可以确定,经过专门处理的 DZ22 合金的返回料可以应用,回炉料的处理没有特殊困难。

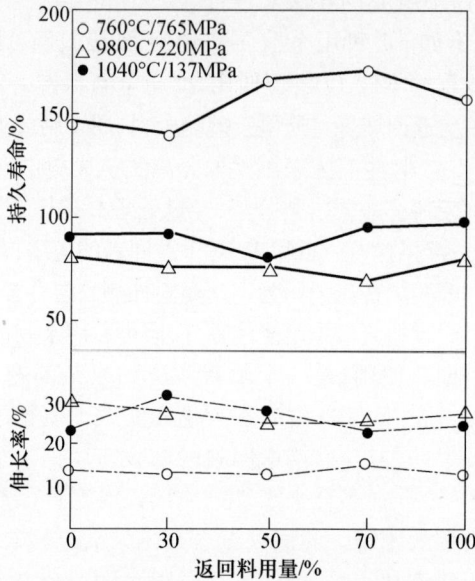

图 3-44 不同比例的返回料对持久性能的影响

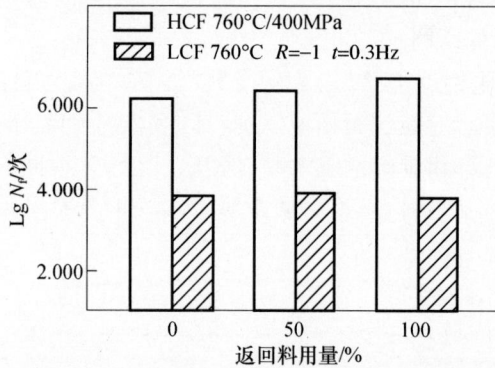

图 3-45 加入不同比例返回料对疲劳性能的影响

3.4.7.2 返回料的返回重熔次数

余力[77]等人研究了多次重熔对 DZ125 返回料合金成分、组织和性能的影响。试验结果表明:返回料合金经过多次返回重熔后,C、Cr、Hf 含量随熔炼次数的增加而逐渐降低;Si 含量随熔炼次数的增加而略有增加,其他杂质元素以及气体元素 O、N、H 的含量变化不大。合金组织随熔炼次数的增加没有明显变化,枝晶干 γ' 相均为细小的立方状(图3-46)。合金室温、高温拉伸性能,中温、高温持久性能以及高周疲劳性能基本相当(图3-47、图3-48)。

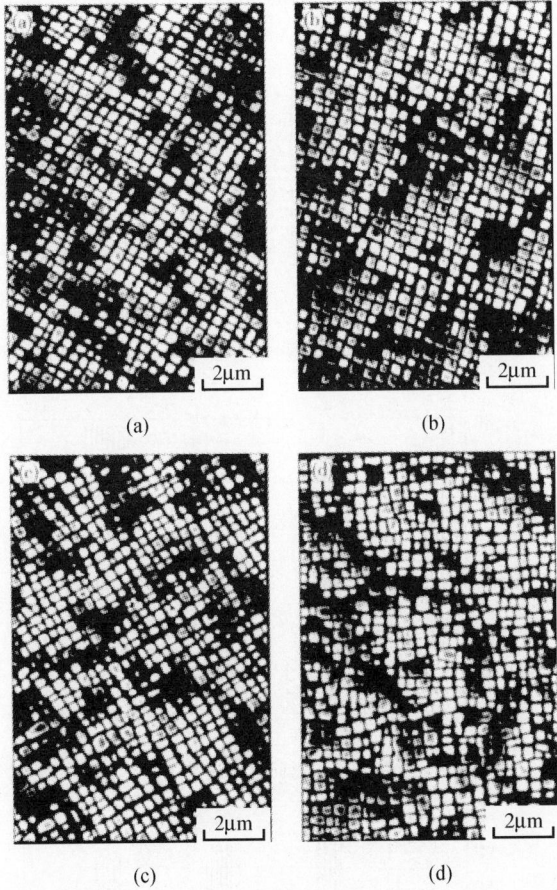

(a)　　　　　　　　(b)

(c)　　　　　　　　(d)

图3-46　多次重熔合金热处理状态枝晶干 γ' 相的数量和形态

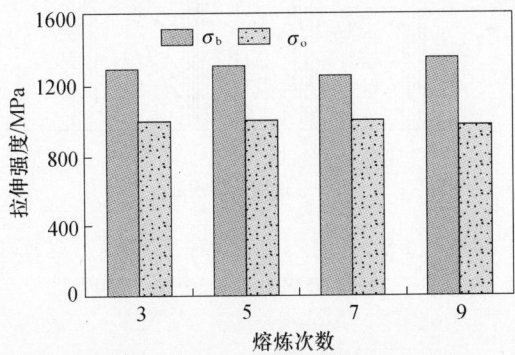

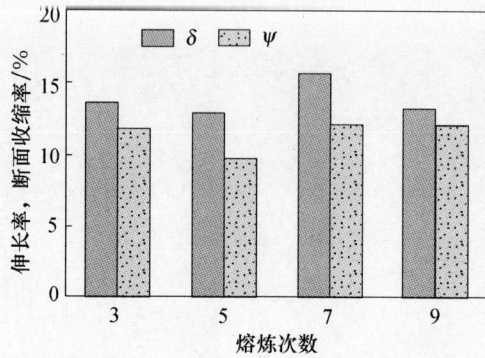

图 3-47　多次熔炼对返回料合金室温拉伸性能的影响

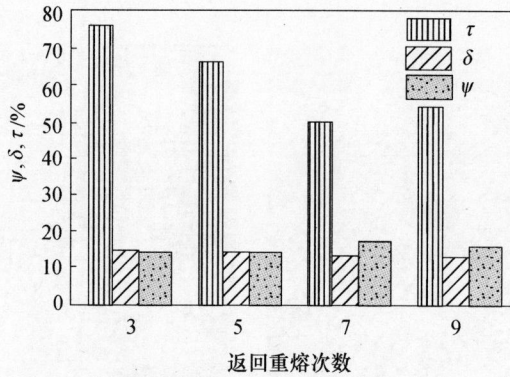

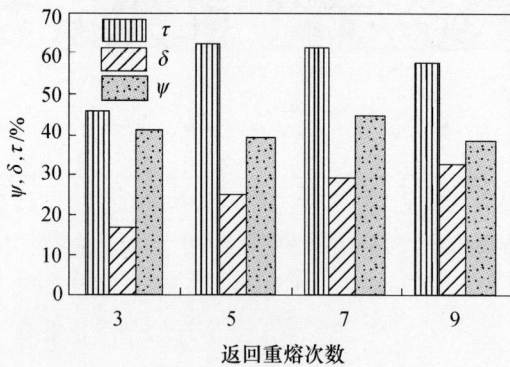

图 3-48　多次返回重熔对返回料合金持久性能的影响

(a) 760℃/825MPa；(b) 980℃/235MPa。

3.4.7.3 返回料纯净化处理

影响定向柱晶高温合金返回料使用性能的因素之一是非金属夹杂物。在高温合金中，夹杂物主要以氧化物和氮化物为主，它降低合金的高温塑性，增加废品率并成为疲劳裂纹源，缩短铸件使用寿命。高温合金返回料纯净化处理所采用的方法之一是选用合理的冶炼工艺。高温合金一般采用真空感应熔炼，在冶炼过程中可以通过调整冶炼工艺，最大限度地降低合金中的气体(主要是 O、N)含量。还有一种净化处理就是浇注时采用过滤钢液的方法。高温合金熔液对过滤网的要求是比较苛刻的，要求其具有良好的机械强度，不易破碎；在 1400℃ ~ 1600℃ 浇注温度下，具有抗热震性能和抗金属液冲刷能力；具有合适的孔径，能顺利透过合金熔液并阻隔非金属夹杂物。对高温合金过滤效果比较好的过滤网主要为刚玉和氧化锆质两种泡沫过滤网[78]，最近国内及国际上新研制的氧化钙质过滤网过滤效果也很好，尤其是对合金液中的硫化物、Al_2O_3 以及 SiO_2 等都有很好的过滤吸附作用[79]。研究表明[44,80]，采用改进的真空冶炼工艺，并经陶瓷泡沫过滤净化处理后，返回料合金水平达到或接近新料合金水平。

3.5 定向凝固柱晶高温合金发展前景

(1) 发展更高性能水平的定向凝固柱晶高温合金。随着航空发动机的发展，第一代定向凝固柱晶高温合金已经普遍得到应用。目前国内正在研制第二代定向凝固柱晶高温合金 DZ406 等，该合金已用于涡轴发动机的空心无余量叶片。随着 Re、Ru 和 Ir 等合金元素在高温合金中的应用，有可能发展更高性能水平的第三代和第四代定向凝固柱晶高温合金，以用于先进航空发动机涡轮转子叶片与导向器叶片。

(2) 发展抗腐蚀定向凝固柱晶高温合金。地面燃气轮机的发展方向是大容量、高效率、高性能，其重要途径是提高涡轮进口温度，这对燃气涡轮高温部件(涡轮叶片、喷嘴)使用材料提出了更高的要求。所以，发展抗腐蚀定向凝固柱晶高温合金是一个重要方向。近年来，我国地面燃气轮机得到较快发展，而燃气轮机的涡轮叶片和喷嘴部件未能完全自主保障，影响了我国燃气轮机的推广使用。因此，研制和生产抗腐蚀定向凝固柱晶高温合金涡轮叶片和喷嘴是今后一个重要的发展方向。

(3) 发展定向凝固柱晶高温合金双性能整体叶盘。采用定向凝固技术铸成柱晶组织的叶片与细晶组织的轮盘，从而获得双性能整体叶盘。目前，定向凝固柱晶高温合金双性能整体叶盘已获得实际应用。

（4）采用定向凝固柱晶高温合金制作单晶导向叶片扇形段。单晶高温合金由于消除了所有晶界，因而具有比定向凝固柱晶高温合金更优异的蠕变性能与抗疲劳性能，但单晶高温合金对晶界敏感。一般来说，含 C 和 Hf 等晶界强化元素的单晶高温合金允许小于 9°的小角度晶界存在，因此单晶叶片的合格率与生产成本受到限制。为在保证性能的前提下提高单晶叶片合格率，同时降低生产成本，Cannon – Muskegon 公司和 Rolls – Royce 公司合作，利用含 Re 和 Hf 的镍基定向凝固柱晶高温合金 CM 186 LC 生产单晶导向叶片扇形段，并取得成功[81,82]。SX CM 186 LC 合金可以铸态加双级时效态使用，而不需要真空固溶/均匀化处理；在由 SX CM 186 LC 合金铸造成的单晶扇形段中允许大于 20°的大角度晶界存在。该扇形段已成功应用于 Rolls – Royce 公司的发动机涡轮导向叶片。Cannon – Muskegon 公司通过适当调整 SX CM 186 LC 的成分，得到晶界强化的 CMSX – 486 合金[83,85]（表 3 – 18）。该合金具有比 SX CM 186 LC 合金更优的蠕变性能，并允许大角度晶界存在，如图 3 – 49 所示。这种单晶导向叶片扇形段概念的提出，为定向凝固柱晶高温合金的发展提供了一种新思路。

表 3 – 18　合金化学成分　　　　　%（质量分数）

	CMSX – 486	CM186LC	CM247LC	CMSX – 3
C	0.07	0.07	0.07	—
B	0.015	0.015	0.015	—
Al	5.7	5.7	5.6	5.6
Co	9.3	9.3	9.3	4.8
Cr	4.8	6	8	8
Hf	1.2	1.4	1.4	0.1
Mo	0.7	0.5	0.5	0.6
Ni	余	余	余	余
Re	3	3	—	—
Ta	4.5	3.4	3.2	6.0
Ti	0.7	0.7	0.7	1.0
W	8.6	8.4	9.5	8.0
Zr	0.005	0.005	0.007	—

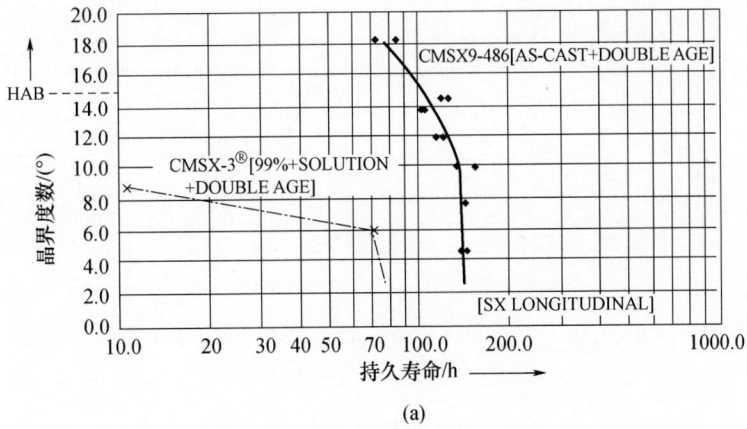

(a)

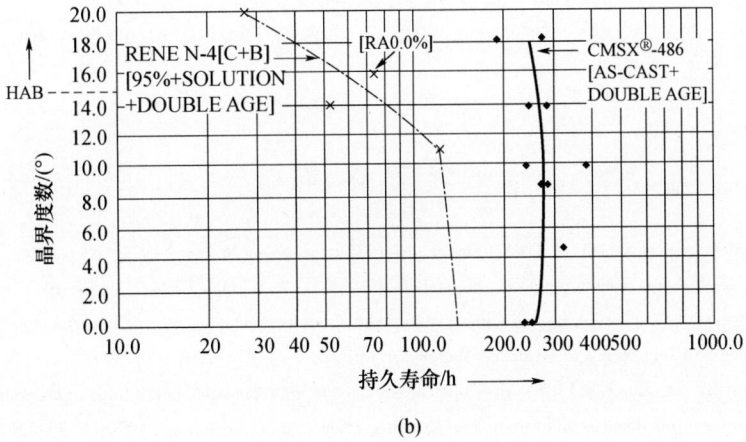

(b)

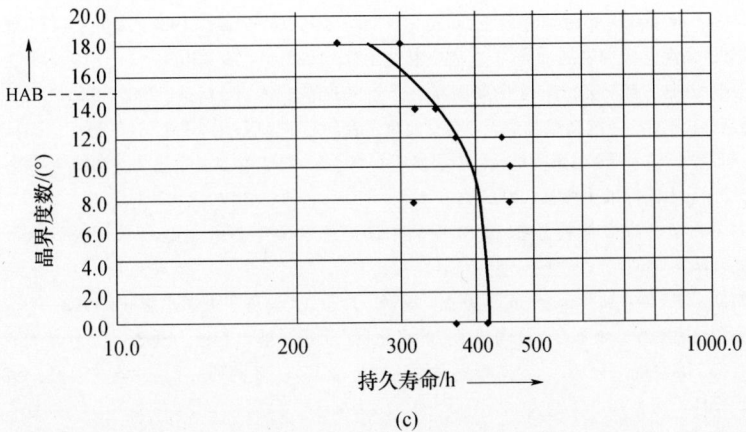

(c)

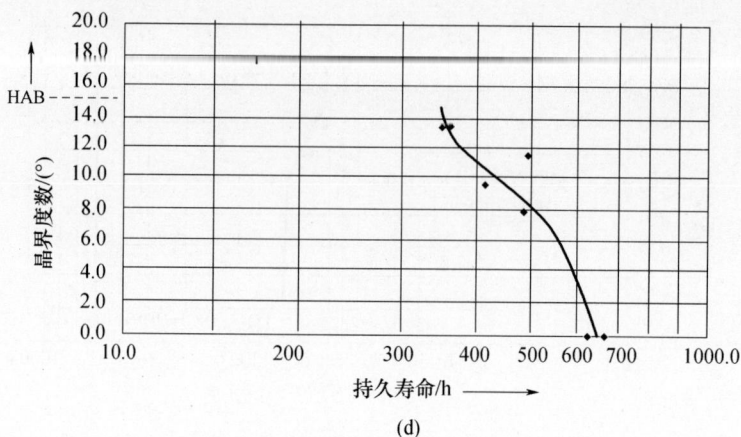

图 3 - 49　大/小角度晶界对 CMSX® -486 合金持久寿命的影响[90 - 92]
(a) 982℃/248MPa；(b) 980℃/207MPa；(c) 1050℃/120MPa；(d) 1093℃/83MPa。

参 考 文 献

[1]　The Metallurgical Society of AIME. Superalloys 1972[C]. Seven Springs, 1972, A1 - A40.

[2]　The Metallurgical Society of AIME. Superalloys 1984[C]. Warrendale, 1984, 399 - 419.

[3]　Fu H Z, Geng X G. High rate directional solidification and its application in single crystal superalloys[J]. Science and Technology of Advanced Materials, 2001, 2(1): 197 - 204.

[4]　VerSnyder F L, Shank M E. The development of columnar grain and single crystal high temperature materials through directional solidification[J]. Materials Science and Engineering, 1970, 6(4): 213 - 247.

[5]　Higginbotham G J S. From research to cost - effective directional solidification and single - crystal production - an integrated approach[J]. Materials Science and Technology, 1986, 2(5): 442 - 460.

[6]　胡壮麒. 高温合金的发展动向[J]. 航空制造工程, 1989, 4: 19 - 20.

[7]　张卫国, 刘林, 赵新宝, 等. 定向凝固高温合金的研究进展[J]. 铸造, 2009, 58(1): 1 - 6.

[8]　师昌绪, 仲增墉. 中国高温合金五十年, 北京: 冶金工业出版社, 2006, 81 - 86.

[9]　《中国航空材料手册》编辑委员会. 中国航空材料手册: 第2卷变形高温合金和铸造高温合金[M]. 2版. 北京: 中国标准出版社, 2002.

[10]　中国金属学会高温材料分会. 第十一届中国高温合金年会论文集[C]. 北京: 冶金工业出版社, 2007.

[11]　西姆斯 C T , 等. 高温合金[M]. 赵杰, 等译. 大连: 大连理工大学出版社, 1992.

[12]　周尧和, 胡壮麒, 介万奇. 凝固技术[M]. 北京: 机械工业出版社, 1998.

[13]　王罗宝, 陈荣章, 王玉屏. 定向凝固涡轮叶片合金 DZ - 22 的研究[J]. 航空学报, 1985, 6(3): 236 - 241.

[14]　郑运荣, 张德堂. 高温合金与钢的彩色金相研究[M]. 北京: 国防工业出版社, 1999.

[15] 佘力，王罗宝，陈荣章. 改进 DZ－22 定向凝固高温合金热处理制度的研究[J]. 航空材料学报，1997，17(1)：52－57.

[16] 莫卫红. DZ4 合金在高压气淬真空炉中的热处理[J]. 金属热处理，1999，10：21－23.

[17] 杨素玲，孙传棋，李其娟，等. 热处理制度对 DZ111 合金组织和性能的影响[J]. 材料工程，1996，4：45－48.

[18] 姜文辉，管恒荣，胡壮麒. 定向凝固钴基高温合金 DZ40M 的热处理研究[J]. 航空材料学报，2001，21(1)：1－5.

[19] 夏鹏成，禹文芳，于金江，等. 长期时效对 DZ951 合金 γ′相的影响[J]. 材料工程，2007，12：8－11.

[20] Steven R A, Flewitt P E J. Microstructural changes which occur during isochronal heat treatment of the nickel－base superally In－738[J]. J Master Sci, 1978, 13：367－376.

[21] Acharya M V, Fuchs G E. The effect of long term thermal exposures on microstructure and properties of CMSX－10 single crystal Ni－base superallys[J]. Master Sci Eng A, 2004, 381：143－153.

[22] 张宏炜. 长期时效对一种含 Re 定向凝固高温合金组织和性能的影响[J]. 航天制造技术，2008，4：17－18.

[23] 陈荣章，佘力，张宏炜，等. DZ125 定向凝固高温合金的研究[J]. 航空材料学报，2000，20(4)：14－19.

[24] 郭建亭. 高温合金材料学：下册[M]. 北京：科学出版社，2010.

[25] 贾新云，谭永宁，张强，等. 长期时效对定向凝固高温合金 DZ8 组织与性能的影响[J]. 材料工程，2009，S1：279－282.

[26] 黄朝晖，谭永宁，贾新云，等. 第二代定向高温合金 DZ406 的长期时效研究[J]. 材料工程，2009，增刊1：105－109.

[27] 佘力，陈荣章. 定向凝固高温合金 DZ125 的修复热处理[J]. 金属热处理，2005，30(10)：77－79.

[28] 北京 621 所 DZ22 课题组. Hf 对定向凝固镍基高温合金 DZ－22 组织和性能的影响[J]. 机械工程材料，1982，6：20－23.

[29] 郑运荣，蔡玉林，阮中慈，等. Hf 和 Zr 在高温材料中作用机理研究[J]. 航空材料学报，2006，26(3)：25－34.

[30] 王罗宝，陈荣章，王玉屏. 铪含量对定向凝固高温合金 DZ22 偏析行为和力学性能的影响[J]. 航空材料，1989，9(2)：1－7.

[31] 赵希宏，黄朝晖，谭永宁，等. IC10 高温合金的微观组织[J]. 航空材料学报，2008，28(3)：28－33.

[32] 郑运荣. 含铪铸造镍基高温合金富 Hf 熔体的趋肤效应[J]. 航空材料，1988，8(2)：1－6.

[33] 王玉屏，陈荣章，王罗宝. Hf 对 DZ－22 合金中温低周疲劳性能的影响[J]. 机械工程材料，1990，1：33－37.

[34] 郑运荣. Hf 在铸造高温合金凝固过程中的作用[J]. 金属学报，1986，22(2)：119－124.

[35] 谭永宁，黄朝晖，余乾，等. 铼对定向合金组织和性能的影响[J]. 稀有金属，2004，28(1)：281－283.

[36] 曾强，马书伟，郑运荣，等. 铼在镍中的扩散行为研究[J]. 稀有金属，2002，26(1)：43－46.

[37] 马书伟，李嘉荣，侯淑娥，等. Re 对 γ′相粗化行为的影响[J]. 航空材料学报，2000，20(3)：11－15.

[38] 郭建亭. 高温合金材料学(中册)[M]. 北京：科学出版社，2008.

[39] 王罗宝，陈荣章，王玉屏. 定向工艺和铪含量对一种镍基高温合金的影响[J]. 航空材料，1982，2(2)：1－7.

[40] 顾林喻，刘忠元，史正兴. 高梯度快速定向凝固下 DZ22 高温合金的显微偏析[J]. 中国有色金属

学报, 1996, 6(2): 110 – 113.

[41] 刘忠元, 李建国, 傅恒志, 等. 两种定向凝固方法 DZ22 合金的力学性能和组织[J]. 材料研究学报, 1996, 10(1): 13 – 18.

[42] 刘忠元, 史正兴, 余力, 等. 凝固速率对定向凝固合金 DZ22 显微组织的影响[J]. 航空学报, 1995, 16(3): 335 – 339.

[43] 楼琅洪, 史学军, 李辉, 等. DSM11 合金定向凝固工艺的研究[J]. 钢铁研究学报, 2003, 15(7): 223 – 227.

[44] 《铸造高温合金论文集》编委会. 铸造高温合金论文集[C]. 北京: 中国科学技术出版社, 1993.

[45] 陈荣章. 铸造涡轮叶片制造和使用过程中的一个问题——表面再结晶[J]. 航空制造工程, 1990, 4: 22 – 23.

[46] 穆寿昌. 定向凝固高温合金薄壁性能研究[J]. 北京科技大学学报, 1991, 13(增刊)(第七届全国高温合金年会论文集): 656 – 660.

[47] 张宏炜, 陈荣章. 一种定向凝固高温合金的薄壁效应研究[J]. 金属学报, 1997, 33(4): 370 – 374.

[48] 陈荣章. 定向凝固叶片合金的热裂倾向性[J]. 航空制造工程, 1985, 2: 13 – 14.

[49] 丁浩, 傅恒志, 刘忠元, 等. 凝固收缩补偿与合金的热裂倾向[J]. 金属学报, 1997, 33(9): 921 – 925.

[50] Zhou Y Z, Volek A, Singer R F. Influence of solidification conditions on the castability of nickel – base superalloy IN792[J]. Metallurgical and Materials Transactions A, 2004, 36A: 651 – 656.

[51] Zhou Y Z, Volek A. Effect of grain boundary fraction on castability of a directionally solidified nickel alloy[J]. Scripta Materialia, 2006, 54: 2169 – 2174.

[52] Zhou Y Z, Volek A. Effect of dendrite arm spacing on castability of a directionally solidified nickel alloy [J]. Scripta Materialia, 2007, 56: 537 – 540.

[53] 刘庆琼, 张世东, 马凌霄, 等. 定向凝固高温合金工程化应用研究[J]. 中国高温合金五十年, 北京: 冶金工业出版社, 2006, 87 – 94.

[54] 王艳丽, 黄朝晖, 张强, 等. 合金成分对定向凝固柱晶高温合金热裂倾向性的影响[J]. 材料工程, 2009, 6: 35 – 38.

[55] Jo C Y, Cho H Y, Kim H M. Effect of recrystallization on microstructural evolution and mechanical properties of single crystal nickel base superalloy CMSX – 2[J]. Materials Science and Technology, 2003, 19: 1665 – 1670.

[56] 郭建亭, 张光业, 杜兴篙. 定向凝固 NiAl 合金的超塑性行为[J]. 中国有色金属学报, 2004, 14(4): 5 21 – 527.

[57] 陈荣章. 铸造涡轮叶片制造和使用中的一个问题——表面再结晶[J]. 航空制造工程, 1990, 4: 22 – 23.

[58] Cox D C, Roebuck B, Rae C M F, et al. Recrystallisation of single crystal superalloy CMSX – 4[J]. Materials Science and Technology, 2003, 19(4): 440 – 446.

[59] 卫平, 李嘉荣, 钟振纲. 一种镍基单晶高温合金的表面再结晶研究[J]. 材料工程, 2001, 10: 5 – 8.

[60] Bond S D, Martin J W. Surface recrystallization in a single crystal nickel – based superalloy[J]. Journal of Materials Science, 1984, 19(12): 3867 – 3872.

[61] Porter A, Ralph B. The recrystallzation of nickel – base superalloys[J]. Journal of materials seience, 1981, 16: 707 – 713.

[62] 赵阳, 王磊, 于腾, 等. 定向凝固钴基高温合金 DZ40M 中碳化物析出与再结晶的交互作用[J].

稀有金属材料与工程，2008，37(6)：1032－1036.

[63] Zhao Y, Wang L, Yu T, et al. Effects of secondary precipitation on recrystallization in Co－base superalloy DZ40M[J]. Trans. Nonferrous Met. Soc. China, 2006, 16: 1944－1948.

[64] 张宏炜，陈荣章. 表面再结晶对 DZ25G 合金薄壁性能的影响[J]. 材料工程，1996，(增刊)：98－99.

[65] 郑运荣，阮中慈，王顺才. DZ22 合金的表层再结晶及对持久性能的影响[J]. 金属学报，1995，31(增刊)：325－329.

[66] 张卫方，李运菊，刘高远，等. 机械预变形对定向凝固 DZ4 合金持久寿命的影响[J]. 稀有金属材料与工程，2005，34(4)：569－572.

[67] 贾波，李春光，李运菊，等. 定向凝固高温合金 DZ4 的动态再结晶行为研究[J]. 航空材料学报，2009，29(1)：43－46.

[68] 陶春虎，颜鸣皋，张卫方，等. 定向凝固和单晶叶片的损伤与预防[J]. 材料工程，2003，(增刊)：15－20.

[69] 陶春虎，张卫方，李运菊，等. 定向凝固和单晶高温合金的再结晶[J]. 失效分析与防护，2006，1(4)：1－9.

[70] 贾波，李春光，李海燕. 表面再结晶对定向凝固 DZ4 合金疲劳行为的影响[J]. 材料工程，2008，6：64－71.

[71] 张海风，施惠基. 表面再结晶对 DZ4 定向凝固合金低周疲劳性能影响[J]. 航空材料学报，2006，26(1)：71－75.

[72] 何彪，李运菊，张卫方，等. 表面再结晶对定向凝固高温合金高周疲劳行为的影响[J]. 航空材料学报，2007，27(2)：22－24.

[73] 刘昌奎，张兵，陶春虎，等. DZ125 定向凝固合金的再结晶行为研究[J]. 失效分析与预防，2009，4(3)：129－132.

[74] 陈荣章. 含铪铸造高温合金返回料的应用[J]. 航空材料，1984，4：47－48.

[75] 陈荣章，陈婉华. 高温合金返回料的应用研究[J]. 航空制造工程，1988，8：15－17.

[76] 陈新予，陈荣章，王罗宝. DZ22 合金返回料的应用研究[J]. 材料工程，1993，2：7－9.

[77] 佘力，陈荣章. 多次重熔对 DZ125 合金返回料组织和性能的影响[J]. 材料与冶金学报，2005，4(4)：308－312.

[78] 曹盛斌，李松，乎振丰. 高温合金熔液泡沫陶瓷过滤网的研制[J]. 陶瓷工程，1998，32(5)：20－22.

[79] 包明大. 新型 CaO 质钢液过滤器的开发[J]. 鞍钢技术，2005. 331：21－22.

[80] 王新，冯文刚，刘一鸣，等. 高温合金 K424 返回料真空冶炼工艺研究[J]. 铸造，2005，54(7)：678－681.

[81] ASME. "ASME" Turbo Expo '99[C]. Indianapolis：IN, Paper #99－GT－379.

[82] IOM. IOM 5th International Parsons 2000 Turbine Conf. Proc. [C]. Cambridge, 832－846.

[83] ASME. "ASME" Turbo Expo 2002[C]. Amsterdam：ASME Paper GT－2002－30487.

[84] ASME. "ASME" Turbo Expo 2006[C]. Barcelona：ASME Paper GT－2006－90267.

[85] ASME. "ASME" Turbo Expo 2009[C]. Florida：Paper GT－2009－59675.

第4章 单晶高温合金

4.1 概述

4.1.1 国外单晶高温合金的发展

单晶高温合金是含有 Ni、Cr、Co、W、Mo、Al 等多种合金元素并采用定向凝固和选晶(籽晶)技术制造的具有单一柱状晶组织的铸造高温合金。

半个多世纪以来,美、英、法、俄等国家均在发展高性能的航空发动机。航空发动机推重比(功重比)的提高,对涡轮热端部件提出了越来越高的要求。涡轮叶片工作在高温度、高载荷、高转速、复杂应力、燃气腐蚀等极为苛刻的条件下,因此其材料及其制备技术代表着一个国家制造业的水平,单晶涡轮叶片甚至被国外誉为"皇冠上的明珠"。发展先进航空发动机需要众多技术,其中涡轮叶片材料及其制备技术为航空发动机的重大关键技术之一[1-4]。

20世纪40年代以来,涡轮叶片合金由早期的变形高温合金发展到铸造高温合金,铸造高温合金由等轴晶铸造高温合金发展到定向柱晶高温合金及单晶高温合金,使合金的承温能力提高约400℃。图4-1示出国内外典型的铸造高温合金及其性能水平。

高温合金叶片叶身工作寿命受垂直于应力轴的晶界影响,因而在普通铸造和定向凝固工艺基础上发展起来的单晶高温合金由于消除了与主应力轴垂直的晶界,显著地提升了高温下的工作能力;单晶高温合金还有一个优点,即单晶中由于不同的结晶取向的原子排列密度不同,各个取向上的强度也就不同,这样就有可能得到最好的综合性能,而力学性能分散性最小[5]。

因为镍基单晶高温合金具有优良的综合性能[6],所以成为目前高性能航空发动机涡轮叶片的优选材料。正是由于单晶高温合金的蓬勃发展,加上先进的叶片设计思想和精湛的制造工艺及有效的防护涂层,使当前服役的性能最高的航空发动机涡轮前温度达到1677℃,推重比达到10[7]。

20世纪60年代,美国普惠公司首先开始研究单晶高温合金,当时由于单晶高温合金的合金成分与定向柱晶高温合金成分大致相同,早期的单晶高温合金除了横向性能和塑性有所改善以外,其他性能,如蠕变性能、热疲劳性能和抗氧

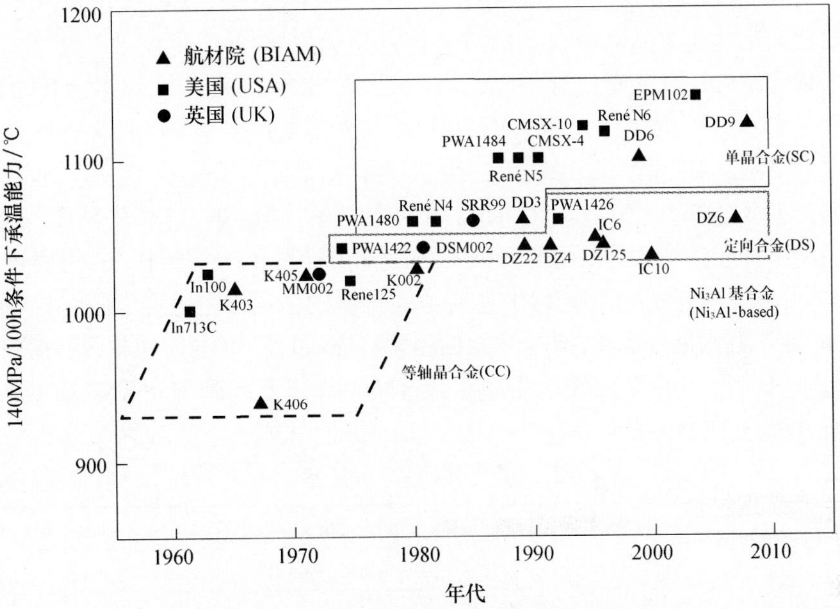

图 4 - 1 国内外典型铸造高温合金牌号及其承温能力

化性能等,与定向柱晶高温合金相比没有显示出大的优势,并且单晶叶片的成本比定向柱晶叶片高,使单晶高温合金的研究一度进展缓慢[8]。

20 世纪 70 年代,Jackson 等人[9]研究 MAR - M200 + Hf 合金时发现,980℃的持久寿命与合金中细小 γ' 相的体积分数有很大关系,而最大限度地提高细小 γ' 相数量的关键在于提高合金初熔点和固溶处理温度。Gell[10]根据这一发现提出了发展单晶高温合金的原则:去除 C、B、Zr、Hf 等降低合金初熔点的元素,增加高熔点元素 Ta 的含量,进而提高固溶处理温度。他们成功地研制出承温能力比定向柱晶高温合金 PWA1422 高 25℃ ~ 50℃ 的第一代单晶高温合金 PWA1480,立即应用于 PW2037、JT9D - 7R4 等六种先进的军用和商用航空发动机,并投入航线使用,从此单晶高温合金的研究取得突破性进展。

此后,航空技术发达国家十分重视单晶高温合金的发展[11]。相继出现了性能水平与 PWA1480 相当的 CMSX - 2[12]、SRR99[1]、RenéN4[13]、AM3[14]、CMSX - 11[15]等合金,并投入应用,这些合金被称为第一代单晶高温合金。20 世纪 80 年代以来,随着合金设计水平的提高和制造技术的进步,出现了承温能力比第一代单晶高温合金约高 30℃ 的第二代单晶高温合金,其代表有 PWA1484[16]、CMSX - 4[17]、RenéN5[18]、SC180[19]等,其中 PWA1484 合金在美国推重比 10 发动机 F119 上获得成功应用。90 年代以来,出现了承温能力比第一代单晶高温合金约高60℃的第三代单晶高温合金,其代表有 CMSX – 10[20]、RenéN6[21] 等。第二代和第三代单晶高温合金的成分特点是金属铼(Re)的加入。21 世纪初,又出现了第四代单晶高温合金 MC – NG[22] 和 EPM – 102[23]。在第四代单晶高温合金的发展中,使用了周期表中的第 44 号元素 Ru,这进一步推动了单晶高温合金的发展。第一代、第二代、第三代、第四代单晶高温合金化学成分如表 4 – 1 所列。无 Re、3% Re、6% Re、Re + Ru 基本上是第一代、第二代、第三代、第四代单晶高温合金化学成分的主要特征[10,16,20]。在单晶高温合金中,Re 主要进入 γ 基体,形成短程有序的原子集团,这种原子集团的强化作用远高于孤立的溶质原子,能有效阻止位错运动,抑制 γ′ 相的粗化;其少量的 Re 进入 γ′ 相,起到强化 γ′ 相的作用[21-27]。在第四代单晶高温合金中,Ru 主要起到抑制 TCP 相的析出,从而强化合金的作用[28-30]。

表 4 – 1　国外典型单晶高温合金成分　　　%(质量分数)

合金	Cr	Co	Mo	W	Ta	Re	Ru	Nb	Al	Ti	Hf	B	Ni	密度/(g/cm³)
第一代单晶高温合金														
PWA1480	10	5	—	4	12	—			5	1.5	—		余	8.70
RenéN4	9	8	2	6	4			0.5	3.7	4.2	—		余	8.56
SRR99	8	5	—	10	3				5.5	2.2	—		余	8.56
AM1	8	6	2	6	9				5.2	1.2	—		余	8.59
AM3	8	6	2	5	4				6.0	2.0	—		余	8.25
CMSX – 2	8	5	0.6	8	6				5.6	1.0	—		余	8.56
CMSX – 6	10	5	3	—	2				4.8	4.7	0.1		余	7.98
CMSX – 11B	12.5	7	0.5	5	5			0.1	3.6	4.2	0.04		余	8.44
第二代单晶高温合金														
PWA1484	5	10	2	6	9	3			5.6	—	0.1		余	8.95
RenéN5	7	7.5	1.5	7	7	3			6.2		0.15	0.004	余	8.63
CMSX – 4	6.5	9	0.6	6	6.5	3			5.6	1	0.1		余	8.70
SC180	5	10	2	5	8.5	3			5.2	1	0.1		余	8.84
第三代单晶高温合金														
RenéN6	4.2	12.5	1.4	6	7.2	5.4			5.75		0.15		余	8.98
CMSX – 10	2	3	0.4	5	8	6	—	0.1	5.7	0.2	0.03		余	9.05
第四代单晶高温合金														
MC – NG	4	<0.2	1	5	5	4	4		6	0.5	0.1		余	8.75
EPM – 102	2	16.5	2	6	8.25	5.95	3	0.03C	5.55	0.01Y	0.15	0.004	余	9.2

4.1.2 我国单晶高温合金的发展

在国外单晶高温合金的研究和应用处于蓬勃发展的近 40 年间,我国也对单晶高温合金及其制备技术进行了广泛的研究,研制成功一系列单晶高温合金,并获得实际应用。国内典型的单晶高温合金化学成分示于表 4 - 2。其中,北京航空材料研究院于 20 世纪 80 年代研制成功我国第一个用于航空发动机的 DD3 单晶高温合金[31,32],该合金具有国外第一代单晶高温合金的性能水平,且密度较低,价格较便宜,DD3 单晶高温合金已应用于某先进航空发动机上。随后,钢铁研究总院研制的 DD402 单晶叶片在某航空发动机上得到了挂片试飞考核[33]。中国科学院金属研究所研制了我国第一个抗腐蚀单晶高温合金 DD8[34],用作舰艇发动机涡轮叶片材料。近年来,钢铁研究总院研制的 DD407 单晶高温合金已应用于某先进航空发动机上。

表 4 - 2 国内典型单晶高温合金成分   %(质量分数)

合金	Cr	Co	Mo	W	Ta	Re	Nb	Al	Ti	Hf	C	Ni	密度/ (g/cm³)
第一代单晶高温合金													
DD3	9.5	5	4	5.5	—	—		5.8	2	—	≤0.01	余	8.20
DD8	16	8.5		6	1	—		3.8	3.8	—	≤0.08	余	8.25
DD402	7.6	4.6	0.5	8	6	—	—	5.6	1	—	≤0.006	余	8.6
DD407	8	5.5	2.25	5	3.5	—	—	5.6	2	—	—	余	8.25
第二代单晶高温合金													
DD6	4.3	9	2	8	7.5	2	0.5	5.6	—	0.1	0.006	余	8.78

90 年代末,北京航空材料研究院研制成功我国第一个低成本第二代单晶高温合金 DD6[35,36-38],该合金具有高温强度高、综合性能好、组织稳定及铸造工艺性能好等优点。与国外应用的第二代单晶高温合金 PWA1484、RenéN5、CMSX - 4 相比,其拉伸性能、持久性能、蠕变性能、抗氧化性能及耐热腐蚀性能等均达到甚至部分优于其水平,且因其含 Re 量低而具有低成本的优势。DD6 合金持久强度 $\sigma_{140MPa}^{1100℃} \geq 100h$、$\sigma_{100MPa}^{1150℃} \geq 100h$,适合于制作 1100℃ 以下工作的具有复杂内腔的燃气涡轮转子叶片与 1150℃ 以下工作的导向叶片等高温零件,DD6 已被用于多种先进航空发动机涡轮转子叶片与导向叶片。北京航空材料研究院、中国科学院金属研究所正在研制的第二代单晶高温合金 DD5 叶片即将在先进航空发动机上试车。中国科学院金属研究所研制了无 Re 的第二代单晶

高温合金 DD98。

21 世纪初,面向高推重比航空发动机的需求,北京航空材料研究院研制了第三代单晶高温合金 DD9,该合金的力学性能与国外第三代单晶高温合金力学性能相当,并开始探索第四代单晶高温合金。

在单晶高温合金研究与应用过程中,我国在单晶高温合金强化机理与成分设计、凝固理论、热处理、缺陷控制、力学性能等方面进行了深入的研究,从而进一步促进了单晶高温合金的发展。

4.1.3　典型单晶高温合金介绍

目前,国内外主要发展了四代单晶高温合金。自 20 世纪 70 年代末以来,第一代单晶高温合金就开始应用;80 年代以来,发展并逐渐广泛使用了第二代单晶高温合金,目前逐渐取代了第一代单晶高温合金。国外虽然已研制成功了第三代、第四代单晶高温合金,但由于组织稳定性、成本、技术成熟度等因素的影响,现在第二代单晶高温合金仍是使用量最大的单晶高温合金。在此,重点介绍国内外典型的第二代单晶高温合金。

4.1.3.1　合金成分

PWA1484、CMSX-4 及 RenéN5 合金的化学成分列于表 4-1,DD6 合金的化学成分列于表 4-2。可以看出,第二代单晶高温合金的成分特点是 Re 的加入。美国第二代单晶高温合金的化学成分最主要的特点之一是含有 3% 的 Re,而我国 DD6 合金含有 2% Re。Re 对单晶高温合金力学性能有重大影响,使其成为决定先进单晶高温合金性能的关键元素之一。并且,由于 Re 在地球含量稀少、价格昂贵,被视为战略元素[24]。研究 Re 在单晶高温合金中的强化机理,建立 Re 原子团结构模型及热处理后 Re 原子界面分布模型,可以深刻理解 Re 提高合金性能的根本原因,为我国先进单晶高温合金研制及实际应用提供理论基础。

C、B、Hf 从第一代单晶高温合金中的"完全去除"转为第二代单晶高温合金中的"限量使用"[8]。上述几个合金元素再次被引入单晶高温合金,但其含量很低。

第二代单晶高温合金 Cr 含量比第一代单晶高温合金有明显降低,如表 4-1与表 4-2 所列。Cr 是抗环境腐蚀元素,尽管第二代单晶高温合金中 Cr 含量有所降低,但第二代单晶高温合金的抗热腐蚀性优良,这是由于合金中 Ta、Re 含量较高,对抗热腐蚀性的贡献之故[39]。

第二代单晶高温合金中高熔点元素(W、Mo、Ta、Re、Nb)的加入总量较高。以 DD3 与 DD6 合金为例,DD3 合金上述高熔点元素总量为 9.5%,而 DD6 合金上述高熔点元素总量达20%。

4.1.3.2　合金的性能

1. 拉伸性能

与第一代单晶高温合金 DD3 相比,第二代单晶高温合金 DD6、PWA1484、CMSX-4 在高温时具有明显的拉伸性能优势,如表4-3所列。

表4-3　几种单晶高温合金的屈服强度[35]

合金	屈服强度/MPa				
	20℃	650℃	850℃	871℃	980℃
DD3	927	—	862	—	523
DD6	929	965	1035	—	721
PWA1484	—	965	—		
CMSX-4	971	947		899	704

2. 持久性能

第二代单晶高温合金 PWA1484 在 980℃/248.2MPa 条件下的持久寿命达到350h,而第一代单晶高温合金 PWA1480 在上述测试条件下的持久寿命仅为90h[16]。我国第二代单晶高温合金 DD6 在上述测试条件下的持久寿命达到307h[35],而第一代单晶高温合金 DD3 在 980℃/221MPa 测试条件下的持久寿命为138h[36]。可以看出,目前大量应用的第二代单晶高温合金比第一代单晶高温合金有明显的持久性能优势。

图4-2 示出了980℃/250MPa 条件下第二代单晶高温合金 DD6 与国外使

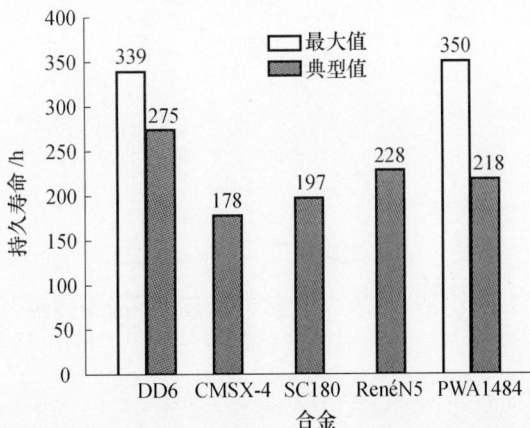

图4-2　DD6 合金与国外第二代单晶高温合金980℃/250MPa 的持久性能

用的第二代单晶高温合金的持久寿命比较。可以看出,DD6 合金具有优异的高温持久性能。

3. 抗氧化与耐热腐蚀性能

PWA1484 合金的抗氧化性和耐热腐蚀性能优于 PWA1480,以 1149℃ 条件下损失 0.13mm 金属的时间计算为基准,PWA1484 合金的寿命较 PWA1480 合金长 60%,如图 4-3 所示。

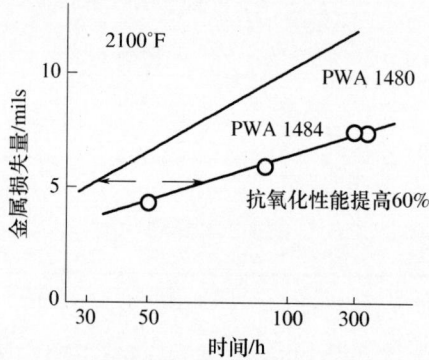

图 4-3　无涂层的 PWA1484 合金与 PWA1480 在 1149℃
条件下的抗氧化性能比较[16]

DD6 合金具有优异的抗氧化性能,与 DD3 合金相比,DD6 合金的抗氧化性能提高了 4 倍~6 倍,如图 4-4 所示。DD6 合金的耐热腐蚀性能也明显高于DD3 合金,如图 4-5 所示。

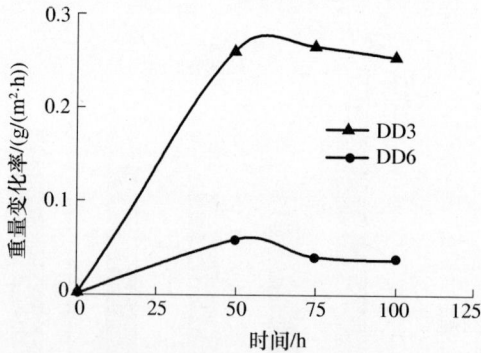

图 4-4　无涂层的 DD6 合金与 DD3 合金在 1100℃
条件下的抗氧化性能比较[35]

106

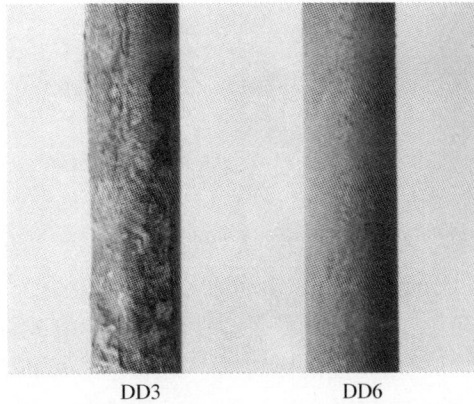

DD3   DD6

图 4-5 无涂层的 DD6 合金与 DD3 合金在 0.002% 盐气氛下 900℃/100h
条件下的耐热腐蚀性能比较[35]

4.2 单晶高温合金的强化机理与成分设计

4.2.1 强化机理

单晶高温合金通常含有多种元素,其基体是高合金化的奥氏体。这些元素大致可以分为三类:①固溶强化元素,如 Ni、Co、Cr、Mo、W、Re 等;②沉淀强化元素,如 Ta、Nb、Ti、Al 等;③晶界强化元素,如 C、B、Hf、Zr 等。特别要说明的是,近年来,晶界强化元素在单晶高温合金中由"完全去除"转为"限量使用"[8],上述晶界强化元素在提高单晶高温合金工艺性能、力学性能以及小角度晶界强度等方面起到了有益的作用。

上述合金元素通过固溶强化、沉淀强化以及晶界强化,使单晶高温合金从室温至高温都具有优良的综合性能。

4.2.1.1 固溶强化[40]

单晶高温合金固溶强化是将一些合金元素加入到合金中,使之形成合金化的单相奥氏体而得到强化。固溶强化提高热强性主要反映在以下两方面:

(1)通过原子结合力的提高和晶格的畸变,使在固溶体中的滑移阻力增加,也就是使滑移变形困难而强化,这在温度 $T \leqslant 0.6T_m$ 时是相当重要的。

(2)在高温使用条件下,即 $T \geqslant 0.6T_m$ 时更为突出的是通过提高原子结合力,降低固溶体中元素的扩散能力,提高再结晶温度,阻碍扩散式形变过程的进行,因而直接影响滑移变形对形变量的贡献。

按照 Mott 和 Nabarro[41] 理论,对于稀薄固溶体,位错克服长程应力场而滑移

107

所需的应力为

$$\tau = 2G\varepsilon C \qquad (4-1)$$

式中:G 为剪切模量;C 为固溶原子的浓度;ε 为晶格错配度,由基体与溶质原子晶格常数之差来表示,即

$$\varepsilon = \frac{1}{C}\frac{\Delta a}{a_0} \qquad (4-2)$$

式中:a_0 为基体的晶格常数。从式(4-1)和式(4-2)可以看出,固溶体的屈服强度应与晶格错配度成正比。然而,合金元素含量受溶质在基体中溶解度的限制,超过溶解度要析出第二相,可能使合金性能变差。由试验得到的镍基二元合金的晶格常数变化对其屈服强度的影响示于图4-6。可以看出,屈服强度的增加与晶格常数的增加确实有如式(4-1)所示的线性关系,但不是晶格常数的单一参数。屈服强度的增加还与合金元素在周期表中的位置,即与合金元素的电子空穴数 N_v 有关。从图4-7可以看出,电子空穴数 N_v 大者,屈服强度的增加要大。这是由于加入合金元素能够降低 γ 基体的堆垛层错能,N_v 值大者降低堆垛层错能大,屈服强度增加就大,反之亦然,根据式(4-1)通常过高估计了溶质原子的强化效果。

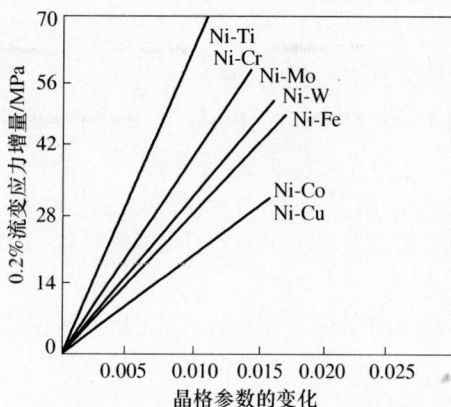

图4-6 晶格常数变化对镍基二元合金屈服强度增量的影响

通过晶格畸变来强化固溶体对高温强化来说不一定完全适用,这是因为高温蠕变时扩散型形变机制起很大作用的缘故。例如 V 能有效增大晶格畸变,但由于它增大了 Cr 和 Ti 的扩散系数而对多元 Ni-Cr-Ti 合金的热强性不利。因此,对于高温强度来说,降低扩散系数以阻碍蠕变是一个重要方面。

高温下,即 $T \geqslant 0.6T_m$ 使用条件下,如1000℃镍基合金固溶强化时,扩散系数显得特别突出。W 的强化效果要优于 Mo;而能大量固溶的 Co 通过其堆垛层错

108

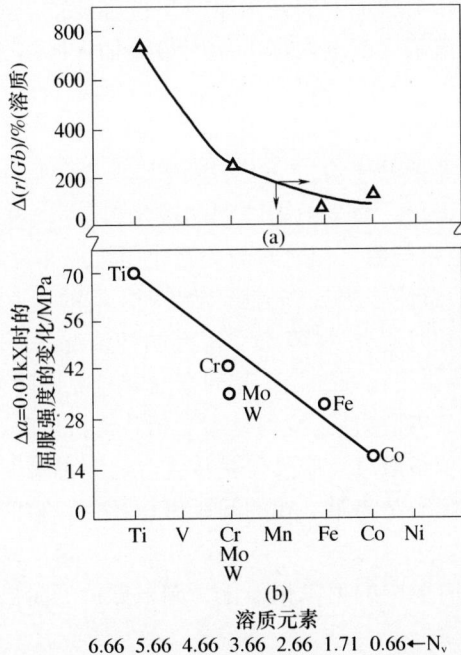

图 4-7 合金元素的电子空穴数对 Ni 基二元合金堆垛层错能(a)和屈服强度(b)的影响

能的有效降低,能对高温强化做出突出贡献。

在单晶高温合金的固溶强化时,多元合金化能更好地提高热强性效果,这也与进一步降低固溶体中元素的扩散有关。表 4-4 列出了多元镍基合金的热强性与扩散特性的关系,说明良好的多元合金化可以通过降低扩散来提高热强性,这一点对于高温蠕变更为有效。应该说明,表 4-4 中的多元合金化除了与固溶强化有关外,还有沉淀强化的作用[40]。

表 4-4 多元镍基合金的热强性与扩散特性的关系

指标	特性因素	合 金 系						
		单元 Ni	二元 Ni-Ti	三元 Ni-Cr-Ti	五元 Ni-Cr-Ti-W-Al	六元	七元	八元
热强性	$\sigma_{100h}=$ 15kg/mm² 时的温度	400℃ (0.39T_m)	约700℃ (0.56T_m)	800℃ (0.62T_m)	950℃ (0.71T_m)	970℃ (0.72T_m)	980℃ (0.73T_m)	1020℃ (0.75T_m)
扩散特性	Q(kcal /mol) D_0/(cm²/s)	51.7 1.6×10^{-9}	68.6 —	84.0 3.0×10^{-13}	87.6 3.8×10^{-13}	91.3 6.2×10^{-13}	98.2 5.6×10^{-13}	111.8 8.1×10^{-13}
① 1kcal = 4.18kJ								

固溶强化效果不仅与所加入的元素本身单位强化效应有关,而且直接与元素的加入量有关。在溶解度范围内尽可能大量地加入固溶元素,可以使固溶强化得到充分发挥。

4.2.1.2　沉淀强化[40,42]

单晶高温合金主要依赖于沉淀强化,由于其主要的强化相是 γ' 相,因此沉淀强化又称为第二相强化。合金中第二相的数量、尺寸与基体的错配度以及所处温度的不同,使得位错与第二相之间的交互作用机理非常复杂。

从位错理论出发,沉淀强化效应与第二相和位错的交互作用密切相关。运动着的位错遇到第二相时,其机械障碍作用有四种情况,即①应力场障碍;②位错攀移克服障碍;③位错线在第二相颗粒间弯曲穿过克服障碍;④切割第二相。

第一种情况造成的内应力场,特别是第二相共格析出时,可以保持高的弹性应力场。第二种情况位错攀移克服障碍是从纯金属高温蠕变的位错攀移理论导出的。第三种情况的障碍是与第二相的间距密切相关。第四种情况的障碍显然取决于第二相的本质。

下面以单晶高温合金中的第二相强化为例来分析沉淀强化的机理。

1. 内应力场的作用

由于 γ' 相在 γ 相基体中共格析出,在 γ' 相周围形成高的弹性应力场。显然,γ' 相与 γ 相的点阵错配度越大,内应力场也越强,相应的强化效果也应该越显著,但这也同时增大了 γ' 相本身的不稳定性。

显然,从调整晶格错配度来强化合金的角度看,Nb、Ta、Ti 是特别有效的元素,它们进入 γ' 相取代了部分 Al 而增强了 γ' 相的强化作用。上述强化方式所能达到的有效使用温度约为 $0.6T_m$,即 800℃左右,这对于燃气轮机中使用的涡轮盘材料是合适的;但对于使用温度达 $0.8T_m$ 的单晶高温合金来说,这不是主要的强化方式。单晶高温合金一般都具有低错配度,从而使 γ' 相在高温时具有良好的稳定性,可以保持高温强化效果。由此可见,单晶高温合金在高温时还有其他的强化机制在起作用。

2. 位错切割有序颗粒机制

单晶高温合金中析出的 γ' 相,由于与基体 γ 共格,且具有与基体相同的晶体点阵,所以它能够被在基体滑移面上移动的位错所切割。由于 γ' 相是有序相,当位错线切入 γ' 相时,便会形成超点阵位错和反相畴界(APB)[40]。Hum[43] 假定,当一个位错切割一个有序颗粒时,忽略颗粒与 γ 奥氏体的界面能,则作用于位错的力 τb 与产生的 APB 能平衡,即

$$\tau b = \gamma_0 \frac{2r_s}{L_1} \qquad (4-3)$$

式中：γ_0 为单位面积上的 APB 能；r_s 为与位错线相切的颗粒的平均尺寸，$r_s = (2/3)^{1/2} r_0$（r_0 为颗粒平均尺寸）；L_1 为颗粒的有效间距，进一步推导，得到单一位错切割有序颗粒引起的屈服强度增加为

$$\Delta\tau = \left(\frac{\gamma_0}{b}\right)^{\frac{3}{2}} \left(\frac{4fr_s}{\pi T}\right)^{\frac{1}{2}} \tag{4-4}$$

由式（4-4）可见，对单一位错切割有序颗粒的情况，屈服强度随 γ' 相的 APB 能 γ_0、γ' 相的体积分数 f 及 γ' 相的平均尺寸 r_s 的增加而增加。

Gleiter 和 Hornbogen[44] 根据实际透射电镜观察结果，发现位错成对运动，提出了位错对与有序、无共格应力的颗粒交互作用理论，推导出屈服强度增量的公式为

$$\Delta\tau = A\gamma_0^{\frac{3}{2}} r_s^{\frac{1}{2}} f^{\frac{1}{2}} T^{-\frac{1}{2}} b^{-1} - \frac{f\gamma_0}{2b} \tag{4-5}$$

式中：A 为常数，一般为 0.5；T 为位错线张力。式（4-5）说明，位错成对切割 γ' 相引起的屈服强度的增加，等于第一位错和第二位错所遇到的 APB 能之差。

Copley[45] 修正了 Gleiter - Hornbogen 理论，在大量电子显微镜观察的基础上，发现塑性应变速率的控制环节是位错从 γ 相运动进入 γ' 相，提出了共格沉淀硬化的动力学理论。图 4-8 为成对的超点阵位错切割有序颗粒的示意图，这一超点阵位错对领先位错和拖拽位错进入有序颗粒的静力学平衡条件为

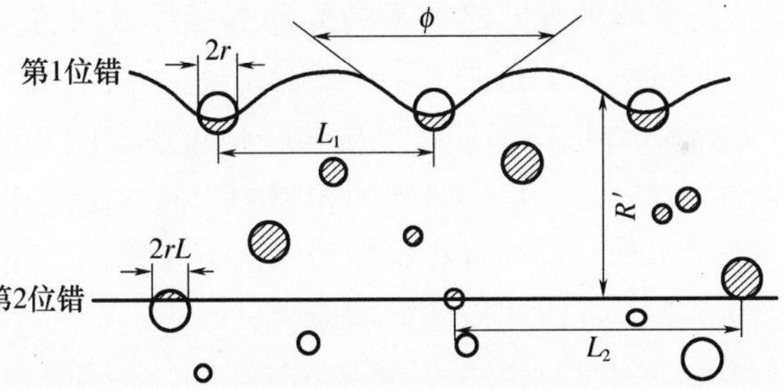

图 4-8　成对位错切割有序颗粒的示意图
（阴影部分代表 APB）

$$(\tau_c - \tau_p)b + \frac{c}{\Delta x} + \frac{\phi}{r_0} - \gamma_0 = 0 \tag{4-6}$$

$$(\tau_c - \tau_m)b - \frac{c}{\Delta x} + \frac{\phi}{r_0} = 0 \tag{4-7}$$

式中：τ_c 为合金的屈服强度；τ_p 为沉淀相对位错的阻力；τ_m 为基体对位错的阻力；b 为伯格斯量的长度；$\frac{c}{\Delta_x}$ 为两位错间的斥力；$\frac{\phi}{r_0}$ 为位错线张力；γ_0 为 APB 能。

式(4-6)表示作用在第一位错上的力,式(4-7)表示作用在第二位错上的力。联立式(4-6)与式(4-7),得

$$\tau_c = \frac{\gamma_0}{2b} - \frac{\phi}{br_0} + \frac{1}{2}(\tau_m + \tau_p) \qquad (4-8)$$

在动态情况下可得到类似方程式:

$$\tau_c = \frac{\gamma_0}{2b} - \frac{\phi}{br_0} + \frac{k}{2}(\tau_m + \tau_p) \qquad (4-9)$$

式中:k 为与晶体位错速率有关的常数。

由公式分析可知,合金的屈服强度主要取决于 $\frac{\gamma_0}{2b}$,这一项与有序的 APB 能成正比。第二项是位错线张力的影响,在恒定 γ' 相体积分数条件下,最大粒子半径的合金应具有最大强度,但通常这一项可以忽略。第三项表现出基体和沉淀相的特征阻力的作用,因此包含了 γ 相和 γ' 相的固溶强化效应。

位错切割 γ' 相的所有理论都与 γ' 相的 APB 能有关,通常是 APB 能高者合金的屈服强度高。合金元素对 APB 能有明显的影响。此外,位错切割 γ' 相时会形成各种复杂的层错,因此除了 APB 外,还要考虑复杂的层错。

3. Orowan 绕过机制

当单晶高温合金 γ 相基体内弥散分布的第二相颗粒比基体硬、间距相对较宽、强度较高,或是与基体没有共格关系的外加弥散质点时,运动位错不能切割这类质点,而只能通过绕过方式越过这些障碍物,这种机制即为 Orowan 绕过机制[46]。如图 4-9 所示,外加应力使运动位错在强化质点间弯曲,当应力进一步增加时,位错弯曲进一步加大,直到颗粒间相邻的弯曲线段的相邻边连接到一起时,位错就从这些障碍间通过,并且在颗粒周围留下位错环。屈服强度就是把位错线弯曲成半径为 $L/2$ 的弯曲线段所需的应力,即

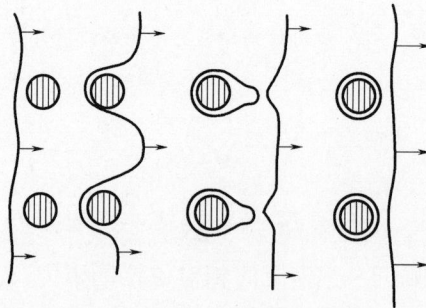

图 4-9　Orowan 绕过机制

$$\tau b = \frac{2T}{L} \qquad (4-10)$$

式中:L 为两颗粒边缘间平均间距;T 为位错线张力,如果用线张力的近似值 $\frac{1}{2}Gb^2$ 代入式(4-10),就得到了屈服强度的增量:

$$\Delta \tau = \frac{Gb}{L} \qquad (4-11)$$

式中:G 为切变模量;b 为伯格斯矢量的长度。从式(4-11)可以看出,合金屈服强度的增加,仅与颗粒平均间距有关。颗粒间距越小,强度增加越大,而与颗粒本身的性质无关。当颗粒的尺寸一定时,增加体积分数相当于降低颗粒边缘间平均间距 L,因而使强度增加。同时,随着颗粒长大,两颗粒边缘之间的距离 L 减小,同样增加屈服强度。

4. 位错攀移机制

对纯金属进行高温蠕变研究,可得出蠕变激活能 $Q_{蠕变}$ 与纯金属自扩散激活能 $Q_{自扩散}$ 相等的重要事实。因而有人提出高温蠕变的速度控制因素与扩散过程密切相关,蠕变过程中的蠕变变形是由位错在滑移面运动造成的。当运动位错在弥散分布的 γ' 相前受阻时,由扩散因素控制的过程(如刃型位错的攀移克服障碍或是螺型位错割阶的扩散性移动)将是蠕变过程的速度控制过程。Ansell 等人[47]根据上述模型,提出了稳态蠕变速率 $\dot{\varepsilon}$ 的定量估算公式:

$$\dot{\varepsilon} = \frac{\pi \sigma^4 L^2 D}{r G^3 KT} \qquad (4-12)$$

式中:σ 为外加应力;L 为沉淀相颗粒间距;D 为基体元素的扩散系数;r 为第二相颗粒尺寸;G 为切变模量;K 为常数;T 为热力学温度。

从式(4-12)可以看出,稳态蠕变速率 $\dot{\varepsilon}$ 不仅与沉淀相的颗粒间距 L 和沉淀相颗粒的尺寸有关,还与 γ 奥氏体基体的扩散过程有关。稳态蠕变速率与基体扩散系数成正比关系,这是由于沉淀质点前的位错要发生攀移都需要基体原子的扩散。这一数学式把沉淀强化与固溶强化紧密联系在一起,凡降低基体元素扩散系数的元素,都有利于提高蠕变强度。

4.2.1.3 晶界强化

由于单晶高温合金没有晶界,并且要求具有宽的热处理"窗口",因此在最初发展的单晶高温合金中几乎不含晶界强化元素。然而,在单晶叶片定向凝固过程中,难以确保获得理想的单晶体,小角度晶界的形成是不可避免的。在单晶叶片的研制与生产中,都允许某种程度的小角度晶界的存在。如果缺乏晶界强化元素,小角度晶界将显著降低单晶高温合金的力学性能。因此,从第二代单晶高温合金开始,C、B、Hf 等晶界强化元素从"完全去除"转为"限量使用"[8],从而提高单晶高温合金小角度晶界的性能。

溶质原子及杂质元素在晶界偏析是晶界的基本现象之一,对于高温合金来说,它更是一个重要的问题[40]。单晶高温合金中加入 C、B、Hf 等晶界强化元素后,这些元素的原子偏聚到小角度晶界上,降低晶界能,使系统自由能降低。而晶界能 η 与溶质元素的溶解度服从下列方程[48]:

$$\frac{\partial \eta}{\partial \chi_c} \mid \chi_c \rightarrow 0 = - RT\Gamma_s^0 \beta_b = - K \frac{RT}{X_c^0}\Gamma_s^0 \qquad (4-13)$$

式中:$\beta_b = K/X_c^0$ 为溶质在晶界和晶内的浓度比;Γ_s^0 为晶界上形成单原子密排层的溶质原子浓度。可见,所有偏析的溶质原子都降低晶界能 η,降低的程度取决于溶质原子在基体中的溶解度 X_c^0 的大小,溶解度越小,降低的程度越大。偏聚到晶界的有益的微量元素的原子,改变晶界原子间键合状态,增加晶界结合力,强化晶界,从而提高合金的高温强度。而晶界附近被阻挡的位错,达到一定密度后可能诱发晶内位错的产生和多滑移系的开动,从而改善合金的断裂塑性[42]。

4.2.2　合金元素作用

前已述及,合金元素通过固溶强化、沉淀强化以及晶界强化,使单晶高温合金从室温至高温都具有优良的综合性能。下面分别叙述固溶强化元素、沉淀强化元素及晶界强化元素的作用。

4.2.2.1　固溶强化元素的作用

作为单晶高温合金基体元素的 Ni 在元素周期表中是 28 号元素,具有面心立方结构,没有同素异构转变。Ni 具有较高的化学稳定性,在 500℃ 以下几乎不氧化,常温下不易受潮气、水及某些盐类水溶液的侵蚀。Ni 具有良好的相稳定性,可以固溶更多的合金元素而不生成有害的相,这一特性为改善 Ni 的各种性能提供了潜在的可能性[49]。

在单晶高温合金中,Co 主要固溶于 γ 基体中,少量进入 γ' 相,可以降低基体的堆垛层错能。层错能越低,就越容易出现层错,层错的宽度也越大,这种扩展位错运动十分困难,必须收缩为一个全位错才行,也就是说层错能的降低使交滑移更加困难,这就需要更大的外力,表现为合金强度的提高[42]。Co 的加入,能够增加 Cr、Mo、W 等合金元素在基体中的溶解度,提高合金的强度。

Cr 是单晶高温合金中不可缺少的合金元素,通常加入的 Cr 约有 10% 进入 γ' 相,还有少量的 Cr 形成碳化物,其余大部分溶解于 γ 固溶体。Cr 引起 γ 基体中的晶格畸变,产生弹性应力场强化,从而使 γ 固溶体强度提高,起固溶强化作用。同时,Cr 还降低固溶体堆垛层错能,使高温持久强度明显提高。Cr 在单晶高温合金中的一个十分重要的作用是形成非常致密的 Cr_2O_3 型氧化膜,使单晶高温合金具有良好的抗氧化性能。过量的 Cr 容易引起 TCP 相的产生,降低合金的高温强度,所以在单晶高温合金的发展中,其加入量不断减少。

W 在单晶高温合金中各约有 1/2 溶解于 γ 基体和 γ′ 相,对 γ 相和 γ′ 相都有很强的固溶强化效果。W 的原子半径比较大,在单晶高温合金基体中要引起晶格的明显膨胀,形成较大的长程应力场,阻碍位错运动,明显提高屈服强度。W 明显降低 γ 固溶体堆垛层错能,可有效提高合金的蠕变性能。在复杂合金中加入 W,除了上述固溶强化外,W 原子将进入 γ′ 相,并影响其他元素在 γ 基体和 γ′ 相之间的分配,改变 γ 基体和 γ′ 相的晶格常数及错配度。同时,W 还促进 M_6C 和 μ 相的生成,影响合金的力学性能。

Mo 也是单晶高温合金中使用较广泛的合金元素。与 W 不同,Mo 原子大多溶解在 γ 基体中,约有 1/3 分布在 γ′ 相中。Mo 原子也较大,明显增大 γ 基体的晶格常数,使屈服强度增加。Mo 降低合金的抗氧化及耐热腐蚀性能。过量的 Mo 促使 TCP 相形成,降低合金高温强度。Mo 是碳化物形成元素,主要形成 M_6C 碳化物。

在单晶高温合金的元素中,Re 具有最低的扩散系数和较大的原子半径。Re 主要进入 γ 相基体,形成短程原子集团[21,26]。随着 Re 含量的升高,γ′ 相趋于细小,立方化及分布均匀性改善,γ′ 相体积分数增大,两相成分差异增加,合金错配度向负方向增大[50]。Re 对 γ′ 相定向粗化的阻碍作用不明显,但对形成完整、细密、连续的 γ′ 相筏排组织有明显促进作用[51]。Re 改变了合金 γ/γ′ 相界面结构,使合金相界面整齐、过渡区域变窄、原子排列规则、错配位错增多。Re 主要以原子团形式分布于基体的性质与超低扩散本性,导致了含 Re 合金在 γ′ 相长大过程中,Re 原子在 γ/γ′ 相界面的基体中富集,抑制了合金元素在 γ 相与 γ′ 相间的交换,从而延缓了 γ 通道厚度的增加,稳定了对合金强度起重要作用的 γ′ 相。因此,适量的 Re 能显著提高单晶高温合金的持久性能[21,26,52-54]。

在第四代单晶高温合金中,添加了合金元素 Ru。Ru 是一种弱偏析元素,在 γ′/γ 中的分配比约为 0.7。Ru 主要溶解在 γ 相中,使合金具有较大的负错配度,增加了单晶高温合金形成筏排组织的倾向,从而使合金在高温低应力下的持久寿命延长。Ru 还可以抑制含 Re 单晶高温合金在高温蠕变试验或长期使用过程中析出 TCP 相,提升合金组织的稳定性,从而保证合金具有优异的高温蠕变性能[55]。

4.2.2.2 沉淀强化元素的作用

Al 作为 γ′ 相的主要形成元素,约有 80% 的 Al 与 Ni 形成 Ni_3Al,起沉淀强化的作用。随着 Al 含量增加,γ′ 相数量增加,从而使沉淀强化效果增大。Al 的加

入改变 γ′ 相中各元素的溶解度,从而进一步增加 γ′ 相的数量,增加强化效应;同时 Al 也增加 γ′ 相的反相畴界能,使切割机制的强化效果增强。Al 可以显著提高单晶高温合金的抗氧化性能。另外,过量的 Al 将降低 W、Mo、Ta、Nb 等元素的加入量,降低合金的高温强度。

Ta 是强 γ′ 相形成元素,提高其数量和溶解温度,增强 γ′ 相的强化效果,对提高合金的抗氧化耐热腐蚀性能有显著作用。Ta 可提高 γ′ 相的反相畴界能,还可以改善 γ′ 相的稳定性,使 γ′ 相在长期时效和使用过程中不易长大。由于 Ta 的原子半径明显大于 Ni 的原子半径,因此,少量的 Ta 进入 γ 相起固溶强化作用。同时,Ta 也降低 γ 相的堆垛层错能,提高合金的蠕变性能。Ta 是碳化物形成元素,促进 MC 碳化物形成。

Ti 与 Ta 一样,也是强 γ′ 相形成元素,对 γ′ 相强化及合金的抗热腐蚀性能有利。Ti 是碳化物形成元素,促进 MC 碳化物形成。因 Ti 降低合金的铸造性能,缩小合金的热处理窗口,所以新型单晶高温合金中 Ti 的加入量较少,有的单晶高温合金如 DD6 甚至不加入 Ti。

Nb 几乎完全分布于 γ′ 相,形成 $Ni_3(Al,Ti,Nb)$,增加 γ′ 相的体积分数,提高 γ′ 相的固溶温度,使得强化作用延续到较高的温度。但过量的 Nb 减少了 Ta 在 γ′ 相中的溶解量,降低合金的高温强度,并且显著损害合金的抗氧化性。Nb 是碳化物形成元素,促进 MC 碳化物形成。

4.2.2.3 晶界强化元素的作用

Hf 主要分布在 γ′ 相中,使 γ′ 相数量增多,提高 γ′ 相的反相畴界能,增加 γ′ 相的强化效果,有利于提高合金的强度。把 Hf 加入定向柱晶高温合金中,可以提高合金的横向性能,并改善铸造工艺性能。在合金中加入 Hf,还可以提高合金的涂层工艺性。Hf 为正偏析元素,偏析于枝晶间,使得 γ + γ′ 共晶含量增加,且容易形成低熔点的 Ni_5Hf,使合金的初熔点降低。DD6 合金中增加 Hf 含量,使合金一次枝晶间距先增加后减小,共晶含量增加,枝晶间的 γ′ 相稍有减小,元素偏析程度略有降低[56],合金的持久寿命随着 Hf 含量的增加先升高后降低[57]。

在单晶高温合金中加入 C 可以净化合金,提高合金纯净度,改善合金铸造性能。C 在单晶高温合金中的存在形式主要是 MC、M_6C、$M_{23}C_6$ 碳化物。从液态金属中析出的碳化物为一次碳化物,尺寸较大,主要分布在枝晶间;在时效过程或使用过程中析出的碳化物为二次碳化物,这些碳化物在小角度晶界或枝晶间析出,呈不连续分布,可以阻止小角度晶界滑动和裂纹扩展,提高持久寿命,改善持久塑性。

B 也是晶界强化元素。由于 B 在单晶高温合金小角度晶界的偏聚,从而增

116

加小角度晶界结合力。适量的 B 不仅可以改善合金的力学性能,还对合金的凝固行为产生明显影响,高 B 合金可以改善疏松形成倾向。

4.2.3 成分设计

早期,人们主要采用试验的方法进行合金成分设计,对合金的成分—工艺—组织结构—性能之间的关系进行了深入的研究,为合金的设计打下了试验基础。计算机技术的发展和信息处理技术的建立,为计算机技术进行单晶高温合金成分设计提供了有效的方法。建立在电子空穴理论和 d 电子理论基础上的相计算(PHACOMP)和新相计算(NewPHACOMP)方法,可以预测合金是否出现 TCP 相,评价合金在高温长期暴露后的组织稳定性,并进行合金成分设计。

4.2.3.1 电子空穴理论与相计算[42]

单晶涡轮叶片工作在高温度、高载荷、高转速、复杂应力、燃气腐蚀等极为苛刻的条件下,如果单晶涡轮叶片在使用过程中出现大量拓扑密排(TCP)相,往往造成力学性能的严重降低,威胁航空发动机和燃气轮机等动力设备的安全使用。所以,控制和避免 TCP 相的形成是合金成分设计的重要目标之一。

TCP 相为过渡族间金属化合物,包括 σ 相、χ 相、μ 相、P 相、Laves 相等。在铸造高温合金中,常见的有 σ 相、μ 相、Laves 相。TCP 相的晶体结构很复杂,其共同点是原子排列比等径球体的最密排列还要紧密,配位数大于 12 并且致密度大于 0.74,原子间距短。TCP 相为了得到较高的空间利用率,要求有两种大小不同的原子,得到全部或主要为四面体堆垛结构。TCP 相又属于电子化合物,相的稳定性与电子/原子比有密切关系,原子外层电子之间的相互作用强烈。人们经过多年努力,已把电子空穴理论比较成功地应用于高温合金成分设计。国外甚至把某些合金对平均电子空穴数的要求列入该合金的技术条件,作为合金必须达到的技术指标。下面简要介绍电子空穴理论与相计算。

相计算是一种预测合金出现 TCP 相的重要方法,为一种半理论半经验的方法,其理论基础是认为 TCP 相是电子化合物,电子因素是影响其形成的主要因素,过渡族元素的 d 电子没有被充满,定义 3d 层未被电子充填的空位数为电子空位数。

在元素周期表中,随着原子序数的增加,电子按一定的规律充填在电子壳层中。从表 4 - 5 可以看出,第一长周期过渡族金属(在 Ca 和 Cu 之间,但不包括 Ca 和 Cu)的 3d 层没有被电子填满。由于这些元素的 4s 状态的能级低于 3d,因此在 3d 层还未填满之前,4s 层就开始填充。

表 4 - 5　第一长周期元素的外层电子结构

元 素	Sc	Ti	V	Cr	Mn	Fe	Co	Ni
3d 电子数	1	2	3	5	5	6	7	8
4s 电子数	2	2	2	1	2	2	2	2

早在 1938 年, Pauling[58] 试图解释过渡族金属 Cr、Mn、Fe、Co、Ni 的磁性。Pauling 推论, 每种自旋的 5 个 d 轨道可以分成 2.56 个成键轨道和 2.44 个非成键轨道。前一种轨道与 p 轨道和 s 轨道杂化, 产生金属键。

Pauling 还假定, Cr 利用 5.78 个杂化电子形成金属键。从 Cr 的 3d 和 4s 轨道可以得到 6 个电子, 如表 4 - 5 所列。除去形成金属键所需要的电子, 还余下 0.22 个电子。这些电子即为非成键电子, 加到 3d 非成键轨道上, 而 3d 非成键轨道有 2.44 个。考虑电子自旋有两种相反的方向, 这种非成键轨道有 4.88 个。因此, 对于 Cr 有 4.88 - 0.22 = 4.66 个净空穴。同样的假定适用于 Mn、Fe、Co、Ni。

Cr、Mn、Fe、Co、Ni 以外的过渡族元素, 要定量地给出电子空穴数是很困难的。至今, 人们的实践都假定在周期表中的同一组内的电子空穴数为一常数, 如 Mo、W 与 Cr 的电子空穴数是一样, 均为 4.66, 而 ⅢB、ⅣA、ⅤA 族中的合金元素, 可以指定这些元素的电子空穴数 $N_v = 10.66 - GN$。GN 为该族元素的序数。如 V、Nb、Ta 的电子空穴数均为 5.66, Hf、Si 为 6.66 等。

由于 3d 电子空穴的存在, 过渡族金属元素开始失去或部分失去标准金属键的特点, 其原子堆积不能近似看成金属那样的堆积, 晶体结构变得复杂。在第一长周期中, 从 Sc 到 Ni, 过渡族元素的晶体结构在 Mn 两边非常对称:

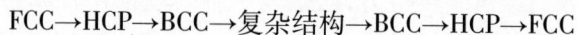

$$FCC \rightarrow HCP \rightarrow BCC \rightarrow 复杂结构 \rightarrow BCC \rightarrow HCP \rightarrow FCC$$

所有三个长的过渡族周期, 在"复杂结构"左边的过渡元素, 晶体结构都是完全相似的。而在第二、第三长周期, 在"复杂结构"右边的 1/2 元素, 出现复杂晶体结构。

TCP 相由过渡族元素组成, 而它们的化学键由电子空穴连接, 那么 TCP 相是否与过渡元素的平均电子空穴数有定量关系呢?

在 1951 年, Rideout 等人[59] 在研究了 Cr - Co - Ni、Cr - Co - Fe、Cr - Co - Mo、Cr - Ni - Mo 三元系 1200℃ 的等温截面后, 发现这四个三元系都有比较宽的 σ 相区, 而 σ 相的成分范围与电子空穴数之间确有定量关系。通过下述线性关系可以计算单相合金的平均电子空穴数 $\overline{N_v}$:

$$\overline{N_v} = 4.66(Cr + Mo) + 3.66(Mn) + 2.66(Fe) + 1.71(Co) + 0.61(Ni)$$

这里括号内的元素符号表示对应的原子百分数,而系数表示元素的电子空穴数。计算结果表明,σ 相成分范围的 $\overline{N_V}$ 为 3.16 ~ 3.57。

Rideout 的工作完成了重要的第一步,即 σ 相等 TCP 相的成分范围可以利用电子空穴数来计算。然而这一理论显然还不能直接用于高温合金。

直到 1963 年—1964 年之后,人们才开始致力于把电子空穴理论应用到复杂的高温合金,可以预测 TCP 相是否出现。然而要在实际高温合金中应用这一理论,还需要解决两个问题:

(1) 为了能够判定实际高温合金在热处理或长期使用过程中,是否会形成 σ 相,需要的不是对 σ/σ + γ 相界进行电子空穴数计算,而是对 γ/γ + σ 相界进行计算。正如前述,由于 σ 相是电子化合物,它的化学键是有电子空穴贡献的,因而可以用电子空穴理论来进行计算。而 γ 相是一个多组元固溶体,不属于电子化合物,因而无法用电子空穴理论进行计算,除非 γ/γ + σ 相界平行或近似平行于 σ/σ + γ 相界,或者至少平行或近似平行于 σ 相区的中心线。那么,γ/γ + σ 相界与 σ/σ + γ 相界一样是一条等电子空穴数线,从而可以用电子空穴理论进行计算。幸好实际高温合金多属于这一情况,如图 4 - 10 所示。这一问题基本得以解决。

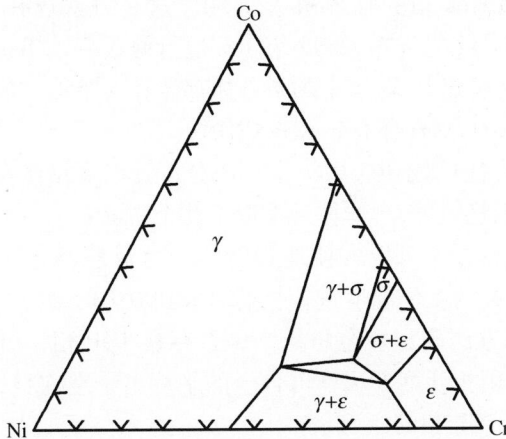

图 4 - 10　在 1204℃ Ni - Co - Cr 三元等温截面

(2) 由于实际高温合金成分非常复杂,往往生成各种化合物,如碳化物、金属间化合物等。这样,合金熔炼的化学成分不再能代表形成 TCP 相的 γ 相基体成分,二者之间有很大差别。要解决这个问题,可以根据合金的实际情况进行一系列的计算,扣除各相所消耗的元素,求得剩余基体的化学成分,就可以进行基体的平均电子空穴数计算。

解决了上述两个问题后,就可以着手对复杂的单晶高温合金用电子空穴理论进行计算了,计算的公式为

$$\overline{N_V} = \sum_{i=1}^{n} m_i (N_V)_i \qquad (4-14)$$

式中:$\overline{N_V}$为平均电子空穴数;m为各元素的原子百分数;N_v为各元素的电子空穴数。

当合金的平均电子空穴数高于某一数值(临界值)时,合金倾向于形成 TCP 相。相反,平均电子空穴数低于该值时,合金就不形成 TCP 相。由于这种计算比较复杂,一般都采用电子计算机,因此通常把这种方法称为相计算(PHACOMP)。

根据上述电子空穴理论,已发展了几种主要的相计算方法。Boesh 和 Slaney 方法[60]只考虑 γ′相,在扣除了 γ′相所消耗的合金元素之后,计算剩余基体的平均电子空穴数$\overline{N_V}$。这一方法的临界电子空穴数为 2.32。Woodyatt-Sims-Beattie 方法[61]除了考虑 γ′相外,还考虑了碳化物和硼化物,扣除三种相所消耗的各种合金元素之后,计算剩余基体的平均电子空穴数$\overline{N_V}$。通过对 500 多种商业和试验合金的计算与试验结果对比得出了形成 σ 相的临界$\overline{N_V}$为 2.45 ~ 2.52,形成 Laves 相的临界值为 2.30。这一方法已作为美国宇航标准 AS 549A,于 2000 年 12 月发布,2003 年 3 月进行修改[62]。Barrow 和 Newkire 方法[63]在前一方法的基础上,对每个剩余基体都计算一个唯一的临界电子空穴数N_V^c。如果 $N_V^c - \overline{N_V} \leq 0$,则合金有 σ 相形成倾向。

目前,相计算方法已成功应用于合金成分设计以及预测合金是否出现 TCP 相,评价合金的组织稳定性,具体体现在以下几个方面:

(1) 应用相计算方法可以方便地判断一个合金是否会形成 TCP 相。通常采用的方法是在合金的工作温度进行长期时效和应力时效,然后用金相、电镜和 X 射线结构分析等方法确定合金组织中是否存在 TCP 相,这样既费时间,又浪费大量人力物力。用相计算方法算出合金的平均电子空穴数,马上就可以判定该合金是否有形成 TCP 相的倾向。

(2) 应用相计算方法可以发展新合金。根据预定的工作条件,提出新合金在某些方面的突出要求,然后依靠掌握的知识决定加入某一些主要合金元素的含量。通过相计算确定其他元素的加入量,这样可以在保证主要性能要求的同时,使合金的组织依然稳定,避免在使用过程中出现 TCP 相。

(3) 应用相计算方法可以在改进有形成 TCP 相倾向的原合金基础上发展新合金。

(4) 应用相计算方法还可以对那些边缘合金,即平均电子空穴数接近临界

120

电子空穴数的那些合金,进行逐炉计算,可以方便地区分有 σ 相倾向的炉号,然后根据使用条件分级使用。

然而,相计算也存在某些不足之处,如对析出相的成分、数量和顺序所作的假设,不是对所有合金都符合实际;临界电子空穴数对个别合金有例外;个别元素的电子空穴数随成分而变化;不能考虑铸造高温合金存在的成分偏析等。但是可以相信,它在今后的实践中还将进一步完善和发展。

4.2.3.2　d 电子合金理论与新相计算[42]

4.2.3.1 节介绍了基于电子空穴理论而发展的相计算方法,这一节将介绍基于 d 电子合金理论而发展的新相计算方法。这种方法采用由合金电子结构计算得出的参数,可以预测高温合金中 TCP 相的析出倾向以及用于单晶高温合金设计。

单晶高温合金的主要固溶强化元素是具有自旋不成对 d 电子的过渡元素,d 电子之间的共价键强度越高,合金中过渡元素的结合能就越大,因此研究合金原子之间 d 电子的结构特征,对于理解合金的强化机理和组织稳定性是十分必要的。在 d 电子合金理论基础上发展的新相计算,是以离散变分 X_α 原子族即 DV – X_α Cluster 分子轨道计算为基础的合金设计方法[64-66]。

将与过渡族金属 d 轨道密切相关的能级称为 d 轨道能级,这一特征的轨道能级定义为 Md[67]。参数 Md 作为过渡族元素 M 的 d 轨道能与电荷的转移有关。合金元素的 Md 值与元素的电负性和原子半径有关,因此 Md 值也与合金相稳定性有关,可以用 Md 值来描述相界线,从而预测相的稳定性。

通过上述方法得到的另一个参数称为键级(Bo),它表征原子间电子云的重叠,是原子间共价键强度的度量。对于具有不成对 d 轨道电子的过渡族元素,由于 d 电子云重叠产生的共价键能(Bo)占整个结合能的大部分[68]。因此,Bo 值越高,原子之间的键合就越强。它不仅会影响合金相的稳定性,而且还可以影响相的特性。

根据 DV-X_α 分子轨道计算方法得出的 Md 和 Bo 参数,可用于单晶高温合金预测 TCP 相析出倾向和用于合金设计。对于复杂成分的合金,可以用以下两式求出平均的 Md 和 Bo 值。

$$\overline{\mathrm{Md}} = \sum_i X_i(\mathrm{Md}_i) \qquad (4-15)$$

$$\overline{\mathrm{Bo}} = \sum_i X_i(\mathrm{Bo}_i) \qquad (4-16)$$

式中:X_i,Md_i,Bo_i 为合金元素 i 的摩尔分数及 Md 和 Bo 值,而 Md 和 Bo 值可从表 4-6 中查出。这样可以计算 γ 固溶体的 $\overline{\mathrm{Md}}$ 和 $\overline{\mathrm{Bo}}$,也可以计算 γ′ 相及合金的 $\overline{\mathrm{Md}}$ 和 $\overline{\mathrm{Bo}}$ 值,分别以 $\overline{\mathrm{Md}}_\gamma$、$\overline{\mathrm{Md}}_{\gamma'}$ 和 $\overline{\mathrm{Md}}_t$ 表示。

表 4-6 d 电子合金理论设计用 Md 和 Bo

电子	元素	Md/Bo	电子	元素	Md/Bo
3d	Ti	2.271/1.098	4d	Zr	2.944/1.479
	V	1.543/1.141		Nb	2.117/1.594
	Cr	1.142/1.278		Mo	1.550/1.611
	Mn	0.957/1.001	5d	Hf	3.020/1.518
	Fe	0.858/0.857		Ta	2.224/1.670
	Co	0.777/0.697		W	1.665/1.730
	Ni	0.717/0.514		Re	1.267/1.692
	Cu	0.615/0.272	其他	Al	1.900/0.533
				Si	1.900/0.589

值得注意的是,采用电子空穴理论的临界 $\overline{N_V}$ 值不考虑温度的影响,而采用 d 电子理论的临界 $\overline{Md}$ 值则考虑了温度的影响,即

$$\overline{Md} = 6.25 \times 10^{-5} T + 0.834$$

式中:T 为热力学温度(K)。

应用 d 电子合金理论进行单晶高温合金设计时,首先要选定一个确定主要合金元素的合金系。结合现有合金的各种定量和定性的知识,根据设计者自己多年从事合金研究的经验,选定一个适当的成分或合金作为参考合金。例如要设计一个抗腐蚀的单晶高温合金,可以拿目前抗腐蚀性能优异的 IN738LC 为参考合金,去掉多晶合金中的晶界强化元素 C、B、Zr。由于 Al、Ta、Ti 和 Nb 是主要的 γ′ 相形成元素,它们对合金的力学性能和抗腐蚀性能的影响最显著,因此确定 Ni-16Cr-9Al-2W-4Co-(0-4)Ti-(0-4)Ta-(0-4)Mo(%(原子分数))为计算体系。或者发展一个新的综合性能良好的单晶高温合金,从表 4-6 可知,具有高 Bo 和低 Md 值(有利于相稳定性)的元素为 4d 金属 Mo 和 5d 金属 Ta、W 和 Re,这些元素可有效提高固溶强化效果。为了更进一步大幅度提高高温强度,必须加入 γ′ 相形成元素 Al 和 Ti。为了使合金具有良好的抗腐蚀性能,必须加入适量的 Cr。因此选择合金系为 Ni-10Cr-12Al-1.5Ti-Ta-W-Mo(%原子分数)进行单晶高温合金设计。

计算时还需设置一些限制条件,如为了保证单晶生长的工艺条件,合金的熔化范围及固液相线差 ΔT≤50℃;为了满足热处理条件,热处理温度窗口 HTW(合金的固相线温度 - γ′ 相固溶温度)≥20℃;为保证合金组织稳定,无 TCP 相析出倾向,$\overline{Md}_γ$≤0.93;为了避免 γ/γ′ 共晶过量析出,希望 $\overline{Md}_t$≤0.985;为了抑制高 W 合金中 α-W 相的析出,[W+Mo]≤3.5%(原子分数)。这些参数大多可

122

根据合金成分或相的成分通过电子计算机求出。少量参数，如ΔT、HTW 等，可通过 DTA 试验确定。Ni – 10Cr – 12Al – 1.5Ti – Ta – W – Mo(%（原子分数）)系的计算结果见图 4 – 11。

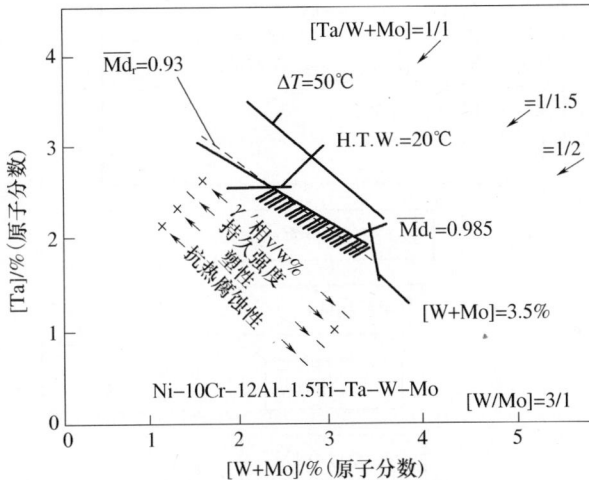

图 4 – 11　单晶高温合金的相稳定图

从图 4 – 11 可以看出，合金的工艺性能被两条线所限制，即$\Delta T \leqslant 50℃$和 HTW $\leqslant 20℃$。前者对单晶生长是必要的，后者是为了固溶处理的需要。相稳定性被三条线所限制，其中两条是合金基体 γ 相和合金的平均 d 轨道能，即$\overline{Md}_\gamma = 0.93$和$\overline{Md}_t = 0.985$，另一条是为了限制 α – W 相的析出，即[W + Mo] = 3.5%（原子）。可以看出，$\overline{Md}_\gamma = 0.93$和$\overline{Md}_t = 0.985$两条线实际上是重叠的，所以只用$\overline{Md}_t$就可以简便地进行相稳定性设计，也可以看出，合金性能随 Ta 和 W + Mo 含量而变化。γ′相含量随 Ta 含量增加而增加，最大值达到 67v/w%；持久强度随 W + Mo 含量的增加而增大。相反，塑性随 W + Mo 含量的增加而降低。此外，热腐蚀性能随 Ta 含量增加而增加。所有上述性能被 Ta/(W + Mo)值控制，合金设计的 Ta/(W + Mo)值为 1/1 ~ 1/2。设计合金的最合适的成分范围在图中的斜线区。单晶高温合金设计的计算机流程如图 4 – 12 所示[69]。

Muruta 等人[70]利用 d 电子合金理论成功地设计了单晶与定向高温合金。单晶高温合金的成分为：Ni – (16.5 ~ 18)Cr – (9.5 ~ 12)Al – (0.6 ~ 2.4)Ti – (0.3 ~ 1.8)Ta – (0 ~ 0.5)Nb – (0.9 ~ 1.6)W – (1.2 ~ 1.8)Mo – (0 ~ 0.25)Re(%，摩尔分数)。首先在此基础上设计没有晶界强化元素的单晶高温合金，然后加入少量的 Hf 来设计定向合金，至于耐腐蚀性能和蠕变性能可以用试验的方法来验证。设计得到的单晶高温合金既保持了 SC – 16 和 IN738LC 的抗热腐蚀

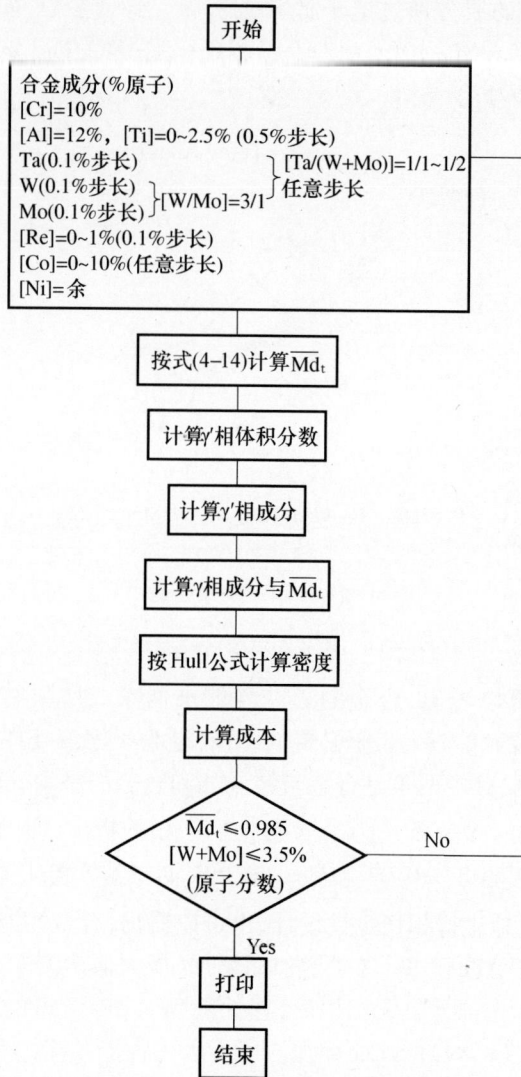

图 4 – 12　单晶高温合金设计的流程

性能,又具有优于 SC – 16 的持久性能。

　　高性能的单晶高温合金在 $\overline{Md} - \overline{Bo}$ 图上一个很小的区域,如图 4 – 13 所示。具有最大屈服强度的铸造高温合金的位置在 $\overline{Bo}$ 为 0.67 和 $\overline{Md}$ 为 0.98 的地方。同时,1225K 时 100h 蠕变强度的最大值也在这个位置。另外,阴影区域的单晶高温合金也具有最佳性能。因而,高性能的单晶高温合金的设计成分应该位于这个区域。

124

图 4 – 13 中的合金元素的矢量从纯 Ni 到 Ni – 10% (原子分数) M 结束。矢量长度随合金中的 M 成分增加而增大,矢量方向随周期表中的元素组数的增加而变化。γ' 相形成元素 Al、Ti、V、Nb 和 Ta 比 γ 相形成元素 Cr、Mo、W 和 Re 有较低的 θ 角。合金成分的优化可以通过调整矢量图中合金元素的多少和它们的数量从而使合金的成分落在 $\overline{Md} - \overline{Bo}$ 中的阴影部分。总矢量定义为各合金元素矢量的矢量和,矢量的长度与各合金元素的总量成比例。

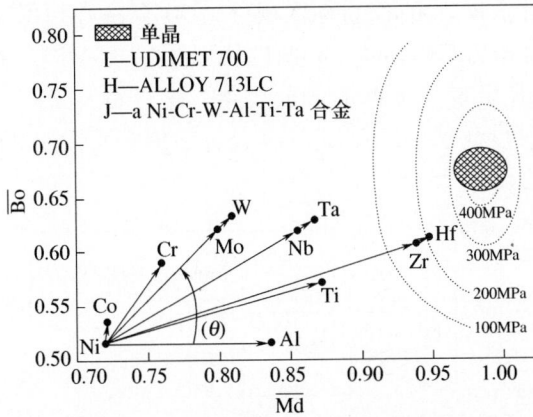

图 4 – 13　铸造高温合金位置和 $\sigma_{0.2}$ 屈服强度的 $\overline{Md} - \overline{Bo}$ 图矢量
代表 Ni – 10% (原子分数) M 合金的位置

如图 4 – 14 所示,合金的 γ' 相体积分数在 20% ~ 70% 范围内与合金矢量的 θ 角具有线性关系[71]。利用这个关系,合金的 γ' 相体积分数可以通过计算合金总矢量的 θ 角来得到。合金设计目标区 (图 4 – 13) 的 θ 角约为 30°,所以 $\overline{Md} - \overline{Bo}$ 图中的阴影区域的合金含有的 γ' 相体积分数为 55% ~ 65%。

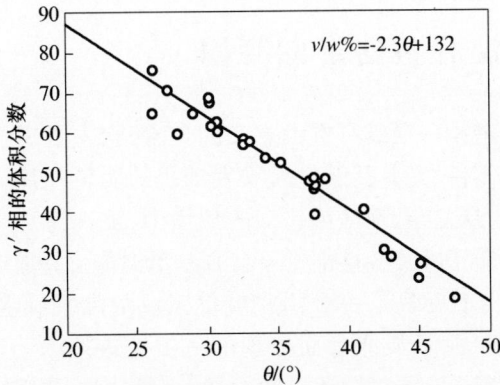

图 4 – 14　γ' 相体积分数和合金矢量 θ 角的关系

可以看出，新合金的成分设计使用了 d 电子概念和如下六个依据：①含有超过 15%（摩尔分数）的 Cr 以保证合金具有良好的抗热腐蚀性能；②增加 W、Mo 和 Re 含量从而强化基体相；③借助于 $\overline{Md}$ – $\overline{Bo}$ 图计算来增加 γ′相的体积含量；④控制 Ta + Ti(+ Nb)/Al 值来强化 γ′相；⑤调整 W/Mo 值；⑥通过 Hull 回归方程使密度尽可能低。

合适的合金元素组合和它们的含量需要位于 $\overline{Md}$ – $\overline{Bo}$ 图中的阴影部分，并且满足六个合金设计依据。由此，目标区域分为 30 个格点，如图 4 – 15 所示。以每个格点处的成分作为基础，$\overline{Md}$ – $\overline{Bo}$ 图的值以 0.001 的步长变化，通过计算程序，全部满足 6 个合金设计依据的成分合格。这样得到 20 个候选合金，通过 500h 相稳定性和硬度测试，最终选定 9 个合金参加全面性能测试。这样就完成了单晶高温合金的设计。

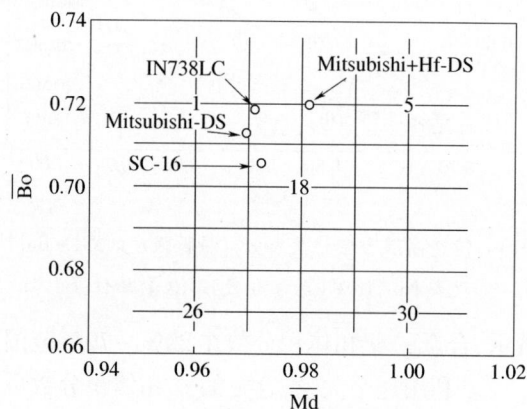

图 4 – 15　合金设计的 $\overline{Md}$ – $\overline{Bo}$ 图

4.3　单晶高温合金的定向凝固

定向凝固是铸造中一项具有重大意义的技术，它主要用于制造燃气轮机热端部件的高温合金零件，尤其是航空航天发动机的涡轮叶片。这类叶片工作在承受温度最高、应力最复杂、环境最恶劣的环境中，被视为发动机关键材料中最重要的零件。涡轮转子叶片的性能水平特别是承温能力是航空发动机性能的重要标志，在某种意义上反映了一个国家航空工业的水平。定向凝固铸造正是为提高发动机涡轮叶片承温能力而出现的一项先进技术，其应用显著提高了合金的性能水平，促进了航空发动机的发展，它是铸造技术中的一个重要的里程碑。

4.3.1 定向凝固基本原理

为了达到定向凝固的目的,必须同时满足两个重要条件:

(1) 铸件在整个凝固过程中的固—液界面上的热流应保持从一个方向扩散,即定向散热。

(2) 结晶前沿区域内必须维持正向温度梯度,以阻止新晶核形成。立方晶系的金属及合金在结晶过程中 <001> 是择优方向,长大速度最快。定向凝固时,金属液注入型壳,首先与水冷铜板相遇,由于板面温度很低,靠近水冷铜板那一层的金属液迅速冷至结晶温度以下并开始结晶,此时形成的晶粒位向是混乱的,各个方向都有。随后的凝固过程中,由于热流通过已结晶的固体金属有方向性地向水冷铜板散热,且结晶前沿存在正向温度梯度,那些具有 <001> 方向的晶粒择优长大,排挤掉其他方向的晶粒。这样,只要凝固条件维持不变,柱状晶可以继续生长,直到形成整个叶片,如图 4-16 所示。

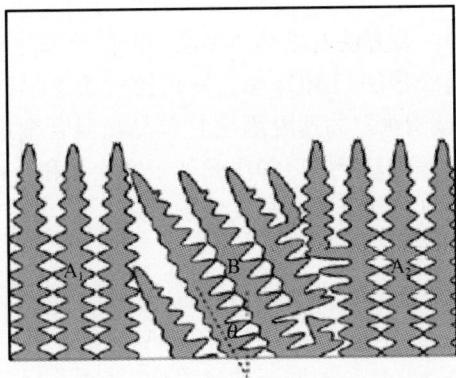

图 4-16 定向凝固时晶粒择优长大

设 G 为温度梯度,R 为凝固速度,G、R 大小对凝固结晶晶粒类型、显微组织等有重大影响。对于单晶高温合金,凝固界面的形态受下式控制[40]:

$$\frac{G}{R} - \frac{\Delta T_m}{D} \qquad (4-17)$$

式中:ΔT_m 为凝固范围;D 为溶质在液相中的扩散系数。

如果式(4-17)为正值,界面平滑;若式(4-17)为负值,界面为胞状;如果式(4-17)负值很大,界面变成树枝状。一般说来,高温合金铸件 ΔT_m 大,R 也大,所以通常是树枝状凝固。但是,只要 G/R 控制适当,就可以制备出平面状或胞状凝固的叶片。

单晶高温合金定向凝固过程中的热流控制与定向柱晶高温合金相似,但单晶高温合金的型壳设计有所不同。制备单晶高温合金有籽晶法和选晶法两种工艺。籽晶法就是在铸型底部预先放置一块具有给定取向的籽晶,过热的合金液在此基础上顺序凝固,便可获得所需取向的单晶零件;选晶法是过热的合金液在水冷铜结晶器上表面凝固,先形成大量的等轴晶,经过一定高度的择优生长,得到一束具有接近[001]取向的柱晶,再经过一个晶粒选择器,只允许一个晶粒向上长大充满型腔获得具有[001]取向的单晶零件。

传统观点认为,选晶法只能用于控制单晶零件纵向的[001]取向,若要控制单晶零件的横向组织,只能采用复杂的籽晶法。北京航空材料研究院设计出一种特殊的结晶起始块,它可形成双向的温度场,从而达到通过选晶法既控制纵向[001]又控制横向[001]取向的目的,这就大大减少了单晶零件的各向异性[72]。

4.3.2 定向凝固铸造方法

定向凝固铸造的主要方法有发热铸型法(EP)、功率降低法(PD)、高速凝固法(HRS)和液态金属冷却法(LMC)等。发热铸型法是早期研究定向凝固时采用的方法,目前已经被淘汰。高速凝固法是单晶高温合金定向凝固技术中目前应用最广的一种方法。液态金属冷却法尚处于实验室和小批量生产阶段。下面主要介绍高速凝固法与液态金属冷却法。

4.3.2.1 高速凝固法

该装置的感应加热体一般由石墨制成,并在加热体下部安装一个隔热挡板,型壳放置于水冷底盘上,合金的熔化、型壳预热、浇注及铸件的凝固等均在真空下进行。在水冷底盘下安装一个型壳抽出机构,使浇注后的型壳同水冷铜板逐渐下移。

注入金属液后等待几分钟,然后启动下降机构,铸型随水冷铜板一起逐渐下移,在整个过程中,感应圈保持全功率。辐射挡板对提高 G 值是极端重要的,挡板挡住了来自石墨套的辐射热,使铸型以它为分界线分成明显的两个区域,铸型在较低的位置下散热。提高辐射挡板上方的型壳温度可提高 HRS 法的温度梯度,如将型壳的加热方式从单区加热改为双区加热或三区加热,则温度梯度可显著提高到 90℃/cm。所有这些都加强了系统的散热能力,使 G 值增加 2 倍,从而使糊状凝固区宽度缩小,改善并消除了"雀斑",显著提高了生产率。高速凝固法传导条件较稳定,允许在较大距离上维持晶体的定向生长,有利于叶片的生产。目前,主要利用这种方法研制单晶叶片。

高速凝固法是目前单晶高温合金定向凝固技术中应用最广泛的一种方法。高速凝固法的缺点是凝固开始时热传导不够稳定,随凝固过程进行热传导通道变长,影响热传导效果等。

4.3.2.2　液态金属冷却法

液态金属冷却法为一种高温度梯度定向凝固方法。该方法的特点是有个冷却剂槽用以冷却铸型,随着凝固过程进行(随铸型下降),冷却剂液面位置沿铸型相应上升。在铸件已凝固部分(固体)周围存在作为冷却剂的液态金属是非常重要的。首先,它提供一个来自于凝固界面的,以热传导方式进行的热流通道;其次,它产生较大的 G 值;第三,它很早就在铸件周围形成一个稳态的热交换条件。

铸型沉浸速度可变,凝固始终在冷却剂液面或端部进行。与功率降低法及高速凝固法相比,液态金属冷却法能长期维持平直的固—液界面,从而促进良好的柱晶形成。液态金属冷却法可获得较高的 G 值,视冷却介质不同,其温度梯度可达到 $73℃/cm \sim 198℃/cm$。

采用 LMC 方法必须注意的一个问题是冷却介质的选择,如果选择的冷却剂中含有 Sn、Bi、Pb、Ga、In 等对单晶高温合金有害的元素,控制不当会造成合金的污染,反而对合金不利。

4.3.3　定向凝固工艺

鉴于目前大多数单晶高温合金铸件采用高速凝固法进行铸造,所以在此着重介绍采用高速凝固法完成的定向凝固工艺研究。

4.3.3.1　热流控制

从热流的控制角度来看,一般的定向凝固方法均可用来制造单晶。在凝固过程中,铸件放出热量的方式对其凝固组织有重大影响,所以热流的控制十分重要。为阻止铸型内各部分杂晶的形成,单晶型壳的预热温度和合金液的过热度比定向凝固柱晶更高,典型的型壳温度为 $1500℃ \sim 1600℃$,比定向凝固柱晶高出 $25℃ \sim 100℃$,铸件凝固时的温度梯度也比定向凝固柱晶的高。

单晶工艺与定向柱晶工艺相比,主要差别是为保证铸件由一个晶粒构成而进行的晶粒生长过程控制,因此浇注系统的设计有所不同。目前主要有晶粒选择器与籽晶这两种浇注系统。晶粒选择器一般采用小直径向上角度的螺旋体或几个直角转弯的通道。在定向凝固过程中,水冷结晶器上首先形成许多任意取向的晶粒,然后在择优取向生长机制下,[001]取向的晶粒优先生长,通常有 2 个 ~ 6 个[001]或[110]取向的晶粒进入晶粒选择器,经过

1 圈~3 圈的螺旋体后,只有一个[001]晶粒从晶粒选择器的顶部露出并生长充满型腔,从而制得单晶叶片。另一种浇注系统是在型壳上安装籽晶,使铸件的凝固从籽晶上开始,在铸件的凝固过程中,籽晶就像是从晶粒选择器中刚长出来的那部分,随后晶粒继续向铸件上生长,铸件的晶体取向与籽晶相同。

HRS 法定向凝固时,热量通过铸件向水冷结晶器传导以及通过铸型表面向外界辐射而散失。前者在凝固开始时是主要的,后者则随凝固的进行而逐渐变得重要。要达到最大的温度梯度,关键是要使加热器向冷区的热辐射损失减到最小。为屏蔽辐射热以促进垂直于铸件横截面的定向热流,在炉子加热器底部设置挡板,在挡板上面有一个最接近铸件形状的开口,使固—液界面保持在挡板之上。这个挡板实际上把热源(加热器)和散热器(外部)分开,因此可使铸件达到接近稳定的凝固状态。挡板与加热器之间有一个能使凝固前沿界面保持在挡板之上的最佳距离。

4.3.3.2　纯净度控制

涡轮叶片工作在极为苛刻的条件下,这对其纯净度提出很高要求。单晶高温合金铸件要求纯净度高,除了要求母合金纯净度高外,对定向凝固过程中工艺要求也非常严格,不能有二次污染,否则容易产生外来晶核,破坏单晶生长。同时,由于整个定向凝固过程中,合金熔液和型壳的温度比定向凝固柱晶时高,所以应严格控制工艺,防止合金熔液与型壳长时间接触而产生反应,避免产生夹杂物而导致不合格。

4.3.3.3　结晶取向控制

因为单晶高温合金的性能存在各向异性,所以在单晶高温合金定向凝固工艺中,晶体结晶取向控制是十分重要的。浇注系统的设计、凝固过程中温度场的分布、温度梯度的控制等因素都对单晶铸件的晶体结晶取向产生重要影响,而在其他铸造方法中,基本不考虑晶体结晶取向的因素,这是定向凝固单晶铸造工艺与其他铸造工艺的重大区别。

为减小单晶零件的各向异性,应对其凝固过程进行双取向控制,使零件的纵向和横向都具有更为理想的结晶取向。美国 Allison 公司、英国 RR 公司及俄罗斯生产的单晶叶片进行了双取向控制[8]。

北京航空材料研究院发展了一种与国外同类技术有所不同的双取向控制法[72]。该方法采用了螺旋选晶器实行双取向控制,既可以控制单晶铸件纵向的[001]取向,又可以控制横向的<001>取向。为此,设计出一种特殊的选晶器,形成双向温度场,使结晶起始点段形成的柱晶进行两个方向即纵向[001]和横向<001>的择优生长,从而达到双取向控制的目的。零件取样测量结晶取向的结果表明,经过双取向控制的试样,其横向的结晶取向均为<001>;而未经控制的常规试样,其横向的结晶取向为双任意的,某些部位甚至为[011]取向。

4.3.3.4 铸件横截面的影响

影响定向凝固组织的主要因素有①固—液界面推进的形式(平面、曲面、粗糙面等);②固—液界面上的温度梯度;③凝固生长速率。

与定向凝固柱晶相似,单晶叶片也有截面形状和尺寸变化,如叶身到缘板、缘板到榫头的形状和尺寸变化。这种情况下,必须调节单晶叶片在凝固过程中的热流,使位于辐射挡板附近的固—液等温面近似水平。为此,必须通过辐射挡板设计、型壳厚度以及型壳移动速度的调节来合理地控制热流,使得挡板附近铸件基本保持水平的凝固界面。

4.3.3.5 浇注温度的影响

对于单晶高温合金来说,其性能与凝固组织密切相关,而合金浇注温度对凝固组织有影响[73,74]。近年来,北京航空材料研究院研究了浇注温度对第二代单晶高温合金 DD6 凝固组织的影响[75]。

图 4-17 为不同浇注温度条件下 DD6 合金的凝固宏观组织。从图 4-17 看到,随着浇注温度的降低,DD6 合金枝晶花样呈增大趋势。采用单位面积计算法测定一次枝晶间距为:1520℃ 条件下浇注,一次枝晶间距为 0.288mm;1570℃ 条件下浇注,一次枝晶间距为 0.250mm。这说明浇注温度对合金枝晶形貌有影响,浇注温度低,温度梯度小,枝晶分枝较少,枝晶生长较慢,枝晶间距增大。

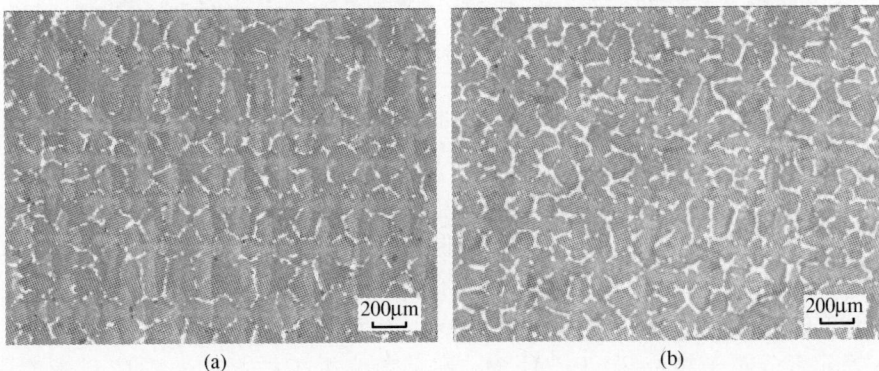

图 4-17 不同浇注温度下 DD6 合金的枝晶形貌和共晶形貌
(a) 1520℃;(b) 1570℃。

图 4-18 为不同浇注温度条件下 DD6 合金微观组织形貌。从图 4-18 中可以看出,树枝晶的枝晶干处 γ' 相细小,而且形状基本为规则的立方形态;而枝晶间处的 γ' 相则粗大并且为不太规则的立方形态。随着浇注温度的升高,枝晶干和枝晶间 γ' 相尺寸略有减小,但变化不大,且立方化程度稍有提高。

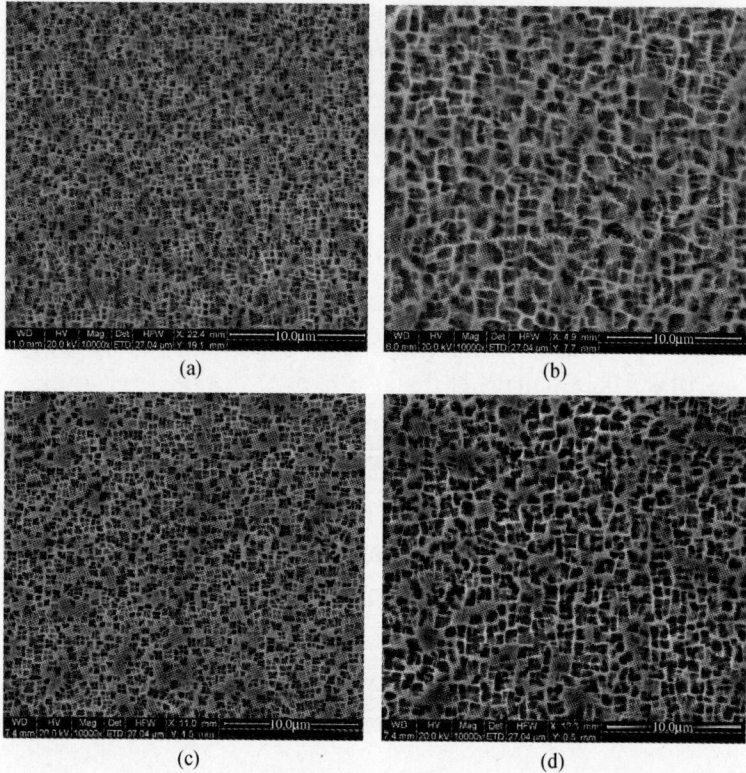

图 4-18   不同浇注温度下 DD6 合金微观组织形貌

(a) 枝晶干,1520℃;(b) 枝晶间,1520℃;(c) 枝晶干,1570℃;(d) 枝晶间,1570℃。

表 4-7 为不同浇注温度条件下 DD6 合金主要元素枝晶干与枝晶间化学成分与偏析比。其中,W、Re、Ta 的偏析严重,而 Cr、Mo、Ni 偏析不大。E. C. Caldwell[76] 分析了各种元素对偏析的影响以及各种元素的分布规律,认为 Re 的加入增加了合金的偏析程度,而 W 对元素偏析没有明显影响;W、Re 等元素分布于枝晶干,Ta、Al、Mo 等元素偏析于枝晶间。中国科学院金属所研究表明[77],元素 Mo、Cr、Ta、Al 在枝晶间富集,Ni、Co、W 在枝晶干富集,其中 W 偏析最为严重。上述研究结果与北京航空材料研究院的研究结论相似。

表 4-7　不同浇注温度下 DD6 合金枝晶干与枝晶间的化学成分与偏析比

%/(质量分数)

浇注温度/℃	元素	Al	Cr	Co	Ni	Mo	Ta	W	Re
1570	$C_{枝晶干}$	3.95	4.99	10.68	59.27	2.10	3.34	11.11	3.61
	$C_{枝晶间}$	5.60	4.44	8.56	59.56	2.63	9.48	6.62	0.78
	$C_{枝晶间}/$ $C_{枝晶干}$	1.42	0.89	0.80	1.00	1.25	2.84	0.60	0.22
1520	$C_{枝晶干}$	4.08	4.25	9.70	58.11	2.05	4.15	9.83	4.17
	$C_{枝晶间}$	4.91	4.24	8.44	58.94	2.48	7.46	6.55	1.70
	$C_{枝晶间}/$ $C_{枝晶干}$	1.20	1.00	0.87	1.01	1.21	1.80	0.67	0.41

　　与较高浇注温度相比,在较低浇注温度条件下,DD6 合金主要元素的偏析明显减轻,几种主要的元素偏析比均趋于 1,如图 4-19 所示。浇注温度越高,固—液界面的温度梯度越大,枝晶界面形核过冷度也越大,树枝晶二次分枝明显发达,使得枝晶间液相的扩散受到限制,从而导致了偏析程度增大。

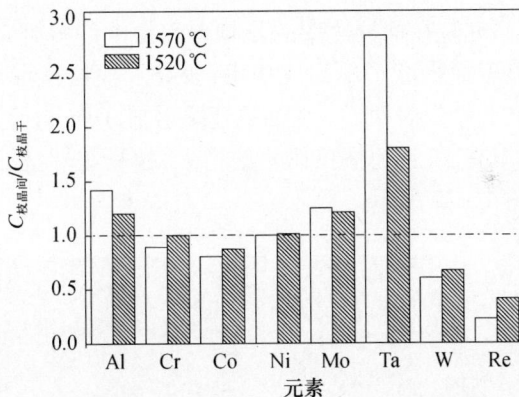

图 4-19　不同浇注温度下 DD6 合金主要元素的偏析比

　　图 4-17 为不同浇注温度条件下 DD6 合金 γ + γ′ 共晶组织宏观形貌。在较低浇注温度条件下,γ + γ′ 共晶较少,尺寸较大;而浇注温度较高时,γ + γ′ 共晶明显增加,共晶组织细小而分散。图 4-20 为不同浇注温度条件下 DD6 合金的 γ + γ′ 共晶组织微观形貌,可以看出,共晶组织中都含有粗大的 γ′ 相,形貌为光板状,光板状的 γ′ 相为大块 γ′ 相。采用比面积法测定 γ + γ′ 共晶含量,结果发现,1520℃ 条件下 γ + γ′ 共晶含量为 5.12% ,1570℃ 条件下 γ + γ′ 共晶含量为

5.86%。即随浇注温度升高,共晶含量略有增加。

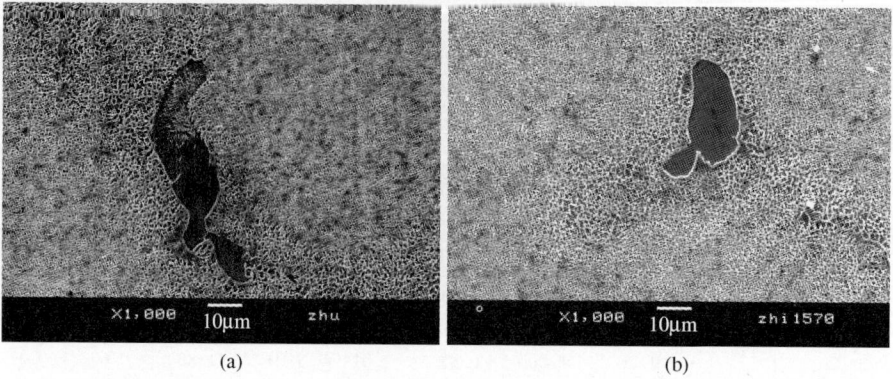

图4-20 不同浇注温度下 DD6 合金的 γ + γ′共晶组织
(a) 1520℃;(b) 1570℃。

4.3.3.6 抽拉速率的影响

在前面提及的高速凝固法中,抽拉速率是重要的工艺参数,与合金的定向凝固晶体生长速率 R 以及固—液界面前液相温度梯度 G 密切相关,影响合金的组织和性能。

北京航空材料研究院在抽拉速率的影响方面做了许多研究工作,特别提出了变速抽拉工艺,显著地提高了单晶成功率;研究了抽拉速率对单晶高温合金 DD6 凝固组织的影响,结果表明[78]:随抽拉速率增加,DD6 合金由粗枝状组织凝固变为以细枝状组织凝固;且随抽拉速率的增大,枝晶花样呈细小趋势,二次枝晶呈发达趋势,如图4-21 所示。

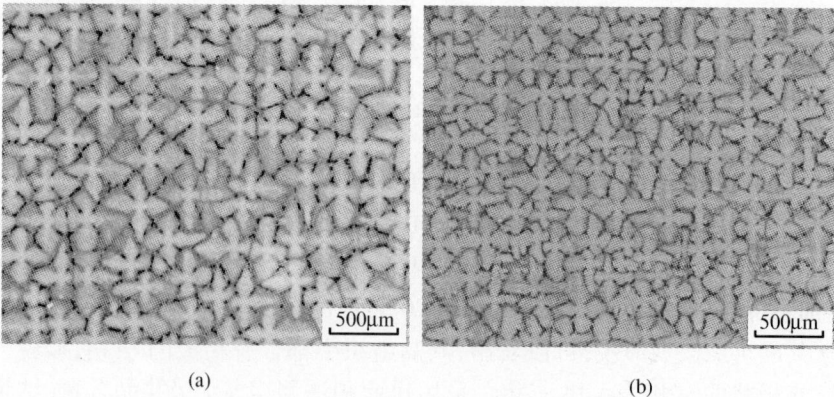

(a)   (b)

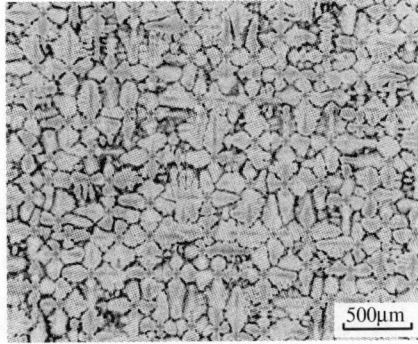

(c)

图 4 - 21　不同抽拉速率下 DD6 合金的枝晶组织

(a) 2mm/min；(b) 4.5mm/min；(c) 7mm/min。

　　树枝状凝固组织中，枝晶干处的 γ′ 相细小，而且形状基本呈规则的立方体形状，枝晶间处 γ′ 相则是粗大且呈不完全规则的立方体形状。随抽拉速率的增加，枝晶干和枝晶间的 γ′ 相尺寸都减小，且枝晶间 γ′ 相的形状越来越趋向于规则的立方体形状，如图 4 - 22 所示。

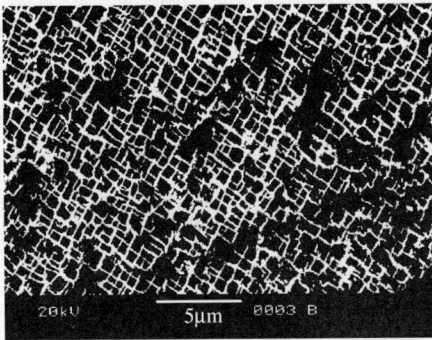

(a)

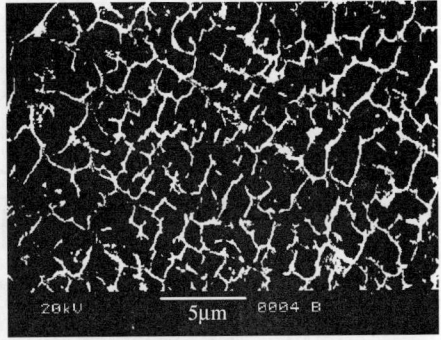

(b)

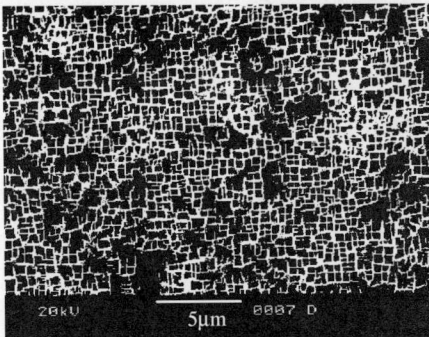

(c)

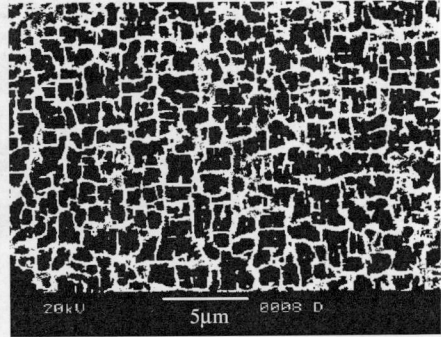

(d)

135

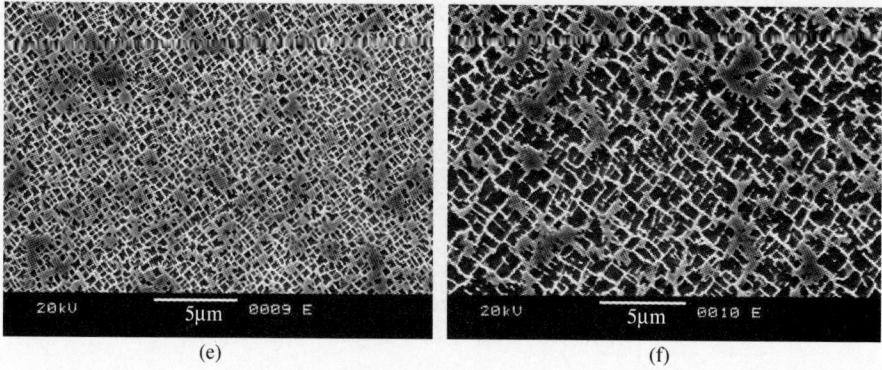

(e)

(f)

图 4 – 22　不同抽拉速率下 DD6 合金组织形貌

（a）枝晶干,2mm/min；（b）枝晶间,2mm/min；（c）枝晶干,4.5mm/min；

（d）枝晶间,4.5mm/min；（e）枝晶干,7mm/min；（f）枝晶间,7mm/min。

图 4 – 23 为不同抽拉速率下 DD6 合金 $\gamma + \gamma'$ 共晶组织形貌。在粗枝组织

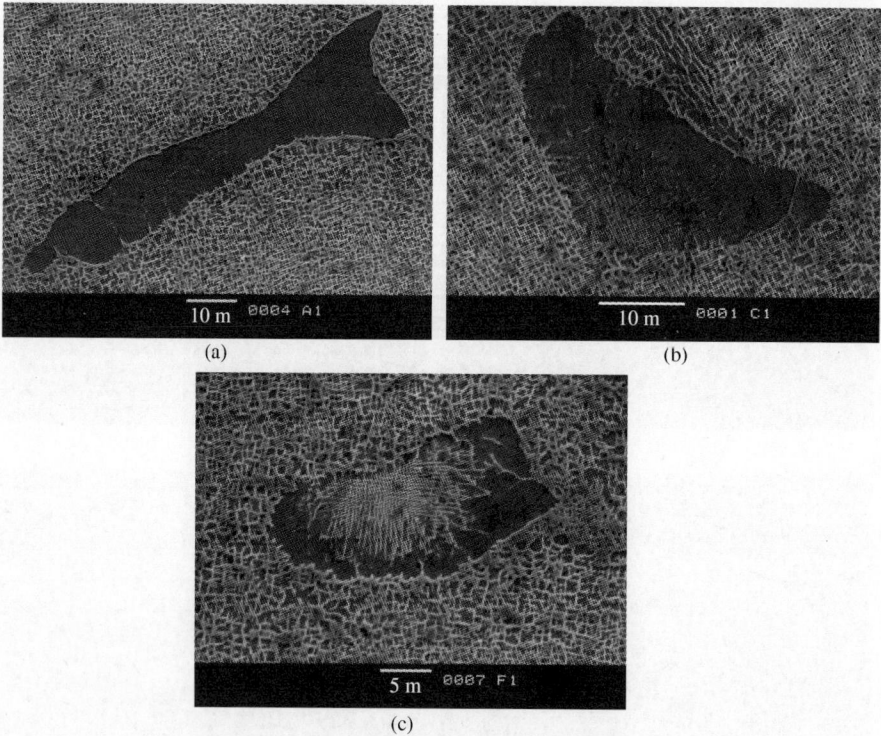

(a)

(b)

(c)

图 4 – 23　不同抽拉速率下 DD6 合金的 $\gamma + \gamma'$ 共晶组织

（a）2mm/min；（b）4.5mm/min；（c）7mm/min。

136

中,γ+γ′共晶量较少,尺寸较大,共晶组织中含有非常粗大的 γ′相,形貌为光板状,如图 4−23(a)所示。光板状的 γ′相实际上是初生的大块状 γ′相。随抽拉速率的提高,细枝组织中的共晶组织小而分散,但数量增加,主要为葵花状。从图 4−23(b)与(c)可以看出:在共晶中 γ 和 γ′两相分布比较均匀,形状和排列也比较规则,但都含有粗大的 γ′相;随抽拉速率的增加,粗大的初生 γ′相减少。图 4−24 为抽拉速率与 γ+γ′共晶量的关系。可以看出:随抽拉速率的增大,共晶量也随之增加。

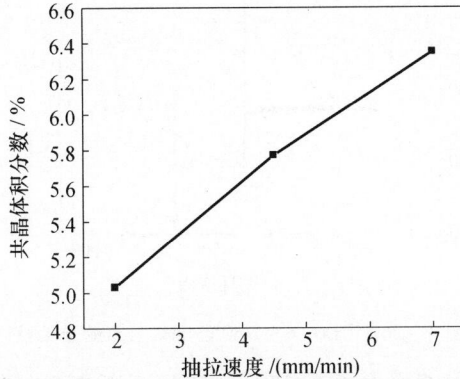

图 4−24　γ+γ′共晶量与抽拉速率的关系

在凝固组织研究的基础上,北京航空材料研究院[79]研究了抽拉速率对 DD6 合金低周疲劳性能的影响。结果表明,抽拉速率为 4.5mm/min 的合金低周疲劳寿命最长,然后依次为抽拉速率为 2mm/min 和 7mm/min 的合金,如图 4−25 所示。随总应变幅的增加,DD6 试样的寿命随之降低。当总应变幅较大时,抽拉速率对低周疲劳寿命的影响较小;而当总应变幅较小时,抽拉速率对低周疲劳寿命影响较大。

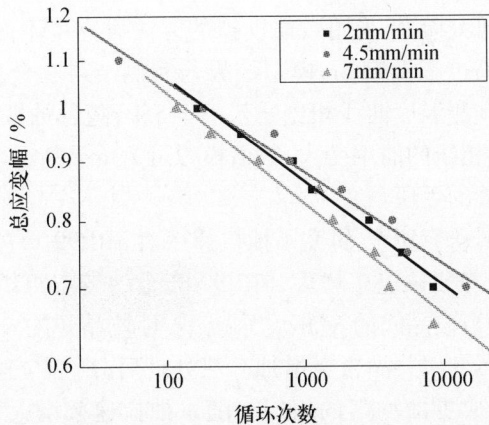

图 4−25　不同抽拉速率条件下 DD6 合金 760℃低周疲劳寿命与总应变幅的关系曲线

DD6 合金在 1.1% 的总应变幅条件下表现出较明显的循环硬化,但随总应变幅的减少,硬化程度降低;低于 1.0% 的总应变幅条件下,在初始几周内表现出轻微硬化现象而达到循环稳定,如图 4 - 26 所示。

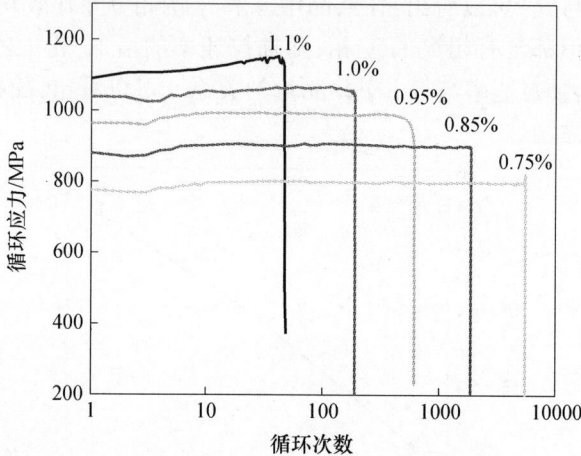

图 4 - 26　DD6 合金 760℃循环应力响应曲线

760℃条件下,DD6 合金在较高总应变幅下所表现的循环硬化可被认为是位错增殖使得位错之间以及位错与 γ′沉淀相之间发生的交互作用,对位错进一步运动产生了阻碍所致;在较低总应变幅下所表现的循环稳定可归因于塑性应变的影响。如果总应变幅较低,则相应的塑性应变幅也低,这就使得位错增殖速率和湮灭速率之间的平衡很容易达到,强化和弱化效应能够彼此抵消。因此,DD6 合金在较低的总应变幅下呈现稳定的循环应力响应行为。

北京航空材料研究院[80]采用数值模拟的方法研究了不同抽拉速率下的单晶高温合金定向凝固过程温度场;模拟结果与实测结果吻合良好,在 1000℃以上计算温度曲线与实测温度曲线相比误差小于 5%;随着抽拉速率增加,凝固速度提高,向下凹的液相线的曲率变大;数值模拟可为单晶高温合金定向凝固工艺的优化提供一种有效的手段。

中国科学院金属研究所[81]研究了抽拉速率对 SRR99 单晶高温合金组织和性能的影响,认为随着抽拉速率增大,SRR99 合金的铸态组织由粗枝状晶向细枝状晶演变,枝晶干与枝晶间的 γ′相尺寸减小,且枝晶间的 γ′相的形状逐渐趋于规则立方体形状,γ + γ′共晶含量增加。热处理后,高抽拉速率下生成的共晶组织更容易固溶,形成更加均匀的组织。随着抽拉速率增大,SRR99 单晶高温合金的持久寿命延长。中国科学院金属研究所[82,83]研究了抽拉速率对 DD98 合

138

金凝固组织的影响,同样发现随着抽拉速率增加,DD98 合金由胞状凝固转变为树枝状凝固,γ'相尺寸变小,由不规则形状逐渐变为规则的立方体形状,$\gamma + \gamma'$共晶含量逐渐增加,共晶中初生 γ'相尺寸逐渐减小。在胞晶/枝晶转变处存在一次枝晶间距最大值。随着抽拉速率降低,固—液界面前沿的温度梯度显著提高,糊状区宽度减小。抽拉速率较低时,温度梯度在整个凝固过程中变化比较平稳。

美国 Auburn 大学 L. Li 等人[84]研究了抽拉速率和温度梯度对第二代单晶高温合金 PWA1484 胞状晶和一次枝晶间距的影响。认为二次枝晶的存在将增加枝晶间距,并使得一次枝晶间距对 $G^{-1/2}V^{-1/4}$ 更加敏感。

4.3.4 定向凝固过程数值模拟

计算机在单晶高温合金定向凝固铸造的应用可以贯穿于整个过程的各个环节,包括液态合金的化学成分分析与质量检测、定向凝固过程壳型的抽拉速度、固—液界面生长速度、铸件温度场以及温度梯度场的测试与控制等。北京航空材料研究院在 DD6 单晶高温合金叶片凝固过程数值模拟方面做了大量的研究工作[85-88],利用这些数值模拟工作,可以对定向凝固工艺参数进行优化,改善单晶高温合金的组织,提高性能,提升叶片质量,提高叶片合格率。

单晶高温合金定向凝固过程数值模拟一般包括下述几个步骤:

(1)建立数理模型;

(2)几何建模与剖分;

(3)确定材料的物性参数与初始及边界条件;

(4)计算凝固过程温度场;

(5)后处理及分析计算结果。

按照上述步骤介绍单晶高温合金定向凝固过程数值模拟。

4.3.4.1 建立数理模型

熔融金属充型与凝固过程为高温流体在复杂几何型腔内做有阻碍和带有自由表面的流动及向型壳传热的过程。该物理过程遵循质量守恒、动量守恒和能量守恒定律,假设液态金属为常密度不可压缩的黏性流体,采用连续、动量、体积函数和能量方程组描述这一过程。

质量守恒定律:某个领域的质量只要没有因流动而产生流入或流出,就不会产生变化。质量守恒定律是流动过程必须满足的必要条件。

流体运动的连续方程为

$$\frac{\partial u}{\partial x} + \frac{\partial u}{\partial y} + \frac{\partial u}{\partial z} = 0 \qquad (4-10)$$

动量守恒方程为

$$\frac{\partial(\rho u)}{\partial t} + u\frac{\partial(\rho u)}{\partial x} + v\frac{\partial(\rho u)}{\partial y} + w\frac{\partial(\rho u)}{\partial z} = -\frac{\partial p}{\partial x} + \mu\left(\frac{\partial^2 u}{\partial x^2} + \frac{\partial^2 u}{\partial y^2} + \frac{\partial^2 u}{\partial z^2}\right) + \rho g_x$$

$$(4-19)$$

$$\frac{\partial(\rho v)}{\partial t} + u\frac{\partial(\rho v)}{\partial x} + v\frac{\partial(\rho v)}{\partial y} + w\frac{\partial(\rho v)}{\partial z} = -\frac{\partial p}{\partial y} + \mu\left(\frac{\partial^2 v}{\partial x^2} + \frac{\partial^2 v}{\partial y^2} + \frac{\partial^2 v}{\partial z^2}\right) + \rho g_y$$

$$(4-20)$$

$$\frac{\partial(\rho w)}{\partial t} + u\frac{\partial(\rho w)}{\partial x} + v\frac{\partial(\rho w)}{\partial y} + w\frac{\partial(\rho w)}{\partial z} = -\frac{\partial p}{\partial z} + \mu\left(\frac{\partial^2 w}{\partial x^2} + \frac{\partial^2 w}{\partial y^2} + \frac{\partial^2 w}{\partial z^2}\right) + \rho g_z$$

$$(4-21)$$

体积函数方程为

$$\frac{\partial F}{\partial t} + \frac{\partial(Fu)}{\partial x} + \frac{\partial(Fv)}{\partial y} + \frac{\partial(Fw)}{\partial z} = 0 \qquad (4-22)$$

能量守恒方程为

$$\frac{\partial(\rho cT)}{\partial t} + u\frac{\partial(\rho cT)}{\partial x} + v\frac{\partial(\rho cT)}{\partial y} + w\frac{\partial(\rho cT)}{\partial z} = \frac{\partial^2(\lambda_x T)}{\partial x^2} + \frac{\partial^2(\lambda_y T)}{\partial y^2} + \frac{\partial^2(\lambda_z T)}{\partial z^2} + \rho Q$$

$$(4-23)$$

式中：u,v,w 为 x,y,z 方向速度分量；g_x,g_y,g_z 为 x,y,z 方向重力加速度；F 为体积分数，$0 \leqslant F \leqslant 1$；$\rho$ 为金属液密度；t 为时间；p 为金属液体内压力；μ 为金属液动力黏度；c 为金属液等压比热容；T 为金属液温度；λ 为金属液热导率；Q 为热源项。

4.3.4.2 几何建模与划分

使用 3D 建模软件建立单晶铸件几何形状 3D 实体模型。建立的实体模型包括铸件、壳型、水冷结晶器、上下加热器、炉体等。由于被模拟对象呈轴对称分布，为减少计算时间，提高计算效率，在进行计算时采用 1/3 实体进行计算。实体造型完成以后，将数据传递给 ProCAST 的网格划分模块进行体网络划分与分析计算，如图 4 - 27 所示。

图 4 - 27 单晶高温合金铸件凝固过程数值模拟有限元网格划分

4.3.4.3 材料物性参数与初始及边界条件

材料的物性参数对单晶高温合金定向凝固过程数值模拟的计算精度影响很大。解决材料的物性参数主要有三种方法：①查阅有关手册；②实际测试；③实验与数学处理相结合。

初始条件指的是计算开始时刻各种材料的温度分布情况，一般以式（4-24）形式给出：

$$T(M,t)_{t=0} = T(M) \tag{4-24}$$

式中：M 为空间动点。

定向凝固过程数值模拟中，涉及冒口与真空边界；型壳与真空边界；铸件与型壳边界；型芯与型壳边界；型壳与水冷结晶器边界；铸件与水冷结晶器边界；铸件与型芯等边界的处理。通常情况下，边界条件的处理是定向凝固过程数值模拟中关键而又困难的问题之一。

可以采用正交设计方法研究单晶高温合金叶片定向凝固过程数值模拟所需参数[89]。利用上述方法获取界面热传导系数，计算得到的冷却曲线与实测的冷却曲线吻合较好，如图4-28所示。对凝固过程数值模拟准确性影响最大的是铸件与型壳之间的热传导系数，该系数取决于温度。铸件与激冷铜板之间的热传导系数设定为 $1000\text{W/m}^2\cdot\text{K}$ 时可以获得合理的温度分布。

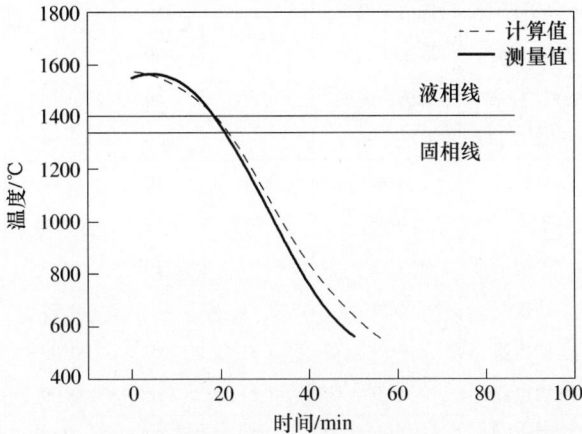

图4-28　DD6单晶叶片定向凝固过程实测与计算冷却曲线

热物性参数与边界条件对凝固过程温度分布、糊状区的位置和形状有影响，而这些热物性参数与边界条件难以得到。可以采用 ProCAST 软件模拟热物性参数与边界条件对 DD6 单晶叶片定向凝固参数的影响，模拟所用的凝固过程热物性参数如表4-8所列。可以发现，温度分布（冷却曲线）对大部分的物性参数不敏感,最大的偏差不超过 1.5%,这些参数中影响最大的是铸件与型壳热传导系数。相对于定向凝固炉隔热挡板,边界条件严重影响凝固过程固—液界面的形状与位置。如图 4-29 所示,增加铸件与型壳的界面热传导系数可以减少糊状区的宽度[90]。

表 4-8 凝固过程的模拟参数

参数	位置	基值	低 值		高 值		轮次名称
			数值	数值范围/%	数值	数值范围/%	
密度/(kg/m³)	铸件	8.78×10^3	8.604×10^3	-2	8.956×10^3	+2	A,a
	型芯	2.8×10^3	2.744×10^3	-2	2.856×10^3	+2	B,b
	型壳	2.497×10^3	2.447×10^3	-2	2.547×10^3	+2	C,c
比热容/(kJ/kg·K)	铸件	取决于温度	—	-5	—	+5	D,D
	型芯	取决于温度	—	-5	—	+5	E,e
	型壳	取决于温度	—	-5	—	+5	F,f
固体热导率/(W/m·K)	铸件	取决于温度	—	-5	—	+5	G,g
	型芯	取决于温度	—	-5	—	+5	H,h
	型壳	取决于温度	—	-5	—	+5	I,i
传热系数/(W/m²·K)	铸件/激冷铜板	取决于温度	—	-50	—	+50	J,j
	铸件/型壳	取决于温度	—	-50	—	+50	K,k
	铸件/型芯	取决于温度	—	-50	—	+50	L,l
	型壳/激冷铜板	取决于温度	—	-50	—	+50	M,m
辐射换热系数	铸件	0.4	0.36	-10	0.44	+10	N,n
	型壳	0.85	0.765	-10	0.935	+10	O,o
	炉壁	0.3	0.27	-10	0.33	+10	P,p
	挡板	0.9	0.81	-10	0.99	+10	Q,q
	上加热器	0.9	0.81	-10	0.99	+10	R,r
	下加热器	0.9	0.81	-10	0.99	+10	S,s
温度/℃	炉壁	40	32	-20	48	+20	T,t
	激冷铜板	25	20	-20	30	+20	U,u

4.3.4.4 温度场与温度梯度场模拟

当液态金属充型结束时,开始凝固过程。在单晶高温合金定向凝固过程中,主要考虑的因素包括型壳的几何形状与厚度、加热器、水冷结晶器、挡板以及抽拉。凝固方式取决于凝固过程的热场变化,模拟计算中充分考虑定向凝固的传热特点。

142

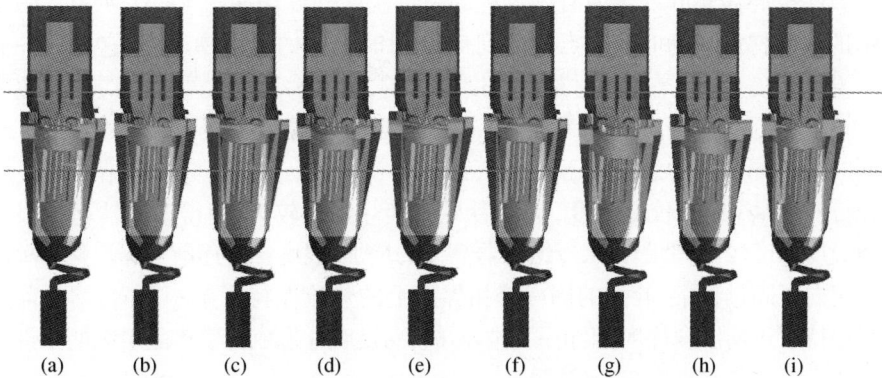

图 4-29 单晶空心涡轮叶片凝固过程中糊状区的形状和位置
(a)~(c)基值;(d)~(f)第 A 次运算;(g)~(i)第 B 次运算。
(a) Step = 570, t = 1989 s; (b) Step = 580, t = 2024 s; (c) Step = 590, t = 2062 s;
(d) Step = 570, t = 1990 s; (e) Step = 580, t = 2025 s; (f) Step = 590, t = 2065 s;
(g) Step = 570, t = 1975 s; (h) Step = 580, t = 2010 s; (i) Step = 590, t = 2048 s。

作为铸造工艺过程计算机数值模拟的基础,温度场模拟技术的发展时间最长,技术也最成熟。温度场模拟是建立在不稳定导热偏微分方程的基础上进行的,考虑了传热过程的热传导、对流、辐射、结晶潜热等热行为。单晶空心涡轮叶片凝固过程中不同时刻各部位温度分布的分析结果如图 4-30 所示,图中颜色表示温度数值的大小。从图中可以看出,叶片凝固过程等温线较为平滑。

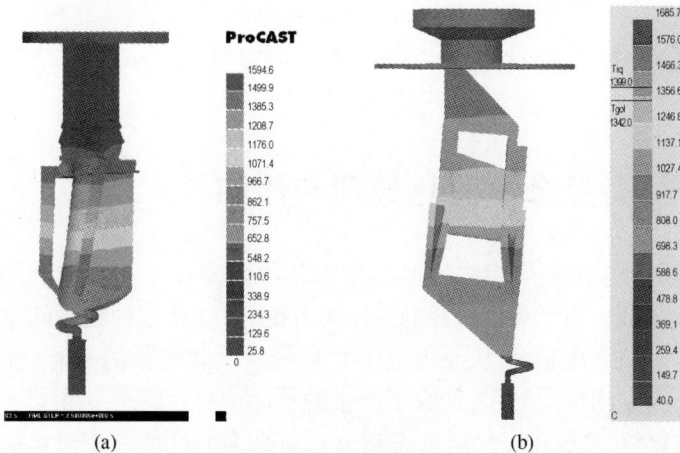

图 4-30 单晶空心涡轮叶片凝固过程温度分布[85,91]
(a)转子叶片;(b)导向叶片。

单晶空心涡轮叶片定向凝固过程的三维温度梯度场如图 4-31 所示。图中所示的温度梯度场为叶片各点凝固到 1385℃时纵向的温度梯度场,它是同一温度下温度梯度值,不是相同时刻的温度梯度场,温度梯度的大小由相应的颜色表示,单位为℃/cm。从图可以看出,叶片凝固过程中温度场是发生变化的,叶片不同时刻不同部位的温度场不相同。在凝固初期,液态金属与水冷结晶器接触时,水冷结晶器具有较低温度,且二者界面换热系数较大,使得选晶器起始段部位的温度梯度较高;随距离水冷结晶器高度的增加,温度梯度逐渐下降。整个单晶叶片定向凝固过程中,叶片的固—液相界面上的热流保持了单一方向,结晶前沿区域保持了正向温度梯度,阻止了缺陷形成,满足叶片形成完整单晶组织的条件。

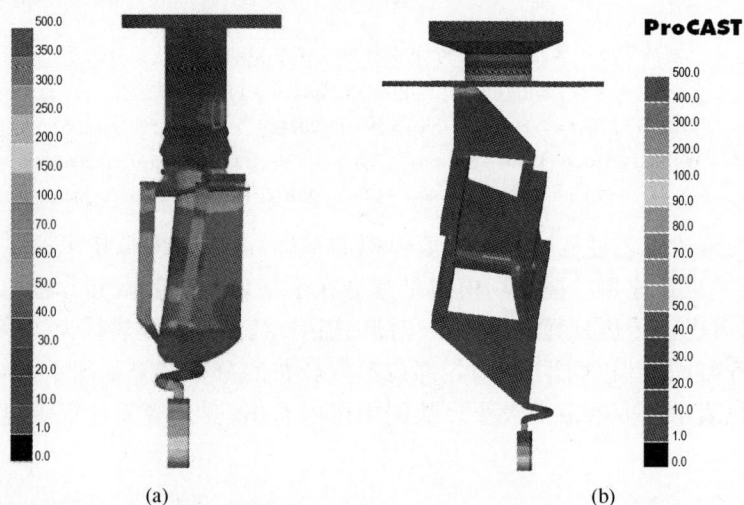

图 4-31 单晶空心涡轮叶片凝固过程三维温度梯度场数值模拟[85,91]

(a) 转子叶片; (b) 导向叶片。

4.4 单晶高温合金的热处理与组织

单晶高温合金的显微组织主要由 γ 相基体以及在 γ 相基体上共格析出的大量的 γ' 相组成。由于凝固过程的溶质再分配,铸态合金的枝晶间富集了大量的 Al、Ta 等 γ' 相形成元素,从而形成了大量的共晶和粗大的 γ' 相,在枝晶干富集了 W、Re 等 γ 相形成元素,造成了严重的枝晶偏析。由于 γ' 相是单晶高温合金的主要强化相,其数量、尺寸、形态和分布对合金的性能有决定性的影响。因此,需要通过热处理使 γ' 相的数量、尺寸、形态和分布获得最佳配合,最终使合金获得最佳的力学性能。

4.4.1　铸态组织

DD9 单晶高温合金(001)面铸态低倍枝晶组织形貌示于图 4-32。可以看出,在(001)面,枝晶排列规则,呈较整齐的十字花样,二次枝晶的生长方向分别为[100]和[010],在枝晶间区域存在大量的共晶组织。CMSX-10 单晶高温合金(001)面铸态低倍枝晶组织形貌示于图 4-33。对比上述两图可以看出,合金铸态组织相近。

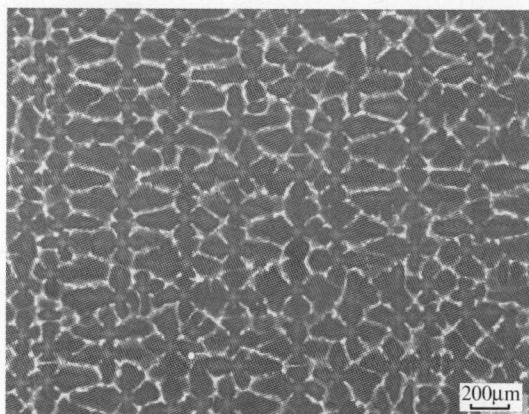

图 4-32　DD9 单晶高温合金铸态枝晶组织

图 4-33　CMSX-10 单晶高温合金铸态枝晶组织[92]

图 4-34 为 DD9 合金微观组织形貌。从图可以看出,树枝晶的枝晶干处 γ' 相细小,且基本为较规则的立方形态;而枝晶间处的 γ' 相粗大,且为不太规则的立方形态。共晶组织出现在枝晶间,尺寸较为粗大。

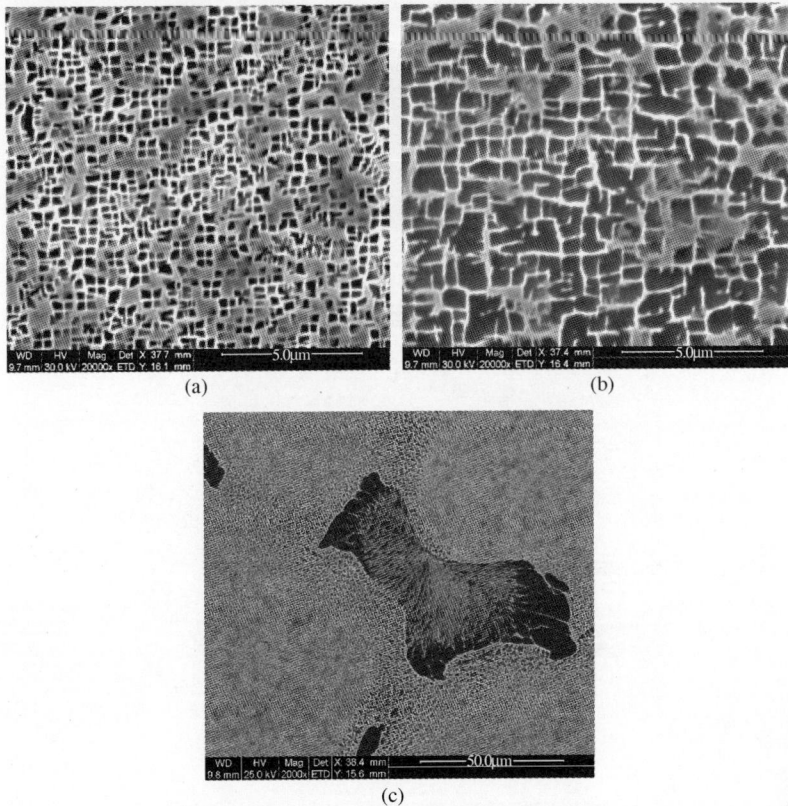

图 4 - 34　DD9 单晶高温合金微观组织

(a) 枝晶干组织；(b) 枝晶间组织；(c) 共晶组织。

4.4.2　热处理制度

单晶高温合金一般采用固溶 + 时效的热处理制度，从而使单晶高温合金具有优良的综合性能。单晶高温合金不含晶界，且少含或不含 C、B、Hf 等晶界强化元素，由于这些元素的低熔点化合物的消除，合金的初熔温度大幅提升，使得初熔温度高于 γ′ 相的回溶温度，因此，单晶高温合金全部采用完全固溶热处理。

第一代单晶高温合金 PWA1480、CMSX - 2 等合金存在固溶处理温度范围窄的问题，一般只有 10℃ ~ 15℃，因此要求温度控制非常准确，否则将引起合金初熔。第二代单晶高温合金 PWA1484、RenéN5 等合金加入了 Re 等高熔点、难扩散、大半径的元素，显著提高了单晶高温合金的固溶处理温度，并使得合金的热处理范围加宽，降低了热处理难度。随着高熔点合金元素含量进一步增加，第三代单晶高温合金 CMSX - 10 等合金的固溶处理温度达到 1365℃，所有的铸

146

态 γ′相及 γ + γ′共晶完全回溶,固溶处理后的合金成分和显微组织更加均匀。表4-9列出了国内外一些典型的单晶高温合金的热处理制度,可以看出,随着单晶高温合金的发展,合金的固溶处理温度越来越高。

表4-9 典型单晶高温合金的热处理制度

合　金		热处理制度	参考文献
第一代单晶高温合金	PWA1480	1288℃/4h + 1080℃/4h + 870℃/32h	[10]
	RenéN4	1267℃/4h + 1080℃/4h + 900℃/16h	[4]
	CMSX-2	1315℃/3h + 980℃/5h + 870℃/20h	[93]
	DD3	1260℃/4h + 870℃/32h	[31]
第二代单晶高温合金	PWA1484	1316℃/4h + 1080℃/4h + 704℃/24h	[16]
	RenéN5	1310℃/4h + 1121℃/4h + 900℃/4h	[18]
	CMSX-4	1321℃/4h + 1080℃/4h + 870℃/20h	[17]
	DD6	1315℃/4h + 1120℃/4h + 870℃/32h	[35]
第三代单晶高温合金	RenéN6	1315℃/1h + 1335℃/6h + 1149℃/4h + 871℃/24h	[101]
	CMSX-10	1315℃/1h + 1329℃/2h + 1340℃/2h + 1346℃/2h + 1352℃/3h + 1357℃/3h + 1360℃/5h + 1363℃/10h + 1365℃/15h + 1150℃/4h + 870℃/24h + 760℃/30h	[101]
第四代单晶高温合金	MC-NG	1340℃/10h + 1100℃/4h + 1149℃/4h + 870℃/16h	[22]

固溶处理完成后,单晶高温合金一般进行时效处理,调整 γ′相尺寸与形态,从而使单晶高温合金既具有很高的强度,又具有一定的塑性。如表4-9所列,第一代单晶高温合金与第二代单晶高温合金一般采用一级或二级时效,一级时效处理温度一般为870℃,二级时效处理分为高温950℃～1150℃时效和低温700℃～900℃时效。在二级时效处理中,高温时效处理析出细小立方化的 γ′相,并使之均匀分布和规则排列;低温时效处理进一步在 γ 基体上析出更细小的 γ′相,该 γ′相阻碍位错运动,提高蠕变强度,时效处理的时间较长[8]。第三代单晶高温合金 CMSX-10 等合金甚至采用了三级时效处理。

由于第二代和第三代单晶高温合金高熔点合金元素含量多,偏析较大,扩散困难,合金固溶处理前一般要进行均匀化处理。

4.4.3　固溶热处理与组织

由于单晶高温合金铸态组织含有较多的 γ + γ′共晶组织和粗大的 γ′相,这些组织降低合金性能,因此必须通过固溶热处理来消除或减少共晶及粗大的 γ′

相组织以提高合金性能。

固溶热处理的作用是将铸态粗大的 γ′相全部或大部分溶入基体中，并在冷却过程中析出更为细小的 γ′相，提高单晶高温合金的高温强度。固溶温度越高，铸态粗大的 γ′相固溶得越多，合金强度越高。在完全固溶热处理条件下，固溶温度达到 1240℃以上，除粗大的铸态 γ′相和 γ′＋γ 共晶组织基本固溶外，同时显著减轻单晶高温合金成分偏析，明显改善显微组织不均匀性，所以，固溶热处理在单晶高温合金中还起着均匀化处理的作用。

固溶处理一般在 γ′相完全固溶温度以上、初熔温度以下的热处理窗口中进行，以保证粗大的铸态 γ′相和 γ′＋γ 共晶组织基本固溶而合金不初熔。热处理窗口的大小决定了合金热处理的难易程度。

DD6 合金经过固溶热处理后，铸态的枝晶形态已不明显，枝晶干和枝晶间均匀化，如图 4 - 35(a)所示；γ＋γ′共晶组织和粗大的铸态 γ′相溶解，重新析出细小均匀的 γ′相，如图 4 - 35(b)与(c)所示。

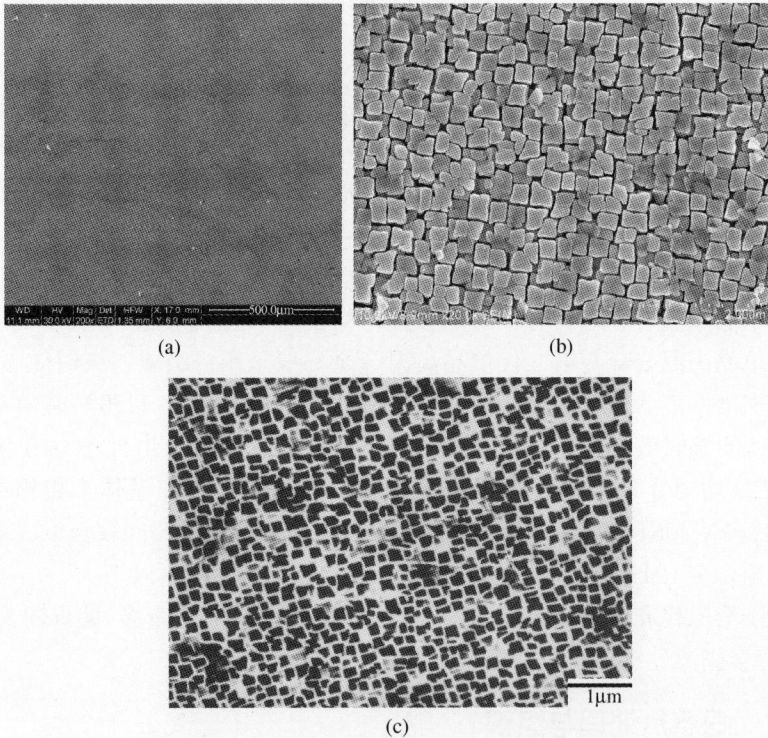

(a)   (b)

(c)

图 4 - 35　固溶处理后的 DD6 单晶高温合金组织
(a)宏观组织；(b)微观组织(电解腐蚀)；(c)微观组织(化学腐蚀)。

4.4.4　时效热处理与组织

时效热处理是单晶高温合金固溶处理后析出的细小 γ′ 相发生长大,并调整为适宜尺寸的过程。时效热处理可以分为一级、二级、三级。一级时效处理温度一般为 870℃,时间为 16h~32h;二级时效热处理分为 950℃~1150℃ 的高温时效和 700℃~900℃ 的低温时效,高温时效时间一般为 2h~6h,低温时效时间一般为 4h~32h。对于二级时效热处理,通常认为,高温时效是 γ′ 相的长大过程,低温时效是 γ′ 相立方化程度增加的过程。为获得良好的综合性能,单晶高温合金都选择固溶 + 时效热处理,而不选择直接时效热处理。

北京航空材料研究院研究表明[94,95],将 DD3 单晶高温合金的 870℃/32h 一级时效处理改进为二级时效处理(1060℃/4h + 870℃/32h),即增加一级 1060℃/4h 高温时效处理,可使 DD3 合金组织得到明显优化,如图 4 - 36 所示;

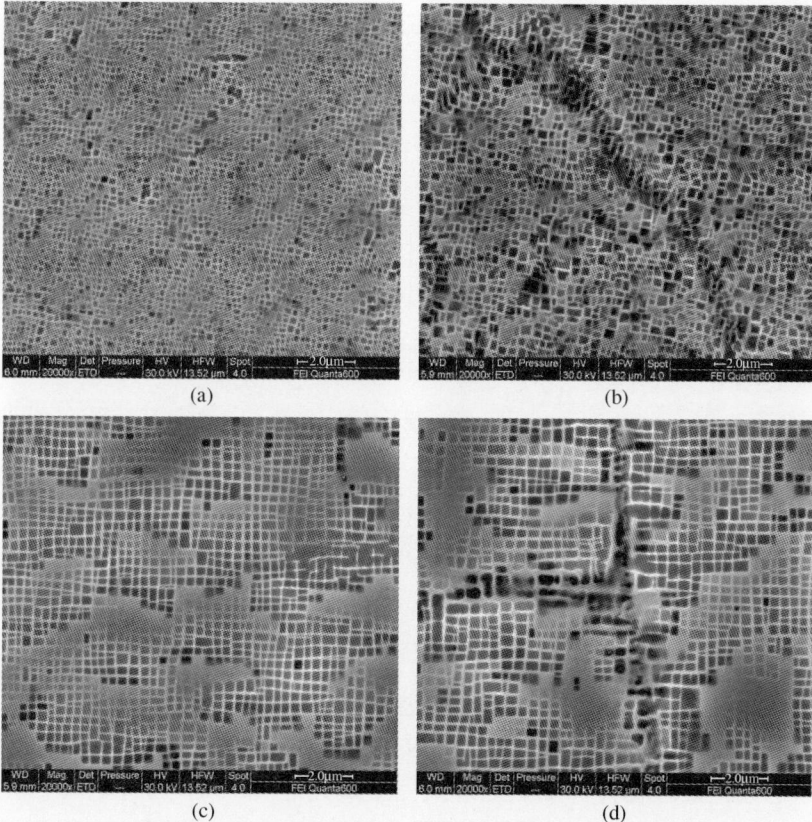

图 4 - 36　增加一级高温时效处理前后的 DD3 合金组织

(a) 原工艺—枝晶干;(b) 原工艺—枝晶间;

(c) 增加一级时效后—枝晶干;(d) 增加一级时效后—枝晶间。

760℃~1038℃范围内的蠕变性能得到显著提高,如图4-37所示。

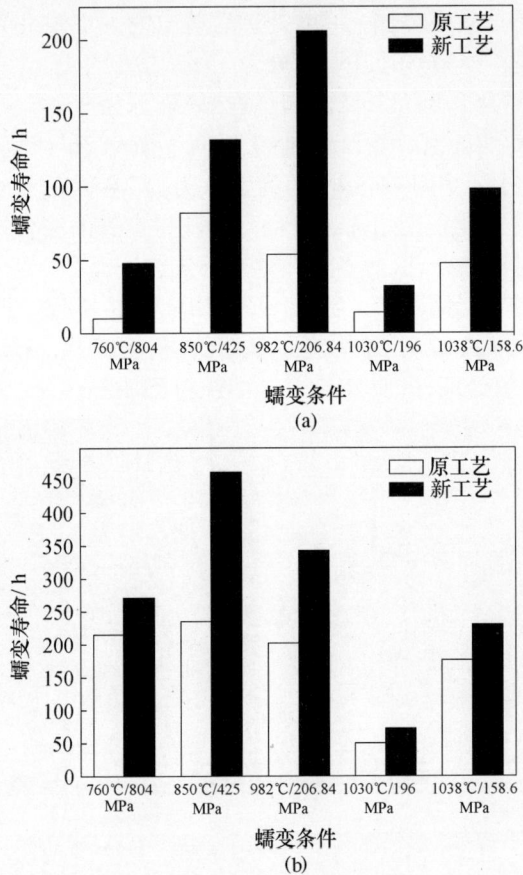

(a)

(b)

图4-37 增加一级高温时效处理前后的DD3合金蠕变性能
(a) 1%蠕变寿命;(b) 蠕变断裂寿命。

4.4.5 固溶+时效热处理与组织

单晶高温合金在固溶热处理后要进行时效热处理,一般采用一级或二级时效热处理,其作用是调整γ′相形态和尺寸,提高合金的综合性能。一般将固溶+时效热处理称为标准热处理或完全热处理。DD6与PWA1484单晶高温合金经过固溶+时效热处理后的组织分别如图4-38与图4-39所示。可以看出,DD6与PWA1484合金经标准热处理后的显微组织由γ相和γ′相组成,γ′相分布均匀,立方化程度良好,DD6合金γ′相的尺寸为0.3μm~0.5μm。

150

图4-38 标准热处理后DD6单晶高温合金组织

图4-39 标准热处理后PWA1484单晶高温合金组织[96]

4.4.6 长期时效热处理与组织

为了考察单晶高温合金在发动机长期使用条件下的组织稳定性,对单晶高温合金进行长期时效热处理试验。通常按照叶片使用过程中不同位置的温度进行长期时效热处理,时效热处理时间一般为500h~10000h,甚至更长。对DD6单晶高温合金长期时效的研究表明[97-100]:980℃长期时效后DD6合金 γ' 相仍然保持了较好的立方形态,如图4-40所示。时效200h, γ' 相形态基本未发生明显改变;时效600h, γ' 相略有长大,少部分 γ' 相发生连接;时效1000h, γ' 相长大,基体通道变宽;时效5500h, γ' 相发生了明显的粗化,并形成筏排组织,出现极少量TCP相。上述结果表明DD6合金具有良好的组织稳定性。

[001]取向DD6合金980℃长期时效后,760℃抗拉强度 σ_b 在长期时效过程中比较稳定,如图4-41所示。对比标准热处理的DD6合金760℃拉伸性能,高温长期时效对DD6合金的抗拉强度 σ_b 的影响较小;时效800h和时效1000h,抗

151

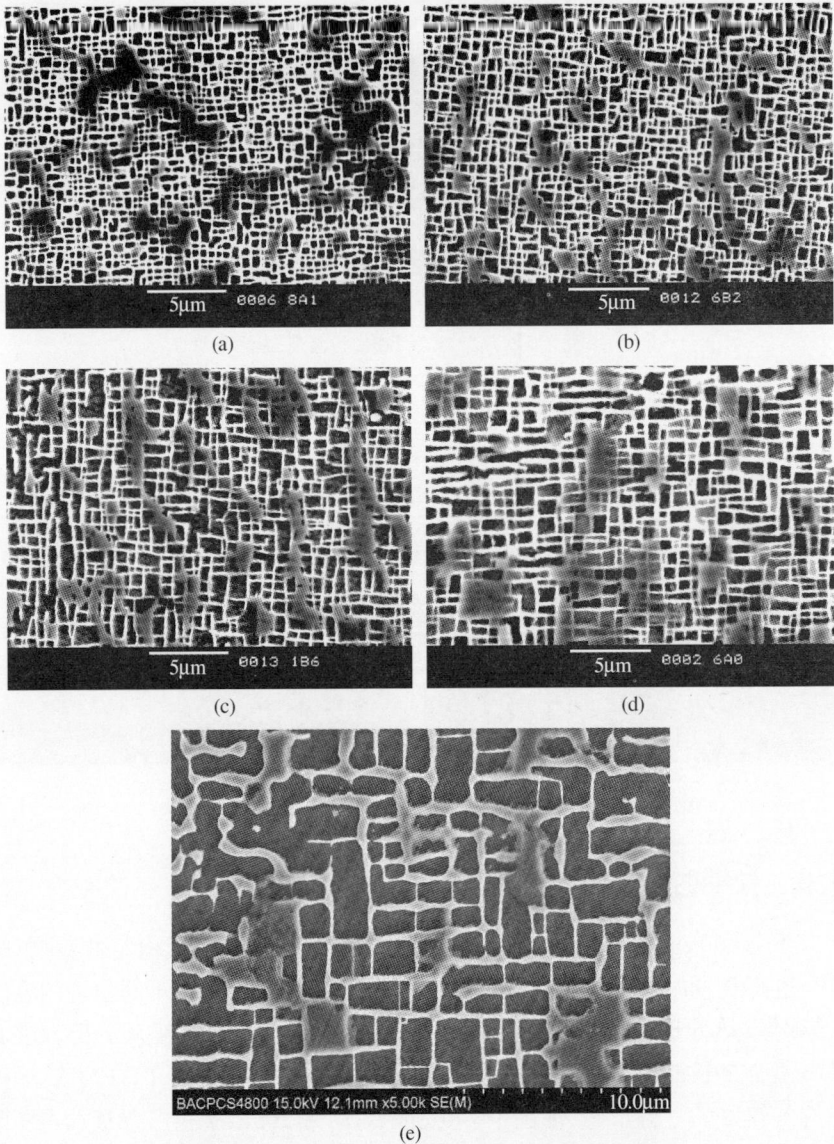

图 4-40 DD6 单晶高温合金 980℃长期时效的显微组织

(a) 100h;（b) 200h;（c）600h;（d) 1000h;（e) 5500h。

拉强度 σ_b 有一定程度的下降,但时效 1000h,抗拉强度 σ_b 值仍然大于 1000MPa。980℃长期时效过程中,屈服强度 $\sigma_{P0.2}$ 有良好的稳定性,时效时间对屈服强度 $\sigma_{P0.2}$ 影响较小;时效 1000h,屈服强度 $\sigma_{P0.2}$ 仍接近于 900MPa。

980℃长期时效 100h 后,DD6 合金 980℃/250MPa 持久寿命下降;但随时效

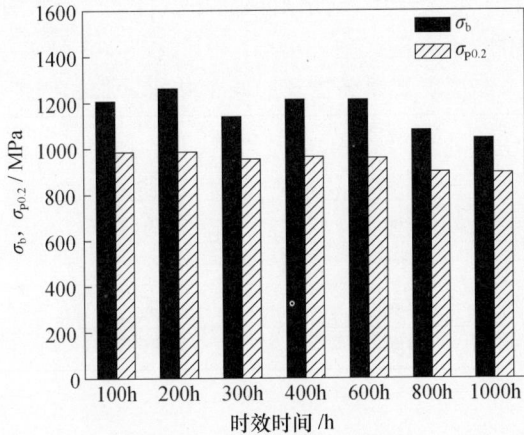

图 4 - 41   980℃长期时效对 DD6 单晶高温合金 760℃抗拉强度和屈服强度的影响

时间的延长，合金持久寿命保持平稳，没有明显降低；时效时间 1000h 时，合金的持久寿命仍然超过 180h，如图 4 - 42 所示。

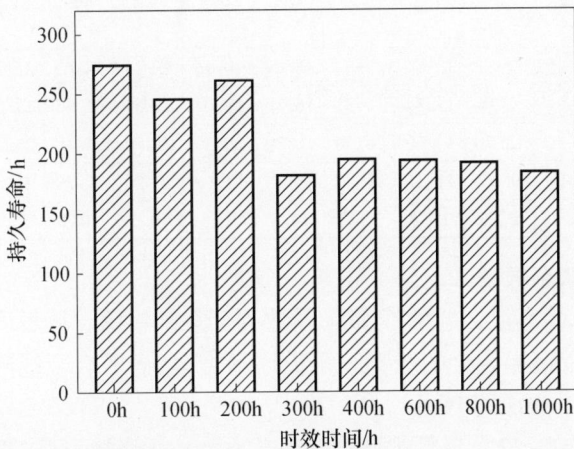

图 4 - 42   980℃长期时效对 DD6 合金 980℃/250MPa 持久性能的影响

4.5   单晶高温合金的性能

4.5.1   物理及化学性能

4.5.1.1   密度和熔化温度

我国典型单晶高温合金的密度和熔化温度列于表 4 - 10。从表中可以看

153

出,单晶高温合金的密度比较大,这是由单晶高温合金含有大量的高密度的高熔点合金元素所导致的。

表 4 – 10　我国典型单晶高温合金的密度和熔化温度范围[36]

合金代别	合金牌号	密度/(g/cm³)	熔化温度/℃
第一代	DD3	8.20	1328 ~ 1376
	DD8	8.26	1295 ~ 1360
	DD402	8.67	1330 ~ 1382
第二代	DD6	8.78	1342 ~ 1399
第三代	DD9	9.00	1360 ~ 1411

4.5.1.2　热导率

我国典型单晶高温合金的热导率列于表 4 – 11。从表可以看出,随着温度升高,单晶高温合金的热导率增大,不同合金的热导率相差较大。

表 4 – 11　我国典型单晶高温合金的热导率[36]　　　　W/m·K

温度/℃ 合金牌号	100	200	300	400	500	600	700	800	900	1000	1100
DD3	10.19	11.82	13.94	—	18.07	20.16	22.14	24.62	27.23	30.04	33.24
DD8	—	8.91	11.34	14.31	16.86	19.04	20.54	22.43	23.05	23.51	—
DD402	—	12.70	14.60	16.50	18.30	20.30	21.90	24.10	26.20	28.20	30.2
DD6	8.00	9.45	11.15	13.40	15.35	17.60	20.20	22.30	24.55	26.80	28.95
DD9	8.3	10.0	11.4	13.2	14.8	16.3	19.3	20.5	23.6	25.4	27.3

4.5.1.3　线膨胀系数

我国典型单晶高温合金的线膨胀系数列于表 4 – 12。从表可以看出,随着温度的升高,单晶高温合金的线膨胀系数逐渐增大,多数合金线膨胀系数相近,从 $9.62 \times 10^{-6} K^{-1}$ 增加到 $16.14 \times 10^{-6} K^{-1}$。

表 4 – 12　我国典型单晶高温合金的线膨胀系数[36]　　　$10^{-6} K^{-1}$

温度/℃ 合金牌号	20 ~ 100	20 ~ 200	20 ~ 300	20 ~ 400	20 ~ 500	20 ~ 600	20 ~ 700	20 ~ 800	20 ~ 900	20 ~ 1000	20 ~ 1100
DD3	—	—	12.38	12.96	13.38	13.92	14.36	14.66	15.30	16.14	17.16
DD402	9.62	11.45	12.26	12.88	13.29	13.66	14.08	14.58	15.23	—	—
DD6	—	—	11.92	12.59	12.93	13.15	13.53	14.19	14.39	15.00	15.76
DD9	30 ~ 300	30 ~ 400	30 ~ 500	30 ~ 600	30 ~ 700	30 ~ 800	30 ~ 900	30 ~ 1000	30 ~ 1100	30 ~ 1200	30 ~ 1300
	11.92	12.38	12.74	13.06	13.43	13.84	14.32	14.97	15.75	16.76	18.39

4.5.1.4 比热容

我国典型单晶高温合金的比热容列于表4-13。从表可以看出，随着温度升高，单晶高温合金的比热容增大，不同的合金相差较大。

表4-13　我国典型单晶高温合金的比热容[36]　　J/kg·K

温度/℃ 合金牌号	100	200	300	400	500	600	700	800	900	1000	1100
DD3	481	484	490	494	507	525	557	603	662	733	821
DD8	—	347	406	456	499	536	565	590	607	619	—
DD402	—	456	456	465	473	490	507	532	561	595	632
DD6	358	392	427	462	496	531	566	600	635	669	704
DD9	390	414	420	438	451	466	524	536	604	638	671

4.5.1.5 抗氧化性能

我国典型单晶高温合金的抗氧化性能列于表4-14。从表可以看出，第二代单晶高温合金DD6的抗氧化性能优异。

表4-14　我国典型单晶高温合金的氧化速率[36]　　g/m²·h

温度与时间 合金牌号	800℃/100h	900℃/100h	1000℃/100h	1100℃/100h
DD3	0.0063	0.014	0.0295	—
DD402	—	(950℃)0.060	—	0.118
DD6	—	—	0.0162	0.0394

4.5.1.6 耐腐蚀性能

我国典型单晶高温合金的耐腐蚀性能列于表4-15。从表可以看出，第二代单晶高温合金DD6与第三代单晶高温合金DD9的耐腐蚀性能显著优于第一代单晶高温合金。

表4-15　我国典型单晶高温合金的耐腐蚀性能[36]

合金牌号	试验条件		质量变化率 /(mg/cm²·h)
	温度/℃	腐蚀气氛及时间	
DD3	900	按Q/6S 365—83《高温燃气腐蚀试验方法》盐分浓度为0.0005%（质量分数），腐蚀时间为100h	0.0595
DD402	950	涂盐腐蚀试验100h	0.4471
DD6	900	按Q/6S 365—83《高温燃气腐蚀试验方法》盐分浓度为0.002%（质量分数），腐蚀时间为100h	0.0053
DD9	900	按HB 7740—2004《燃气热腐蚀试验方法》，盐分浓度为0.002%，腐蚀时间为100h	0.00393

4.5.2 力学性能

下述的单晶高温合金力学性能测试用试样结晶取向[001]与主应力轴平行。

4.5.2.1 技术标准规定的力学性能

我国典型单晶高温合金技术标准规定的力学性能的要求列于表4-16。

表4-16 我国典型单晶高温合金技术标准规定的力学性能[36]

合金牌号	试样状态	拉伸性能					持久性能		
		$t/℃$	σ_b/MPa	$\sigma_{P0.2}/MPa$	$\delta/\%$	$\psi/\%$	$t/℃$	σ/MPa	τ/h
DD3	定向凝固单晶+标准热处理	760	≥1030	—	≥3	≥3	760	785	≥70
		900	≥835	—	≥6	≥6	1000	195	≥70
							1040	165	≥70
DD8	定向凝固单晶+标准热处理	—	—	—	—	—	850	480	≥100
DD402	定向凝固单晶+标准热处理	760	≥980	≥900	≥5	—	760	780	≥30
							980	260	≥30
DD6	定向凝固单晶+标准热处理	室温	≥880	≥800	≥8	≥12	980	250	≥100
		760	≥1000	≥850	≥5	≥6	1070	140	≥100
		980	≥700	≥600	≥18	≥22	1100	130	≥100

4.5.2.2 拉伸性能和冲击韧性

我国典型单晶高温合金的拉伸性能和冲击韧性列于表4-17。可以看出，单晶高温合金在760℃左右存在一个强度"峰值"，同时存在一个塑性"低谷"，这与单晶高温合金的主要强化相γ′的性质有关。

表4-17 我国典型单晶高温合金的拉伸性能、冲击韧性[36]

合金牌号	温度/℃	σ_b/MPa	$\sigma_{P0.2}/MPa$	$\delta/\%$	$\psi/\%$	$a_{KU}/(kJ/m^2)$
DD3	20	1000	925	26.0	25.0	867
	750	1190	920	6.5	6.0	400(760℃)
	850	1040	860	27.0	44.0	423
	980	700	525	22.0	40.0	—
	1000	620	440	31.0	55.0	840
DD8	20	1160	1000	22.0	—	421
	760	1220	980	8.0	—	255
	850	960	840	16.0	—	245
	950	760	510	19.0	—	176
	1000	515	435	26.0	—	127

156

合金牌号	温度/℃	σ_b/MPa	$\sigma_{0.2}$/MPa	δ/%	ψ/%	a_{KU}/(kJ/m^2)
DD402	20	1170	1040	16.0	10.5	—
	760	1240	1220	14.0	32.0	—
	850	1150	1130	20.0	34.0	—
	980	715	595	19.0	50.0	—
	1050	565	495	23.0	56.0	—
DD6	20	970	930	16.0	19.5	—
	760	1100	935	8.0	12.0	—
	850	1070	1030	29.0	32.0	—
	980	800	680	27.0	34.0	—
	1070	545	440	28.0	44.0	—
DD9	20	1099	1013	12.3	13.9	—
	760	1098	943	13.1	14.2	—
	980	856	720	31.6	49.2	—
	1100	574	483	23.6	42.5	—
	1120	504	422	20.4	45.9	—

4.5.2.3 持久性能

我国典型单晶高温合金的持久性能列于表 4-18 与表 4-19。可以看出，第二代单晶高温合金 DD6 的高温持久强度 $\sigma_{100h}^{1100℃}=147$MPa，第三代单晶高温合金 DD9 的高温持久寿命 $t_{140MPa}^{1100℃}=226$h，性能优异。

表 4-18　我国典型单晶高温合金的持久强度[36]

合金牌号	温度/℃	σ_{100}/MPa	σ_{500}/MPa	σ_{1000}/MPa	σ_{2000}/MPa	σ_{5000}/MPa
DD3	760	814	735	696	666	—
	900	368	275	237	207	—
	1000	201	162	147	132	—
	1093	118	84	74	66	—
DD8	650	1050	985	952		
	750	818	710	664		
	850	500	384	332		
	950	260	177	144		
	1000	180	120	96		

157

合金牌号	温度/℃	σ_{100}/MPa	σ_{500}/MPa	σ_{1000}/MPa	σ_{2000}/MPa	σ_{5000}/MPa
DD402	760	859	780	745	—	—
	850	574	471	428	—	—
	950	326	229	187	—	—
	1050	166	122	103	—	—
DD6	650	1004	—			
	760	807	732	683	632	565
	850	580	512	463	416	—
	980	303	241	209	180	146
	1070	179	122	103	—	—
	1100	148	95	80	—	—
	1150	104	87(σ_{200})	—	—	—

表 4-19　DD9 合金的持久性能

测试条件	寿命/h	δ/%	ψ/%
980℃/250MPa	544.1	29.6	37.1
1070℃/140MPa	514.0	23.7	37.9
1100℃/140MPa	226.0	19.9	36.5
1120℃/140MPa	140.0	18.4	20.4

4.5.2.4　蠕变性能

我国典型单晶高温合金的蠕变强度列于表 4-20。可以看出，第二代单晶高温合金 DD6 的蠕变强度优异。

表 4-20　我国典型单晶高温合金的蠕变强度[36]

合金牌号	试验温度/℃	蠕变强度 $\sigma_{0.2/100}$/MPa	蠕变强度 $\sigma_{0.2/200}$/MPa
DD3	1000	78.5	—
DD402	760	609	—
	1000	115	—
DD6	760	593	566
	850	498	474
	980	205	187
	1070	64	55

4.5.2.5 力学性能的特点

1. 各向异性

单晶高温合金是各向异性的,取向对合金的持久性能有明显的影响。表4-21为几种国外单晶高温合金不同取向的持久性能数据[101]。

表 4-21 几种单晶高温合金不同取向的持久性能

合金牌号	取 向	温度/℃	应力/MPa	寿命/h
ЖС-32	<001>	1000	250	100
	<111>	1000	280	100
	<001>	1100	123	100
	<111>	1100	128	100
ЖС-36	<001>	1000	250	100
	<111>	1000	304	100
	<001>	1100	137	100
	<111>	1100	137	100
CMSX-2	<001>	927	345	134.5
	<011>	927	345	121.7
	<111>	927	345	153.1
	<112>	927	345	110.2
	<001>	1095	117	293.1
	<011>	1095	117	189.3
	<111>	1095	117	328.2
	<112>	1095	117	270.7

2. 弹性模量小

与等轴晶铸造高温合金相比,[001]取向的单晶高温合金的一个显著特点是其弹性模量小。环境温度变化ΔT将在材料内产生热应力变化$\Delta\sigma$,容易造成材料发生热疲劳破坏,而$\Delta\sigma = E\alpha\,\Delta T$,显然弹性模量对热应力的大小起重要作用。同样的情况下,弹性模量小者,热应力小,所以单晶高温合金的热疲劳性能明显高于等轴晶铸造高温合金。

3. 性能水平高

与等轴晶铸造高温合金以及定向柱晶高温合金相比,单晶高温合金的持久性能、蠕变性能、疲劳性能等显著提高,一般来讲,[001]取向的单晶高温合金具有非常优良的综合力学性能。

4.5.3 工艺性能

在保证单晶高温合金优良力学性能的前提下，为制备出复杂形体的单晶空心涡轮叶片，单晶高温合金还应具有良好的可铸性、可焊性、可加工性等。

随先进航空发动机推重比(功重比)的提高，涡轮叶片的结构日趋复杂，许多空心叶片的壁厚小至 0.5mm 以下并带有复杂内腔，铸造成形难度很大。单晶高温合金是含有 Ni、Cr、Co、W、Mo、Al 等多种合金元素高度复杂合金化的单一柱状晶组织的铸造高温合金，由于单晶高温合金元素组成与组织的特点，大多数单晶高温合金的可铸性优良。与等轴晶铸造高温合金相比，由于定向凝固的特点，在成分相近的情况下，单晶高温合金铸件可实现材料利用率高、铸造收缩率小、热裂倾向低、疏松倾向小、铸件尺寸精度高的目标。

单晶高温合金的焊接性是指在某一焊接工艺条件下，产生裂纹的敏感性、接头组织的均匀性、接头力学性能的等强性和采取工艺措施的复杂性的综合评价。焊接性是单晶高温合金的重要特性之一，也是叶片设计和焊接工艺制订的重要依据。单晶高温合金叶片主要采用真空钎焊进行焊接。一般单晶高温合金的焊接裂纹倾向小，焊接性能好。

单晶高温合金的切削加工性是指对材料进行切削加工的难易程度。材料的加工性不仅与材料本身有关，而且随加工条件、加工要求等不同而异，所以材料的加工性是一个相对的概念。一般情况下，单晶高温合金具有良好的切削性能，易于切削加工。但对于某些高强度单晶高温合金，需在较低速度下采用硬质合金刀具、软砂轮或缓进磨削法进行机械加工。

4.6 单晶高温合金的缺陷

由于单晶高温合金叶片制造工艺复杂、工序多，因此叶片出现缺陷的可能性大。缺陷控制为单晶高温合金叶片制备中的关键技术之一，越来越受到关注。

4.6.1 小角度晶界

在单晶高温合金叶片定向凝固过程中，由于空心叶片结构十分复杂，存在壁厚突变以及较大的横向缘板结构，在定向凝固过程中，温度场、溶质场、温度梯度场稳定性不高，凝固过程复杂，不可避免地形成小角度晶界。小角度晶界作为晶体缺陷的一种，其晶界结构与性质强烈地影响晶界迁移、溶质原子在晶界偏聚、原子扩散等现象，降低单晶高温合金的力学性能。在单晶高温合金叶片的使用中,由于叶片的主应力方向与小角度晶界的界面方向大体平行,小角度晶界对合金材料的纵向性能影响较小,所以实际使用的单晶高温合金叶片允许存在一定角度的小角度晶界。

4.6.1.1 小角度晶界形成机制

D′Souza[102]和Newll[103]认为在枝晶不断分枝和生长过程中,枝晶生长方向发生了微小改变,不断积累形成小角度晶界;在恒定过冷度的情况下,不断分枝和生长可产生大约2°的枝晶方向偏转;在不断增大过冷度情况下,可产生大约6°的枝晶方向偏转。枝晶生长方向的改变是应力使枝晶发生了塑性变形所致。对于枝晶因塑性变形发生方向偏转的原因,有不同的观点。Dragnevski[104]研究表明,当枝晶在液体中生长时,由于枝晶间液体流动速度较大,可能导致比较细的枝晶发生塑性变形,因而枝晶方向发生了偏移,形成了小角度晶界。Fabietti[105]研究发现,由于不稳定的固—液界面或者加上溶质浓度的不均匀分布导致应力的产生,通过产生晶界来释放应力。Siredey[106]认为在稍低于固相线温度时,γ′相的沉淀析出产生应力使枝晶产生塑性变形。可以看出,对小角度晶界的形成机制的认识还存在不同的观点。

4.6.1.2 小角度晶界组织

采用两个籽晶制备小角度晶界试板,试板中的小角度晶界通过两个籽晶控制,籽晶的[001]取向与试板的纵向平行,利用籽晶绕[001]相对旋转一定角度获得倾侧小角度晶界[107]。小角度晶界的铸态组织如图4-43所示,可以看出,小角度晶界处的γ′相不规则,且尺寸较大。标准热处理后,枝晶间粗大的γ′相及γ+γ′共晶组织溶解,并重新析出细小均匀的γ′相,小角度晶界附近γ′相立方化较好,晶界在一定程度上发生平直化,界面清晰,如图4-44(a)所示。经

(a) (b)

图4-43 带有小角度晶界的DD6合金的铸态组织

(a) 低倍; (b) 高倍。

161

过电解腐蚀后发现,由于受到晶界的限制,晶界处析出的 γ' 相立方化形状不完整,晶界两侧的晶体具有取向差, 侧的 γ' 相不能超越晶界长大,如图 4-44(b)所示。

图 4-44 带有小角度晶界的 DD6 合金的热处理态组织
(a)化学腐蚀;(b)电解腐蚀。

4.6.1.3 小角度晶界性能

合金中的界面是影响裂纹萌生和扩展的因素之一。由于晶界自由能较高,是元素易于扩散的通道,并且易于存在组元成分和杂质元素的偏析,因此较高温度下晶界的结合强度相对较低。

对于第一代单晶高温合金 DD3 的研究表明,凡有小角度晶界的试样,纵向持久性能均偏低,平均降低 20% ~ 30%[108]。性能下降的原因是由于小角度晶界导致在变形过程中,多个晶体转动造成了不均匀变形,从而加速了形变速率及蠕变裂纹的形核。

单晶高温合金叶片中的小角度晶界既有倾侧晶界,也有扭转晶界。倾侧晶界主要由刃型位错组成,扭转晶界主要由螺型位错组成,不同性质的晶界表现出不同的特征。倾侧小角度晶界对 DD6 单晶高温合金横向拉伸性能有明显影响[107,109,110]。晶界角度小于9°时,小角度晶界对合金抗拉强度的影响较小;晶界角度大于9°时,随着温度的升高,小角度晶界强度降低而成为较为薄弱的部位,从而导致拉伸性能明显降低,如图 4-45 所示。小角度晶界对合金的伸长率有显著影响,850℃时,小角度晶界试样具有最大的伸长率;高于 850℃,随着温度的升高,小角度晶界试样的伸长率具有明显下降倾向,如图 4-46 所示。

162

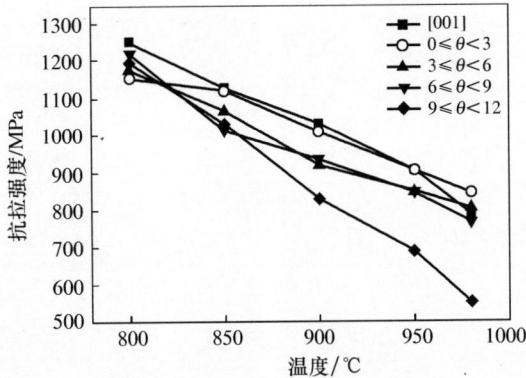

图 4 - 45　小角度晶界与 DD6 合金抗拉强度的关系

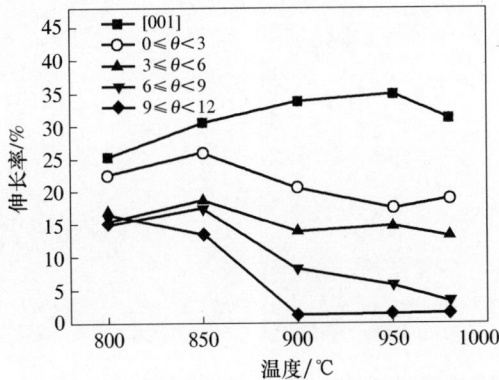

图 4 - 46　小角度晶界与 DD6 合金伸长率的关系

　　晶界角度小于 3°时,拉伸断口宏观形貌及断口附近的纵向形貌如图 4 - 47 所示。可以看出,断口均有小平面部分存在,断口平面与试样拉伸轴线夹角大约为 50°,断口附近没有明显的颈缩。在 800℃的试验条件下,宏观上整个断口几乎由一个平面组成。在 900℃的试验条件下,试样的断口存在多个小平面。而在 950℃的试验条件下,试样断口出现了一次枝晶的特征。

　　倾侧小角度晶界对 DD6 单晶高温合金持久性能也有显著影响[107,111],如表 4 - 22 所列。[001]取向合金的纵向持久性能均优于带有小角度晶界合金的横向持久性能;晶界角度较大时,带有小角度晶界合金的持久性能显著低于[001]取向的持久性能;晶界角度较小时,持久应力是关键因素;在较低温度、较高应力条件下,带有小角度晶界合金的横向持久性能明显低于[001]取向合金纵向持久性能,而在较高温度、较小应力条件下,带有小角度晶界合金的横向持久性能尽管低于[001]取向合金纵向持久性能,但在数值上相差不大。随着温

163

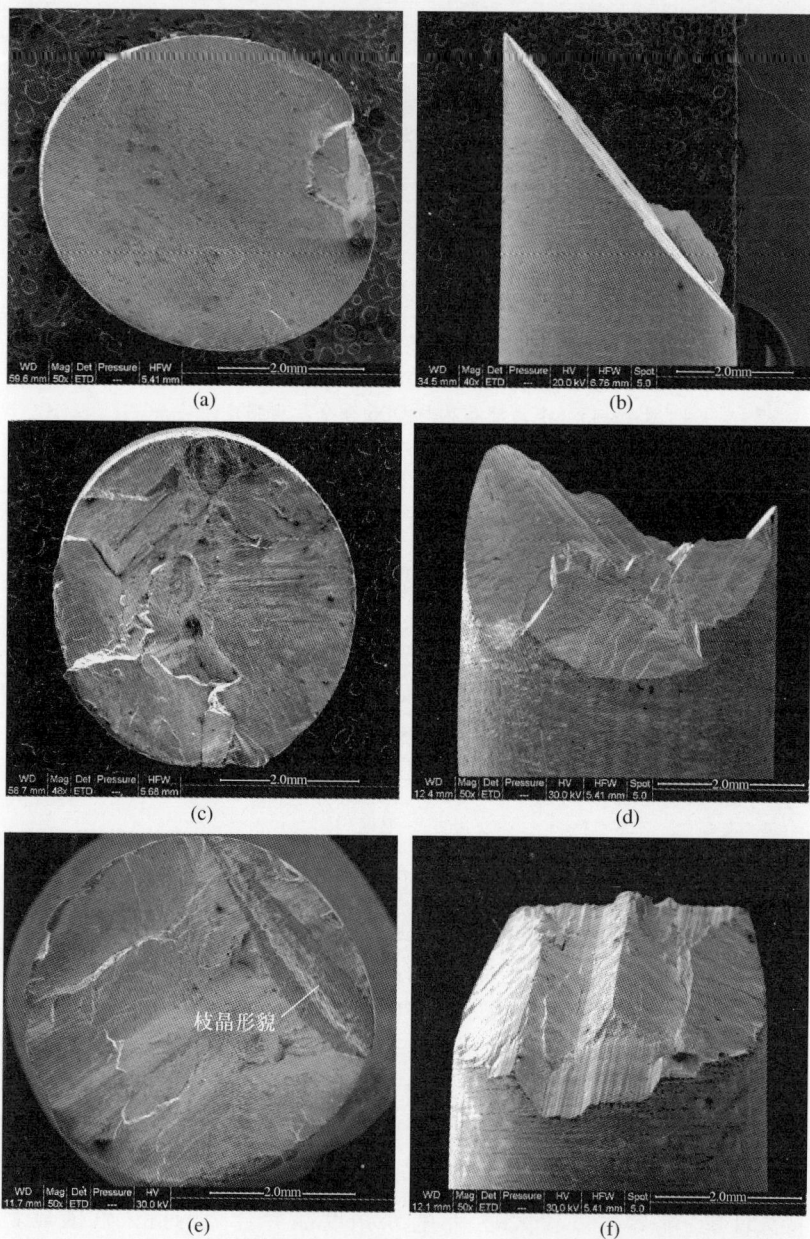

图 4-47　小于3°小角度晶界的拉伸断口宏观形貌及断口的纵向形貌
(a),(b)800℃；(c),(d)900℃；(e),(f) 950℃；
(a),(c),(e) 断口形貌；(b),(d),(f) 纵向形貌。

度的升高、应力的降低,带有小角度晶界合金的沿晶断裂特征减弱,而韧窝断裂特征增加,如图4-48所示。部分带有小角度晶界试样的断口裂纹源区、扩展区及瞬断区的区分比较明显,如图4-49所示。观察对接后的断裂试样发现,裂纹源区具有沿晶断裂特征,瞬断区具有类解理断裂特征。

表4-22 DD6合金[001]取向纵向持久性能与小角度晶界的横向持久性能

试样	800℃/700MPa		850℃/550MPa		900℃/450MPa		980℃/250MPa	
	寿命/h	断面收缩率/%	寿命/h	断面收缩率/%	寿命/h	断面收缩率/%	寿命/h	断面收缩率/%
[001]	429	40.0	489+22[①]	25.9	304	36.9	268	45.3
0°≤θ<3°	189	10.0	508+3[①]	33.0	266	36.0	195	21.2
3°≤θ<6°	220	8.8	384	12.0	231	21.3	195	43.6
6°≤θ<9°	83	7.9	64	4.5	52	6.7	42	8.4
① 将持久应力增大到650MPa后的持久寿命								

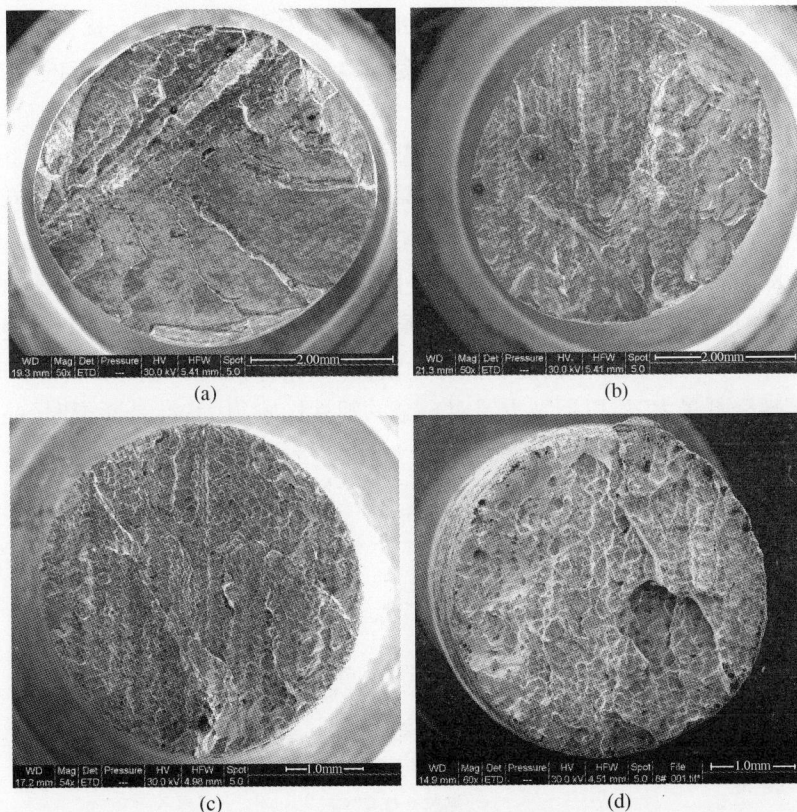

(a)   (b)

(c)   (d)

图4-48 小于3°小角度晶界的持久断口形貌

(a) 800℃/700MPa;(b) 850℃/550MPa;(c) 900℃/450MPa;(d) 980℃/250MPa。

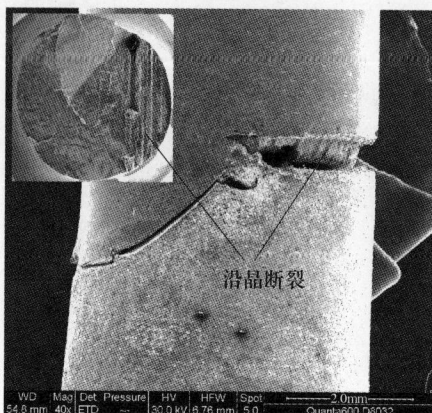

图 4 - 49　带有 3°~6°小角度晶界试样的 800℃/700MPa 持久断口

　　在研究倾侧小角度晶界对 DD6 单晶高温合金拉伸、持久性能影响的基础上,北京航空材料研究院研究了扭转小角度晶界对单晶高温合金横向拉伸性能的影响规律[112]。结果发现,相同小角度晶界角度的试样,随着温度的升高,小角度晶界试样的横向拉伸强度降低,如图 4 - 50 所示。在同一温度下,随着晶界角度增加,晶界缺陷增加,晶界两边的晶体取向差增大,变形过程中造成晶界处的应力集中加大,塑性变形加剧,沿晶界容易形成裂纹,因而随着晶界角度增加,晶界强度有降低的趋势。分析带有小角度晶界合金的拉伸断口形貌发现,760℃、850℃、980℃条件下,晶界角度分别为 10.8°、6.4°、3.8°时,试样出现沿晶断裂,小角度晶界试样的横向拉伸强度降低,如图 4 - 51 所示。在三个温度下,小角度晶界试样的拉伸塑性随着晶界角度的增大而减小;当出现沿晶断裂时,试样的塑性降低最大,所以断裂方式对合金的塑性影响很大;沿晶断裂时,晶界强

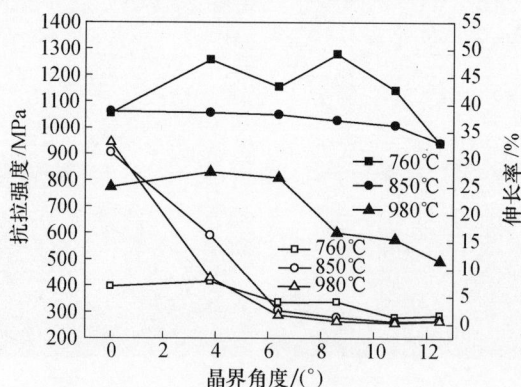

图 4 - 50　小角度晶界对 DD6 合金横向拉伸性能的影响

166

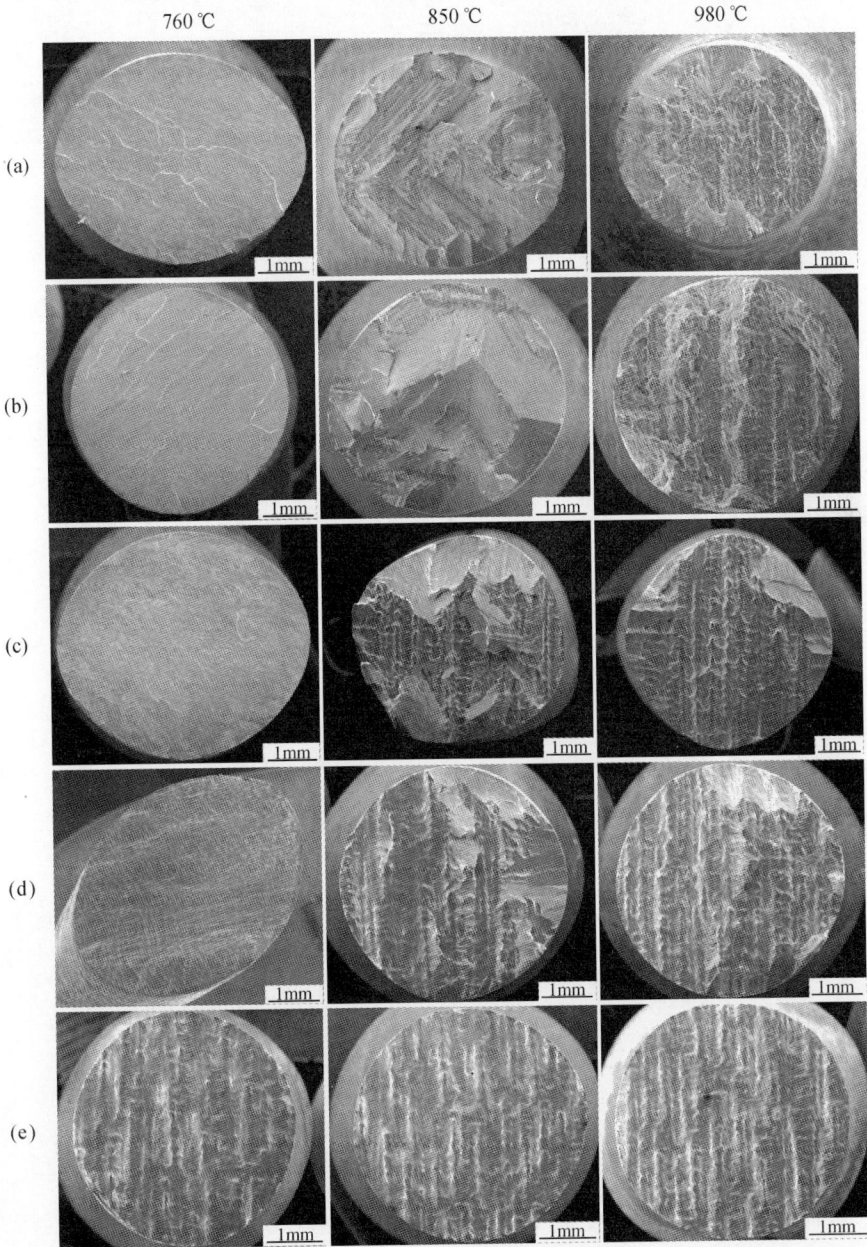

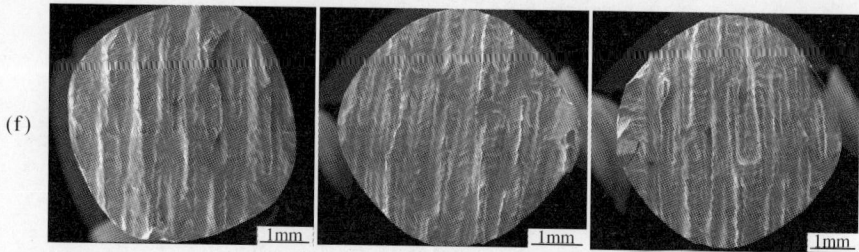

图 4-51　三个温度条件下带有小角度晶界 DD6 合金的拉伸断口形貌
(a) 0°；(b) 3.8°；(c) 6.4°；(d) 8.6°；(e) 10.8°；(f) 12.5°。

度比单晶横向强度低,试样塑性变形很小就发生了断裂,导致塑性降低较大,因此沿晶断裂明显降低单晶高温合金小角度晶界的横向拉伸塑性。

扭转小角度晶界对单晶高温合金 DD6 横向持久性能也有明显影响[113]。0°、4.0°晶界的 DD6 合金的 980℃/250MPa 条件下横向持久寿命与[001]取向纵向持久寿命相近,DD6 单晶高温合金横向持久性能优异。随着晶界角度从 4.0°增大到 10.1°,合金的横向持久性能明显下降,7.8°晶界试样的横向持久寿命大于 100h,如图 4-52 所示。4.0°晶界试样持久断裂为非沿晶断裂,而 7.8°、10.1°晶界试样持久断裂为沿晶断裂,如图 4-53 所示。

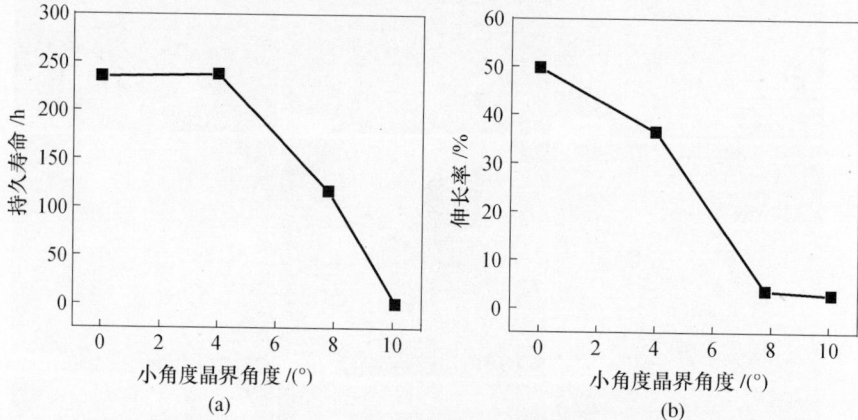

图 4-52　具有小角度晶界的 DD6 合金横向持久性能与晶界角度的关系
(a) 持久寿命；(b) 伸长率。

4.6.1.4　小角度晶界强化

随着小角度晶界角度增加,合金的横向拉伸强度、蠕变强度和疲劳强度都降低。然而,随着单晶叶片尺寸的增大,小角度晶界的形成是不可避免的。为增加小角度晶界的容许角度、提高单晶叶片的合格率,国内外很多研究者通过添加少

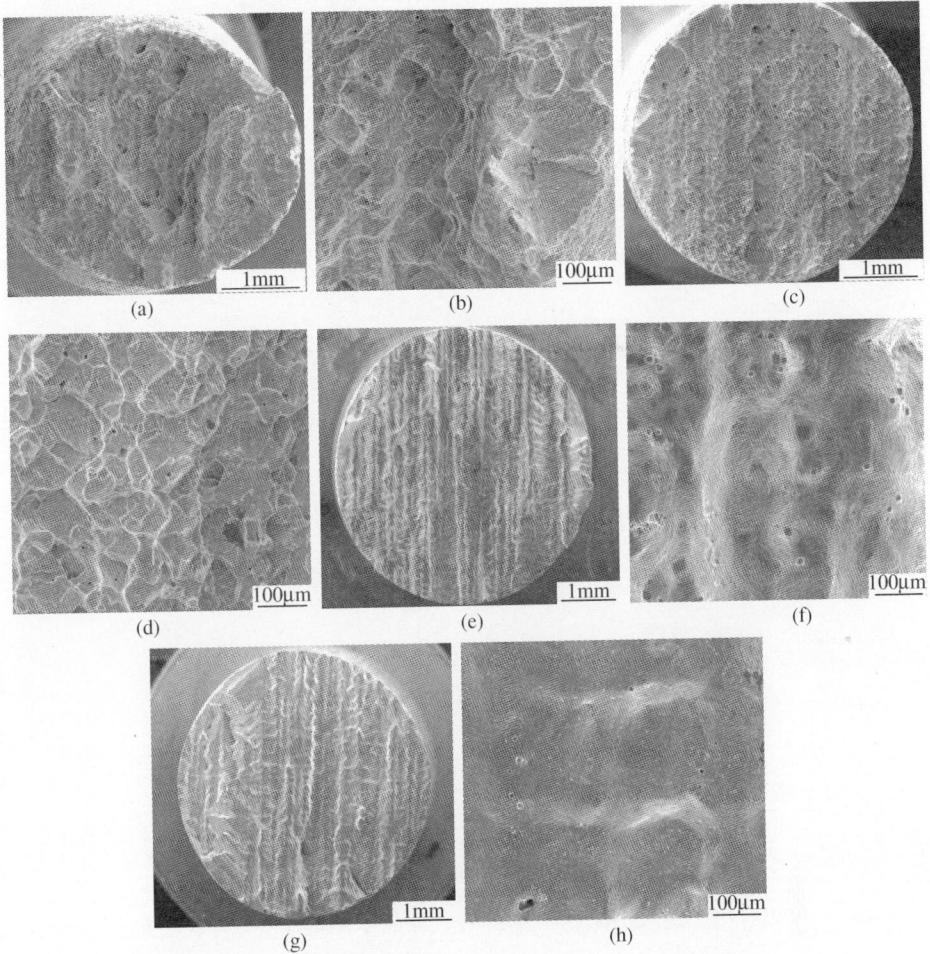

图 4 – 53 980℃/250MPa 条件下小角度晶界 DD6 合金持久断口形貌
(a),(b) 0°;(c),(d) 4.0°;(e),(f) 7.8°;(g),(h) 10.1°。

量的晶界强化元素来提高单晶高温合金的小角度晶界强度。

Ross[13] 在 RenéN 中添加 0.004% B、0.15% Hf、0.05% C 后,小角度晶界的强度显著增加,可允许的小角度晶界角度为 12°,如图 4 – 54 所示。

Shah[14] 研究发现,当 PWA1483 合金小角度晶界的角度超过 10°时,蠕变强度降低使铸件不可用;在合金中加入 0.5% Hf、0.008% B 后,合金小角度晶界的性能提高,在保证蠕变强度不降低的情况下,晶界的角度可增加到 25°,如图 4 – 55 所示。

Chen[115] 增加了 RR2072 单晶高温合金的 Hf、C、B 含量,合金成分列于表

169

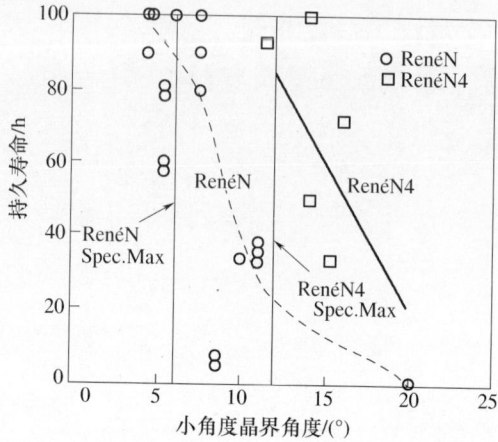

图 4-54　小角度晶界对合金 RenéN 和 RenéN4 在 982℃/207MPa 条件下持久寿命的影响

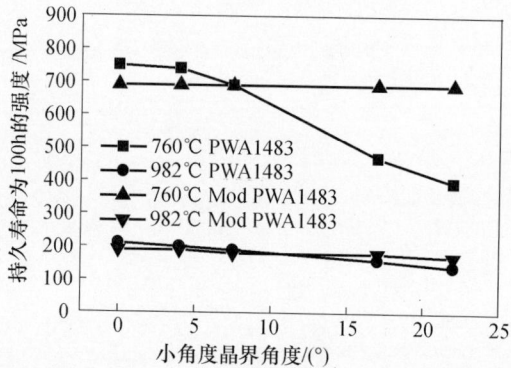

图 4-55　PWA1483 合金在 760℃和 982℃持久寿命为 100h 时应力与晶界角度的关系

4-23。研究结果表明这些元素提高了合金的小角度晶界性能,如图 4-56 所示,小角度性能提高的原因为 $M_{23}C_6$、MC 在晶界析出,阻止晶界滑移,因而提高了晶界强度。

表 4-23　RR2072 合金及其成分调整后的化学成分

合金	Al	W	Re	Mo	Cr	Co	Ti	Hf	Nb	Ta	C	B
RR2072	6.18	1.92	2.98	3.33	6.03	4.06	0.42	0.10	0.80	6.05	<0.003	<0.002
Mod A	6.21	1.92	3.00	3.31	6.02	4.09	0.44	0.16	0.80	6.05	0.05	0.005
Mod C	6.20	1.92	3.01	3.31	6.03	4.06	0.44	0.42	0.80	6.03	0.05	0.005
Mod D	6.20	1.91	2.98	3.29	5.98	4.07	0.43	0.16	0.79	6.05	0.09	0.010

Harris[116]研究发现在 CMSX-4 合金的基础上加入 0.7% C、1.2% Hf 成为

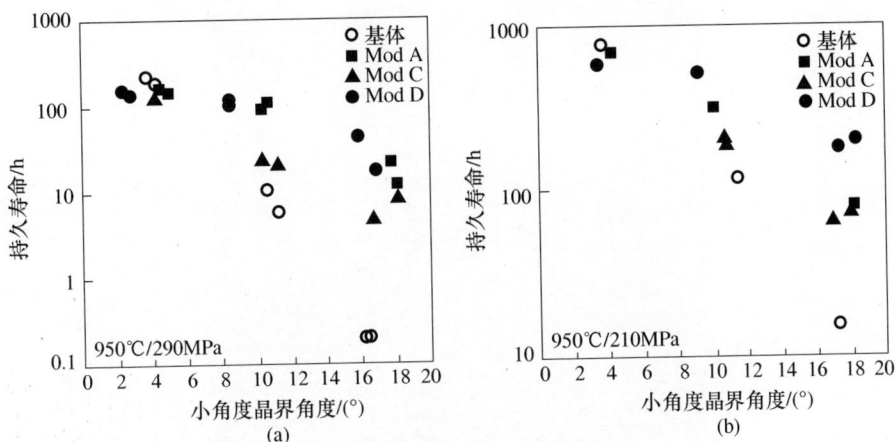

图4-56　RR2072合金持久寿命与晶界角度的关系
(a) 950℃/290MPa；(b) 950℃/210MPa。

CMSX-486后,可允许的小角度晶界角度为12°。Tamaki[117]研究的单晶高温合金 YH61 含 0.25% Hf、0.02% B,具有良好的小角度晶界性能。

但是,向单晶高温合金中添加或增加晶界强化元素会降低合金的初熔温度,从而使合金的固溶处理温度降低,影响合金的整体性能,因此在添加或增加晶界强化元素强化小角度晶界的同时,应注意不能影响合金整体性能。

4.6.2　杂晶

由于单晶空心叶片结构复杂,叶片在定向凝固过程中可能会产生杂晶,如图 4-57 所示。杂晶作为晶体缺陷的一种,其晶界原子排列与晶内显著不同,破坏了单晶叶片的单晶完整性,降低了单晶高温合金的性能。

4.6.2.1　杂晶形成长大机理

凝固过程固—液界面前沿液相中的温度梯度 G_L 和固—液界面推进速度 R 是定向凝固过程的重要工艺参数。

对一定成分的合金来说,从熔体中定向凝固出晶体时,必须在固—液界面前沿建立必要的温度梯度 G_L,以获得某种晶体形态的定向凝固组织。温度梯度大小直接影响晶体的生长速率和晶体的质量。

采用高速凝固法时,凝固速率实际上取决于铸型或炉体的移动速率。通常将固—液界面稳定在辐射挡板附近,使之达到一定的 G_L/R 值,保证晶体稳定生长。利用这种方法,可使得铸件在拉出初期,热量主要靠传导传热,并通过结晶器导出。随着铸件不断拉出,铸件向周围辐射传热逐渐增加。当半径为 r 的

171

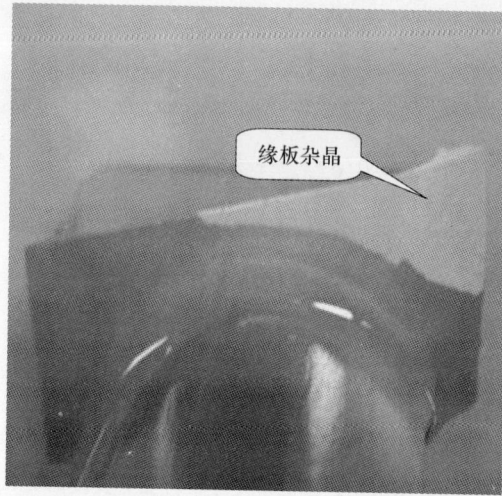

图 4 – 57　单晶叶片上的杂晶

圆柱铸件拉出 dx 距离时,通过铸件横截面的热流应与 dx 体元侧面的辐射热损失 q_R 相等,其热量平衡方程为[118]

$$q_{-x} - q_{-(x+dx)} = q_R \qquad (4-25)$$

或

$$\pi r^2 \lambda_s \left(\frac{dT_s}{dx}\right)_{-x} - \pi r^2 \lambda_s \left(\frac{dT_s}{dx}\right)_{-(x+dx)} = 2\pi r \sigma \varepsilon (T^4 - T_0^4) \qquad (4-26)$$

简化为

$$\frac{d^2 T_s}{dx^2} = \frac{2\sigma\varepsilon}{\lambda_s r}(T^4 - T_0^4) \qquad (4-27)$$

式中:σ 为斯蒂芬—玻耳兹曼系数;ε 为辐射系数。

在稳定生长时,$\dfrac{dT}{dt}=0$。

$$\alpha \frac{d^2 T_s}{dx^2} - v \frac{dT_s}{dx} = 0 \qquad (4-28)$$

式中:$\alpha = \dfrac{\lambda_s}{\rho_s c_p}$ 为热导率;v 为铸件抽拉速率。

因此

$$\left(\frac{dT_s}{dx}\right)_{x=X} = \frac{2\sigma\alpha\varepsilon}{v\lambda_s r}(T_m^4 - T_c^4) = G_s \qquad (4-29)$$

$$G_L = \frac{1}{\lambda_L}\left[\lambda_s\left(\frac{dT_s}{dx}\right)_{x=X} - \rho_m L v\right] \qquad (4-30)$$

显然,采用高速凝固法时,G_L 受到抽拉速度、热辐射条件和铸件径向尺寸的影响。在稳定生长条件下,铸件的抽拉速度 v_{ct} 主要受到铸件辐射传热特性的影响,其关系式如下:

172

设式(4-30)中 $G_L = 0$ 为临界条件,则

$$v_{ct} = \left[\frac{2\sigma\alpha\varepsilon}{r\rho_m L} (T_m^4 - T_0^4) \right]^{\frac{1}{2}} \qquad (4-31)$$

当抽拉速率小于临界抽拉速率时,生长速率 R 与抽拉速率 v 基本一致,固—液界面稳定在辐射挡板附近,此时铸型中横向热辐射造成的热损失不致形成大的横向温度梯度,该条件下形成的柱晶取向偏离度最小。当抽拉速率大于晶体生长速率时,由铸型热辐射造成的热损失增大,致使横向温度梯度变大,造成凝固界面严重凹陷,出现柱晶生长倾斜现象,因而柱晶取向分散度随之升高;同时,铸型移出速度太快,使柱晶生长不稳定,铸件底部柱晶晶粒比较细,而上部柱晶数量少而发散,进而出现横向柱晶。

传统的晶体长大理论认为,横向柱晶形成以后,在单晶铸件定向凝固晶体竞争生长过程中,只要晶粒择优生长的晶体取向与热流方向一致,该晶粒就会抑制其他方向的晶粒而最终长大[118]。然而有研究表明[119],单晶高温合金定向凝固过程中,杂晶长大的关键因素在于杂晶与预期单晶高温合金枝晶的相对空间位置,而不在于其一次枝晶(择优生长的晶体取向)是否与热流方向平行。小杂晶长大速率取决于预期单晶高温合金的枝晶种类和小杂晶的一次枝晶与热流方向的角度。二次枝晶比三次枝晶先长出来,因此由二次枝晶抑制预期单晶高温合金能获得较快的长大速度。小杂晶一次枝晶与热流方向角度越小,其在平行热流方向越能够获得较快的晶体生长速度,促进晶粒淘汰的过程,从而其长大速度也越快。

4.6.2.2 杂晶控制方法

根据杂晶形成机理,单晶叶片缘板处杂晶的出现与凝固界面的形状有密切关系;抽拉速率增加,凹形凝固界面曲率增大,杂晶容易形成,R. E. Napolitano 的研究也得出相似的结论[120]。国内研究也表明[121],在单晶高温合金液态金属冷却定向凝固过程中,随着抽拉速率增加,凝固界面曲率增大,并呈下凹状,此时缘板的边角处容易产生杂晶缺陷。为保证单晶高温合金铸件的质量和生产效率,抽拉速率应控制在 8mm/min 以下。

如前所述,杂晶的长大取决于杂晶与预期单晶高温合金枝晶的相对空间位置,然而杂晶的形成与单晶高温合金定向凝固温度场密切相关[121]。在叶片缘板处,叶片横截面积突然变大;在定向凝固过程中,叶片叶身温度高于外围温度,导致了凹形凝固界面的产生,当缘板外围温度先于叶片叶身低于单晶高温合金液相线温度时,杂晶开始形核长大,生长方向垂直于固—液界面方向。因此在单晶叶片截面突变的部位应注意控制凝固参数,如通过变速抽拉工艺改变叶片温度场,进而保证叶片在变截面处不产生杂晶。如果叶片截面变化过大,仅靠改变

抽拉速度是不够的,这需要在叶片截面变化处增加引晶措施,避免叶片产生杂晶。

4.6.3　冶金缺陷

4.6.3.1　夹杂

夹杂物主要分为内在夹杂物和外来夹杂物。内在夹杂物是在冶炼或浇注过程中,由金属内部各成分之间或金属与炉气等相互接触发生化学反应而形成的产物,内在夹杂物的类型和组成取决于冶炼制度与合金的成分。外来夹杂物一般是由于在单晶高温合金的冶炼及浇注过程中,钢液表面所上浮的炉渣或由坩埚内壁剥落的耐火材料混入钢液中,在钢液凝固前未能及时上浮而残留于钢液中形成的非金属夹杂物[141]。

夹杂对单晶高温合金力学性能产生不利影响。由于夹杂的数量及大小难以精确控制,采用试验方法研究夹杂对单晶高温合金力学性能的影响规律难以进行,因此西北工业大学[122]基于镍基单晶高温合金材质细观演化规律,提出了同时考虑筏排化、解筏及夹杂空洞损伤机理的双参数蠕变损伤本构模型,利用双剪切试样和单晶叶片模拟蠕变试验对模型进行了考核,结果相当满意。

在研究夹杂对单晶高温合金损伤机理的基础上,西北工业大学[123]采用内聚力单元模拟单晶高温合金中基体与夹杂之间的界面,对合金中空穴绕夹杂形核及扩张的过程进行了初步分析。夹杂—基体界面的粘结强度不同,空穴的相对体积分数增长速率存在较大差异。粘结强度越小,空穴越容易形核,空穴扩张的速率越大;粘结强度越大,空穴越难于形核,空穴扩张的速率越小。应力三维度是空穴形核及扩张的主要驱动力,应力三维度越高,空穴形核及扩张的速率越大。应力三维度不同时,基体—夹杂界面开裂的初始位置及裂纹扩展的方式不同。在高应力三维度下空穴的演化由低应力三维度时的形状改变为主变为体积膨胀为主。Lode 参数对空穴的形核过程及空穴形成后的扩张有着显著的影响。晶体取向对空穴的形核过程有着显著的影响,不同取向时,基体—夹杂界面开裂的初始位置及裂纹扩展的方式不同。晶体取向对空穴的扩张有着显著的影响。在考虑单晶高温合金的晶体取向相关性时,必须同时考虑 Schimid 系数、弹性模量和开动的滑移系。

如前所述,由于夹杂物的有害作用,单晶高温合金非金属夹杂物的去除与净化非常重要。采用泡沫陶瓷过滤净化技术是目前最经济最有效的方法之一[124]。通过机械阻挡和俘获,降低合金熔体的夹杂物,过滤效果最高可达80%,效果十分明显。采用泡沫陶瓷过滤器过滤合金熔体非金属夹杂物不仅是物理分离过程,而且更重要的是通过弯弯曲曲的过滤器通道对合金熔体的撞击和相互作用过程。相互作用的基本过程有两个:第一,合金熔体与过滤器壁尽可能多地接触;第二,过滤器壁俘获非金属夹杂物。过滤器从合金熔体中去除夹杂物的能力取决于熔体中的质点类型和浓度、熔体特征(化学成分、黏度、表面张力)、温度和过滤器特点(成分、结构、空隙率、透气性等),这些因素的影响比较复杂,但对于选定的过滤器,熔体通过过滤器的流速与过滤器的厚度是影响夹杂物质点去除的主要因素。

4.6.3.2　疏松与缩孔

绝大多数合金在一个温度范围内凝固,凝固时要收缩,凝固中存在固—液两相区,固—液界面存在一个糊状区,如果没有液态金属补充,就会出现收缩孔洞,形成疏松/缩孔。单晶高温合金定向凝固过程中,由于采用逐层的自下而上的在较高温度梯度下的凝固,糊状区很窄,并且在糊状区上方存在液态金属,可以做到充分补缩。与其他铸造合金相比,单晶高温合金缩松倾向很小。

由于单晶高温合金以树枝晶方式生长,树枝晶之间的区域为最后凝固区域,合金液无法流入某些微小的区域以填补它的收缩,从而在枝晶间区域形成显微疏松,枝晶间的显微疏松不可能完全避免,如图4-58所示。对单晶高温合金的组织和性能研究表明,这些显微疏松是合金蠕变及疲劳失效的主要裂纹形成源之一。

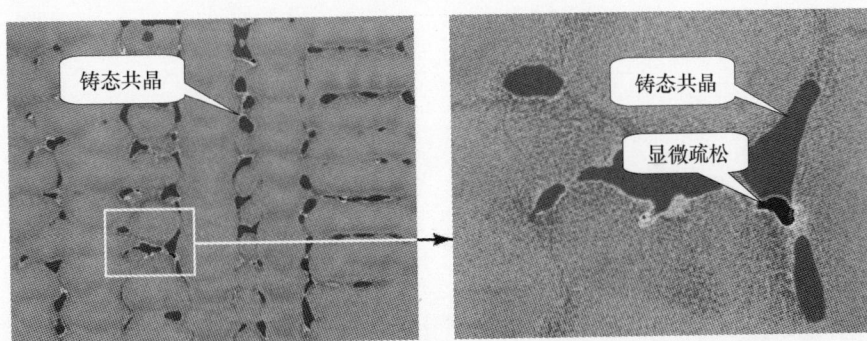

铸态共晶

铸态共晶

显微疏松

图 4-58　铸态单晶叶片的共晶与疏松

为减少或消除单晶高温合金中的铸造缺陷,进一步提高单晶高温合金的综合性能,国外开展了将热等静压技术应用于单晶高温合金的研究。在第一代、第二代单晶高温合金热等静压应用研究过程中,发现热等静压可有效消除单晶高温合金枝晶间的疏松等缺陷,显著提高合金的疲劳性能[125-127]。国内单晶高温合金热等静压技术研究较少,北京航空材料研究院在热等静压对 DD3 单晶高温合金组织与性能的影响方面开展了研究工作[128]。结果表明,在 DD3 单晶高温合金中存在很少量的疏松,经过热等静压后,疏松基本完全消除,如图4-59所示。研究还发现,经过热等静压后,γ′相发生了回溶和长大,数量减少,形状变得不规则;经过标准热处理后,γ′相的尺寸更大,形状更加不规则;热等静压温度越高,影响越显著,如图4-60所示。此外还发现,热等静压明显降低了合金的蠕变与持久性能,如图4-61所示。

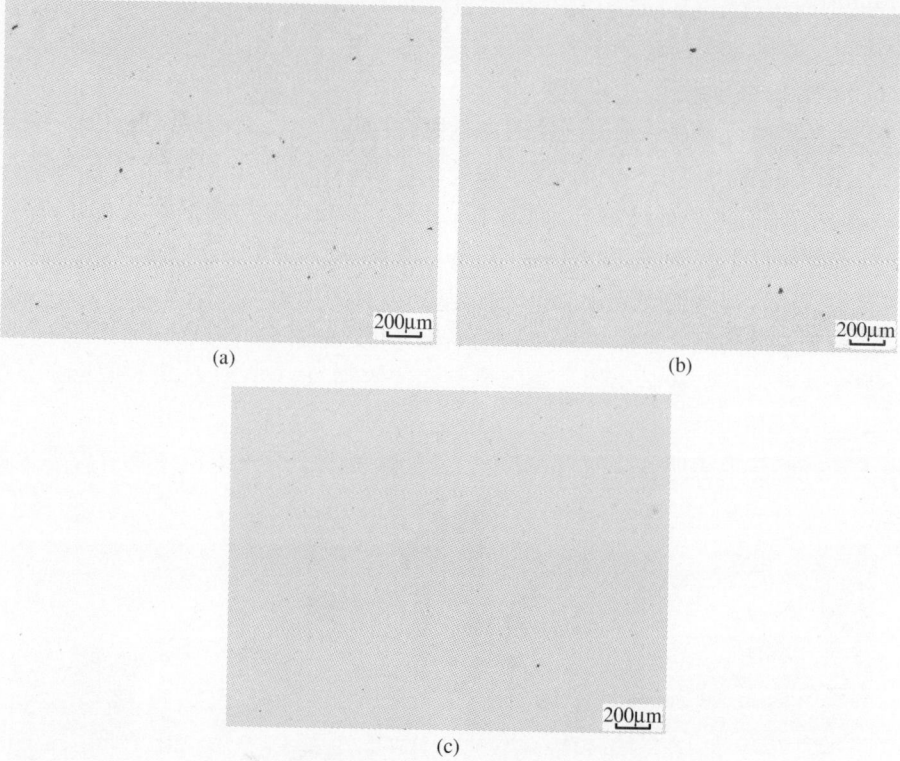

图4-59 DD3合金中的疏松

(a) 未经热等静压;(b) HIP 1;(c) HIP 2。

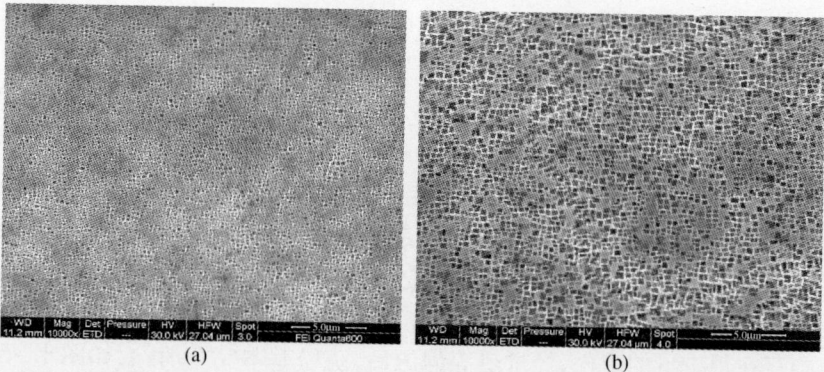

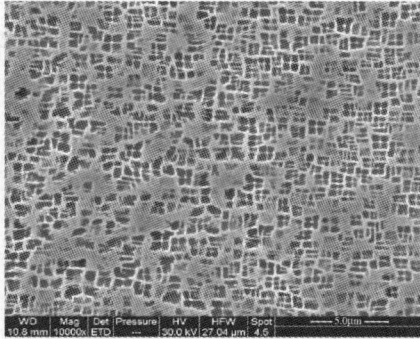

(c)

图 4-60 DD3 合金不同工艺处理后枝晶干显微组织

（a）未经热等静压＋热处理；（b）HIP1＋热处理；（c）HIP2＋热处理。

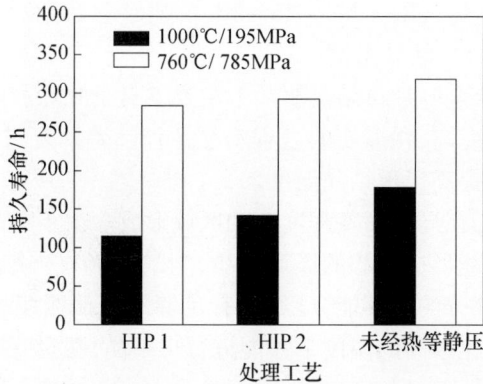

图 4-61 DD3 合金不同工艺处理后的持久性能

4.6.4 再结晶

单晶叶片在制造过程中的某些工序可能产生塑性变形,这些工序主要包括叶片铸造凝固收缩过程、表面吹砂处理、打磨处理等,致使叶片产生残余应力,并在随后的固溶热处理等过程中产生再结晶。由于单晶高温合金不含或少含晶界强化元素,再结晶晶界成为单晶叶片的薄弱环节,对叶片的高温力学性能和使用寿命产生不利的影响[129]。因此,单晶高温合金的再结晶行为研究十分重要。

4.6.4.1 再结晶特征

再结晶是金属材料重要的物理冶金过程之一,是冷变形金属在加热的条件下生成一种全新的组织结构的过程。经典的再结晶理论包括回复、再结晶和晶粒长大三个阶段。单晶高温合金及其叶片再结晶过程同样经历回复、再结晶和

177

晶粒长大三个阶段，但由于单晶高温合金消除了晶界，同时具有特殊两相共格的组织形态，从而导致单晶高温合金的再结晶有别于普通多晶形变材料的再结晶。

1. 单晶高温合金再结晶温度高

对于普通形变合金，其完全再结晶温度为 $0.35T_m \sim 0.4T_m$（T_m 为合金的熔点，单位为 K），再结晶起始温度还要更低[130]。对于单晶高温合金，其熔点大约在 1600K，按照 $0.35T_m \sim 0.4T_m$ 计算，其完全再结晶温度应在 300℃ ~ 400℃ 之间，这远低于目前单晶高温合金实际测定的再结晶温度。

单晶高温合金再结晶温度高，分析有如下原因：

（1）单晶高温合金具有单一柱状晶，消除了晶界，因而减少了再结晶在晶界形核的可能性，提高了再结晶温度。

（2）单晶高温合金含有大量的合金化元素，尤其是 W、Re、Mo、Ta、Nb 等高熔点金属元素，这些元素由于扩散速率较低，因而会起到延缓再结晶的作用[131]。DD6 合金中 W + Re + Mo + Ta + Nb 的质量分数达 20.5%，这些低扩散元素提高了 DD6 合金再结晶温度。

（3）单晶高温合金叶片再结晶驱动力主要来自于叶片凝固收缩时产生的残余应力，由于形变温度高，在形变的过程中往往伴随着回复过程，从而导致再结晶储存能降低，因而提高了再结晶温度。

（4）再结晶核心在局部形变程度高的区域形成。由于单晶高温合金叶片的形变量一般都很低，能形成核心的区域很少，当最终形成再结晶核心时，由于以前的回复已释放了部分的储存能，已经没有足够的驱动能使核心以可察觉的速度长大，结果导致在比较高的温度下才能进行再结晶，甚至有些情况下可以完全回复而不发生再结晶。

（5）最重要的是单晶高温合金具有 γ/γ' 的两相共格结构，例如 DD6 合金中 γ' 相含量超过 65%，γ' 相尺寸为 $0.3\mu m \sim 0.5\mu m$。弥散和稠密分布的与 γ 相共格的 γ' 相粒子钉扎晶界，阻碍晶界迁移，从而提高了单晶高温合金的再结晶温度。

2. 表面再结晶

单晶高温合金叶片再结晶一般都发生在叶片表面，这主要是因为与变形高温合金等相比，单晶高温合金及叶片在研制过程中一般只经受较小的塑性变形，再结晶形变储存能较小，为了减少再结晶形核界面能，再结晶往往发生在表面。而且单晶高温合金叶片经历的塑性变形往往也发生在表面，形变储存能集中在叶片表面。因此，一般情况下，单晶高温合金再结晶研究又称为表面再结晶研究。

3. 胞状再结晶

单晶高温合金形变后在低于固溶温度条件下加热会形成一种称为胞状再结

晶的组织。这种胞状再结晶有别于多晶体材料中的位错胞结构,胞状再结晶不是由位错构成,而是由粗大的 γ′ 相与细小的 γ + γ′ 相组成。研究表明,这种胞状再结晶实际上是一种特殊的再结晶形式,其与基体之间以及胞状再结晶之间的界面是大角度晶界[132]。而在 γ′ 相大量回溶的高温固溶条件下,单晶高温合金不形成胞状再结晶,而形成等轴再结晶。

4.6.4.2 再结晶组织

作者研究了单晶高温合金 DD6 的再结晶组织[133-135]。

铸态的 DD6 合金吹砂试样经不同温度热处理后的再结晶情况示于图 4-62。1100℃/4h 与 1150℃/4h 加热条件下,再结晶主要以胞状再结晶的形式存在,胞状再结晶内 γ′ 相呈粗大的长条形,且基本垂直于胞状组织界面,胞状组织由细小的 γ + γ′ 相与粗大的长条形 γ′ 相组成,如图 4-62(a)与(b)所示。1200℃/4h 加热条件下,出现了完整的等轴再结晶晶粒,等轴再结晶晶粒出现在胞状再结晶与表面之间的区域,其内含有在较低温度下析出的非常细小的 γ′ 相。胞状再结晶内部的粗大的 γ′ 相由长条形转变为短条形,如图 4-62(c)所示。再结晶晶界没有越过 γ + γ′ 共晶组织,如图 4-62(d)所示。1250℃/4h 加热条件下,等轴再结晶的形态更加完整,可见清晰的等轴再结晶晶界。胞状再结晶尺寸明显减小,内部的粗大的 γ′ 相数量也明显减少,如图 4-62(e)所示。在该温度条件下,再结晶晶界仍然没有越过 γ + γ′ 共晶组织,如图 4-62(f)所示。

标准热处理态吹砂试样经不同温度热处理后的再结晶情况示于图 4-63。1100℃/4h 加热条件下,再结晶主要以胞状再结晶的形式存在,与 DD6 铸态合金再结晶组织相似,胞状再结晶内 γ′ 相呈粗大的长条形,且基本垂直于胞状再结晶界面,如图 4-63(a)所示。1150℃/4h 加热条件下,等轴再结晶晶粒出现在胞状再结晶与表面之间的区域,等轴再结晶内含有在较低温度下析出的非常细小的 γ′ 相,如图 4-63(b)所示。1200℃/4h 加热条件下,等轴再结晶的形态更加完整,可见多个等轴再结晶晶粒。胞状再结晶内部粗大的 γ′ 相的长度明显缩短,如图 4-63(c)所示。1250℃/4h 加热条件下,等轴再结晶晶粒明显长大,再结晶晶粒的数量减少。胞状再结晶的尺寸也明显减小,胞状再结晶内部的粗大γ′ 相呈小颗粒状分布,如图 4-63(d)所示。

从试验结果可以看出,加热温度为 1200℃,铸态合金出现等轴再结晶晶粒,如图 4-62(c)所示。而热处理态合金加热温度为 1150℃时出现等轴再结晶晶粒,如图 4-63(b)所示。

对于 DD6 合金铸态试样,其枝晶干处 γ′ 相细小,如图 4-22 所示。细小的 γ′ 相在加热过程中易于溶解,形成微小单一的 γ 相,从而为再结晶提供形核位置。由于加热温度没有达到 γ′ 相完全回溶温度,铸态试样中含有大量粗大的 γ′

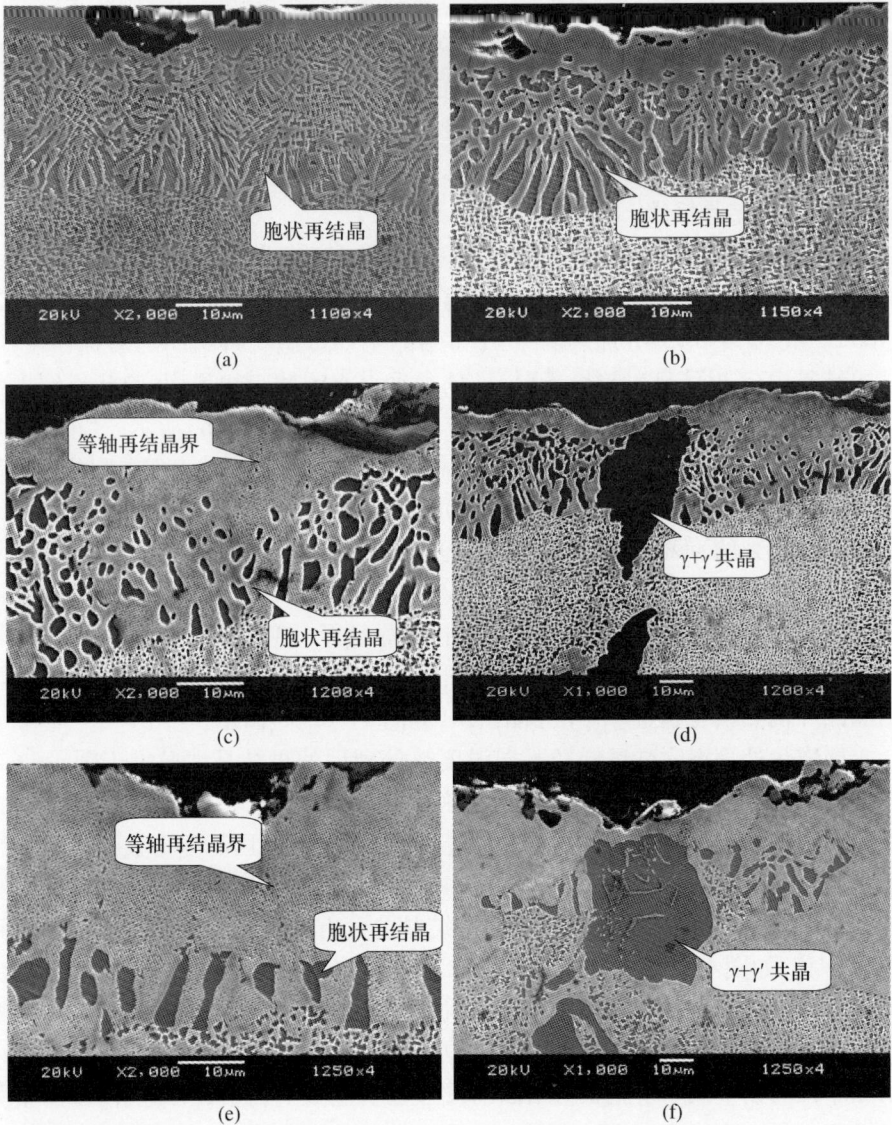

图 4 - 62　DD6 合金铸态吹砂试样不同热处理温度下的组织

（a）1100℃/4h；（b）1150℃/4h；（c）1200℃/4h；（d）1200℃/4h；（e）1250℃/4h；（f）1250℃/4h。

相以及较多的 γ + γ′ 共晶组织，如图 4 - 62（d）与（f）所示。再结晶晶界推移的过程中，再结晶晶界难以越过粗大的 γ′ 相及 γ + γ′ 共晶组织，如图 4 - 64（a）所示，从而在一定程度上减缓再结晶过程。随着再结晶过程的进行，部分较小的 γ + γ′ 共晶组织被再结晶晶界越过，如图 4 - 64（b）所示。M. Dahlen[136] 认为 γ′

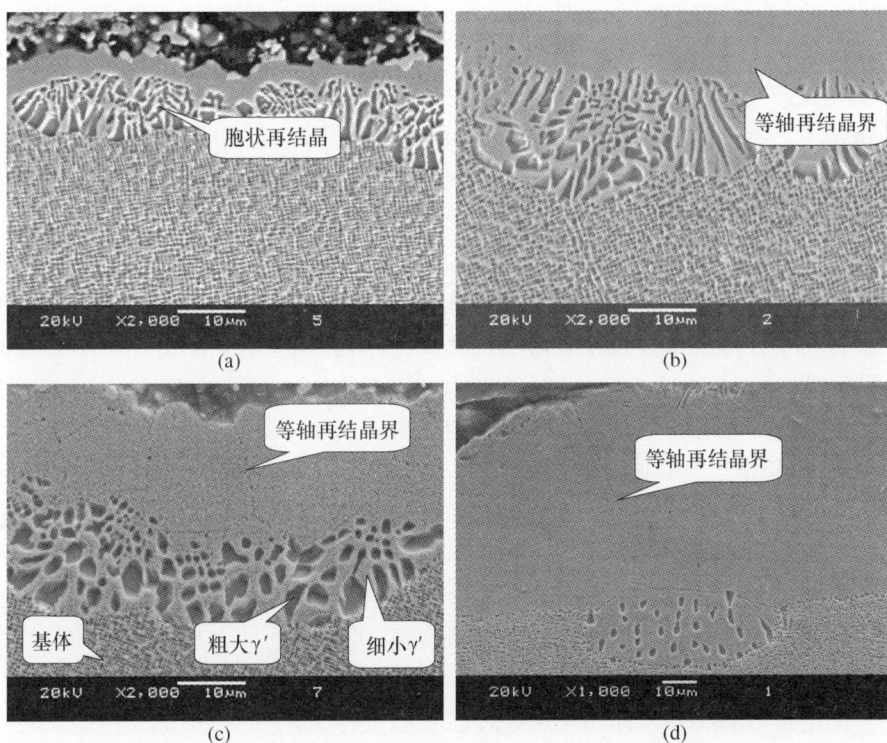

图4-63 DD6合金热处理态吹砂试样不同热处理温度下的组织

(a) 1100℃/4h；(b) 1150℃/4h；(c) 1200℃/4h；(d) 1250℃/4h。

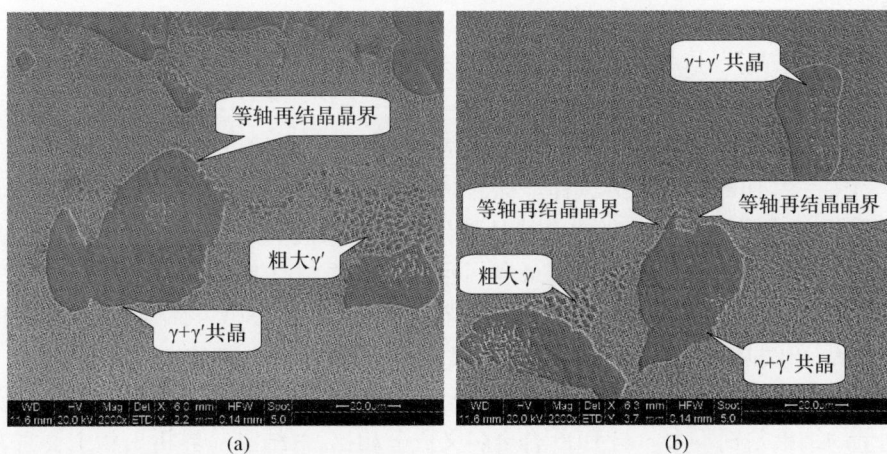

图4-64 再结晶晶界被γ+γ′共晶组织和粗大的γ′相阻碍

相尺寸对再结晶的影响不是很明显,并且认为初次析出的 γ′相在再结晶界面前沿溶解,随后在再结晶晶粒中重新析出。但是 A. J. Porter[137] 等人认为一些粗大的 γ′相比较稳定,不易于在再结晶界面溶解,因而阻止再结晶界面的推移。R. Bürgel[132] 等人也认为,再结晶晶界的运动受到枝晶间 γ/γ′区域的阻碍。C. Y. Jo[138] 等人认为,枝晶间的粗大 γ′相以及 γ + γ′共晶组织甚至在较高的温度下也很难溶解。再结晶长大过程中,受到枝晶间粗大 γ′相以及 γ + γ′共晶组织的阻碍。尽管粗大的 γ′相及 γ + γ′共晶组织可能成为再结晶的核心[130,139]。作者的试验结果与 A. J. Porter、R. Bürgel 和 C. Y. Jo 等人的研究结果相似,γ′相的形态和尺寸对再结晶有明显的影响,粗大的 γ′相及 γ + γ′共晶组织阻碍再结晶晶界运动。

标准热处理态合金基本没有粗大的 γ′相及 γ + γ′共晶组织,而主要由细小均匀的 γ′相组成。在加热过程中,变形区内细小的 γ′相易于溶解,形成较大的单一的 γ 相,从而为再结晶提供形核位置。在 γ 相内,再结晶核心由于没有粗大的 γ′相以及 γ + γ′共晶组织的阻碍,不断发生长大,直到遇到未溶解的 γ′相,从而形成完整的再结晶晶粒,如图 4 – 63(c)与(d)所示。因此,对比铸态吹砂试样和标准热处理态吹砂试样的再结晶组织,可以认为铸态单晶合金的再结晶倾向性小于热处理态,粗大的 γ′相及 γ + γ′共晶组织对再结晶过程有阻碍作用。

无论是铸态吹砂试样还是热处理态吹砂试样,合金的再结晶均由胞状再结晶与等轴再结晶晶粒组成。随着加热温度的升高,胞状再结晶逐渐减少,等轴再结晶晶粒逐渐长大,胞状再结晶内部粗大的 γ′相由长条状向颗粒状转变。温度越高,单晶高温合金内 γ′相回溶越多,变形区内更多的区域为单一的 γ 相,从而导致再结晶晶粒尺寸增大。由于变形层厚度一定,等轴再结晶晶粒长大必然导致胞状再结晶尺寸减少。

4.6.4.3 再结晶晶界析出相

作者研究了单晶高温合金 DD6 再结晶晶界析出相特征及其形成机制[140]。

铸态的 DD6 合金吹砂试样经标准热处理后的再结晶情况示于图 4 – 65。可以看出,白色的析出相出现在再结晶晶界上,呈颗粒状分布。图 4 – 65(b)为图 4 – 65(a)的局部区域放大的 SEM 像,可以看出,再结晶晶界两侧 γ′相具有明显的取向差,晶界上 γ′相粗大,且不能保持完整的立方化形态,再结晶晶界是大角度晶界,再结晶析出相镶嵌在晶界上,尺寸约为 0.5μm,数量较少。

经 EPMA 的再结晶晶界析出相化学成分如表 4 – 24 所列。可以看出,五次测量的结果差别不大。与 DD6 合金名义成分相比,再结晶晶界析出相主要富含 W、Re 和 Mo,而 Al、Ta 和 Ni 的含量比较低,Nb、Cr 和 Co 的含量与合金名义成分差别不大。富含 W、Re 和 Mo,贫 Al 和 Ni 是 μ 相及 M_6C 的成分特点[141]。在铸

182

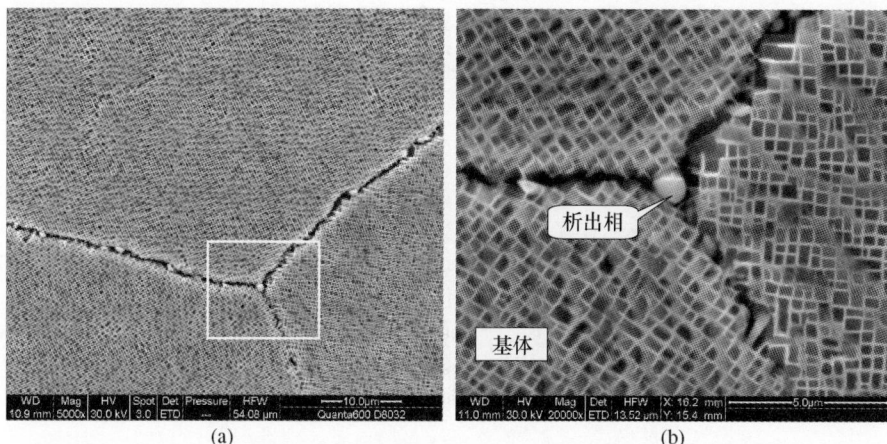

图 4 - 65　DD6 合金再结晶晶界析出相

造高温合金中,次生 M_6C 碳化物通常是在 850℃~1210℃温度范围内热处理或长期使用时析出的,M_6C 碳化物中 W 与 Mo 含量较高,但是一般 W 含量更高。μ 相中 W 和 Mo 含量同样较高,特别是 Mo 形成 μ 相的能力较强,次生的 μ 相是在 800℃~1140℃温度范围内长时间保温形成的。通过析出相成分分析,说明 DD6 合金再结晶晶界析出相是 μ 相或 M_6C 碳化物。

表 4 - 24　再结晶晶界析出相化学成分　　　　　　　　%

元素	Cr	Co	W	Mo	Al	Nb	Ta	Re	Ni
DD6	4.3	9	8	2	5.6	0.5	7.5	2	余
No.1	5.347	9.444	23.233	5.519	2.092	0.4	3.065	18.721	32.181
No.2	5.069	8.84	26.063	6.614	1.53	0.332	2.946	20.59	28.017
No.3	5.365	9.275	29.815	6.899	0.724	0.148	1.877	24.037	21.86
No.4	5.001	9.126	25.984	6.412	1.157	0.958	2.629	19.264	29.468
No.5	5.153	9.727	24.793	5.589	1.126	0.478	3.585	18.58	30.968

　　应用 TEM 对再结晶晶界析出相进行形貌观察和物相分析,如图 4 - 66 所示。从形貌上看,再结晶区域与基体区域有明显的衬度,说明再结晶与基体存在较大的取向差,再结晶晶界析出相出现在再结晶区域与基体的界面上,呈粒状分布,长度约为 0.5μm,如图 4 - 66(a)所示。结合 DD6 合金再结晶析出相成分及形态观察,对再结晶晶界析出相进行微区电子衍射斑点标定分析,如图 4 - 66(b)所示。分析表明:DD6 合金再结晶晶界析出相为 M_6C 碳化物。

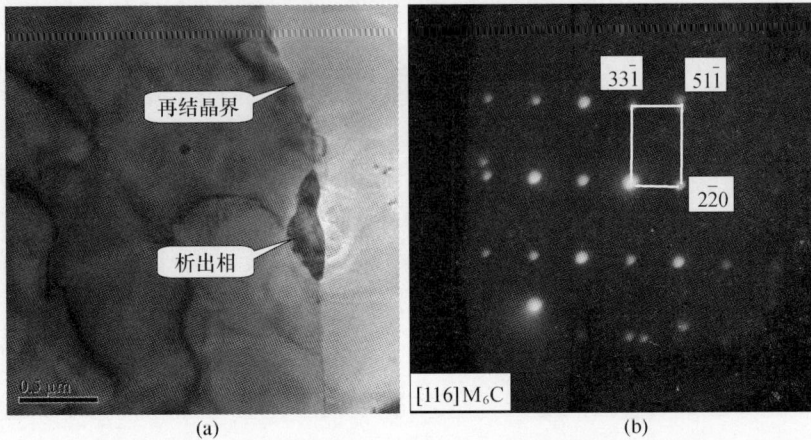

图 4 – 66　DD6 合金再结晶晶界析出相的 TEM 微观形貌及衍射斑点

M_6C 碳化物和 μ 相化学成分相似,富含 W 和 Mo,差别在于是否含 C。C 是影响 μ 相析出的重要元素,C 元素能结合一定数量的 W、Mo 等 μ 相形成元素,形成 M_6C 碳化物,减少合金析出 μ 相的倾向。因此,再结晶晶界析出相类型取决于晶界上 C 的含量,C 含量高形成 M_6C 碳化物,而 C 含量低则形成 μ 相。

晶界结构比晶内松散,溶质原子处在晶内的能量比处在晶界要高,所以溶质原子有自发地向晶界偏聚的趋势。这种偏聚的趋势使系统的能量降低,是一种平衡偏析。由于单晶高温合金本身不含晶界,因此,其中溶质原子在晶界的偏聚行为只能发生在再结晶过程中,这种析出相的析出行为是伴随着再结晶的过程而产生的。溶质原子在晶内和晶界上的分布关系可表示为[130]

$$\frac{x_B}{x_B^0 - x_B} = \frac{x_C}{1 - x_C}\exp\left(-\frac{\Delta G}{kT}\right) \qquad (4-32)$$

式中:x_B^0 为在晶界的原子位置分数;x_B 和 x_C 分别为晶界和晶内的溶质原子分数,k 为常数;T 为温度;ΔG 为溶质原子在晶界与晶内的自由焓差,它包括了除排列熵项以外的熵项的能量。一般 $x_C < 1$,近似认为 $x_B^0 \approx 1$,式(4–32)可写成

$$-\frac{\Delta G}{kT} = \ln\frac{x_B}{(1 - x_B)x_C} \qquad (4-33)$$

如果认为 $x_B << 1, x_C \approx x_0$,式(4–33)还可以进一步简化为

$$x_B = x_0\exp\left(-\frac{\Delta G}{kT}\right) \qquad (4-34)$$

式中:x_0 为溶质平衡浓度。从式(4–34)可以看出,溶质原子在晶内和晶界的畸变能差 ΔG 越大,晶界偏析的溶质浓度 x_B 越大。畸变能差可由一定温度下溶质组元在溶剂金属中的最大固溶度 x_m 综合反映[142]。可以预料,x_m 越小,即溶质处

于晶内越困难,畸变能就越大,进而 x_B 将越大,即溶解度低的溶质原子在晶界偏析的程度大。C 在 γ 相中溶解度很低,又不进入 γ′ 相[141]。因此,C 在单晶合金再结晶晶界的偏析很大,形成偏聚效应。

再结晶完成以后,在较高的温度条件下,原子动能大,扩散系数也较大。同时碳原子处于基体的间隙位置,扩散可以直接迁移到邻近位置,扩散激活能小,扩散系数大。因此,碳原子扩散系数比高温合金中元素自扩散系数大几个数量级。因此,在长期高温热暴露的情况下,碳原子在晶界的偏析大,原子扩散系数大,碳原子在单晶高温合金再结晶晶界上很容易达到较高的浓度。由于晶界上 C 元素的聚集,碳原子在晶界上达到一定浓度,即与 W、Mo 等一定数量的 TCP 相形成元素发生相变反应,形成 M_6C 碳化物,抑制了合金析出 μ 相的倾向。因此,在较高的温度条件下,再结晶晶界形成 M_6C 碳化物。

4.6.4.4 再结晶对力学性能的影响

由于单晶高温合金不含或少含晶界强化元素,再结晶区的弹性模量等与基体不同,因此,再结晶晶界成为单晶叶片的薄弱环节,对叶片的力学性能和使用寿命产生不利影响。业已发现,在叶片使用过程中,再结晶晶界优先发生腐蚀和氧化,而且晶界连续变化,这对于单晶叶片有很大的危害。表 4-25 列出了表面再结晶对单晶高温合金 PWA1480 持久性能的影响[129]。

表 4-25　再结晶对 PWA1480 合金 980℃/201MPa 持久性能的影响

试样直径 /mm	无再结晶层			有再结晶层			
	偏离[001] 方位	寿命/h	伸长率/%	再结晶层 深度/μm	偏离[001] 方位	寿命/h	伸长率/%
6	22.5	248.1	16.0	92.5 115.0	14.7 14.1	234.7 181.0	22.2 11.8
4	0	238.9	20.9	140.5 160.0	10.7 7.2	143.8 149.1	4.8 11.7
2.5	10.1	222.3	15.1	150.0 91.3	12.6 9.2	145.2 152.6	6.5 9.2

从表 4-25 中可以看出,有再结晶层的试样,持久寿命降低。太田芳雄等人观察试样断口发现,再结晶层有严重的氧化和腐蚀现象,而且再结晶晶界在持久拉伸初期就出现沿晶裂纹,说明这种晶界的塑性变形能力低[129]。因此可认为,再结晶层所占面积部分,应视为几乎没有负荷能力的部分,所以出现再结晶层就意味着应力增大,增大的程度与再结晶层深度成正比。T. Khan 等人[143]也将再结晶层看作完全没有承载能力的部分,将再结晶层的产生看作承载面的减少,认

为再结晶的出现将会严重降低单晶高温合金的持久性能。

然而，含有完全再结晶层的 SRR99 单晶高温合金仍具有一定的承载能力，当名义载荷低于 320MPa 时，再结晶层仍然起着承载作用，再结晶层对试样持久寿命影响不大。当应力超过 400MPa 时，持久寿命因为再结晶层早期裂纹的影响而减少[144]。

因此可以认为，单晶高温合金再结晶层具有的承载能力与加载条件有关[145]。在高温低应力条件下，由于表面氧化物的存在，再结晶层早期萌生的裂纹不减少持久寿命；而在中温大应力条件或是真空环境下的高温低应力条件，由于没有表面氧化皮阻碍裂纹扩展，持久寿命减少。

北京航空材料研究院在再结晶对单晶高温合金力学性能的影响方面做了许多研究工作，分别研究了不同条件下的再结晶对第一代单晶高温合金 DD3 和第二代单晶高温合金 DD6 力学性能的影响。

对 DD3 合金进行表面吹砂处理，然后分别在 1050℃、1150℃、1250℃条件下保温 4h，随后在 1000℃/195MPa 测试持久性能。结果表明，吹砂加高温处理后的试样持久寿命明显低于未经上述处理的试样。在相同的吹砂条件下，加热温度对 DD3 单晶高温合金再结晶的影响明显；随着加热温度的升高，发生再结晶的可能性加大，再结晶厚度逐渐增加，合金的持久性能明显降低[146]。

对 DD6 合金分别进行水吹砂、干吹砂、打磨处理，然后对上述试样进行加热处理，随后测试合金的持久性能，见表 4 - 26。结果表明，水吹砂、干吹砂、打磨处理的 DD6 合金 1200℃/4h 加热条件下的持久寿命小于 1100℃/4h 加热条件下的持久寿命；而在相同的加热条件下，水吹砂对合金持久性能的影响最小[147,148]。特别需要说明：水吹砂、干吹砂、打磨处理的 DD6 合金在 1200℃/4h 与 1100℃/4h 加热条件下 980℃/250MPa、1070℃/140MPa 的持久寿命均达到技术标准规定的力学性能的要求。

表 4 - 26　表面再结晶对 DD6 单晶高温合金持久寿命的影响　　　h

加热温度/加热时间	变形方式	再结晶厚度/mm	980℃/250MPa	1070℃/140MPa
未加热处理	未变形处理	0	274.4	341.1
1100℃/4h	水吹砂	0	251.5	342.9
	干吹砂	8.6	236.3	256.1
	打磨	10	236.0	192.7
1200℃/4h	水吹砂	12.7	203.8	205.0
	干吹砂	13	187.1	196.9
	打磨	14.5	178.4	197.5
注：表中每个数据为两个数据的平均值				

作者[149]系统地研究了再结晶对 DD6 合金持久性能的影响。结果表明,不同形态的再结晶对合金有明显不同的影响。胞状再结晶降低单晶高温合金的持久寿命,而等轴再结晶严重降低单晶高温合金的持久寿命,且胞状再结晶与等轴再结晶同时存在的再结晶组织对持久性能的影响居于上述二者之间。在持久断裂过程中,含有再结晶的试样裂纹起源于再结晶与基体的界面或再结晶晶粒之间的界面。

综合上述,可以认为,再结晶层有无承载能力或承载能力的大小不仅取决于持久过程中加载应力的大小,而且还主要取决于持久试样上的再结晶形态;胞状再结晶层仍有一定的承载能力,而等轴再结晶则基本可以看作没有承载能力,出现等轴再结晶意味着持久试样截面的减少,因而显著减少合金的持久寿命。

4.6.4.5　再结晶控制措施

因为再结晶对单晶高温合金的力学性能有不利的影响,所以国内外研究者在如何控制单晶高温合金再结晶方面进行了深入研究,得到了一些有价值的研究结果。近年来,国外有人采用一些方法如回复热处理[150,151]、降低热处理温度[152]、添加涂层[132,153]以及表面渗碳处理[154,155]等来减轻或消除再结晶,但直接采用上述结果控制再结晶效果不明显[132],甚至不同研究者得到的结果完全不同。

国内关于再结晶控制方面的公开文献不多,为防止表面再结晶的产生,应在涡轮叶片制造过程中采取如下措施[129]:第一,调整生产工序,尽量避免高温加热前可能引起表面塑性变形的操作,如固溶处理前不对叶片进行强力吹砂;第二,必须进行表面机械处理的情况下,可在表面机械处理后对叶片进行消除内应力的退火处理,然后进行高温固溶处理;第三,在可能的情况下,尽可能降低表面机械处理的激烈程度,或选用更合适的机械处理方法,以减少叶片表面的残余应力。

作者在再结晶控制方面进行了许多研究工作[149,156],对 DD6 合金进行吹砂处理,然后进行表面渗碳处理,最后进行标准热处理。结果发现,DD6 合金渗碳处理后合金表面形成渗碳层;渗碳层内形成了大量的 MC 型碳化物,该碳化物非常细小,弥散分布在渗碳层区域内;由于碳化物的析出,渗碳层内的 γ′相形貌发生了变化,如图 4-67 所示。再结晶过程中,再结晶界受到渗碳形成的碳化物的阻碍作用,吹砂试样大部分区域没有发生再结晶,如图 4-68(a)所示;发生再结晶的区域,再结晶尺寸较小,如图 4-68(b)所示。渗碳试样标准热处理后再结晶区厚度明显小于未渗碳试样,碳化物在单晶高温合金标准热处理过程中能有效地减轻再结晶。

图 4 - 67　吹砂 + 表面渗碳 DD6 单晶高温合金表面层组织
（a）横截面；（b）基体枝晶干（A 区）；（c）过渡区域（B 区）；（d）渗碳层（C 区）。

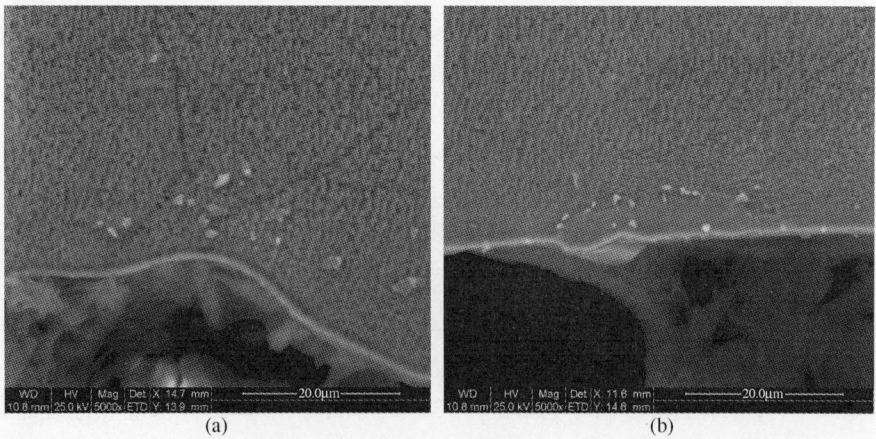

图 4 - 68　吹砂 + 表面渗碳 + 标准热处理 DD6 单晶高温合金表面层组织
（a）试样表层的碳化物；（b）碳化物在再结晶晶界上。

4.7 单晶高温合金发展前景

过去几十年,许多国家对用于航空发动机涡轮叶片的其他高温结构材料进行过大量研究,如定向共晶合金、难熔金属基合金、陶瓷材料等。然而,这些材料都因某些关键问题未获根本解决而不能付诸实际工程应用。对先进航空发动机涡轮叶片来说,迄今为止,还没有一类材料能像单晶高温合金这样具有优良的综合性能。从 20 世纪 80 年代起,单晶高温合金便进入蓬勃发展的阶段,技术不断进步,性能持续提高,应用越来越广。截止目前,美国已发展了四代单晶高温合金。21 世纪初中期,单晶高温合金将以难以完全替代的综合优势而将继续得到广泛应用,它将在以下几个方面得到发展。

4.7.1 发展新型单晶高温合金的设计理论与方法

随着单晶高温合金的强化理论和合金设计理论的发展,出现了多种合金设计方法。建立在电子空穴理论和 d 电子理论基础上的相计算(PHACOMP)和新相计算(NewPHACOMP)方法,可以进行合金成分设计,预测合金是否出现 TCP 相,评价现有合金在高温长期暴露后的组织稳定性。

合金设计过程中,很多问题都无法建立确切的数学模型。为建立模型,获得规律,常采用某种回归方式对现有试验数据进行处理,然而回归方法存在局限性。人工神经网络具有自动学习功能,能从试验数据中获得数学模型。它无需预先给定公式的形式,而是以试验数据为基础,经过训练后获得反映试验数据内在规律的数学模型,训练后的神经网络能直接进行推理。近年来,人工神经网络在合金设计和成分优化以及材料性能预测等方面日益受到重视[42]。

基于密度泛函理论的第一原理计算是一种很有希望从源头开始设计材料的物理学工具,这对单晶高温合金材料设计的试验研究具有一定的指导意义,但对实际合金的简化与大量的计算制约着该方法的应用。

设计复杂合金化的单晶高温合金,上述设计理论与方法涉及大量的数据以及计算,人工难以完成。将计算机技术与单晶高温合金的设计理论与方法相结合,发展单晶高温合金的计算机辅助设计方法及其技术,可进行十分复杂深入的设计计算,克服经验设计中试验工作量大、性能综合平衡难、成本高、周期长等问题,可设计新型单晶高温合金。

4.7.2　发展新型单晶高温合金

发展综合性能优异的单晶高温合金。随着航空发动机的发展,为了满足高推重比/功重比发动机的要求,单晶高温合金仍将继续发展。通过合金设计水平的提高、熔炼工艺的进步、定向凝固工艺的发展,将研究出超过现有合金强度和承温能力的新型单晶高温合金。

发展耐腐蚀的单晶高温合金。随着地面燃机与舰船发动机的发展,要求单晶高温合金具有优异的抗环境性能,所以高性能的耐腐蚀单晶高温合金将是未来重要的研究方向之一。

4.7.3　发展高纯单晶高温合金

单晶高温合金中含有多种有害杂质元素,如 O、H、N、S、P、Bi、Si、Sb、Pb、Sn、As 等,这些有害杂质元素对合金的塑性、韧性和其他力学性能有不利影响。为了减轻甚至消除这些不利影响,必须尽可能去除有害杂质元素,提高单晶高温合金的纯净度。单晶高温合金正在向高纯合金方向发展,在发展新型单晶高温合金和应用已有单晶高温合金时,应不断提高合金的纯净度。

提高合金纯净度主要可以从原材料控制和冶炼工艺控制两个方面入手。采用优质原材料进行单晶高温合金的研制与生产,特别是控制原材料中的 Bi、As、Te、Cd、Pb 等;还可应用预先处理的方法提高原材料的纯净度。采用高水平的真空冶炼方法可以有效去除合金中的气体元素,如 O、H、N 等,主要方法有提高精炼温度和真空度、控制精炼时间、充分搅拌合金熔液。为了净化合金,可以采用挡渣和陶瓷过滤网去除熔液中的多种夹杂物。除对母合金进行过滤外,还可以在浇注时过滤合金熔液。据报道,电子束冷炉精炼和冷壁坩埚顺序凝固方法等先进冶炼工艺可以研制纯净度很高的合金。

4.7.4　发展高温度梯度定向凝固技术

据国外报道,温度梯度对 CMSX - 2 合金组织与性能的影响如表 4 - 27 所列。可以看出,温度梯度对单晶合金的组织和性能有较大的影响。高温度梯度对合金成分、显微组织均匀性和致密度有明显的改善,可以使同一种材料最大限度发挥材质的潜力,也可以提高单晶叶片的合格率与生产率,使叶片可靠安全使用。因此,应发展高温度梯度定向凝固技术。

表 4 – 27　温度梯度对 CMSX – 2 合金组织与性能的影响

性能	温度梯度		50℃/cm	250℃/cm
性能	持久寿命/h	760℃/750MPa	711	1048
		1050℃/139MPa	238	269
	870℃高周疲劳应力(10^7)/MPa		500	700
组织	一次枝晶间距/μm		350 ~ 500	160
	显微疏松/%		1.3 ~ 0.5	<0.1

参 考 文 献

[1] Ford D A, Arthey R P. Development of single crystal alloys for specific engine applications[C]. In: Gell M, Kortovich C S, Bricknell R H, Kent W B, et al. Superalloys 1984. TMS, Seven Springs, PA: 1984: 115 – 124.

[2] Khan T, Caron P. Development of a new single crystal superalloy for industrial gas turbine blades[C]. In: bachelet E., eds., High temperature materials for power engineering, Liege, Belgium, 1990: 1261 – 1270.

[3] Caron P, Comu D, Khan T, et al. Development of a hydrogen resistant superalloy for single crystal blade application in rocket engine turbopumps[C]. In: Kissinger R D, Deye D J, Anton D L, et al. Superaloys 1996, Seven springs, PA: TMS, 1996: 53 – 60.

[4] 陈荣章. 北京航空材料研究院铸造高温合金及工艺发展 40 年[J]. 材料工程, 1998(10): 3 – 10.

[5] 谢多洛夫 B B. 俄国镍基铸造高温合金的理论和实践[M]. 郝应其, 袁文钊, 译. 北京: 北京航空材料研究院, 1997.

[6] Nabarro F R N. The superiority of superalloys[J]. Mater. Sci. Eng., 1994, A184: 167 – 171.

[7] 陈荣章, 王罗宝, 李建华. 铸造高温合金发展的回顾与展望[J]. 航空材料学报, 2000(1): 55 – 61.

[8] 陈荣章. 单晶高温合金发展现状[J]. 材料工程, 1995(8): 3 – 12.

[9] Jackson J J, Domachie M J, Henrich R J. The volume percent of fine γ′ on creep in Mar-M200 + Hf. Metall [J]. Trans., 1977, 8A: 1615 – 1618.

[10] Gell M, Duhl D N, Giamei A F. The development of single crystal superalloy turbine blades[C]. In: Tien J K, Gell M, Maurer G, Wlodek S T. eds. Superalloys 1980, PA: 1980: 205 – 214.

[11] Goulette M J. The future costsless-high temperature materials from an aeroengineer prospective[C]. In: Kissinger R D, Deye D J, Anton D L, et al. Superaloys 1996, Seven springs, PA: TMS, 1996: 3 – 6.

[12] Harris K, Erickson G L. Single crystal (single grain) alloy: U S, 4582548[P], 1986.

[13] Ross E W, O'Hara K S. Rene′N4: a first generation single crystal turbine airfoil alloy with improved oxidation resistance, low angle boundary strength and superior long time rupture strength[C]. In: Kissinger R D, Deye D J, Anton D L, et al. Superaloys 1996, Seven springs, PA: TMS, 1996: 19 – 25.

[14] Khan T. Recent developments and potential of single crystal superalloys for advanced turbine blades[C]. In: Betz W, et al. High Temperature Alloys for Gas Turbines and Other Applications 1986, D. Reidel Publishing Company, Dordrecht, Holland, 1986: 21 – 50.

[15] Erickson G L. The development of the CMSX – 11B and CMSX – 11C alloys for industurial gas turbine ap-

plication[C]. In: Kissinger R D,Deye D J,Anton D L,et al. Superaloys1996,Seven springs,PA:TMS, 1996.15—52.

[16] Cetel A D,Duhl D N. Second-generation nickel-base single crystal superalloy[C]. In: Recichman S,Duhl D N,Maurer G,et al. Superalloys1988,Seven springs,PA: TMS,1988: 235－244.

[17] Harris K,Erickson G L. Single crystal alloy technology: U S,4643782[P]. 1987.

[18] Wukusick C S,Buchakjian L. Nickel-base superalloys: U K,GB 2235697,[P]. 1991.

[19] Nguyen-Dinh X. Phase stable single crystal materials:U S.,4935072,[P]1990.

[20] Erickson G L. The development and application of CMSX－10[C]. In: Kissinger R D,Deye D J,Anton D L,et al. Superaloys1996,Seven springs,PA:TMS,1996: 35－44.

[21] Walston W S,O'Hara K S,Ross E W,et al. Rene N6-third generation single crystal superalloy[C]. In: Kissinger R D,Deye D J,Anton D L,et al. Superaloys1996,Seven springs,PA: TMS,1996: 27－34.

[22] Argence D,Vernault C,Desvallees Y,et al. MC-NG: a 4th generation single crystal superalloy for future aeronautical turbine blades and vanes [C]. In: Pollock T M.,Kissinger R D.,Bowman R R.,et al. Superalloys 2000,Seven springs,PA: TMS,2000: 829－837.

[23] Walston S,Cetel A,MacKay R,et al. Joint development of a fourth generation single crystal superalloy[C]. In: Green K A,Pollock T M,Harada H,et al. Superalloy2004. Seven springs,PA: TMS,2004: 15－24.

[24] 李嘉荣,唐定中,陈荣章. 铼(Re)在单晶高温合金中的作用[J]. 材料工程,1997(8): 3－7.

[25] 李嘉荣,唐定中,刘世忠,等. Re 对一种单晶高温合金蠕变断裂寿命的影响[J]. 材料工程,1999 (3): 3－7.

[26] Schneider W,Hammer J,Mughrabi H. Creep deformation and rupture behavior ot the monocrystalline superalloy CMSX－4 – a comparison with the alloy SRR99[C]. In: Antolivich S D,Stusrud R W,Mackay R A,et al. Superalloys 1992,Seven springs,PA: TMS,1992: 589－598.

[27] 骆宇时. Re 在单晶高温合金中的强化机理[D]. 北京:北京航空材料研究院,2006.

[28] Walston W R. Nickel-base superalloy and article with high temperature strength and improved stability:U S.,5270123[P]. 1993.

[29] Auslin C M. Nickel-based single crystal superalloy and method of making: U S.,5151249[P]. 1992.

[30] Zheng Y R,Wang X P,Dong J X,et al. Effect of Ru addition on cast nickel base superalloy with low conten Cr and high content of W[C]. In: Pollock T M.,Kissinger R D.,Bowman R R.,et al. Superalloys 2000,Seven springs,PA: TMS,2000: 305－311.

[31] 吴仲棠,温仲元,陈德厚. DD3 单晶合金的成分设计和试验研究[J]. 金属学报,1987,23(4): B171－B177.

[32] 吴仲棠,陈德厚,钟振纲. DD3 单晶涡轮叶片合金[J]. 航空材料,1987 (5): 1－5.

[33] 燕平,单熙,赵京晨,等. DD402 单晶合金及其Ⅱ级单晶涡轮叶片的组织稳定性[J]. 航空材料学报,1999,19(1): 6－12.

[34] 廖华清,唐亚俊,张静华,等. 燃气轮机抗腐蚀 DD8 单晶叶片材料及其应用研究[J]. 材料工程,1992 (1): 17－20.

[35] Li J R,Zhong Z G,Tang D Z,et al. A low cost second generation single crystal superalloy DD6[C]. In: Pollock T M,Kissinger R D,Bowman R R,et al. Superalloys 2000,PA: TMS,2000: 777－783.

[36] 中国航空材料手册编辑委员会. 变形高温合金—铸造高温合金[M]//中国航空材料手册:第二卷,2 版. 北京: 中国标准出版社,2002.

[37] 师昌绪,仲增塘. 中国高温合金五十年[M]. 北京:冶金工业出版社,2006.

[38] 李嘉荣,钟振纲,唐定中. 低成本第二代镍基单晶高温合金 DD6[J]. 金属学报,1999,35(增刊2):S266 – S269.

[39] 东华. 第三代单晶高温合金[J]. 航空制造工程,1995 (12):9 – 11.

[40] 陈国良. 高温合金学[M]. 北京:冶金工业出版社,1988.

[41] Mott N F,Nabarro F R N. Report on strength of solids[M]. The physical society,London:1948.

[42] 郭建亭. 高温合金材料学:上册[M]. 北京:科学出版社,2008.

[43] Ham R K. Ordered alloys:structural applications and physical metallurgy[M]. Baton rouge,LA:Claitors,1970.

[44] Gleiter H,Hornbogen E. Precipitation hardening by coherent particles[J]. Mater. Sci. Eng. A,1968,2(6):285 – 302.

[45] Copley S M,Kear B H. A dynamic theory of coherent precipitation hardening with application to nickel-base superalloys[J]. Trans. Metall. Soc. AIME,1967,239:977 – 984.

[46] Orowan E. Symposium on internal stress in metal and alloys. institute of metals,London,1948:451 – 453.

[47] Ansell G S,Weertman J. Creep of a dispersion-hardened aluminum alloy[J]. Trans. Metall. Soc. AIME,1959,215:838 – 843.

[48] Hordros E D,Seah M P. In:R. W. Cahn,H. Haasen,eds. ,Physical Metallurgy. 3rd ed. ,Amsterdam,North Holland,1984:855 – 931.

[49] 黄乾尧,李汉康. 高温合金[M]. 北京:冶金工业出版社,2000.

[50] 骆宇时,李嘉荣,刘世忠,等. 铼对单晶高温合金 γ、γ′相的影响[J]. 钢铁研究学报,2007,19(6):61 – 64.

[51] 骆宇时,李嘉荣,刘世忠,等. Re 对单晶高温合金蠕变过程中 γ′相定向粗化的影响[J]. 材料工程,2006 (7):43 – 47.

[52] 骆宇时,李嘉荣,刘世忠,等. Re 对单晶高温合金持久性能的强化作用[J]. 材料工程,2005 (8):10 – 14.

[53] Li J R,Tang D Z,Lao R L,et al. Effects of rhenium on creep rupture life of a single crystal superalloys[J]. Journal of Materials Science and Technology,1999,15(1):53 – 57.

[54] 骆宇时,李嘉荣,刘世忠,等. Re 对单晶高温合金高温高应力持久性能的影响[J]. 中国有色金属学报,2005,15(11):1655 – 1659.

[55] Yeh A C,Tin S. High temperature creep of Ru-bearing Ni base single crystal superalloys[C]. In:Green K A,Pollock T M,Harada H,et al. Superalloy2004. Seven springs,PA:TMS,2004:677 – 685.

[56] 史振学,李嘉荣,刘世忠,等. Hf 含量对 DD6 单晶高温合金铸态组织的影响[J]. 稀有金属材料与工程,2010,39(3):490 – 493.

[57] Shi Z X,Li J R,Liu S Z,et al. Effect of Hf content on the microstructures and stress rupture properties of DD6 single crystal superalloy[J]. Rare metal materials and engineering,2010,39(8):1334 – 1338.

[58] Pauling L. The nature of the interatomic forces in metals[J]. Phys. Rev. ,1938,54:899.

[59] Rideout S P,Manly W D,Kamen E L,et al. Intermediate phases in ternary alloy systems of transition elements[J]. Trans. AIME. ,1951,191:872.

[60] Boesh W J,Slaney J S. Preventing sigma phase embrittlement in nickel base superalloy[J]. Met. Prog. ,1964,86:9.

[61] Woodyatt L R, Sims C T, Beattie H J. Prediction of sigma-type phase occurrence from compositions in aus-tenitic superalloys[J]. Trans. AIME. ,1966,236: 519.

[62] Aerospace standard. SAE, AS5491A

[63] Barrow R G, Newkire J B. A modified systerm for predicting sigma formation[J]. Met. Trans. ,1972,311: 2889.

[64] Morinaga M, Yukawa N, Adachi H. Alloying effect on the electronic structure of Ni_3Al[J]. J. Phy. Soci. Jpn, 1984,53: 653.

[65] Morinaga M, Yukawa N, Ezaki H. Solid solubilities in transition-metal-based FCC alloys[J]. Phil. Mag. A, 1985,51:223.

[66] Morinaga M, Yukawa N, Ezaki H. Solid solubilities in nickel-metal-based FCC alloys[J] Phil. Mag. A, 1985,51:247.

[67] Morinaga M, Yukawa N, Adachi H, et al. New phacomp and its applications to alloy design[C]. In: Gell M, Kortovich C S, Bricknell R H, et al. Superalloy 1984, Seven springs, PA: TMS,1984: 523 – 532.

[68] 张济山,崔华,胡壮麒. d电子合金理论及其在合金设计中的应用[J]. 材料科学与工程,1993,11 (3): 1 – 10.

[69] Yukawa N, Morinaga M, Murata Y, et al. High performance single crystal superalloys developed by the d-electrons concept[C]. In: Recichman S, Duhl D N, Maurer G, et al. Superalloys1988, Seven springs, PA: TMS,1988: 225 – 234.

[70] Murata Y, Miyazaki S, Morinaga M, et al Hot corrosion resistant and high strength nickel based single crys-tal and directionally solidified superalloys developed by the d-electrons concept[C]. In: Kissinger R D, Deye D J, Anton D L, et al. Superalloys1996, Seven springs, PA: TMS,1996: 61 – 70.

[71] Murata Y, Miyazaki S, Morinaga M. . Evaluation of the partitioning ratios of alloying elements in nickel-based superalloys by the the d-electrons parameters materials for advanced power engineering 1994[C]. In: Cousouradis D et al, Materials for Advanced Power Engineering. Kluwer Academic Publishers, Dor-drecht,1994: 909 – 918.

[72] 钟振纲,唐定中,代修彦. 金属学报,1995,(增刊): 282.

[73] Kang S H, Ogi K, Anzai K. Effects of pouring temperature on the solidification structure of INCONEL 718 investment casting[J]. Mater. Sci. Forum,2004,475 – 479 (4): 2555 – 2558.

[74] Nathal M V, Ebert L J. Influence of composition on the microstructure and mechanical properties of a Nickel-base superalloy single crystal[C]. In: Gell M, Kortovich M C S, Bricknell R H, et al. Superalloys 1984. Warrendale, PA: TMS,1984. 125 – 133.

[75] 熊继春,李嘉荣,韩梅,等. 浇注温度对 DD6 单晶高温合金凝固组织的影响[J]. 材料工程,2009 (2): 45 – 48.

[76] Caldwell E C, Fela F J, Fuchs G E. Segregation of elements in high refractory content single crystal Nickel based superalloys[C]. In: Green K A, Pollock T M, Harada H, et al. Superalloy2004. Warrendale, PA: TMS,2004:811 – 818.

[77] 李金国,于金江,赵乃仁,等. 一种镍基单晶高温合金的显微偏析行为[J]. 钢铁研究学报,2003,15 (7):260 – 263.

[78] 刘维维,唐定中. 抽拉速率对 DD6 单晶高温合金凝固组织的影响[J]. 材料工程,2006(1): 16 – 18.

194

[79] 刘维维,唐定中,李嘉荣,等. 抽拉速率对 DD6 单晶高温合金 650℃低周疲劳性能的影响[J]. 航空材料学报,2012,32(4): 8 – 12.

[80] 刘世忠,李嘉荣,唐定中,等. 单晶高温合金定向凝固过程数值模拟[J]. 材料工程,1999(7): 40 – 42.

[81] 赵乃仁,金涛,孙晓峰,等. 抽拉速率对 SRR99 单晶高温合金性能和组织的影响[J]. 材料研究学报,2008,22(1): 46 – 52.

[82] 金涛,李金国,赵乃仁,等. 抽拉速率对一种镍基单晶高温合金凝固参数与凝固组织的影响[J]. 材料工程,2002 (3): 30 – 34.

[83] 李金国,王震,金涛,等. 抽拉速率对一种镍基单晶高温合金凝固组织的影响[J]. 机械工程材料,2002,26(4): 17 – 20.

[84] Li L,Overfelt R A. Influence of directional solidification variables on the cellular and primary dendrite arm spacings of PWA1484[J]. J. Mater. Sci. ,2002,37: 3521 – 3532.

[85] 金海鹏. DD6 单晶高温合金叶片凝固过程数值模拟[D]. 北京:中国航空研究院,2009.

[86] Li J R,Liu S Z,Zhong Z G. Solidification Simulation of Single Crystal Investment Castings[J]. Journal of Materials Science & Technology,2002,18(4): 315 – 318.

[87] Li J R,Liu S Z,Yuan H L,et al. Solidification Simulation of Investment Castings of Single Crystal Hollow Turbine Blade[J]. Journal of Materials Science & Technology,2003,19(6): 532 – 534.

[88] Jin H P,Li J R,Pan D. Application of Inverse Methods to Estimations of Boundary Conditions during Investment Casting Simulation[J]. Acta Metallurgica Sinica,2009,22(6): 429 – 434.

[89] Jin H P,Li J R,Yu J,et al. Study of Heat Transfer Coefficient Used in the Unidirectional Solidification Simulation Based on Orthogonal Design[J]. Rare Metal. Mater. Eng. ,2010,39(5): 0767 – 0770.

[90] Jin H P,Li J R,Liu S Z. Simulation of the Solidification Parameters of Single Crystal Casting[J]. Mater. Sci. Forum,2010,638 – 642: 2251 – 2256.

[91] 谢洪吉,李嘉荣,金海鹏,等. DD6 单晶高温合金导向叶片定向凝固过程数值模拟[J]. 材料工程,2011 (11): 58 – 61.

[92] Fuchs G E. Solution heat treatment response of a third generation single crystal Ni-base superalloy[J]. Mater. Sci. Eng. A,2001,300: 52 – 60.

[93] Harris K,Erickson G L,Schwer R E. Metals Handbook:Vol. 1,[M]. 10th ed. In:Davis J R. et al. ASM Int. 1991: 1995.

[94] 骆宇时,韩梅,李嘉荣,等. 一级时效对 DD3 单晶高温合金蠕变性能的作用[J]. 航空材料学报,2009,29(5): 39 – 43.

[95] 韩梅,骆宇时. 改进 DD3 单晶高温合金热处理工艺的研究[J]. 航空材料学报,2009,29(2): 35 – 39.

[96] Seetharaman V,Cetel A D. Thickness debit in creep properties of PWA1484[C]. In:Green K A,Pollock T M,Harada H,et al. Superalloy2004. Warrendale,PA:TMS,2004. 207 – 214.

[97] 金海鹏,李嘉荣,刘世忠. 长期时效对第二代单晶高温合金 DD406(DD6)显微组织的影响[C]. 第十一届中国高温合金年会论文集,北京:冶金工业出版社,2007:448 – 452.

[98] 金海鹏,李嘉荣. 第二代单晶高温合金 DD6 长期时效后的拉伸性能[J]. 材料工程,2007(3): 22 – 24.

[99] Jin H P,Li J R,Liu S Z. Stress Rupture Properties of the Second Generation Single Crystal Superalloy DD6

after High Temperature Exposure[J]. Mater. Sci. Forum,2007,546 – 549:1249 – 1252.

[100] Li J R,Jin H P,Liu S Z. Stress Rupture Properties and Microstructures of the Second Generation Single Crystal Superalloy DD6 after Long Term Aging at 980℃ [J]. Rare Metal. Mater. Eng. ,2007,36(10): 1784 – 1787.

[101] 胡壮麒,刘丽荣,金涛,等. 镍基单晶高温合金的发展[J]. 航空发动机,2005,31(3):1 – 7.

[102] D'Souza N,Newell M,Devendra K. Formation of low angle boundaries in Ni-based superalloys[J]. Mater. Sci. Eng. A,2005,412:567 – 570.

[103] Newell M,Devendra K,Jennings P A. Role of dendrite branching and growth kinetics in the formation of low angle boundaries in Ni – base superalloys[J]. Mater. Sci. Eng. A,2005,413 – 414:567 – 570.

[104] Dragnevski K,Mullis A M,Walker D J. Mechanical deformation of dendrites by fluid flow during the solidification of undercooled melts[J]. Acta Mater. ,2002,50:3743 – 3755.

[105] Fabietti L M,Trivedib R. In situ observations of stress-induced defect formation at the solid-liquid interface [J]. J. Cry. Grow. ,1997,173:503 – 512.

[106] Siredey N,Boufoussi M,Denis S. Dendritic growth and crystalline quality of nickel-base single grains [J]. J. Cry. Grow. ,1993,30:132 – 146.

[107] Li J R,Zhao J Q,Liu S Z,et al. Effect of low angle boundary on the mechanical properties of single crystal superalloy DD6[C]. In:Reed R C,Green K A,Caron P,et al. Superaloys2008,Seven springs,PA: TMS,2008:443 – 451.

[108] 劳曰玲. 单晶合金中小角度晶界研究[J]. 材料工程,1995(6):12 – 14.

[109] 赵金乾,李嘉荣,刘世忠,等. 小角度晶界对单晶高温合金 DD6 拉伸性能的影响[J]. 材料工程, 2008(8):73 – 76.

[110] 赵金乾,李嘉荣,刘世忠,等. 小角度晶界对 DD6 单晶高温合金 980℃ 拉伸性能的影响[J]. 稀有 金属材料与工程,2007,36(12):2232 – 2235.

[111] 赵金乾,李嘉荣,刘世忠,等. 小角度晶界对单晶高温合金 DD6 持久性能的影响[J]. 航空材料学 报,2007,27(6):6 – 10.

[112] 史振学,李嘉荣,刘世忠,等. DD6 单晶高温合金扭转小角度晶界的拉伸性能[J]. 航空材料学报, 2009,29(3):88 – 92.

[113] 史振学,李嘉荣,刘世忠,等. 带有扭转小角度晶界 DD6 单晶高温合金的横向持久性能[J]. 材料 工程,2009（增1）:80 – 83.

[114] Shah D M,Cetel A. Evaluation of PWA1483 for large single crystal IGT blade applications[C]. In:Pollock T M,Kissinger R D,Bowman R R,et al. Superalloys 2000,Seven springs,PA:TMS,2000: 295 – 304.

[115] Chen Q Z,Jones C N,Knowles D M. The grain boundary microstructures of the base and modified RR2072 bicrystal superalloys and their effects on the creep properties [J]. Mater. Sci. Eng. A,2004, 385:402 – 418.

[116] Harris K,Wahl J B. Improved single crystal superalloys,CMSX – 4(SLS)[La + Y] and CMSX – 486[C]. In:Green K A,Pollock T M,Harada H,et al. Superalloy2004. Seven springs,PA:TMS,2004:45 – 52.

[117] Tamaki H,Yoshinari A,Okayama A. Development of a low angle grain boundary resistant single crystal superalloy YH61[C]. In:Pollock T M,Kissinger R D,Bowman R R,et al. Superalloys 2000,Seven springs,PA:TMS,2000:757 – 766.

196

[118] 胡汉起. 金属凝固原理[M]. 北京: 机械工业出版社, 2000.

[119] 刘志义, 雷毅, 傅恒志. DD8 镍基高温合金单晶制备中的杂晶长大机制[J]. 金属学报, 2000, 36(1): 1 – 6.

[120] Napolitano R E, Schaefer R J. The convergence-fault mechanism for low-angle boundary formation in single crystal castings[J]. J. Mater. Sci. , 2000, 35: 1641 – 1659.

[121] 卢玉章, 王大伟, 张健, 等. 液态金属冷却法制备单晶铸件凝固过程的试验与模拟[J]. 铸造, 2009, 58(3): 245 – 248.

[122] 岳珠峰, 吕震宙, 杨治国, 等. 镍基单晶结构的蠕变损伤寿命研究[J]. 推进技术, 2003, 24(3): 285 – 288.

[123] 于庆民, 岳珠峰. 镍基单晶合金中空穴绕夹杂形核及后续演化的有限元分析[J]. 航空学报, 2009, 30(1): 179 – 181.

[124] 郭建亭. 高温合金材料学: 中册[M]. 北京: 科学出版社, 2008.

[125] Fritzemeier L G. The influence of high thermal gradient casting, hot isostatic pressing and alternate heat treatment on the structure and properties of a single crystal nickel base superalloy[C]. In: Reichman S, Duhl D N, Maurer G, et al. Superalloys1988, Seven springs, PA: TMS, 1988: 265 – 274.

[126] Foster S M, Nielsen T A, Nagy P. Enhanced rupture properties in advanced single crystal alloys[C]. In: Reichman S, Duhl D N, Maurer G, et al. Superalloys1988, Seven springs, PA: TMS, 1988: 245 – 254.

[127] Chang J C, Yun Y H, Choi C. Development of microstructure and mechanical properties of a Ni-base single crystal superalloy by hot-isostatic pressing[J]. J. Mater. Performance, 2003 (12): 420 – 425.

[128] 韩梅, 骆宇时. 热等静压对 DD3 单晶高温合金组织与性能的影响[J]. 材料工程, 2008(8): 40 – 43.

[129] 陈荣章. 铸造涡轮叶片制造和使用中的一个问题—表面再结晶[J]. 航空制造工程, 1990, 4: 22 – 23.

[130] 余永宁. 金属学原理[M]. 北京: 冶金工业出版社, 2005.

[131] 陶春虎, 张卫方, 施惠基, 等. 定向凝固高温合金的再结晶[M]. 北京: 国防工业出版社, 2007.

[132] Bürgel R, Portella P D, Preuhs J. Recrystallization in Single Crystals of Nickel Base Superalloys[C]. In: Pollock T M, Kissinger R D, Bowman R R, et al. Superalloys 2000, Seven springs, PA: TMS, 2000: 229 – 238.

[133] Xiong J C, Li J R, Liu S Z. Surface Recrystallization in Nickel Base Single Crystal Superalloy[J]. Chinese Journal of Aeronautics, 2010, 23(4): 478 – 485.

[134] 熊继春, 李嘉荣, 刘世忠, 等. 单晶高温合金 DD6 表面再结晶组织[J]. 材料工程, 2009(增刊1): 110 – 113.

[135] 熊继春, 李嘉荣, 刘世忠, 等. 合金状态对单晶高温合金 DD6 再结晶的影响[J]. 中国有色金属学报, 2010, 20(7): 1328 – 1333.

[136] Dahlen M, Winberg L. The influence of γ'-precipitation on the recrystallization of a nickel base superalloy[J]. Acta Metall. , 1980, 28: 41 – 50.

[137] Porter A J, Ralph B. Recrystallization of a nickel-base superalloy: kinetics and microstructural development[J]. Mater. Sci. Eng. , 1983, 59: 69 – 78.

[138] Jo C Y, Cho H Y, Kim H M. Effect of recrystallization on microstructural evolution and mechanical properties of single crystal nickel base superalloy CMSX – 2 part 1-Microstructural evolution during recrystallization of single crystal[J]. Mater. Sci. Technol. , 2003, 19: 1665 – 1670.

[139] Humphreys F J. Hatherly M. Recrystallization and Related Annealing Phenomena[M]. 2th ed. Oxford: Pergamon Press,2004.

[140] 熊继春,李嘉荣,赵金乾,等. 单晶高温合金 DD6 再结晶晶界析出相特征及其形成机制[J]. 金属学报,2009,45(10):1232 – 1236.

[141] 郑运荣,张德堂. 高温合金与钢的彩色金相研究[M]. 北京:国防工业出版社,1999.

[142] 潘金生,全建民,田民波. 材料科学基础[M]. 北京:清华大学出版社,1998.

[143] Khan T,Caron P,Nakagawa Y G. Mechanical Behavior and Processing of DS and Single Crystal Superalloys[J]. J. Metals,1986,38(7):16 – 19.

[144] Wang D L,Jin T,Yang S Q,et al. Surface Recrystallization and Its Effect on Ruprure Life of SRR99 Single Crystal Superalloy[J]. Mater. Sci. Form,2007,546 – 549:1229 – 1234.

[145] Jo C Y,Cho H Y,Kim H M. Effect of recrystallization on microstructural evolution and mechanical properties of single crystal nickel base superalloy CMSX – 2 part 2 – Creep behavior of surface recrystallised single crystal[J]. Mater. Sci. Technol. ,2003,19:1671 – 1676.

[146] 袁海龙,刘世忠,韩梅,等. 不同热处理温度对吹砂后 DD3 合金持久性能的影响[J]. 航空材料学报,2006,26(5):18 – 21.

[147] 孙凤礼,李嘉荣,韩梅,等. 第二代单晶高温合金 DD6 表面再结晶组织研究[J]. 材料科学与工程,2004,114 – 121.

[148] Li J R,Sun F L,Xiong J C,et al. Effects of Surface Recrystallization on the Microstructure and Creep Properties of Single Crystal Superalloy DD6[J]. Mater. Sci. Form. ,2009,638 – 642:2279 – 2284.

[149] 熊继春. 单晶高温合金及其叶片再结晶研究[D]. 北京:中国航空研究院,2009.

[150] Bond S D, Martin J W. Surface recrystallization in a single crystal nickel-based superalloy[J]. J. Mater. Sci. ,1984; 19:3867 – 3872.

[151] Gostic W J. Cyclic recovery heat treatment:U S. ,5551999[P],1996.

[152] Goldschmidt D,Paul U,Sahm P R. Porosity clusters and recrystallization in single crystal components[C]. In:Antolivich S D,Stusrud R W,Mackay R A,et al. Superalloys 1992,Seven springs,PA:TMS, 1992:155 – 164.

[153] 撒世勇,谢光. 涂层对定向凝固高温合金表面再结晶的影响研究[J]. 表面技术,2009,38(1): 17 – 19.

[154] Schaeffer J C,Bartz A K,Fink P J. Method for Preventing Recrystallization after Cold Working a Superalloy Article:U S,5598968[P]. 1997.

[155] John C. Single Crystal Superalloy Articles with Reduced Grain Recrystallization:EP,1038982[P]. 2000.

[156] Xiong J C,Li J R,Liu S Z,et al. Effects of Carburization on Recrystallization Behavior of A Single Crystal Superalloy[J]. Mater. Char. ,2010,61(7):749 – 755.

第 5 章　Ni_3Al 基和 $Nb-Si$ 系金属间化合物基高温结构材料

5.1　概述

随着现代航空航天技术飞速发展,燃气涡轮发动机的涡轮前温度和推重比不断提高,对材料提出了越来越高的耐温要求。目前,燃气涡轮发动机中广泛应用的镍基和钴基高温合金材料接近其最高使用温度极限,发展潜力有限,难以满足未来高推重比先进航空发动机的需要。因此必须寻求承温能力高、比强度优越的替代材料。金属间化合物、C/C 复合材料以及陶瓷等都可作为备选材料。虽然 C/C 复合材料和陶瓷承温能力可高达 1500℃ 以上,但其极差的抗氧化性和塑性限制了其应用,在短期内还不可能应用于发动机的涡轮叶片等关键热端部件。金属间化合物材料的承温能力(最高使用温度可达 1400℃ 左右)虽低于陶瓷,介于高温合金与陶瓷之间,但同时具有优异的高温性能和可接受的室温塑性,且密度明显小于高温合金材料,比强度优势明显,因此发展潜力很大,有广阔的应用前景。

金属间化合物是由两种或多种金属以整数比(化学计量比)组成的化合物。金属间化合物的概念是由英国冶金学家 1914 年首次提出,随后 Rume-Rothery 指出了金属间化合物的键合特性,总结出了决定金属间化合物结构的各种主要因素,如原子尺寸、电子/原子比和传统的原子价等。金属间化合物具有复杂的点阵结构,通常是由两种或多种亚点阵嵌套形成的有序超点阵结构,各种组元原子各自占据点阵的固定阵点,最大程度地形成异类原子之间的结合,因此又称为有序金属间化合物。自 1979 年日本的 Aoki 和 Izumi 首次发现微量 B 元素可以显著提高 Ni_3Al 合金的室温塑性并使断裂方式由沿晶断裂变为穿晶断裂后,美国、苏联、日本以及中国等国家又掀起了金属间化合物研究热潮,研究主要集中在具有优良高温性能的 $Ni-Al$、$Ti-Al$、$Fe-Al$、$Nb-Si$、$Mo-Si$ 等系中的化合物,如 Ni_3Al、$NiAl$、Ti_3Al、$TiAl$、Fe_3Al、$FeAl$、Nb_5Si_3 和 $MoSi_2$ 等,取得了许多重要进展。但作为镍基高温合金的替代材料,Ni_3Al 和铌硅系两类金属间化合物由于具有高的熔点、低的密度,在高温具有高的强度以及优良的抗蠕变性能,可以在 1000℃ 以上的高温和恶劣的环境下工作,是最有希望被开发成为航空航天器使用的新型高温结构材料。而 Ni_3Al 基合金的工作温度范围为 1200℃ 以下,Nb –Si 系金属间化合物基合金则有望在 1200℃ ~ 1400℃ 之间长期工作,为此本章将重点介绍这两类金属间化合物基高温结构材料。

5.1.1 国外金属间化合物基高温结构材料的发展

Ni_3Al 基合金是 Ni – Al 系金属间化合物中能作为高温结构材料使用的材料体系之一。Ni_3Al 作为镍基高温合金的强化相最早为科学家所认知和熟悉,它在熔点以下呈面心立方长程有序结构,单晶 Ni_3Al 具有良好的塑性,但多晶 Ni_3Al 具有环境脆性,影响了其工程应用。美国、苏联、日本等国家在 Ni_3Al 基合金的晶体结构、晶界脆性等物理和化学性质以及合金元素作用、显微组织、制备工艺等方面开展了大量研究工作,并取得了显著成果。经过 30 年左右的研究和发展,目前已有部分 Ni_3Al 基合金走出实验室而进入工程应用阶段。

美国橡树岭国家实验室(ORNL)开发出一批以 Ni_3Al 为基,添加 B、Cr、Hf、Zr 和 Mo 等合金强化元素的 IC 系列合金,其综合性能良好,广泛用于民用工业,如取代 HU、HT 工具钢,在高温加热炉中做紧固件、炉底板、导轨等,取代模具钢用作锻模或锻模嵌块、有色金属铸造用模具、水气轮机的零部件和外壳材料等。目前,在实际工程应用中取得较好效果的合金有 IC – 50、IC – 396M、IC – 221M、IC – 218 和 MX – 246 等。这些合金中除 IC – 50 为单相合金外,其余都是 $\gamma + \gamma'$ 两相合金,γ 相占 10% ~ 15%(体积分数)。IC – 218 和 MX – 246 是变形合金,IC – 50、IC – 396M 和 IC – 221M 为铸造合金,也可以通过粉末冶金方法制备上述合金。这些合金中 IC – 221M 的应用范围最广,1998 年生产量达到 250t,在许多工业领域都得到应用,如取代 IN – 713C 用作汽车的涡轮增压器转子、有色金属铸造用模具、高温热处理炉的轧辊等。此外,MX – 246 合金的应用也较为广泛,如制作航空发动机尾喷管构件、锅炉用耐热部件、热处理炉抗磨蚀部件和热作模具等。但 ORNL 研制的这些 Ni_3Al 基合金由于高温综合性能不尽如人意,大多用于 1000℃ 以下使用的民用材料,还没有用于航空涡轮发动机叶片等苛刻环境。

俄罗斯全俄航空材料研究院(ВИАМ)发展了 ВКНА 系列 Ni_3Al 基合金,具有密度小、热强性能高、塑性好、综合性能良好等特点,并从等轴晶合金发展到定向和单晶合金。全俄航空材料研究院研制的单晶合金 ВКНА – 4y(密度为 7.9g/cm³)采用 Ti、Cr、Co、Mo、W 等元素进行复合强化,其 1100℃、1150℃、1200℃ 的 100h 持久强度分别达到 100MPa、75MPa 和 50MPa。单晶合金 ВКНА – 25 加入了 1.5%(质量分数)的 Re,使合金高温强度进一步提高,其 1100℃ 和 1150℃ 的 100h 持久强度分别达到 120MPa、85MPa,是目前热强性能最好的 Ni_3Al 基合金之一。同时全俄航空材料研究院将高温度梯度单晶生长技术应用到 Ni_3Al 基合金的制备成形中,成功研制了 Ni₃Al 基合金单晶叶片。目前 BKHA 系列 Ni₃Al 基合金正在或将要被用作航空发动机的各种热端部件,如涡轮转子叶片、导向叶片、燃油喷嘴、调节片等,取代目前正在使用的镍基高温合金,以减轻重量,提高使用温度,延长使用寿命。

Nb – Si 系金属间化合物是高温环境下使用的另一材料体系。近 10 年来,Nb – Si 系金属间化合物基超高温材料以其高熔点、低密度、高导热性、优良的高温强度、适中的室温塑性和加工性能引起人们的广泛重视,成为能够在 1200℃ ~ 1400℃ 温度范围内满足高性能燃气涡轮发动机需求的最具潜力的候选材料。美国 GE 公司、日本国立材料研究所(NIMS)等均投入大量财力物力研究开发 Nb – Si 系金属间化合物基超高温结构材料,并已经在基础研究及新材料、新工艺方面取得较大的突破。

GE 公司采用许多工艺制备 Nb – Si 系超高温结构材料,包括非自耗钨电极电弧熔炼、等离子电弧熔炼、感应凝壳熔炼(ISM)、铸造 + 热机械处理、定向凝固、精密铸造和粉末冶金等,其中以定向凝固方法制备的 Nb – Si 基合金综合性能最好。GE 公司定向凝固 Nb – Si 系超高温结构材料的室温断裂韧性为 15MPa $\sqrt{m}$ ~ 28MPa $\sqrt{m}$。1200℃ 的强度高于典型的二代 Ni 基单晶高温合金 2 倍,但 Nb – Si 系超高温结构材料的室温塑性低(<0.5%)。蠕变性能在小于 100MPa 应力下与二代 Ni 基单晶高温合金类似。目前 GE 公司最好的 Nb – Si 系金属间化合物高温结构材料氧化性能为 1200℃/100h 金属损失小于 25μm,1370℃/10h 的氧化损失为 100μm ~ 125μm。GE 公司抗氧化涂层研究取得显著进展,已探索研究了可在 1371℃ 提供保护的高性能抗氧化涂层和热障涂层。在 1h 等温暴露 15min 空冷的循环氧化试验中,GE 公司研制的热障涂层在 1371℃ 以下的各个温度段都经受住了 100 次循环。2003 年,GE 公司综合使用电弧熔炼和滴铸技术在带有低反应涂层的铝基陶瓷模壳中浇注出的精密铸造叶片模拟件,其长度接近 150mm,厚度为 3mm ~ 8mm。目前,GE 公司研制出的第一代 Nb – Si 系超高温结构材料构件已经进行了发动机试车,并计划于 2012 年推出低压涡轮叶片,2015 年推出更为复杂的高压涡轮叶片。

日本于 1996 年开始进行高熔点 Nb – Si 系超高温结构材料的研究,旨在研制进气温度达到 1500℃ 以上,无冷却使用的燃气轮机叶片材料,以提高燃气轮机的热效果。项目预期的技术指标为:①1500℃ 的比强度大于或等于 50MPa/(kg · m⁻³);②100h 蠕变断裂强度大于或等于 150MPa;③10⁴h 的氧化损耗小于或等于 250μm。该研究工作主要基于二元和三元相图进行了 Nb – Si 系超高温结构材料的设计,通过添加 Mo、W 等元素以改善高温强度等性能。研究表明,添加摩尔分数为 10% 以上 Mo 的 Nb – Si 系材料显示出较好的高温强度和延展性。为进一步改善高温强度,还研究了 W 和 C 的作用,从而开发出了 Nb – 10Mo – (10～15)W – 10Ti – 18Si 合金,该合金 1500℃ 的强度为 800MPa,同时高温蠕变性能较好。但是,该合金随高温强度的提高,室温断裂韧性显著降低。此外,研究了低压等离子体溅射技术在 Mo 和 W 固溶强化的 Nb – Si 材料表面注入抗氧化元素,旨在表面形成抗氧化膜和降低元素向外表面扩散,从而提高抗氧化性能。

5.1.2 我国金属间化合物基高温结构材料的发展

我国从"七五"期间开始 Ni_3Al 基合金研究,中国科学院金属所和北京钢铁研究总院在高温高塑性的变形 Ni_3Al 基合金方面做了许多工作,并且在民用材料上得到了应用。如北京钢铁研究总院研制的 MX246 合金,由于具备良好的高温强度及耐磨损性能,已成功地用于线材轧机的导卫板、圆盘及导向棒等。在铸造 Ni_3Al 基合金方面,目前国内研制的典型 Ni_3Al 基合金有北京航空材料研究院的定向柱晶合金 IC6、IC6A、IC10,单晶合金 IC6SX,已用于航空发动机导向叶片;钢铁研究总院的多晶合金 MX246A 合金,用作先进航空发动机尾喷口。其中,北京航空材料研究院研制的 Ni_3Al 基合金 IC6 高温性能优越,其 1100℃/100h 的持久强度达到 100MPa,还具有熔点高、密度小、成本低、成分简单等特点,是 1150℃ 以下工作的航空发动机导向叶片较为理想的材料,在国际上率先用作航空发动机涡轮导向叶片。此外,北京航空材料研究院研制的 Ni_3Al 基定向合金 IC10,使用温度达到 1100℃,并且综合性能优良,持久强度达到国外一代定向合金水平,具有良好的抗氧化性能,铸造性能优良,可以进行大缘板复杂导向叶片的整体定向凝固成形,已成功应用于先进航空发动机高压与低压涡轮导向叶片。

国内 Nb – Si 系金属间化合物基超高温结构材料的研究主要集中在北京航空材料研究院、北京航空航天大学、西北工业大学、中国科学院金属研究所等单位,在 Nb – Si 系超高温结构材料熔炼、合金化、制备工艺、热处理、涂层等方面进行了研究工作,取得了阶段性成果,发展了超高温高活性合金的熔炼技术和精密铸造成形用型壳材料及制备技术、定向凝固和热处理等组织控制技术,初步实现了组织优化和控制及叶片模拟件的精密铸造近净成形。国内采用非自耗电弧熔炼、自耗电弧熔炼、定向凝固和粉末冶金等方法制备了几十种含有不同合金元素的新型 Nb – Si 系超高温结构材料;研究了 Ti、Cr、Al、Hf、B、W、Mo、V、Y 等合金元素对合金组织、相稳定性、力学性能和抗氧化性能的影响,在综合性能匹配方面取得了较大进展;探索了热处理工艺、变形工艺对合金组织性能的改善作用。近年来,在长期困扰 Nb – Si 系超高温结构材料发展的合金制备技术和超高温抗氧化技术上获得了突破;此外,进行了 Nb – Si 基合金成形研究,采用精密铸造方法成功制备出叶片模拟件。

5.1.3 典型金属间化合物基高温结构材料介绍

IC6 合金是北京航空材料研究院在"七五"、"八五"、"九五"期间国家"863"计划支持下研制成功的 Ni₃Al 基定向柱晶合金，具有高温性能优越（1100℃、1150℃/100h 的持久强度分别为 100MPa 和 70MPa）、初熔点高（1310℃）、密度小（7.9g/cm³）、成本低等特点，是 1150℃ 以下工作的航空发动机导向叶片较为理想的材料，在国际上率先用作航空发动机导向叶片。在 IC6 基础上发展了单晶合金 IC6SX，其成分与 IC6 合金基本相同，只是消除了晶界，但高温力学性能明显提高，其 1070℃ 以上持久、蠕变性能基本相当于含 Re 第二代镍基单晶合金（1100℃/100h 持久强度为 130MPa），同时密度比含 Re 第二代镍基单晶合金下降 10%。

北京航空材料研究院为满足高推重比航空发动机涡轮导向叶片材料需求而研制的 Ni₃Al 基合金 IC10，综合性能优良，使用温度达到 1100℃，持久强度达到国外一代定向合金水平；不含元素 Ti，含有 1.5% 的 Hf，并且 Al + Ta + Cr 含量高于 19%（质量分数），使合金具有良好的抗氧化性能。IC10 合金的碳化物主要为 TaC 和 HfC，并且由于次生 MC₍₂₎ 的生成，抑制产生 M₆C 相。采用 1180℃，2h 的预处理消除低熔点 Ni₅Hf 相，提高了合金的初熔温度。IC10 铸造性能优良，可以进行大缘板复杂导向叶片的整体定向凝固成形，IC10 合金已被用于多种先进航空发动机高压与低压涡轮导向叶片。

全俄航空材料研究院研制的单晶合金 BKHA – 4y（密度为 7.9g/cm³）采用 Ti、Cr、Co、Mo、W 等元素复合强化，其 1100℃、1150℃、1200℃ 的 100h 持久强度分别达到 100MPa、75MPa 和 50MPa。BKHA – 4y 合金应用于 ТВД – 20 发动机，通过了 5000h 试车，并还可继续使用。ТВД – 20 发动机采用 BKHA – 4y 合金制造的单晶涡轮叶片较现用镍基合金叶片重量减轻 7% ~ 8%，叶片使用寿命提高 3 倍 ~ 4 倍，降低合金成本 20% ~ 25%。BKHA – 4y 合金还在 ЛД – 31 等多种发动机上进行过试车，但还没有正式应用。

美国 GE 公司发展的 Nb – Si 合金 C 是一种典型的定向凝固多元 Nb – Si 系超高温结构材料，其室温断裂韧性超过 $23MPa\sqrt{m}$；压缩屈服强度在室温至 800℃ 约为 1700MPa，在 1200℃ 约为 520MPa，在 1350℃ 约为 310MPa；在应力低于 100MPa 情况下 Nb – Si 合金 C 的蠕变性能与二代单晶高温合金相近，进行密度归一化（比强度）后，在低应力下 Nb – Si 系材料的蠕变性能略好于二代单晶；Nb – Si 系合金 C 的疲劳裂纹扩展门槛值为 $7MPa\sqrt{m}$ ~ $11MPa\sqrt{m}$，帕里斯斜率为 7 ~ 12，其疲劳断裂行为接近金属型，帕里斯斜率接近 Ni 基合金。

5.2 Ni₃Al 基高温结构材料

5.2.1 Ni₃Al 晶体结构和晶体缺陷

研究表明[1]，Ni_3Al 在其熔点 1395℃ 以下均能保持有序的晶体结构。Ni_3Al 的晶体结构属于 Cu_3Au 型 $L1_2$（CP4）面心立方有序结构。如图 5-1 所示，在其有序晶体结构的每一晶胞中包含有 4 个原子。其中 3 个 Ni 原子处于面心位置，1 个 Al 原子占据 8 个角的位置。这一晶体结构也可以看成是由 3 个密排面按 ABCABC⋯顺序堆垛而成（图 5-2）。

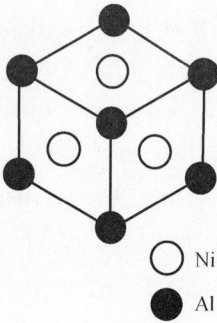

图 5-1 Ni₃Al 的有序晶体结构

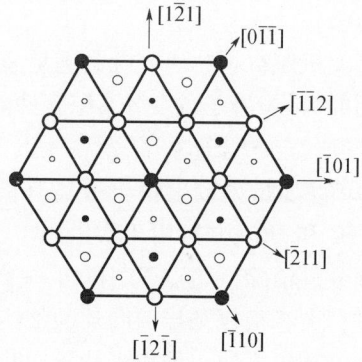

图 5-2 L1₂有序结构沿(111)密排面的堆垛方式

从 Ni-Al 平衡相图中可以看出，Ni_3Al 在其化学计量比成分（25±3）%（原子分数）Al 的成分范围内均为单相 γ 相。Ni_3Al 的点阵常数为 0.357nm，但加入合金元素（特别是间隙固溶元素）后会使 Ni_3Al 的点阵常数发生变化。

Ni_3Al 的超点阵结构使其线缺陷成为不全位错，因而伴随着反相畴界和层错的出现。Ni_3Al 中的反相筹界包括在 $\{111\}$ 和 $\{010\}$ 滑移面上由 $<\bar{1}01>$ 全位错通过下式分解产生的两种 APB[2,3]：

$$[\bar{1}01] = \frac{1}{2}[\bar{1}01] + \frac{1}{2}[\bar{1}01] + APB$$

由于 $\{010\}$ 滑移面上的 APB 能通常低于八面体 $\{111\}$ 面上的 APB，这会导致在 $\{111\}$ 滑移面上运动的不全位错向 $\{010\}$ 面发生交滑移。在低温时只有八面体 $\{111\}$ 上的 $\frac{1}{2}[\bar{1}01]$ 不全位错可动。因此，在 $\{111\}$ 面上运动的不全位错 $\frac{1}{2}[\bar{1}01]$ 的螺型部分向 $\{010\}$ 面发生交滑移后会形成 Kear-Wilsdorf 锁，从而阻碍不

204

全位错$\frac{1}{2}[\bar{1}01]$在$\{111\}$面上的整体运动，使Ni_3Al的屈服强度提高。热激活的作用会使这一交滑移的频率增强，从而使$\{111\}$面上运动的$[\bar{1}01]$位错上的Kear-Wilsdorf锁数量增加，使Ni_3Al表现出反常的屈服强度—温度关系。

5.2.2　Ni_3Al晶界脆性及其改善

多晶Ni_3Al的室温脆性主要表现在室温沿晶断裂,研究多晶Ni_3Al晶界结构,寻求晶界强韧化的方法,是开发Ni_3Al基合金的基本途径。

5.2.2.1　Ni_3Al合金的室温环境氢脆

Ni_3Al属于面心立方结构,具有$\{111\}\langle110\rangle$滑移系,因而有足够的独立滑移系而使其产生室温塑性变形。因此,单晶Ni_3Al室温塑性很高,但多晶Ni_3Al室温却很脆,一般伸长率只有2%,其断口形貌为典型的沿晶断裂。早期的研究认为多晶Ni_3Al的脆性来源于其具有本征脆性的晶界[4],但后来的试验结果表明,外部因素——环境氢脆是Ni_3Al低温沿晶脆断的主要原因[5,6],因为Ni_3Al在氧气或真空中试验时其塑性较空气中显著提高。Ni_3Al在不同气氛中拉伸,其塑性大小依次为:O_2>真空>空气>水汽>H_2,证明了晶界脆性是由氢脆所导致。实际上,在潮湿的空气中或氢气气氛等能含氢介质的环境中均会发生这种由氢脆导致的环境脆性。

在潮湿空气中的环境脆性可用下列化学反应来解释[7]:

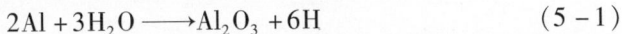

$$2Al + 3H_2O \longrightarrow Al_2O_3 + 6H \qquad (5-1)$$

即合金中的活泼元素Al与潮湿空气中的H_2O反应生成原子氢。而Ni_3Al在H_2中试验时是由Ni对H_2催化裂解形成原子氢。氢渗入到裂纹尖端而导致沿晶裂纹扩展,最终导致沿晶断裂。水中的特有环境导致了Ni_3Al的塑性比在空气中更低,而在干燥氧气环境中通常能获得最高的拉伸塑性的原因是O与Al反应(如方程(5-2)所示)而抑制了方程(5-1)的反应,降低了Al与H_2O的反应概率,从而减少了氢的产生,也就抑制了氢脆的发生:

$$4Al + 3O_2 \longrightarrow 2Al_2O_3 \qquad (5-2)$$

与普通合金一样,Ni_3Al合金的氢脆是一种很复杂的现象。金属与合金在室温由于含氢介质诱发氢脆具有普遍性。Wei[8]提出的环境脆性模型也可适用于Ni_3Al合金,这个模型包括五个步骤:

(1) 有害气体在气相中传输至裂纹前端;

(2) H_2O及H_2在合金表面的物理吸附;

(3) 化学吸附,在应力作用下有害气体与新鲜表面发生表面反应生成原子氢;

(4) 氢原子进入金属内部;

（5）氢原子向金属内部扩散。

5.2.2.2 化学当量成分对 Ni_3Al 晶界结构及断裂行为的影响[9]

在富 Ni 的 Ni_3Al 晶界上，Ni 的偏聚导致了 Ni 与 Al 原子间成分的大范围变化，使晶界附近产生了成分无序现象，减少晶界上的 Al，可抑制 $2Al + 3H_2O \longrightarrow 3H_2 + Al_2O_3$ 反应，对晶界塑性提高有利；而且，Ni 的偏聚还可形成大量 Ni—Ni键，使晶界上电荷分布均匀，晶界能低，晶界结合能、晶界强度高。

对富 Al 的 Ni_3Al（Ni – 26%（原子分数）Al），晶界上 Al 强烈地偏聚在某些原子位置。Al 的偏聚在晶界附近不产生明显的成分无序，而是在晶界区形成二维有序结构。Al 在某些位置的偏聚，在晶界上形成 Ni—Al 键，造成电荷分布不均，并且形成的 Al—Al 键也可引起电荷分布不均。计量比 Ni_3Al 晶界室温下有序，600K 时无序。富 Al 晶界与室温下计量比的 Ni_3Al 晶界相似，为有序结构。富 Al 晶界能高，晶界结合能、晶界强度低，而沿晶界断裂。

5.2.2.3 合金化对 Ni_3Al 的韧化作用

1. B 对 Ni_3Al 的韧化作用[10-15]

K. Aoki 和 O. Izumi 偶然发现少量 B（0.1%）加入到富 Ni（76%（原子分数））的 Ni_3Al 中可明显改善合金的室温塑性，但对计量比 Ni_3Al 无韧化作用。对系列 B（0～0.2%）的研究表明，0.02% ～0.2% B 皆可改善富 Ni 的 Ni_3Al 室温塑性，使塑性可达 40% 以上（图 5 – 3），而且 0.2% B 还可使计量比 Ni_3Al 室温下得到韧化。

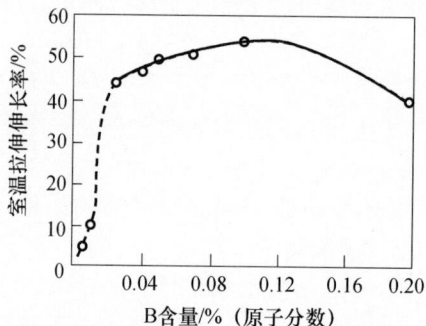

图 5 – 3 B 含量对 Ni – 24%（原子分数）Al 合金室温拉伸塑性的影响

离子探针及 AES 分析表明，B 主要偏聚在晶界和 APB 上。大多数晶界上有很薄、不均匀的富 B 和 Ni 相。B 可使富 Ni 的 Ni_3Al 晶界进一步贫 Al，从而抑制晶界上的 Al 与空气中 H_2O 发生 $2Al + 3H_2O \longrightarrow Al_2O_3 + 3H_2$ 反应，而阻止生成 H_2 造成沿晶脆断。此外，B 可减少富 Ni 的 Ni_3Al 晶界对位错的滑移阻力，在晶界附近可形成滑移线转向、双重滑移或交滑移，使部分位错可穿过晶界，或者开动相邻晶界的位错滑移系，从而提高合金的室温塑性。

206

B 的作用可归纳为:强化晶界,改善晶界上位错滑移性,阻止 H 沿晶界扩散产生环境脆,从而改善合金的塑性。

2. Zr 对 Ni$_3$Al 的韧化作用[16-19]

B 可以显著改善富 Ni 的 Ni$_3$Al 室温塑性,但对 600℃ 以上合金的塑性无作用。而 Zr 不仅可以改善 Ni$_3$Al 的室温塑性,同时也改善了合金的中温塑性,B 与 Zr 的综合作用可进一步改善合金在室温至 750℃ 的塑性(图 5-4)。而且 Zr 对室温至 850℃ 的强度和塑性皆有改善。研究表明,Zr 偏聚于 Ni$_3$Al 晶界,使晶界贫 Al、富 Ni,强化晶界,阻止裂纹扩展。位错在晶界上的塞积,可诱发相邻晶内的滑移系开动,有利于塑性变形,可提高合金的室温塑性和高温塑性。但 Zr 不能完全抑制 Ni$_3$Al 合金的环境脆性。

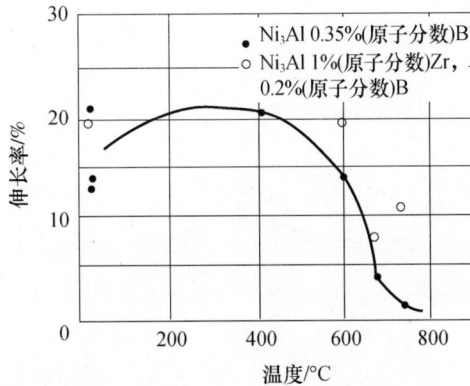

图 5-4 Ni$_3$Al-B、Ni$_3$Al-Zr 合金不同温度下的拉伸塑性

5.2.3 合金元素的作用

单晶(多晶) Ni$_3$Al 的屈服强度比较低,为使 Ni$_3$Al 可用作结构材料,必须改善其综合性能。与镍基高温合金相似,合金化是改善和提高 Ni$_3$Al 合金综合性能的有效途径。

Ni$_3$Al 中可以固溶一定数量的合金化元素,这些元素可以分为三类:占据 Al 位的 γ′ 形成元素,如 Si、Ge、Ti、Zr、Hf、Ta、Nb、V、W、Mo、Zn 等;占据 Ni 位的 γ 形成元素,如 Cu、Co、Pt、Pa 等;既可占据 Al 位又可占据 Ni 位的元素,如 Cr、Fe、Mn 等。固溶强化作用较好的是那些占据 Al 位的元素,其中 Zr、Hf、Mo 的作用尤为显著。就合金元素对 Ni$_3$Al 合金力学性能的影响简单介绍如下:

(1) C、Be[20]:在 L1$_2$ 结构中,C 占据体心间隙位置,Be 占据 Al 位置。在平衡态 Ni$_3$Al 中,C、Be 的溶解度极限分别为 6%(原子分数)和 1.0%(原子分数)。在 77K~1100K 温度范围,C、Be 可在不同程度上强化 Ni$_3$Al。图 5-5 是 Ni$_{76}$Al$_{24}$-

0.1B 合金中 C 含量对 R 特性曲线的影响,表明微量 C(0.02%(原子分数)C)对合金拉伸性能没有明显影响。添加 0.07%C 或 0.15%C 在峰值温度以下,Ni_3Al 合金的屈服强度随 C 量增加而提高;在峰值温度以上,屈服强度基本不随 C 量增加而提高。

Be 在 77K~1100K 范围也能强化 Ni_3Al 而提高 Ni_3Al 合金的屈服强度,这可能与 Be 原子可取代部分 Al 有关。T. Takasugi 发现[20] Be 能使 Ni_3Al 塑性提高,添加 1.0%(原子分数)Be,可使伸长率达到 5%,但 Be 改善塑性的作用不如 B。Be 虽然也是一种电子施主元素,但 Be 的负电性较弱,因而与晶界邻近的金属原子之间形成的共同电子对较少较弱,因而对晶界粘结强度的提高幅度较小。

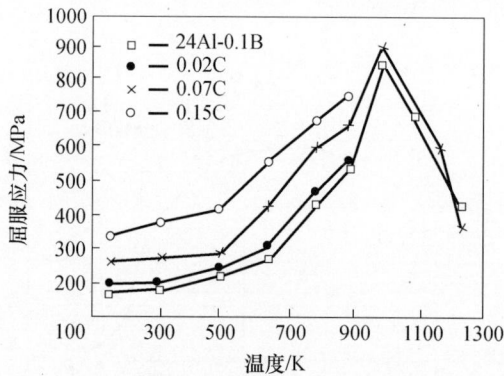

图 5-5 C 对 $Ni_{76}Al_{24}$-0.1B 合金屈服应力—温度关系的影响

(2) Fe、Mn:在 Ni_3Al 中,Fe、Mn 既可以占据 Ni 位,也可以占据 Al 位,T. Takasugi 等人在研究合金元素对多晶 Ni_3Al 力学性能影响时发现:Mn 和 Fe 都可以改善 Ni_3Al 合金的室温拉伸性能,当 Mn、Fe 含量达 4%(原子分数)时合金开始出现塑性,然后随 Mn、Fe 含量增多,合金屈服强度及伸长率均相应提高,Mn 最佳含量为 9%,Fe 最佳含量为 15%(原子分数)。Fe 在 Ni_3Al 中的溶解度可达 10%~15%。Fe 进入合金起固溶强化作用,添加一定量 Fe,既能提高合金强度又能改善合金塑性。Fe、Mn 使 Ni_3Al 合金塑性提高的原因是由于 Fe、Mn 降低了 Ni_3Al 合金的有序转变温度,并在晶界处产生塑性良好的第二相,从而阻止了晶界裂纹的萌生;另一种看法认为 Fe、Mn 与 Ni 具有相近的电化学键合性质,当它们占据 Al 位时,Ni_3Al 晶界的电化学键合环境得到改善而变得更均匀,从而提高了 Ni_3Al 晶界强度并改善了塑性。

(3) Al:它是 Ni_3Al 合金中主要组成元素。在一定范围内,Al 含量增加,R 曲线上移,即 Al 含量增加屈服强度提高。当 Al 含量从 24%(原子分数)增加到 25%(原子分数),含 0.05%(重量)B 的 Ni_3Al 合金的室温塑性从 50% 下降到

6%。Al 含量增加导致室温塑性急剧降低的主要原因是 Al 含量增加致使在晶界偏聚的 B 减少。

（4）Cr：它对 Ni_3Al 有固溶强化作用，但 Cr 的强化效果不如 Mo、W、Re。加 Cr 是提高 Ni_3Al 合金抗氧化腐蚀性能的一种有效途径，同时能显著改善 Ni_3Al 合金的中温氧脆。Ni_3Al 在 600℃~850℃ 的空气中存在严重的塑性低谷，在氧气中也有类似结果，而在真空中这种脆性明显减弱。这一脆化过程应主要是由空气中的氧造成的，也称为"氧脆"，其主要原因是由于氧在合金表面吸附进穿过晶界扩散而造成金属原子间结合力降低，导致合金伸长率下降。Horton 等人发现 Ni_3Al 中加 8% Cr 可改善抗氧化性能，加 Cr 形成的 Cr_2O_3 保护膜，在 1000℃ 以下具有良好的防氧化作用，从而使 Ni_3Al 中温塑性得到明显提高。

过渡族元素 Ti、Zr、Hf、V、Nb、Ta、W、Mo：这些元素具有与 Al 相类似的电子结构，可以取代 Ni_3Al 中的 Al 元素而具有固溶强化作用。Mishima[21] 等人系统地研究了 Ti、Zr、Hf、V、Nb、Ta、W、Mo 对多晶 Ni_3Al 在 77K~1173K 温度范围内拉伸屈服强度的影响，图 5-6 是 77K 和峰值温度条件下的屈服强度与这些元素添加量之间的关系。研究结果表明，除 V、Ti 在峰值温度下，添加量与屈服强度之间有些波动外，其他所有第三元素添加几乎都在不同程度上提高了 Ni_3Al 合金的流变应力。图 5-7 显示了不同合金化元素对 Ni_3Al 高温抗拉强度达到 200MPa 时的温度的影响，从中可看出 Ta 具有高的高温强化作用；另外，合金元素熔点越高，其高温强化作用越大。

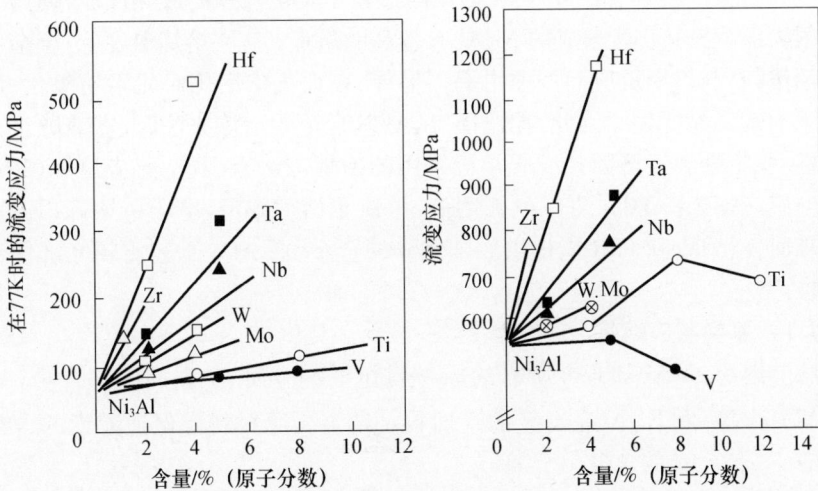

图 5-6 过渡族元素添加量对 Ni_3Al 流变应力的影响

此外，有些研究表明 Zr、Hf、Ti 还能提高 Ni_3Al 合金表层氧化物膜与基体的粘结力,从而对 Ni₃Al 合金的抗氧化腐蚀性能有利。

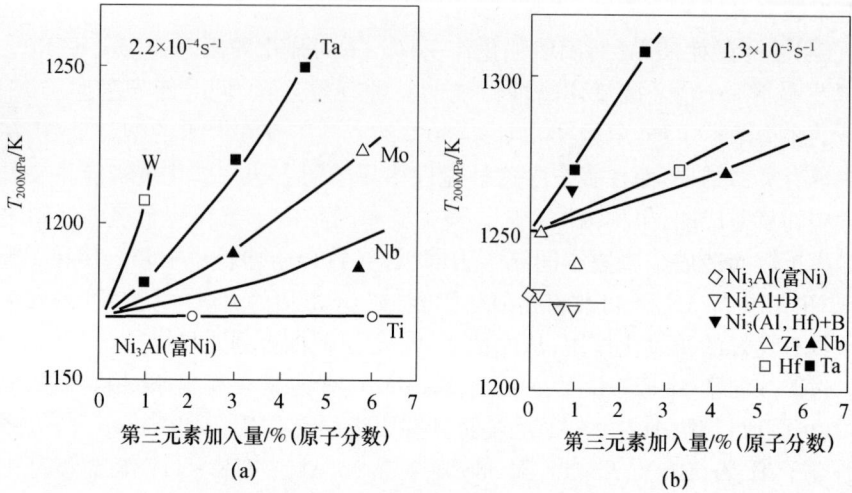

图 5 - 7　不同合金元素对 Ni₃Al 高温抗拉强度达到 200MPa 时的温度的影响
(a) 应变速率 $2.2 \times 10^{-4} \mathrm{s}^{-1}$; (b) 应变速率 $1.3 \times 10^{-3} \mathrm{s}^{-1}$。

5.2.4　Ni₃Al 基合金制备工艺

Ni₃Al 合金制备应考虑 Ni₃Al 合金的以下特点:① Al 元素与其他合金元素的熔点有较大的差别;② Ni₃Al 在形成的过程中发生强烈的放热反应,使熔池温度有很大的攀升;③ 所形成的 Ni₃Al 有较高的熔点;④ 在熔炼温度下,合金元素比较活泼,易与坩埚反应而侵蚀坩埚。另外,在大气中冶炼时元素易氧化,而在真空下冶炼又易挥发。因此,在选择 Ni₃Al 基合金的冶炼方法时,需兼顾工艺的可行性、稳定性和经济因素。通常可采用的冶炼方法有:真空感应熔炼(VIM)、非真空感应熔炼(AIM)、真空电弧冶炼、电渣重熔(ESR)、电子束熔炼(EB)等。相比较而言,VIM 和 ESR 能提供冶金优异的合金,而 AIM 工艺比较经济便于商业化推广。

5.2.4.1　真空感应熔炼

感应熔炼 Ni₃Al 基合金所需的原材料包括纯金属、金属的中间合金(诸如 NiB、NiAlZr 等)和 Ni₃Al 基合金的返回料。纯金属原材料应保证元素的含量大于 99%,其他元素的含量小于 1%。

传统的感应冶炼 Ni₃Al 的方法是将纯铝块投入到镍熔池中,形成金属间化合物的反应式为

$$3\mathrm{Ni}_{(L)} + \mathrm{Al}_{(S)} \longrightarrow \mathrm{Ni}_3\mathrm{Al}_{(L)} \qquad \Delta H_{298}^{O} = (-153 \pm 5)\,\mathrm{kJ/mol}$$

210

最终的产物是液态 Ni_3Al。合成 Ni_3Al 的反应伴随有大量的反应热放出,并且整个反应存在强烈的金属元素的挥发。

感应熔炼 Ni_3Al 基合金是按 SGRM(Select Generation Reaction Melting)工艺进行的,SGRM 法的特点是在冶炼过程中控制 Ni 和 Al 之间的化合反应,最大限度地利用反应热加热物料最终实现快速冶炼 Ni_3Al 基合金。SGRM 法的工艺特点集中体现在装料上,如图 5-8 所示,将一炉次炉料中全部的金属 Al 置于顶层,这一层中的金属 Ni 与 Al 的原子比为 1:1。第二层放置各合金元素,底层放置余下的金属 Ni。采用这种装料法可以控制 Ni 与 Al 化合反应的产物。感应熔炼 Ni_3Al 的物理冶金过程分为,第一步全部物料加热到铝的熔点温度并使铝熔化,第二步液态铝与顶层的镍发生放热反应:

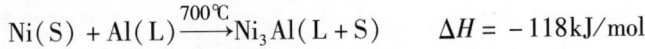

$$Ni(S) + Al(L) \xrightarrow{700℃} Ni_3Al(L+S) \qquad \Delta H = -118kJ/mol$$

反应的生成热将顶层的反应产物加热到 1639℃。

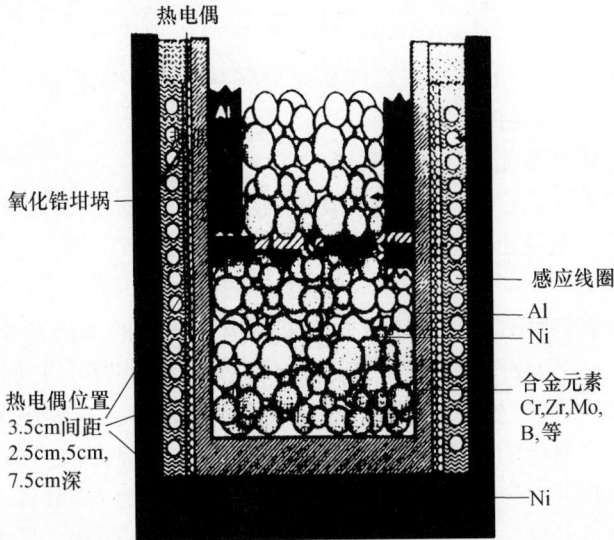

图 5-8 冶炼 Ni_3Al 基合金装料示意图

当液滴在重力的作用下运动时,与坩埚中部的合金元素相接触,合金元素向 Ni_3Al 液滴中溶解而形成 Ni_3Al 合金。其物理反应如下式:

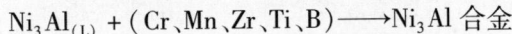

$$Ni_3Al_{(L)} + (Cr、Mn、Zr、Ti、B) \longrightarrow Ni_3Al 合金$$

在 $Ni_3Al_{(L)}$ 和 Ni_3Al 合金形成过程中有持续感应磁场对其加热,这样使得反应可以不断进行。最后 Ni_3Al 合金在坩埚底部与金属再次进行化合反应:

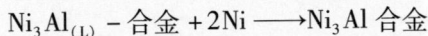

$$Ni_3Al_{(L)} - 合金 + 2Ni \longrightarrow Ni_3Al 合金$$

而最终生成 Ni_3Al 合金。与传统的 Ni_3Al 冶炼工艺相比,SGRM 法冶炼能耗可减小 45% 以上,另外还具有高的合金元素收得率和较长的坩埚寿命。

5.2.4.2　非真空感应熔炼

与真空感应熔炼一样,非真空感应熔炼 Ni_3Al 合金也采用 SGRM 装料工艺。而与真空冶炼不同,AIM 对炉料有特殊的要求,其中要求电解镍板使用前进行中温退火处理,以去除镍板中的氢气。另外,AIM 冶炼法还要求 Ni_3Al 中的难熔金属和活泼金属类的合金元素事先需冶炼成低熔点的中间合金,并以中间合金的形态加入炉料。为了减少炉料在大气中的烧损,保证钢液的冶金质量,快速熔化是 AIM 工艺的基本要求。因此,要求必须预热坩埚或简称第二炉炼钢。其次在 AIM 冶炼过程中,要求在保证不发生喷溅的前提下实施满功率送电。最后还要求在坩埚上配置牛角式出钢口,避免钢液暴露在大气中发生二次氧化。

非真空重熔的技术关键是减缓元素的烧损,要选用 $CaO-NaAlF_6-Al_2O_3$ 渣系保护钢液面。另外,要求保护渣对钢水中上浮的各种夹杂物特别是 Al_2O_3 夹杂具有良好的吸附作用,以避免在工件中产生 Al_2O_3 夹杂恶化工件的使用性能。另外,这种渣系还可以通过冰晶石的高温分解从熔渣中向钢液输送铝以补偿合金中 Al 元素的氧化烧损。

5.2.4.3　Ni_3Al 基合金铸造工艺性能

为了得到质量满意的铸件,尽量避免出现显微疏松、热裂和夹杂等缺陷,合金的铸造工艺性能极为重要。

1. 凝固特征

合金的凝固特征直接影响铸件的补缩能力。铸件的疏松可分为两类,一类为局部缩孔,一类为较分散的显微疏松。第一类缩孔缺陷可以通过设置冒口的方法消除,而第二类疏松的消除除取决于铸件结构和浇铸系统外,还取决于合金的凝固特征。与典型的高铝钛含量的高温合金(如 K17)相比,Ni_3Al 基合金有比较好的凝固特征。Ni_3Al 的固液相区是很窄的,典型的 Ni_3Al 基合金仍保持着上述特征。合金的这一特点决定在凝固过程中,铸件的凝固前沿界面清晰,能够有序地向液相推进,不易出现未凝固液相与冒口间被固相隔断的情况。因此,合金的凝固能够得到较好的补缩而得到致密无疏松的铸件。

2. 热裂倾向性

合金的热裂倾向性也是衡量合金铸造性能的重要指标。Ni_3Al 通过加入 B 元素使合金的室温韧性大大改善,但高温塑性指标仍不高,这使得 Ni_3Al 基合金有比较强的热裂倾向性。这类合金的热裂纹可分为铸件表面急冷微裂纹和凝固过程产生的热裂纹。

急冷微裂纹多产生于大气熔铸的厚大铸件上,呈网状分布在铸件表面,深度浅,轻轻打磨即能除去。这类裂纹常常与铸件表面氧化起皮共生,裂纹主要由元素氧化引起。在大气下铸造给合金中的 Al、Ti 和 Zr 元素氧化提供了可能,并生成了高熔点的难变形氧化物,如 Al_2O_3、TiO_2 等。当铸件开始凝固并形成急冷层时,由于凝固收缩受到难变形氧化物的阻碍而产生裂纹。

铸件凝固热裂纹的成因虽然是多方面的,但起重要作用的一个因素却是 Ni_3Al 基合金的热塑性能。MX – 246 合金的拉伸塑性在室温下最高为 16%,在 1100℃ 只有 6.5%,这一数值要比一般的铸造高温合金低。其次,该合金的伸长率随温度的变化有反常规律,即合金的韧性随温度的升高而降低,在高温条件下合金的热塑性差。这一特性决定了 Ni_3Al 铸件在存在热应力的条件下易于产生热裂纹。

3. Ni_3Al 基合金的流动性

流动性是指合金熔体的流动能力和填满模壳空腔的能力,合金的这一性能在生产薄壁铸件时显得特别重要。与传统的铸造高温合金相比,Ni_3Al 基合金的流动性相对较差。这是因为在 Ni_3Al 合金中含有比高温合金高很多的 Al 和 Zr,无论在大气熔注,还是在真空铸造条件下,浇注充型过程中都不可避免发生 Zr、Al 的二次氧化,氧化产生的 ZrO_2 和 Al_2O_3 的熔点分别为 2680℃ 和 2050℃,钢液中存在高熔点的夹杂后,会使钢液的过热度相对下降,从而降低流动性。另外,二次氧化生成的氧化物在钢液中是以膜状覆盖在钢液的流头上,钢液向前流动需要冲破这层氧化膜,增加了钢液流动的阻力,降低了钢液的流动性。因此,在制造 Ni_3Al 基合金铸件时,要从浇温、模壳温度、浇注速度、浇口面积等工艺因素入手,强化充型来弥补 Ni_3Al 合金充型能力不足,以保证铸件的成形。

5.2.5 Ni_3Al 基合金组织与性能

5.2.5.1 IC 系列合金[22-25]

IC 是金属间化合物 Intermetallic Compounds 的英文缩写。美国把 Ni_3Al 为基的合金称为 IC 合金。20 世纪 70 年代末,日本 Aoki 和 Izumi 通过添加微量 B 大幅提高 Ni_3Al 室温塑性后,美国橡树岭国家实验室的科学家立即把重点转移到对 Ni_3Al 的研究与开发上,经过多年努力,现已开发出 IC 系列 Ni_3Al 基合金,其特点是:①通过添加 B 和 Cr 有效改善了 IC 合金的室温塑性和高温塑性;②通过添加 Zr 或 Hf 以及 Mo 的固溶强化,提高了 IC 合金的高温强度和蠕变性能;③利用有序合金较高的加工硬化率特性,通过冷轧 20% 而大大提高了合金的室温强度。

IC 合金具有熔点高、密度小、比强度高、抗氧化性能好的优点(表 5 – 1 是 IC 系列合金的部分持久性能),有高的弹性模量和高的刚度,疲劳性能优异,裂纹扩展速率小,而且在一定温度以下,屈服强度还随温度上升而提高,IC 合金已在民用工业上得到广泛应用。但是 IC 合金也存在比较严重的不足,如塑性偏低,高温蠕变速率偏大,400℃以下的强度不足等。

固溶强化是 IC 合金最常用的一种强化手段,添加 Hf、Zr、Cr、Mo 等元素可有效提高 IC 合金的强度,如添加 Hf 使加 B 的 Ni_3Al 基合金 $\sigma_{0.2}$ 峰值温度从 600℃提高到了 850℃,性能超过了 Hastelloy – x 合金。IC – 221M 是一种含 Mo 铸造 Ni_3Al 合金,具有优异的抗热疲劳性能,650℃的高周疲劳寿命比 In – 713C 大两个数量级并有 10% ~30% 的室温塑性和高温塑性,高温屈服强度 $\sigma_{0.2}$ 超过了 In – 713C 合金,如图 5 – 9 所示。此外,Ti、Si 也能有效提高 IC 合金的强度,添加适量 Fe 不但能提高 Ni_3Al 合金的强度,而且对塑性也有好处。

除进行单相固溶强化外,还引进沉淀强化,如 β 相、γ 相、碳化物、硼化物,以及外加第二相质点强化等。采用细晶、定向柱晶、单晶以及 Ni_3Al 基复合材料等也是提高 IC 合金强度的有效途径。

表 5 – 1　IC – 50、IC – 218、IC – 221 合金的部分持久性能　　　　MPa

温度/℃	寿命/h	IC – 50 电渣铸造	IC – 218			IC – 221	
			铸造	变形		铸造	变形
				7μm ~ 10μm[①]	14μm ~ 16μm[①]		
649	1000	—	—	427	—	—	655
732	100	310	586	255	538	614	379
732	1000	207	379	138	276	393	207
816	100	172	290	93	186	296	138
816	1000	124	193	48	103	193	69
982	100	37	69	—	23	67	16
982	1000	14	26	—	—	24	
① 晶粒度							

此外,IC 合金具有比镍基合金优越得多的碳化抗力,如图 5 – 10 所示。

已在工业上推广应用的一些 IC 合金的成分如表 5 – 2 所列。IC 系列合金,除 IC – 50 为单相合金外,大多数为 γ′ + γ 两相合金,γ 相占 10% ~15%(体积分数)。在含 Zr 的合金中,约有 5%(体积分数)($γ + Ni_5Zr$)共晶相。典型的 IC 合金中约有 70%(体积分数)γ′,单相和 30%(γ′ + γ)两相区。在两相区中,γ′以细小颗粒分布在 γ 相中,这种两相区与高温合金组织类似,所以实质上是 γ′ + (γ′ + γ)构成了 Ni_3Al 基合金的总体组织。IC – 221M 合金铸态组织如图 5 – 11 所示,枝晶干是 γ 与细小的 γ′组成的两相区,枝晶间为粗大的胞状 γ 与 γ′,以及低熔点的 $γ + Ni_5Zr$ 共晶区,γ 体积分数为 17% ~24%。

214

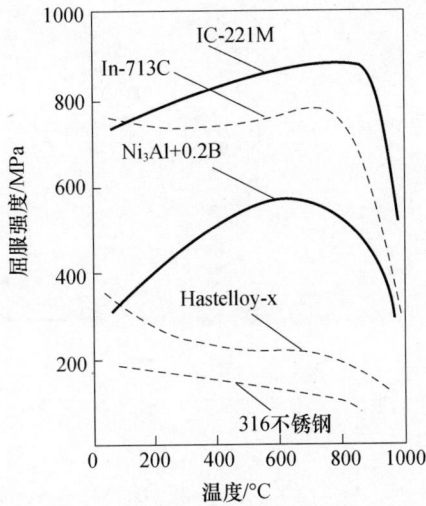

图 5 - 9　Ni₃Al 合金屈服强度与其他合金的比较

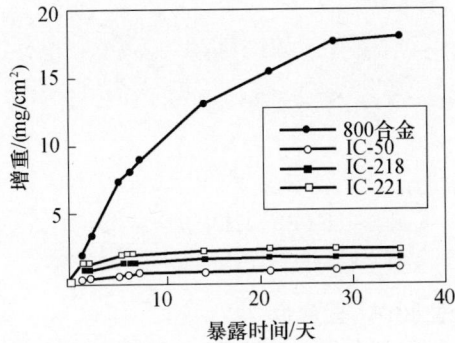

图 5 - 10　Ni₃Al 合金与 800 合金碳化抗力的比较

表 5 - 2　已在工业上应用的一些 IC 合金的成分

合金牌号	成分/%（质量分数）
IC - 50	Ni - 11.3Al - 0.6Zr - 0.02B
IC - 218	Ni - 8.7Al - 8.1Cr - 0.2Zr - 0.02B
IC - 221M	Ni - 8.0Al - 7.7Cr - 1.4Mo - 1.7Zr - 0.008B
IC - 396M	Ni - 8.0Al - 7.8Cr - 0.85Zr - 3.0Mo - 0.005B
IC - 221W	Ni - 8.0Al - 7.7Cr - 3.0Zr - 1.4Mo - 0.009B
IC - 221LA	Ni - 4.5Al - 16.0Cr - 1.5Zr - 1.2Mo - 0.03B
IC - 221	Ni - 8.5Al - 7.8Cr - 1.7Zr - 0.02B

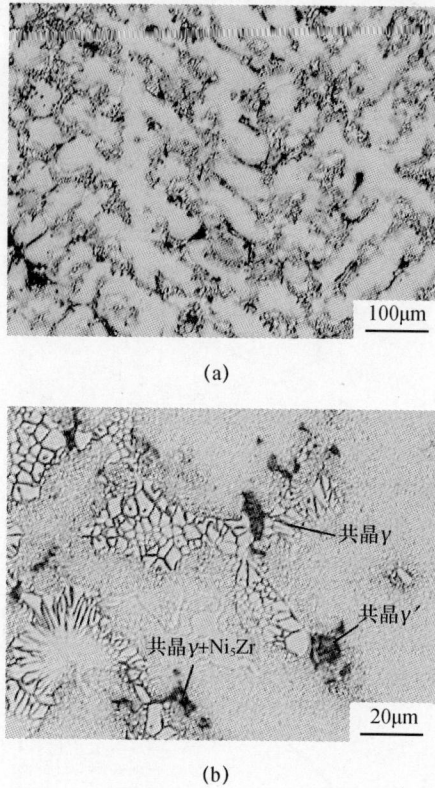

(a)

共晶γ

共晶γ'

共晶γ+Ni₅Zr

(b)

图 5 - 11 IC - 221M 合金铸态组织

(a) 光学金相组织；(b) SEM 二次电子像。

5.2.5.2 MX246 铸造 Ni₃Al 基合金[26]

MX246 合金是一种已经得到大量工程应用的多晶 Ni₃Al 基合金。该合金在 900℃以上具有较高的瞬时拉伸性能、持久性能、抗蠕变性能，以及具有较高的室温耐磨性能和高温耐磨性能。主要可用作铸造高温结构件、耐磨构件用材以及室温冷变形板材等。

该合金以 γ 相为基，通过 Zr、Cr、Mn 等元素固溶强化及第二相 γ' 相及碳化物粒子强化。其中 Mn 元素可以改善高温塑性和提高晶界强度，Zr 对 γ' 相具有较大强化作用和高温韧化晶界的作用，而 Cr 具有克服中温动态脆性的作用。与高温合金类似，Ni₃Al 基合金组织中碳化物具有强化晶界的作用，是保持较高的持久强度的主要强化相。碳化物的析出是通过加入强碳化物形成元素 Ti、Zr、Cr 和 C 来实现的。图 5 - 12 是两组不同 Zr 含量的 MX246 合金铸造状态的显微组织照片，基体由 γ 枝晶和 γ'+γ 共晶组成。块状的 γ 相周围有一层 γ' 相膜。碳化

216

物以颗粒状分布于枝晶间和晶界上。碳化物的颗粒尺寸较小,其类型主要有 $Cr_{23}C_6$、TiC 以及 ZrC。由于 Zr 元素为强碳化物形成元素,对碳化物的形成、分布有较大的影响。一般地 Zr 含量在上限时,形成部分 ZrC 相而晶界析出的碳化物数量相对少一些。

(a)

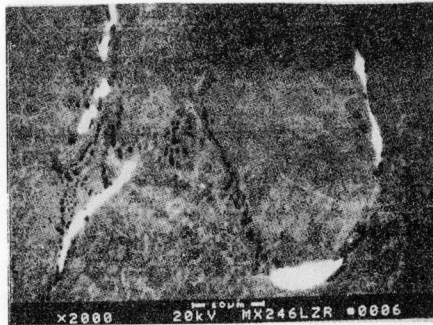
(b)

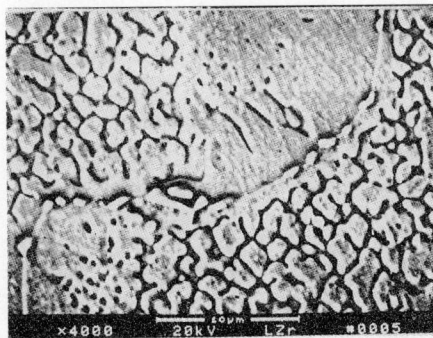
(c)

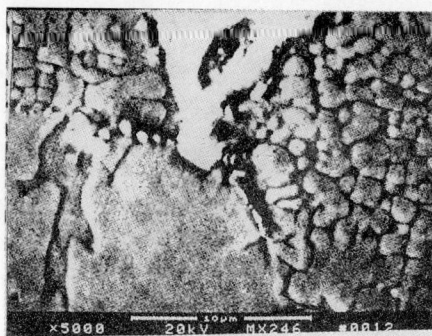

(d)

图 5 – 12　MX246 合金高 Zr, 低 Zr 铸态显微组织
(a) MX246 高 Zr 合金(未腐蚀)；(b) MX246 低 Zr 合金(未腐蚀)；
(c) MX246 低 Zr 合金(腐蚀)；(d) MX246 高 Zr 合金(腐蚀)。

　　MX246 可经反复冷变形加高温退火工艺获得薄板。试样经反复冷变形加高温退火后,在室温下,屈服后发生显著的形变强化。室温拉伸断口主要为穿晶韧断,而在局部出现沿晶断裂特征,并且在局部晶界刻面上出现滑移线特征,无明显的颈缩特征。屈服点的峰值出现在 850℃ 左右。在峰值温度以上,拉伸试样发生明显颈缩,这使得试样的伸长率主要来源于非均匀塑变。颈缩对应着拉伸试样断口上大量韧窝的出现,950℃ 时拉伸断口全部为韧窝特征。

　　经反复冷变形加退火处理对提高室温下的抗拉强度有很大帮助,但对屈服强度提高的幅度不大。表 5 – 3 列出反复冷轧退火以后的部分力学性能。

表 5 – 3　MX246 反复冷轧退火后瞬时拉伸性能

实验温度	室温	650℃	750℃	850℃	950℃
σ_b/MPa	1520	950	820	780	540
$\sigma_{P0.2}$/MPa	580	640	680	720	510
δ/%	25.5	14.8	10.0	16.5	20.4

　　工业应用证明,MX246 是一种较好的抗高温磨损的高温结构材料,可用于制作航空发动机尾喷管构件、锅炉用耐热部件、热处理炉抗磨蚀部件等。另外,MX246 合金还具有非常好的防渗碳能力,可用于渗碳炉构件。该合金还可用于炉底辊和热作模具材料。

218

5.2.5.3 定向凝固 Ni₃Al 基合金 IC6[27,28]

Ni₃Al 的研究历史表明,晶界强度低、塑性差是 Ni₃Al 存在的一个突出问题,但 Ni₃Al 作为静子叶片使用是可能的。为了获得较好性能的 Ni₃Al 合金,采用定向柱晶或单晶制备技术,减弱或消除晶界的直接影响,是提高 Ni₃Al 合金性能的一个重要方面。

IC6 合金成分简单,采用 Ni – Al – Mo 作为基本组成元素,其化学成分为 Ni – (7.4 ~ 8.0)Al – (13.5 ~ 14.3)Mo – (0.02 ~ 0.06)B – C。为改善 IC6 合金的横向性能以及铸造和焊接工艺性能,添加一定量的 B 是必要的,但过量的 B 则急剧降低合金的纵向持久强度。

为得到综合力学性能优良的合金,并考虑生产的经济性,对 IC6 合金的热处理采用的是超高温固溶和快速冷却技术,即 1260℃保温 10h,然后采用油冷或相应的 Ar 冷技术。热处理温度选定在 γ′ + γ 两相区范围内。

IC6 合金典型成分在标准热处理条件下的显微组织如图 5 – 13 所示。IC6 合金中基体 γ′ 相占合金总量的 75% ~ 85 %(体积分数),主要强化相 γ 占合金总量的 15% ~ 25 %(体积分数),此外还有少量以小颗粒形态存在的硼化物相。按相的分布和形态分 A、B、C 三个领域,A 区为枝晶间组织,主要由(γ′ + γ)两相构成;B 区为枝晶干组织,由 γ′ 和类似 A 区中的(γ′ + γ)两相组织共同编制构成一个较大的网状组织,实际上 B 区是一种 γ′ + (γ′ + γ)的复合组织;C 区是 γ′ 单相块比较集中的区域,分布在枝晶间。分析表明,γ′ 相的化学成分为(74 ~ 75)Ni – (21 ~ 22)Al – (3.8 ~ 5.0)Mo%(原子分数),γ′ 相的晶格常数经测定约为 0.35859nm。由于 γ′ 中 Al 含量高,Mo 含量低,故 γ′ 相在扫描电镜背散射电子图像(BSEI)中呈深黑色。在枝晶间的 A 区内,γ′ 相大小约为 0.3 μm;在枝晶干区域,在大网络状内,γ′ 相大小为 1 μm ~ 3 μm。强化相 γ 是一种过饱和的固溶体,其 Mo 含量很高,为 25% ~ 30%(原子分数),Al 含量很低,只有 0 ~ 1%(原子分数),γ 相的晶格常数约为 0.36289nm。由于 γ′ 和 γ 的晶格常数相差较大,错配度高达 1.185,所以在 γ/γ′ 界面附近形成大量高密度的错配位错,能有效地阻碍合金形变过程中的位错运动,从而使合金强度提高。当合金中 B 含量超过 0.03% 时,组织中出现 Mo₂NiB₂ 相(即 M₃B₂ 型)。随 B 含量增加,硼化物相的形态变大变粗,数量增多。由于硼化物中 Mo 含量高,在背散射电子图像中硼化物呈白色。

表 5 – 4 是 IC6 合金的拉伸性能,可见 IC6 合金具有 Ni₃Al 基合金典型的反常屈服强度特性(R 特性),并具有良好的塑性。表 5 – 5、表 5 – 6 是 IC6 合金的高温持久性能及其与先进 Ni₃Al 基、Ni 基定向合金持久性能比较,可见,

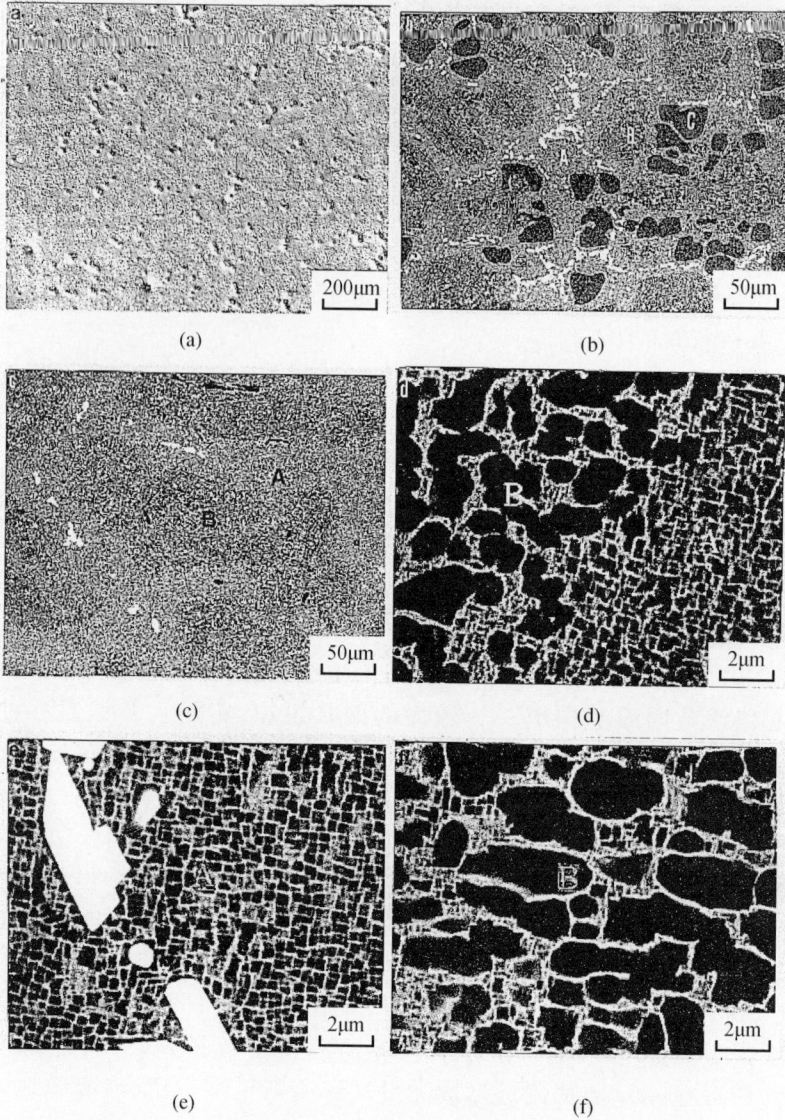

图 5 – 13　IC6 合金的光学金相照片和扫描电镜的背散射电子图像。
(a) 残留的铸态枝晶组织；(b) 0.15B 合金的扫描电镜的背散射电子图像；
(c),(d),(e),(f) 0.05B 合金的扫描电镜的背散射电子图像(A 为枝晶间区,B 为枝晶干区)。

IC6 合金在中温(760℃ ~ 900℃) 和 1000℃ 以上的持久强度均高于国内外先进的定向凝固 Ni 基和 Ni$_3$Al 基合金,而在 900℃ ~ 1000℃ 范围内与这些合金相当。

220

表 5-4 IC6 合金的典型纵向拉伸性能

试验温度/℃	室温	700	760	870	1000	1050	1100	1150	1200	1250
σ_b/MPa	1115	1040	1170	1075	705	585	465	310	178	67.7
	1225	1090	1165	1040	720	—	500	—	—	—
$\sigma_{0.2}$/MPa	805	980	1105	975	565	520	385	278	163	61.4
	785	995	1100	950	640	—	395	—	—	—
δ_5/%	14.2	8.5	6.3	11.0	28.1	28.0	44.0	52.8(ψ)	71.9(ψ)	17.4(ψ)
	15.7	8.7	4.2	10.3	25.0	—	32.4	—	—	—

表 5-5 IC6 合金高温持久性能与先进 Ni₃Al 基定向合金的性能比较

性能	美国 EX-7	俄国 BKHA-1B	俄国 BKHA-4Y	中国 IC6
密度/(g/cm³)	8.0	7.84	7.91	7.90
σ_{100}^{900}/MPa	—	250	280	350
σ_{100}^{1100}/MPa	70	65	93	100
σ_{100}^{1200}/MPa	—	25	44	45~50

表 5-6 IC6 合金高温持久性能与先进 Ni 基定向合金的性能比较

试验温度/℃	应力/MPa	持久寿命/h	
		IC6	PWA1422
760	860	219.40	
	804	>194.00	≥100
950	255		≥100
	220	124,122	
980	206		≥100
	180	161,172	
1040	140	107,169	
	137		≥100
1100	100	115,188	
	88.3	>200	≥42,44
	78.5	>500	≥100

IC6 合金不但具有从室温至 1100℃ 高温范围内良好的强度和塑性,而且在中温和高温下都具有很高的持久强度。合金的这些优异性能归因于下列四种主要的强化作用:①Mo 对 γ′ 相和 γ 相的固溶强化作用;②γ 相与其他多种相的沉淀强化作用;③高温蠕变过程中形成的筏排组织的强化作用;④γ′/γ 界面上高密度的错配位错对运动位错的阻碍作用。

IC6 合金已在我国某先进发动机上用作二级导向叶片,通过地面和高空长期试车以及空中试飞考核表明,使用性能良好,取代因承温能力不足而经常发生过烧的原 K403 叶片获得了圆满成功。IC6 合金还准备在其他型号的高性能发动机上作为导向叶片使用,以替代承温能力不足的镍基合金和价格昂贵的钴基合金,将产生重大的经济效益和社会效益。

5.2.5.4　抗氧化合金 IC6A[29,30]

虽然 IC6 合金具有许多优异性能,但由于采用高 Mo 强化合金,高温强度提高了,抗氧化性能却降低了。为改善 IC6 合金的高温抗氧化性能,在 IC6 合金的基础上发展了 IC6A 合金:在保持原合金基本成分不变的前提下,通过添加稀土元素 Y,使合金的高温抗氧化性能得到显著改善,并使合金的高温持久性能和热疲劳性能得到进一步提高,而其他力学性能和物理性能基本不变。IC6A 合金成分简单、密度低、价格便宜,适用于 1150℃ 以下工作的涡轮导向叶片和其他结构件。

1. Y 对 IC6A 合金微观组织的影响

当 Y 的添加量为 0.04% ~ 0.12%(质量分数)时,Y 主要以固溶状态存在于合金中,IC6A 合金的微观组织与 IC6 合金相似。当 Y 的添加量增加至 0.20% ~ 0.30%(质量分数)时,残留在合金中的 Y 超过了其在合金中的固溶度,在合金的枝晶间区将析出富 Y 区域,周围是大块 γ' 相,并且富 Y 区域和大块 γ' 相数量随 Y 添加量的增加而明显增多,其典型组织如图 5 - 14 所示。研究表明,富 Y 区是由 Ni_3Y、$Mo_{1.24}Ni_{0.76}$ 和 γ 固溶体相组成的。Ni_3Y 属六角结构,空间群为 $P6_3/mmc$,$a = 0.4978nm$,$c = 1.622nm$。$Mo_{1.24}Ni_{0.76}$ 属正交晶系,空间群为 $P2_12_12_1$,$a = 0.9179nm$,$b = 0.9142nm$,$c = 0.8828nm$。

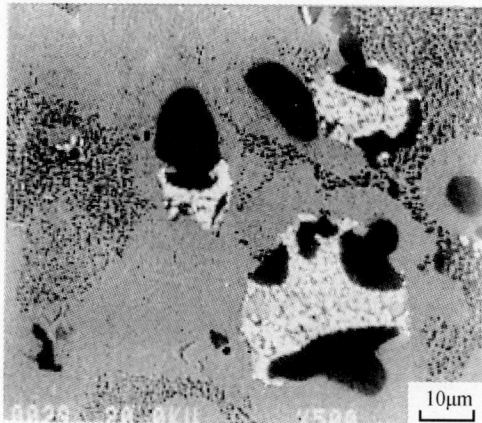

图 5 - 14　添加 0.20% ~ 0.30%(质量分数)Y 合金的背散射电子图像,
显示枝晶间析出的富 Y 区域

2. Y 对 IC6A 合金高温抗氧化行为的影响及其作用机制

在任氧化皮自由剥落、剥落的氧化皮不随同试样称重的 1100℃/100h 抗氧化试验中,IC6 及不同 Y 含量的 IC6A 试样的单位面积质量变化与时间的关系示于图 5 - 15 中,图 5 - 15(b) 是将图 5 - 15(a) 中 0%(质量分数)Y 的 IC6 试样去除后的放大图。也可看出,在 IC6 合金中加入适量的 Y(0.04% ~ 0.20%(质量分数)),能使合金的高温抗氧化能力显著提高。

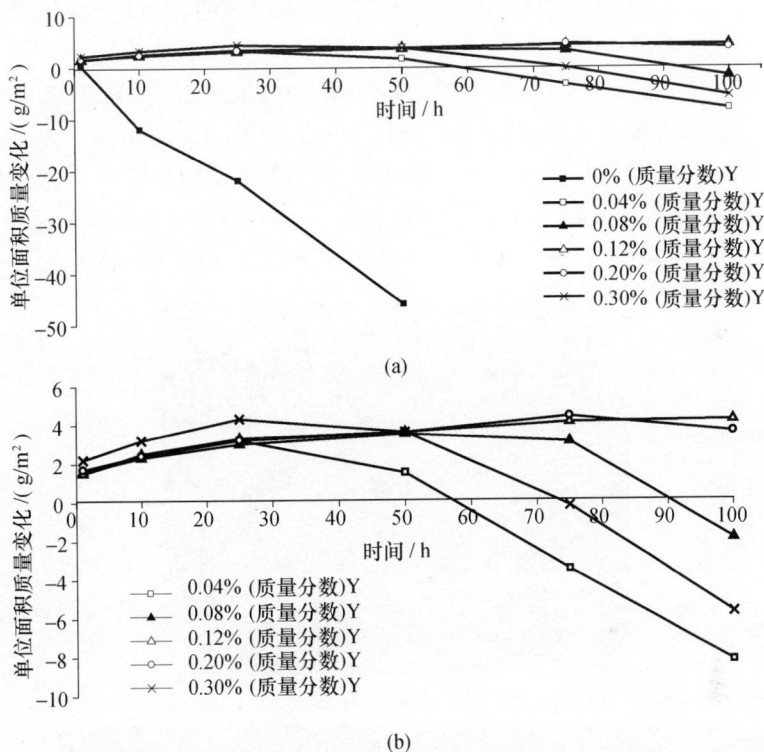

(a)

(b)

图 5 - 15 1100℃ 抗氧化试验中试样单位面积质量变化与时间的关系

IC6 及 IC6A 合金在 1100℃ 氧化 100h 后,表面氧化物均分成两个区域,一个区域为极易剥落的单纯的 NiO,另一个区域则由多种氧化物组成,该区域的氧化物晶粒较 NiO 区细小,且不易剥落。为便于讨论,将单纯的 NiO 区称为 D 区,多种氧化物组成的区域称为 E 区。合金中 Y 的含量不同,将明显影响 D、E 两区的构成比例;D 区所占比例越少,E 区所占比例越大,合金的抗氧化性能越好。

图 5 - 16(a) 是未添加 Y 的 IC6 合金在 1100℃ 氧化 100h 后的表面氧化物形貌,IC6 合金的表面氧化物主要是 NiO,晶粒尺寸较大,NiO 的形状以多面体状为主,E 区数量很少,即使在由多种氧化物组成的 E 区,氧化物也极易剥落。Y 含

量为 0.04% ~0.20%(质量分数)的 IC6A 合金在 1100℃氧化 100h 后,由 NiO 组成的 D 区数量明显减少,而由多种氧化物组成的 E 区所占比例增加,其典型形貌如图 5-16(b)、图 5-16(c)所示。当 Y 含量继续增加至 0.30%(质量分数)时,合金在 1100℃氧化 100h 后,表面氧化物中 D 区所占的比例反而增加,E 区数量相应减少,而且其氧化物晶粒堆积也不如添加适量 Y 的致密,这一现象与合金添加过量 Y 后抗氧化性能下降的结果相吻合。

在空气中的 1100℃/500h 循环氧化试验结果也表明,IC6A 合金的高温抗循环氧化能力明显优于 IC6 合金。

在 IC6 合金中加适量 Y 能显著提高合金的高温抗静态和循环氧化的能力,这主要归功于:①Y 能阻止硫在氧化皮/基体界面的偏聚,提高氧化皮与基体之间的界面结合力;②Y 能限制阳离子的传输过程,影响扩散层的深度;③Y 能影响剥落的氧化物数量及组成,促进 Al 的选择氧化;④Y 能影响氧化物的形貌及各类氧化物的数量;⑤Y 能扩散到氧化物晶界,提高晶界强度,改变氧化物剥落裂纹的特征。

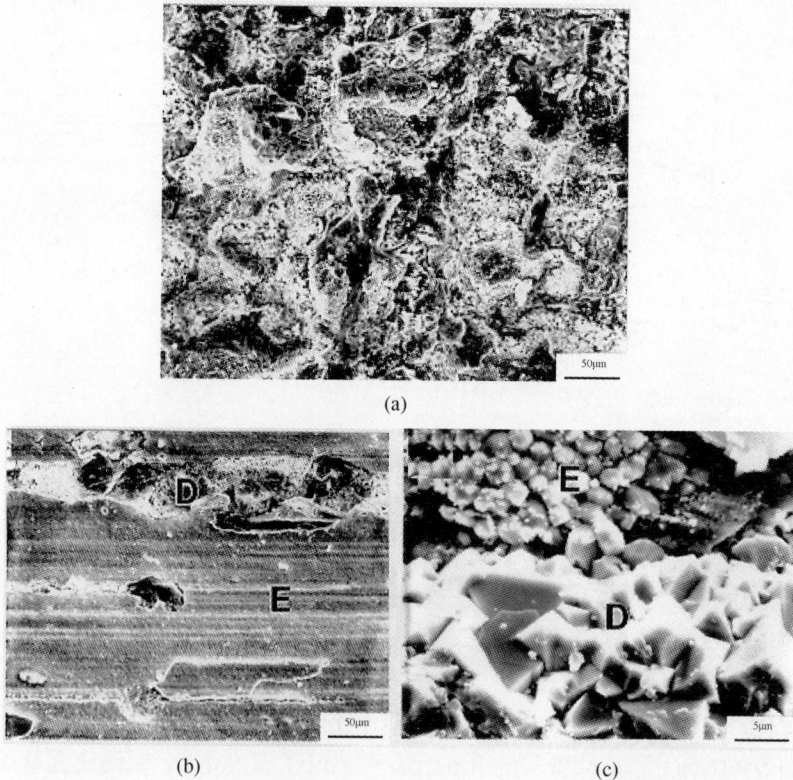

(a)

(b)   (c)

图 5-16 Y 对 IC6 合金在 1100℃氧化 100h 后的表面氧化物形貌的影响
(a)未添加 Y;(b)、(c)加 0.04%(质量分数)Y。

224

3. Y 对 IC6A 合金高温持久性能的影响

在 IC6 合金中添加不同含量 Y 合金的 1100℃/80MPa 持久寿命示于表 5 - 7 中。从表 5 - 7 可以看出,IC6A 合金中的 Y 含量为 0.04% ~ 0.20%(质量分数) 时,合金的持久寿命提高;但当 Y 的含量达到 0.30%(质量分数)时,其持久寿命 还不如未加 Y 合金的。加适量 Y 提高合金的持久性能主要归功于 Y 的以下三 方面作用:

(1) Y 使合金的抗氧化性能得到显著提高,因为持久性能测试是在大气条 件下进行的,Y 使合金氧化皮不易剥落,这样试样的横截面缩小得比未加 Y 合 金的更缓慢一些,其真实应力就比未加 Y 试样上所承受的真实应力增加得更缓 慢一些,从而持久寿命得到提高;

(2) Y 是有效的脱硫元素,降低了杂质元素硫对合金性能的不利影响;

(3) Y 能细化定向结晶合金的枝晶组织,提高合金的强度。Y 作为表面活 性元素,集聚在固—液相界面上,使合金的黏性提高,并抑制元素的扩散过程,从 而减缓了固相的长大,因此,Y 引起熔融合金的过冷,在一定的时间内结晶被抑 制,而随后形成新的结晶核心在整个体积内进行快速结晶,从而使枝晶组织得 到细化。添加过量 Y(0.30%(质量分数)Y)后合金的持久寿命有所下降是由于 合金枝晶间区析出了大量 Ni_3Y、$Mo_{1.24}Ni_{0.76}$ 和大块 γ' 相。

表 5 - 7 不同的 Y 含量对 IC6 合金 1100℃/80MPa 持久性能的影响

Y 的添加量/%(质量分数)	持久寿命/h
0	102,148,277
0.04	230,372,421
0.08	137,264,359
0.12	236,251,414
0.20	202,237
0.30	66,113,121

5.2.5.5 Ni_3Al 基单晶合金 IC6SX

Ni_3Al 基单晶合金 IC6SX 是在 Ni_3Al 基定向柱晶合金 IC6 的基础上进行研 发的,即在保持 IC6 合金基本成分不变的前提下消除了所有的晶界。IC6SX 合 金中不含 C,但保留了微量的晶界强化元素 B,其他合金元素含量与 IC6 合金中 相同。

IC6SX 合金的铸态组织具有典型的树枝晶结构(图 5 - 17),铸态组织中存在 着三种相,分别为黑色的 γ' - Ni_3(Al,Mo)相、灰色网篮状分布在 γ' 相周围的 γ - Ni(Mo)固溶体相以及白色不规则条块状的 NiMo 相,其中枝晶间区域的 γ' 相非常细小,尺寸为 0.1μm ~ 0.3μm,而枝晶干区域的 γ′相较粗大,尺寸为 1μm ~ 3μm。

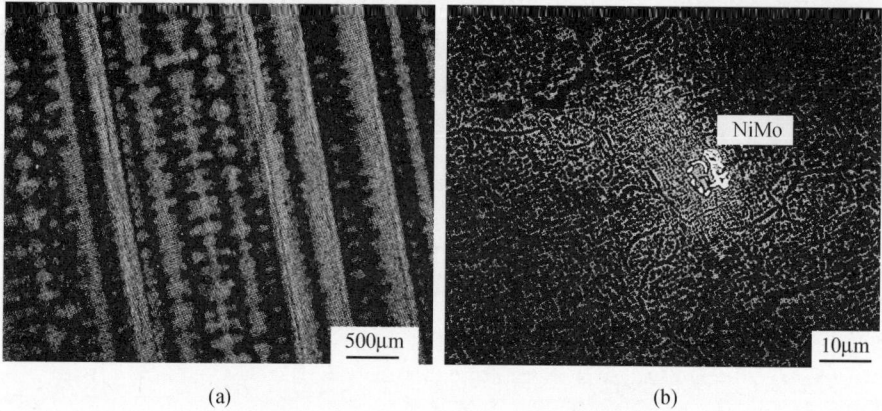

图 5 – 17   IC6SX 单晶合金的铸态显微组织
(a) 低倍组织形貌;(b) 高倍背散射电子图像。

IC6SX 合金经过完全热处理后,铸态组织中的树枝晶结构已经变得十分模糊,粗大的铸态 γ′相全部固溶,并在枝晶间和枝晶干上重新析出了尺寸为 0.4μm ~ 0.5μm、均匀分布的立方状 γ′相,如图 5 – 18 所示。

图 5 – 18   IC6SX 合金完全热处理后的组织形貌

IC6SX 合金密度为 7.90g/cm³,比典型第二代镍基单晶合金,如 Rene N5 (8.63 g/cm³)、DD6(8.78 g/cm³)、PWA1484(8.95 g/cm³)分别低 8.5%、10%、11.2%,也低于第一代镍基单晶高温合金 DD3(8.20 g/cm³)。

从室温到 700℃,IC6SX 合金瞬时拉伸屈服强度和抗拉强度随温度升高而

226

升高,并在 700℃ 时达到最大值,具有典型的反常屈服强度特性。从室温到 980℃,IC6SX 合金的屈服强度略低于 PWA1484 合金,但在 1050℃ 以上 IC6SX 合金的屈服强度好于 PWA1484 合金见图 5-19(a)。IC6SX 合金从室温到高温均具有良好的塑性,其塑性低谷出现在 760℃,但仍超过 10%,见图 5-19(b)。

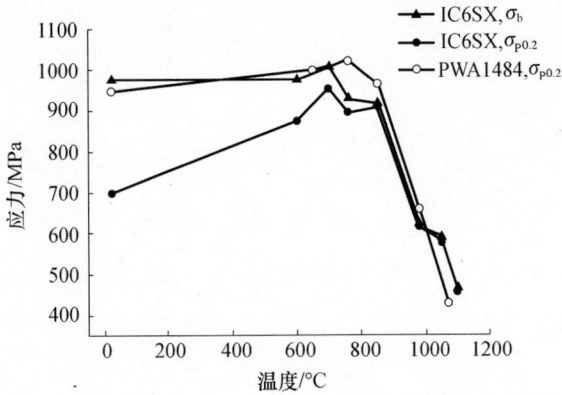

(a)

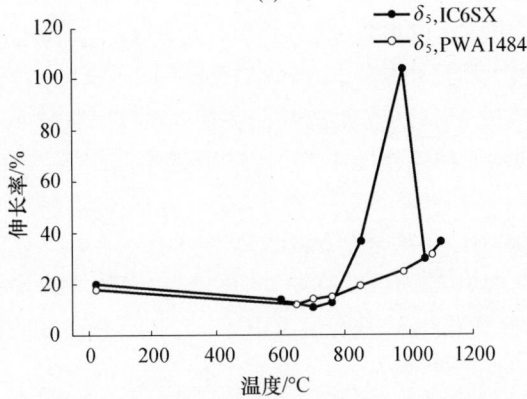

(b)

图 5-19　IC6SX 合金和 PWA1484 合金的光滑瞬时拉伸性能对比([001]纵向)

IC6SX 合金具有良好的高温强度,[001] 方向的热强参数综合曲线与 PWA1484 合金的对比见图 5-20。考虑密度因素,IC6SX 合金的 1100℃ 比强度与 PWA1484 合金相当。

此外,IC6SX 合金在 1100℃/75MPa 下 100h 的蠕变量仅为 0.3% 左右,这在其他高温合金中是不多见的,考虑到密度因素,可以认为 IC6SX 合金的高温蠕变性能(1070℃~1100℃)十分优异。

IC6SX 单晶合金零件在制备过程中要经过脱壳、干吹砂、抛修等产生表面塑性变形的表面机械处理,并且要经过固溶处理和高温钎焊,如果单晶合金的再结

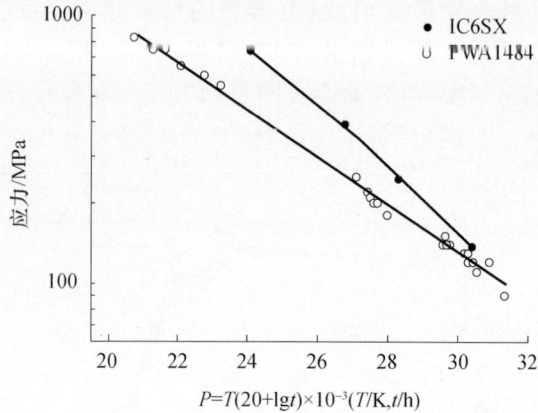

图 5 – 20　IC6SX 合金和 PWA1484 合金的热强参数综合曲线([001]纵向)

晶温度低于热处理温度,在后序的热处理或钎焊过程中将会产生再结晶。研究发现[31,32],不同机械处理方式中,IC6SX 合金的再结晶形核温度区间由低到高依次是干吹砂(900℃ ~ 950℃),抛光(1000℃ ~ 1100℃),打坑(1200℃ ~ 1220℃),喷丸和水吹砂(1220℃ ~ 1240℃)。IC6SX 合金属于低层错能合金,并且在再结晶晶核长大阶段可以观察到孪晶,说明该合金的形核长大机制可能是在回复过程中形成的孪晶以应变诱发晶界牵动的机制(Strain-induce Boundary Migration)长大,即由于位错密度不均匀,位错密度低的区域长入相邻位错密度高的区域中。

5.2.5.6　定向凝固 Ni₃Al 基合金 IC10[33]

为满足 1100℃ 使用的先进航空发动机涡轮导向叶片的要求,北京航空材料研究院研制出一种新型 Ni₃Al 基合金 IC10,该合金具有良好的抗氧化、耐腐蚀性能,综合性能优良,铸造性能良好。

IC10 合金体系设计采用多元素复合强化,成分范围见表 5 – 8。合金不含元素 Ti,采用高含量的 Al 和 Ta 作为 γ′ 形成元素,不仅保证 γ′ 含量在 65% 以上,而且明显减少了合金定向凝固时的热裂倾向。合金中[Al] + [Ta] + [Cr] > 19%(质量分数),使合金获得了良好的抗氧化、耐腐蚀性能,这对导向叶片材料是极为重要的。为了获得良好的铸造性能,合金中 Co 含量达到 12%,同时加入 1.5% 的 Hf。

表 5 – 8　IC10 合金成分范围　　　　　　　　%(质量分数)

C	Co	Cr	Al	W	Mo	Ta	Hf	B	Ni
0.07 ~ 0.12	11.5 ~ 12.5	6.5 ~ 7.5	5.6 ~ 6.2	4.8 ~ 5.2	1.0 ~ 2.0	6.5 ~ 7.5	1.3 ~ 1.7	0.01 ~ 0.02	余量

IC10 合金的典型铸态组织除 γ 和 γ′ 相外，在枝晶间分布有"葵花"状 γ + γ′ 共晶组织以及碳化物。碳化物分为 $MC_{(1)}$ 和 $MC_{(2)}$ 两种，骨架状及大块状分布于枝晶间的碳化物为富 Ta 的 $MC_{(1)}$，而在共晶相边缘的小块状为 $MC_{(1)}$ 和富 Hf 的 $MC_{(2)}$ 共生。

IC10 在凝固过程中析出低熔点相 Ni_5Hf，使得合金初熔温度降低。在固溶处理之前，先进行 1180℃，2h 的预处理，使 Ni_5Hf 分解，以提高合金初熔温度。

IC10 合金中 B、C 尤其是 Hf 元素的存在，使合金不能进行完全固溶处理，在经过 1270℃，2h 固溶后，仍有部分次生 γ′ 未溶解。碳化物在热处理后均发生了分解，骨架状 $MC_{(1)}$ – TaC 分解为短棒状，同时合金中低熔点相 Ni_5Hf 在预处理后溶解释放出的 Hf 与 γ 中的 C 反应生成 $MC_{(2)}$ 即 HfC，使得合金热处理后碳化物的组成中次生 $MC_{(2)}$ 增加，从而抑制了 M_6C 的形成。分解后的碳化物呈小颗粒状分布于枝晶间区和共晶 γ′ 内。

IC10 合金的完全抗氧化温度（评定标准为：氧化增重速率 $< 0.1g/m^2 \cdot h$）与国内其他定向及单晶合金进行比较，见图 5 – 21，可见 IC10 合金具有良好的抗氧化性能，这是由于合金中高的 Al 含量、Cr 含量、Ta 含量，同时不含元素 Ti。采用真空电弧镀方法，在 IC10 合金表面制备 NiCrAlYSi 和 NiCoCrAlYHf 两种包覆涂层，经 1150℃，100h 恒温氧化后，可达到抗氧化级，涂层在氧化过程中表面形成了连续的 Al_2O_3 氧化膜，从而使合金获得了良好的抗氧化效果。1200℃ 热冲击试验（经 3min ~ 4min 升温至 1200℃，出炉空冷 1min ~ 2min，冷却至 200℃ ~ 300℃ 为一个周期）结果显示：NiCrAlYSi 涂层与 IC10 合金有更好的结合力，经 300 个热循环周期无剥落。

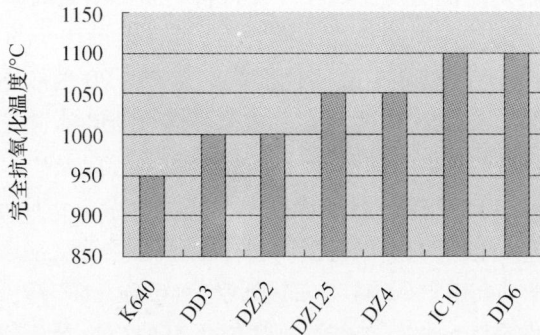

图 5 – 21　IC10 合金抗氧化性能与国内其他合金的比较

IC10 合金持久强度与国外定向合金进行比较，见图 5 – 22。IC10 合金的持久强度介于 CM247LC 和 IN792DS 两种一代定向合金之间，说明其持久强度达到了国外一代定向合金的水平。

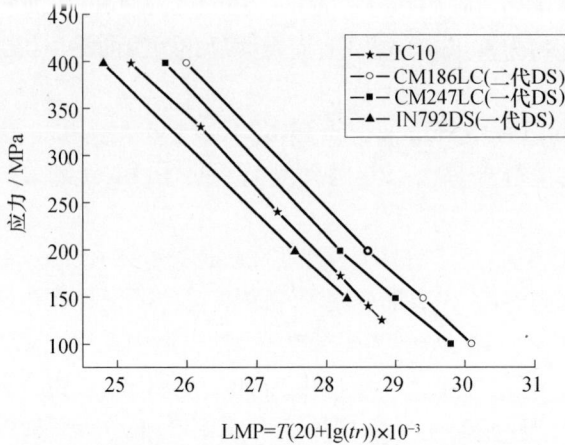

$$LMP=T(20+\lg(tr))\times10^{-3}$$

图 5-22 IC10 合金持久强度与国外典型定向合金的比较

利用 IC10 合金试制某高推重比高压涡轮导向叶片,该叶片具有叶身宽弦(最宽处 80mm)、大缘板(长度 170mm)、薄壁(最薄处 0.6mm)复合倾斜的形状特点,同时需要整体定向凝固成形,这对合金的铸造性能提出了很高要求。为获得良好的铸造性能,除添加 Hf 外,还要控制 Al、W、Ta、Co 的含量,使其达到最佳配比,从而在保证强度的同时,得到了满意的铸造性能。

5.3 Nb-Si 系超高温结构材料

先进燃气涡轮发动机的发展对其叶片材料不断提出更高的要求。目前最先进的叶片材料——第三代镍基单晶高温合金,工作温度为 1150°C,已达其熔点的 85%,接近使用温度的极限。新一代推重比为 15~20 的航空发动机的涡轮前进口温度达到 1800°C~2050°C,在考虑到镍基高温合金叶片自身气冷结构的冷却效果和热障涂层的隔热效果的前提下,高压涡轮导向与转子叶片本身的承温能力必须达到 1200°C~1400°C,超过目前镍基单晶高温合金的极限承温能力。因此,亟待开发新一代超高温结构材料替代传统的镍基高温合金。近年来,Nb-Si 系超高温结构材料由于其高熔点(>1750°C)、低密度(6.6g/cm³~7.2g/cm³),以及高温强度和低温损伤容限的良好平衡受到研究人员的广泛关注[34-37]。Nb-Si 系超高温结构材料主要由铌固溶体相 Nb_{ss} 和金属间化合物相 Nb_5Si_3 组成,根据 Nb-Si 二元合金相图(图 5-23),Nb_{ss} 和 Nb_5Si_3 之间存在广阔的两相区,固溶体相 Nb_{ss} 具有良好的韧性,硅化物 Nb_5Si_3 提供优异的高温力学性能,两相按一定方式和比例组成的复合材料表现出良好的均衡性能,有望成为下一代先进燃气涡轮发动机叶片材料。

5.3.1　Nb_5Si_3的晶体结构

Nb_5Si_3具有三种不同的晶体结构,分别为$\alpha - Nb_5Si_3$,$\beta - Nb_5Si_3$,$\gamma - Nb_5Si_3$。根据 Nb－Si 二元相图(图 5－23),$\beta - Nb_5Si_3$为高温稳定相,$\alpha - Nb_5Si_3$为低温稳定相,而$\gamma - Nb_5Si_3$一般在含 Ti 或 Hf 元素的合金中才有可能出现。$\alpha - Nb_5Si_3$和$\beta - Nb_5Si_3$均为体心四方,空间群均为 I4/mcm,其中:$\alpha - Nb_5Si_3$为$D8_l$结构,与Cr_5B_3同型,晶格常数为$a = b = 6.569Å(1Å = 1 \times 10^{-10}m)$,$c = 11.880Å$;$\beta - Nb_5Si_3$为$D8_m$结构,与$W_5Si_3$同型,晶格常数为$a = b = 10.020Å$,$c = 5.069Å$。$\gamma - Nb_5Si_3$为六方,$D8_8$结构,与$Mn_5Si_3$同型,空间群为$P6_3/mcm$,晶格常数为$a = b = 7.536Å$,$c = 5.248Å$。

根据空间结构的不同,Nb 原子在$\alpha - Nb_5Si_3$、$\beta - Nb_5Si_3$、$\gamma - Nb_5Si_3$晶格中的原子占位均可分为两类,分别为Nb_I、Nb_{II};Si 原子在$\alpha - Nb_5Si_3$和$\beta - Nb_5Si_3$中的占位也可分为Si_I、Si_{II}两类,而$\gamma - Nb_5Si_3$中所有 Si 原子都是等效的。表 5－9 给出了三种不同结构的Nb_5Si_3等效原子的位置坐标[38]。

表 5－9　Nb_5Si_3晶格中等效原子位置坐标

	$\alpha - Nb_5Si_3$	$\beta - Nb_5Si_3$	$\gamma - Nb_5Si_3$
Nb	Nb_I:4c (0,0,0)	Nb_I:4b (0,0.5,0.25)	Nb_I:4d (0.3333,0.6667,0)
	Nb_{II}:16l (0.166,0.666,0.15)	Nb_{II}:16k (0.074,0.223,0)	Nb_{II}:6g (0.25,0,0.25)
Si	Si_I:4a (0,0,0.25)	Si_I:4a (0,0,0.25)	Si:6g (0.61,0,0.25)
	Si_{II}:8h (0.375,0.875,0)	Si_{II}:8h (0.17,0.67,0)	

图 5－24 是$\alpha - Nb_5Si_3$的晶体结构模型,该晶胞中含 32 个原子,其中有 20 个 Nb 原子和 12 个 Si 原子。沿[001]方向,$\alpha - Nb_5Si_3$的原子排布可以分为 9 层,其堆垛方式为 EDCBABCDE,即以 A 层为对称面上下对称(图 5－24(b))。其中 A 层和 E 层均由Nb_I和Si_{II}原子占据,B 层和 D 层均完全由Nb_{II}原子占据,C 层则完全由Si_I原子占据。从[001]方向看(图 5－24(c)),B 层和 D 层的Nb_{II}原子分别排布成等大的正方形,而且以该俯视图的对角线方向呈对称分布;A 层和 E 层的Si_{II}原子排布也具有相同的规律。

图 5－25 是$\beta - Nb_5Si_3$的晶体结构模型,该晶胞中含 32 个原子,其中有 20 个 Nb 原子和 12 个 Si 原子。沿[001]方向,$\beta - Nb_5Si_3$的原子排布可以分为 5 层,其堆垛方式为 CBABC,即以 A 层为对称面上下对称(图 5－25(b))。其中 A

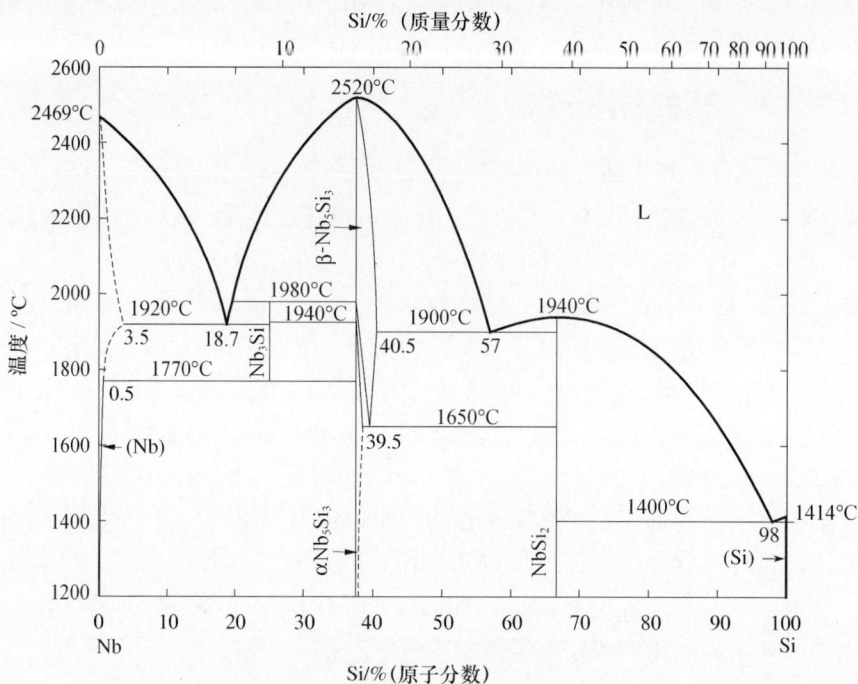

图 5 - 23　Nb - Si 二元合金相图

层和 C 层均由 Nb_{II} 和 Si_{II} 原子占据,B 层由 Nb_I 和 Si_I 原子占据。从[001]方向看(图 5 - 25(c)),A 层的 4 个 Si_{II} 原子组成了一个正方形,8 个 Nb_{II} 原子组成了两个大小不等的正方形,C 层的 Nb_{II} 和 Si_{II} 原子排布规律与 A 层相同,而且 A 层和 C 层的原子以该俯视图的对角线方向呈对称分布。

图 5 - 26 是 γ - Nb_5Si_3 的晶体结构模型,该晶胞中含 16 个原子,其中有 10 个 Nb 原子和 6 个 Si 原子。沿[001]方向,γ - Nb_5Si_3 的原子排布可以分为 5 层,其堆垛方式为 ACABA(图 5 - 26(b))。其中 A 层完全由 Nb_I 原子占据,B 层和 C 层均由 Nb_{II} 和 Si 原子占据。从[001]方向看(图 5 - 26(c)),B 层和 C 层的原子排布以该俯视图的长对角线方向呈对称分布。

5.3.2　第一原理计算

第一原理计算是一种很有希望从源头开始设计材料的物理学工具,其基本原理都是以 Hohenberg-Kohn 1964 年提出的密度泛函理论(Density-functional Theory,DFT)为基础的[39,40]。第一原理计算可以仅根据组成元素的原子序数和在给定晶体结构的晶胞中的位置,计算出物质的总能和形成热,给出各种晶体结

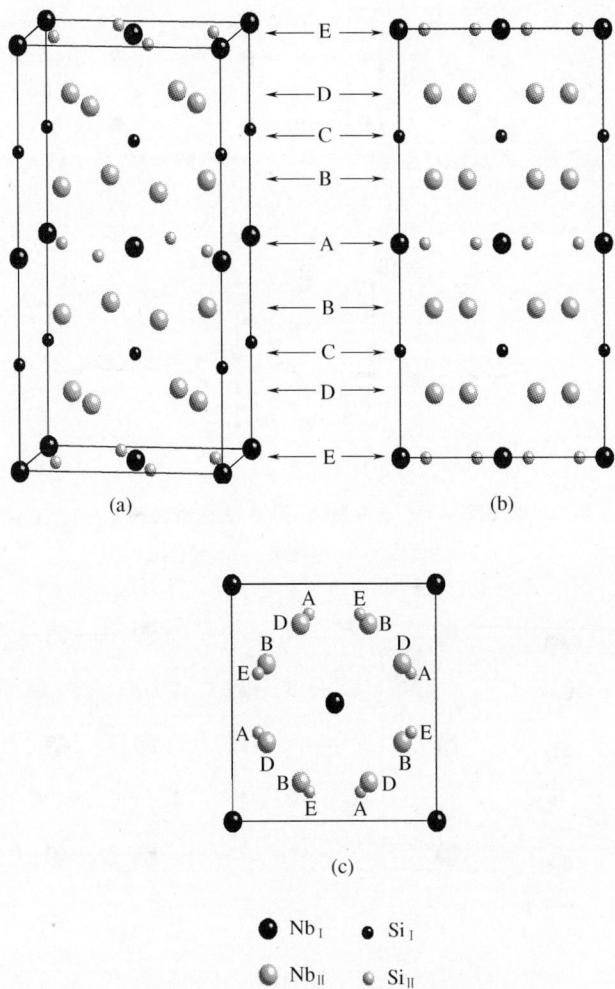

图 5 - 24 α - Nb₅Si₃晶体结构示意图

(a) 立体图；(b) 左视图；(c) 俯视图。

构的相对稳定性、晶格参数、点和面缺陷的能量、体弹模量等,对于材料设计的实验研究具有一定指导意义。目前对于 Nb - Si 系超高温结构材料的第一原理计算,基本上都是采用 Materials Studio 软件中的 CASTEP(Cambridge Serial Total Energy Package)软件包,CASTEP 是一种基于密度泛函理论的平面波赝势方法,计算时的参数设置见表 5 - 10[41-45]。Chen Yue 等人尝试将截止能量设为450eV,得出的计算结果与320eV 相差不大,这说明 320eV 的截止能量已经能够满足计算精度要求。

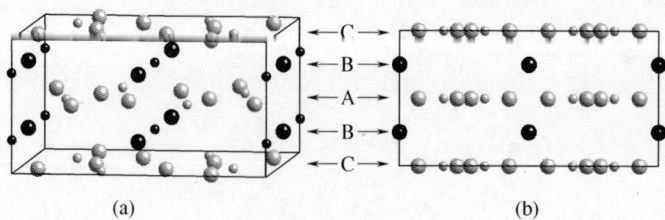

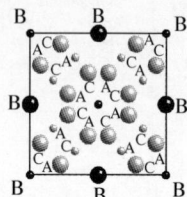

图 5 - 25 β - Nb₅Si₃ 晶体结构示意图

（a）立体图；（b）左视图；（c）俯视图。

● Nb_I ● Nb_II ● Si_I ● Si_II。

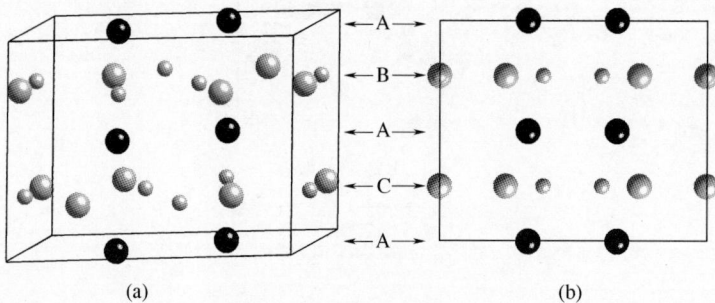

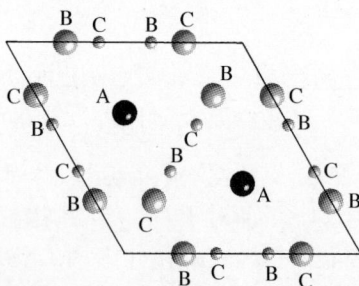

图 5 - 26 γ - Nb₅Si₃ 晶体结构示意图

（a）立体图；（b）左视图；（c）俯视图。

● Nb_I；● Nb_II；● Si。

表 5 – 10　　CASTEP 计算参数设置

	交换关联函数	赝势	截止能量	K 点网格划分（Monkhorst – Pack）	几何优化时的收敛公差			
					Energy	Max Force	Max Stress	Max displacement
康永旺	GGA – PW91	超软赝势	320eV	$4 \times 4 \times 2$[①]、$2 \times 2 \times 4$[②]、$3 \times 3 \times 3$[④]	2×10^{-5} eV/个原子	0.05eV/Å	0.1GPa	0.002Å
宋立国	GGA – PW91	超软赝势	Ultra-fine	Fine	2×10^{-5} eV/个原子	0.05eV/Å	0.1GPa	0.002Å
Chen Yue	GGA – PBE	超软赝势	320eV	$4 \times 4 \times 2$[①]、$3 \times 3 \times 5$[②]、$4 \times 4 \times 6$[③]		0.05eV/Å	0.1GPa	
①α – Nb_5Si_3；②β – Nb_5Si_3；③γ – Nb_5Si_3；④Nb 晶胞								

宋立国和 Chen Yue 通过第一原理计算得出了 α – Nb_5Si_3、β – Nb_5Si_3、γ – Nb_5Si_3 的单原子形成能,计算结果表明 α – Nb_5Si_3 的形成能最低,γ – Nb_5Si_3 的形成能最高,这说明 α – Nb_5Si_3 最稳定,γ – Nb_5Si_3 最不稳定,β – Nb_5Si_3 的稳定性居于 α – Nb_5Si_3 和 γ – Nb_5Si_3 之间。此外,从态密度角度分析也得出了相同的结论。

康永旺和 Chen Yue 采用不同合金元素的原子依次替换 α – Nb_5Si_3、β – Nb_5Si_3、γ – Nb_5Si_3 晶格每类原子中的一个原子,计算出了掺杂前后形成能变化,如图 5 –27 所示。比较图 5 –27(a)和图 5 –27(b)中康永旺和 Chen Yue 两人的计算结果,虽然形成能数值有些差异,但是由形成能反映出的元素占位倾向规律却是一致的。在 α – Nb_5Si_3 中,Ti、V、Mo、Cr、W、Co、Ni 等元素择优占据 Nb_I 位置,Hf、Zr 优先占据 Nb_{II} 位置,Al、Ge 优先占据 Si_I 位置。根据 α – Nb_5Si_3 的晶体结构(图 5 – 24),Nb_I 原子所在的 A 层和 E 层比 Nb_{II} 原子所在的 B 层和 D 层的原子排列更紧密,Si_{II} 原子所在的 A 层和 E 层比 Si_I 原子所在 C 层的原子排列更紧密,比 Nb 原子半径小的 Ti、V、Mo、Cr、W、Co、Ni 等原子优先占据密排面 A 层和 E 层上的 Nb_I 位置,比 Nb 原子半径大的 Hf、Zr 原子优先占据非密排面 B 层和 D 层上的 Nb_{II} 位置,比 Si 原子半径大的 Al、Ge 原子优先占据非密排面 C 层上的 Si_I 位置,这种占位行为从原子尺寸的角度很容易理解。

在 β – Nb_5Si_3 中,Ti、V、Mo、Cr、W、Co、Ni 等元素优先占据 Nb_I 位置,Hf、Zr 优先占据 Nb_{II} 位置,Al、Ge 优先占据 Si_{II} 位置。根据 β – Nb_5Si_3 的晶体结构(图 5 – 25),Nb_{II} 原子所在的 A 层和 C 层比 Nb_I 原子所在 B 层的原子排列更紧密,Si_{II} 原子所在的 A 层和 C 层比 Si_I 原子所在 B 层的原子排列更紧密,比 Nb 原子半径小的 Ti、V、Mo、Cr、W、Co、Ni 等原子优先占据非密排面 B 层上的 Nb_I 位置,比 Nb 原子半径大的 Hf、Zr 原子优先占据密排面 A 层和 C 层上的 Nb_{II} 位置,比 Si 原子半径大的 Al、Ge 原子优先占据密排面 A 层和 C 层上的 Si_{II} 位置,这种占位行为从原子尺寸的角度似乎难以理解。Chen Yue 等人认为这种反常的择优占位跟 β – Nb_5Si_3 中存在反键有关,而 α – Nb_5Si_3 中之所以没有这种反常的择优占位,正是

由于 $\alpha - Nb_5Si_3$ 中不存在反键。$\beta - Nb_5Si_3$ 中 (100) 面上的 $Nb_I - Nb_I$ 键为反键,当 Ti、V、Mo、Cr、W 等元素占据 Nb_I 位置后,$X - Nb_I$(X 代表合金元素)反键强度降低,晶格稳定性提高,因此这些元素在 Nb_I 位置具有择优占位;Hf 占据 Nb_{II} 位置后的 $Nb_I - Nb_I$ 反键比 Hf 占据 Nb_I 位置形成的 $Hf - Nb_I$ 反键的强度低,故 Hf 在 Nb_{II} 位置具有择优占位;Zr 占据 Nb_I 位置后形成的 $Zr - Nb_I$ 反键比 Zr 占据 Nb_{II} 位置后的 $Nb_I - Nb_I$ 反键的强度低,Zr 应该优先占据 Nb_I 位置才对,可是图 5 – 27(b)却表明 Zr 优先占据 Nb_{II} 位置,Chen Yue 等人从态密度角度解释了 Zr 的择优占位——一般认为,费米能级处的态密度越低,体系越稳定,Zr 占据 Nb_{II} 位置后,费米能级处的态密度比占据 Nb_I 位置的态密度低,即 Zr 占据 Nb_{II} 位置比占据 Nb_I 位置的晶格稳定性更高,所以 Zr 在 $\beta - Nb_5Si_3$ 中优先占据 Nb_{II} 位置。

图 5 – 27(c)给出了合金元素在 $\gamma - Nb_5Si_3$ 中掺杂后的形成能变化,从图中可以看出,Ti、V、Mo、Cr、W 等元素优先占据 Nb_I 位置,Hf、Zr 优先占据 Nb_{II} 位置。根据 $\gamma - Nb_5Si_3$ 的晶体结构(图 5 – 26),Nb_{II} 原子所在的 B 层和 C 层比 Nb_I 原子所在 A 层的原子排列更紧密,比 Nb 原子半径小的 Ti、V、Mo、Cr、W 等原子优先占据非密排面 A 层上的 Nb_I 位置,比 Nb 原子半径大的 Hf、Zr 原子优先占据密排面 B 层和 C 层上的 Nb_{II} 位置,对于这种类似于 $\beta - Nb_5Si_3$ 中的反常占位行为,Chen Yue 等人同样从反键和态密度角度给出了合理解释。

康永旺针对 $\alpha - Nb_5Si_3$ 和 $\beta - Nb_5Si_3$ 中择优占位后能量降低的稳定体系,即 $\alpha - Nb_5Si_3$ 中 Ti 占 Nb_I 位($\alpha - Ti - Nb_I$)、V 占 Nb_I 位($\alpha - V - Nb_I$)、Hf 占 Nb_{II} 位($\alpha - Hf - Nb_{II}$)和 Ge 占 Si_I 位($\alpha - Ge - Si_I$)四个占位体系,$\beta - Nb_5Si_3$ 中 Ti 占 Nb_I 位($\beta - Ti - Nb_I$)、V 占 Nb_I 位($\beta - V - Nb_I$)、Mo 占 Nb_I 位($\beta - Mo - Nb_I$)、Cr 占 Nb_I 位($\beta - Cr - Nb_I$)、Co 占 Nb_I 位($\beta - Co - Nb_I$)、Hf 占 Nb_{II} 位($\beta - Hf - Nb_{II}$)和 Ge 占 Si_{II} 位($\beta - Ge - Si_{II}$)七个体系,讨论了合金元素掺杂对晶格常数和弹性性质(包括单晶和多晶结构的体弹模量、弹性模量、剪切模量和泊松比)的影响。计算结果表明,合金元素对 $\alpha - Nb_5Si_3$ 和 $\beta - Nb_5Si_3$ 晶格常数的影响规律不一样,尤其是 Hf 改变了 $\beta - Nb_5Si_3$ 的对称类型,使其从四方晶系转变成正交晶系。Mo、W 对多晶 Nb 的弹性性质影响较大;V、Ge 对多晶 $\alpha - Nb_5Si_3$ 的弹性性质影响较大;V、Hf 对多晶 $\beta - Nb_5Si_3$ 的弹性性质影响较大。

根据 Pugh 和 Wang 等的研究[46,47],合金及金属间化合物的脆性可以根据其剪切模量 G 和体弹模量 K 的比值 G/K 来判断(Pugh 判据),$G/K < 0.5$,则材料具有韧性断裂机制,否则,表现为脆性断裂机制。G/K 值越大,材料越脆;反之,韧性越好。图 5 – 28 给出了掺杂前后多晶 Nb、多晶 $\alpha - Nb_5Si_3$、多晶 $\beta - Nb_5Si_3$ 体系的 G/K 值。对于多晶 Nb,Ti、V、Mo、Hf、W 合金化使固溶体的 G/K 值分别下降了 13%、10.6%、34%、15.7% 和 33.3%,根据 Pugh 判据,这些元素均能改善多晶 Nb 固溶体

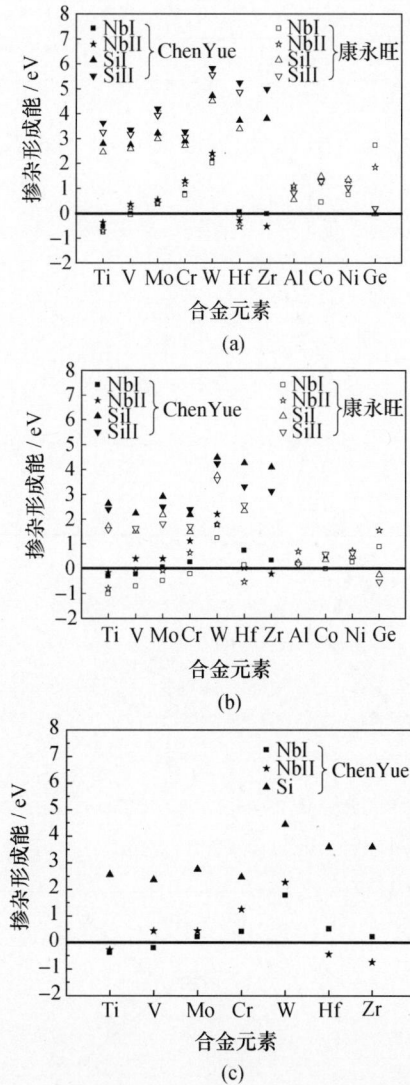

图 5 - 27　合金元素在 Nb_5Si_3 中的掺杂形成能

（a）$\alpha - Nb_5Si_3$；（b）$\beta - Nb_5Si_3$；（c）$\gamma - Nb_5Si_3$。

的室温韧性,其中以 Mo 和 W 的作用最为明显。对于 $\alpha - Nb_5Si_3$,Ti、Ge 改善其韧性,V、Hf 增加其脆性。对于 $\beta - Nb_5Si_3$,Ti、V、Cr、Mo、Ge 增加其脆性,Co、Hf 改善其韧性。比较多晶 Nb、多晶 $\alpha - Nb_5Si_3$、多晶 $\beta - Nb_5Si_3$ 体系,多晶 Nb 体系的 G/K 值均小于 0.5,应为韧性断裂机制,多晶 $\alpha - Nb_5Si_3$ 和多晶 $\beta - Nb_5Si_3$ 体系中除 $\beta - Hf - Nb_{II}$ 外,G/K 值均大于 0.5,应为脆性断裂机制。此外,$\alpha - Nb_5Si_3$ 体系的 G/K 值大于 $\beta - Nb_5Si_3$ 体系,这说明 $\alpha - Nb_5Si_3$ 体系韧性低于 $\beta - Nb_5Si_3$ 体系。

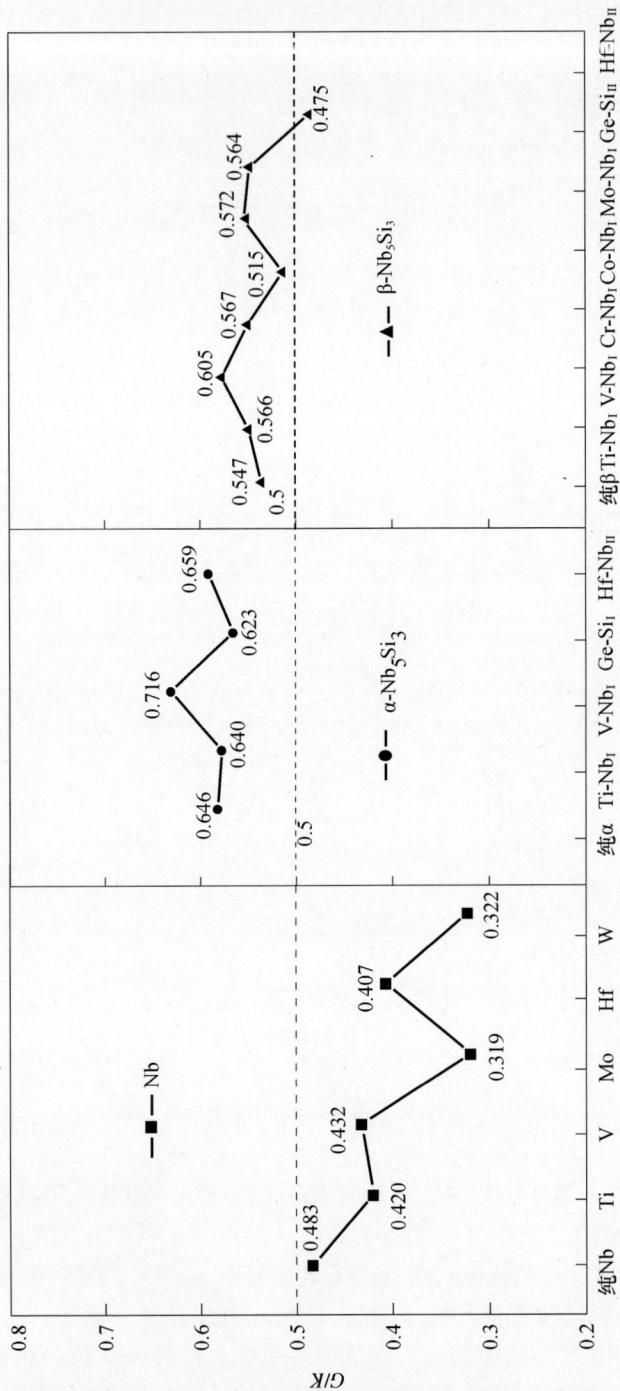

图5-28 合金元素对多晶Nb、α-Nb₅Si₃和β-Nb₅Si₃体系G/K值的影响

238

5.3.3 合金化元素作用

多元合金化是 Nb – Si 系超高温结构材料发展的一个重要方向,研究人员希望通过多组元合金化达到高温强度、室温韧性和抗高温氧化性能的综合平衡,添加的合金元素主要有 Ti、Cr、Al、Hf、Mo、W、稀土元素等。

研究表明,Ti 元素能稳定 Nb_3Si 相到较低温度,即降低 $Nb_3Si \rightarrow Nb_{ss} + Nb_5Si_3$ 共析分解温度。此外,Ti 元素可以改善合金室温断裂韧性和抗氧化性能[48],但是根据 Bewlay、Subramanian 和 Zhao 等人的研究[49-51],Ti 会降低 $L \longrightarrow Nb_{ss} + Nb_3Si$ 共晶反应温度,即合金熔点,而且 Ti 含量过高会促进 Ti_5Si_3 相的形成,该相会损害蠕变断裂强度,所以为了保证合金熔点高于 1700°C 并且避免形成 Ti_5Si_3,Ti 含量一般低于 25%(原子分数)[52]。

Cr 元素能促进凝固时形成 Nb_{ss}/Nb_5Si_3 共晶[53-56]。此外,Cr 可以显著改善 Nb – Si 系超高温结构材料的高温抗氧化性能,因为生成了 Laves 相 Cr_2Nb。Cr_2Nb 不仅具有高熔点、适当的密度,而且大量 Cr 的存在,使其具有非常好的高温抗氧化性能和高温耐腐蚀性,使用温度可望超过 1200°C。但是 Cr 元素会增加 Nb 相的韧—脆转变温度 DBTT,Cr_2Nb 的存在会恶化合金的韧性和高温强度,而且 Cr 降低合金熔点的效果比 Ti 更强烈,因此必须合理控制 Cr 含量以达到力学性能和高温抗氧化性的平衡。

Al 元素的作用与 Cr 相似,能促进 Nb_{ss}/Nb_5Si_3 共晶的形成[53,57],可以改善铌硅合金的高温抗氧化性能,但同时也会增加 Nb 相的韧—脆转变温度 DBTT。

Hf 元素会降低 $L \longrightarrow Nb_{ss} + Nb_3Si$ 共晶反应温度[58,59],但是降低程度没有 Ti 元素严重,而且 Hf 不能像 Ti 那样将 Nb_3Si 稳定到较低温度(Nb – Si – Hf 体系中 Nb_3Si 共析分解温度高于 1500°C)。虽然 Hf 对提高合金高温强度、室温断裂韧性和抗氧化性能均有益处,但是为了避免形成对蠕变性能不利的 Hf_5Si_3 相,Hf 含量应该控制在 10%(原子分数)以内[60]。

Mo 和 W 元素能提高合金熔点,并促进凝固时直接生成 Nb_{ss}/Nb_5Si_3 共晶[61-63]。此外,Mo 能将 $\beta - Nb_5Si_3$ 稳定到较低温度(二元 Nb – Si 体系中,$\beta - Nb_5Si_3$ 是高温稳定相,$\alpha - Nb_5Si_3$ 是低温稳定相)。Mo 和 W 元素能显著提高合金高温强度,但是添加过多会使合金密度增加,韧性降低,因此 Mo、W 含量应该控制在合理范围之内。

Sn 元素能提高合金的抗氧化性能,尤其是抑制中温(750°C ~ 950°C)粉化,Sn 还能促进凝固时生成 Nb_{ss}/Nb_5Si_3 共晶[64]。Ge 能改善中温粉化,促进凝固时生成 Nb_{ss}/Nb_5Si_3 共晶,但是与 Sn 不同的是,Ge 易于偏聚在 Nb_5Si_3 中,而 Sn 易于偏聚在 Nb_{ss} 中,正是由于这个原因:

（1）Nb – Si – Sn 体系中，由于初生 Nb_5Si_3 相向熔体中排出多余的 Sn，导致形成新相 Nb_3Sn；而在 Nb – Si – Ge 体系中，Ge 大部分固溶到 Nb_5Si_3 中，造成 Nb_5Si_3 周围的熔体中贫 Ge，不易出现 Nb_xGe_y 相。

（2）Sn 对 Nb_5Si_3 相硬度影响不大，而 Ge 能明显提高 Nb_5Si_3 相的硬度[65]。B 能促进凝固时生成 Nb_{ss}/Nb_5Si_3 共晶，而且 B 提高 Nb_5Si_3 相硬度的效果比 Ge、Sn 更显著[66,67]。

Zr 元素能加速 Nb_3Si 共析分解生成 Nb_{ss} + Nb_5Si_3[68]，增加 Nb_{ss} 和 Nb_3Si 相的硬度。Zr 具有一定的固溶强化效果，能提高合金的室温强度；同时由于 Zr 粗化初生 Nb_{ss} 相，能改善合金的室温塑性；但由于 Zr 熔点比 Nb 低，增加了原子扩散系数，从而加速了由热激活控制的高温压缩变形过程，降低合金高温强度[69,70]。

V 促进凝固时直接生成 Nb_{ss}/Nb_5Si_3 共晶[71]，而且能明显细化初生 Nb_{ss} 或初生 $\alpha - Nb_5Si_3$ 的尺寸。与 Mo 稳定 $\beta - Nb_5Si_3$ 不同的是，V 能稳定 $\alpha - Nb_5Si_3$。V 在 Nb_{ss} 中的固溶度大于在 $\alpha - Nb_5Si_3$ 中的固溶度，而且这种固溶度差异随着 V 含量增加而增大。与 Zr 元素类似，V 能提高合金的室温强度，但会降低合金高温强度。

在 Nb – Si – Ti 体系中加入含量超过 1%（原子分数）的 Co 或 Ni，会形成低熔点相 Ti_2Co 或 Ti_2Ni[41]，严重降低合金的高温强度。

对 Nb – Mo – Ti – Si 合金系而言，C 的影响非常复杂[72]：室温下，当 C ≤ 2.4%（原子分数）时，合金的维氏硬度和高温强度随 C 的增大而减小；对 Mo = 10%（原子分数）系列合金，当 C > 2.4%（原子分数）时，合金的强度出现回升；对 Mo = 20%（原子分数）系列合金，在 1400℃下，当 C = 9.1%（原子分数）时，合金的强度大大提高。

稀土元素 Dy[73] 可以细化组织，尤其表现为硅化物尺寸的减小，有利于提高合金室温强度和室温塑性，强度的提高归功于 Dy 的固溶强化、界面强化以及细晶强化，塑性增加主要是因为 Dy 的加入导致组织细化和界面净化。

Ta 促使 $\beta - Nb_5Si_3$ 转变为 $\alpha - Nb_5Si_3$[74]，Ta 主要固溶在 Nb_{ss} 中，而且能促进 Si 在 Nb_{ss} 中的固溶，改善合金的室温和高温强度。

5.3.4　Nb – Si 系超高温结构材料制备工艺

Nb – Si 系超高温结构材料的制备方法主要包括真空非自耗/自耗电弧熔炼、定向凝固、粉末冶金、气相沉积、普通精密铸造、铸造 + 热机械处理等，这些方法都已经成功应用于实验样品的制备[34,36]。

5.3.4.1　真空电弧熔炼工艺

真空电弧熔炼是在真空条件下,利用电极和坩埚两极间电弧放电产生的高温作热源,将金属材料熔化,在坩埚内冷凝成锭的过程。真空电弧熔炼是目前制备 Nb - Si 系超高温结构材料应用最广泛的方法[75-77],可分为真空非自耗电弧熔炼和真空自耗电弧熔炼两种,非自耗电弧熔炼采用的一般是钨电极,而自耗电弧熔炼的电极则是由被熔炼金属材料组成。目前研究工作的试样大多采用真空非自耗方法制备,其特点是工艺简单、成本较低。采用非自耗电弧熔炼方法制备合金时,为防止低熔点和高蒸气压的元素(如 Si、Al、Cr)的挥发而导致最终材料成分的偏差及不必要相的生成,需要在抽真空后充入惰性气体,这样既可保持电弧的稳定,又可使合金成分稳定,从而达到精炼的目的;同时为保证成分均匀,合金锭一般都需经过多次熔炼。非自耗电弧方法所得合金锭一般尺寸较小(图 5 - 29),组织不均匀,而且容易出现缩孔等缺陷,不适合大型的工程应用。为了满足制备大尺寸合金锭的需要,真空自耗电弧熔炼开始应用于 Nb - Si 系超高温结构材料。考虑到该材料体系中合金元素之间的熔点差异较大(Nb 元素与 Al 元素熔点相差高达约 1800℃),为提高材料成分均匀性、减少偏析,可以采用中间合金(如 Nb - Ti、Ti - Al 等)作为自耗电弧熔炼的原材料,但是由于受压制熔炼电极时混料均匀性及熔炼时假电极熔化等因素的影响,成分均匀性和准确性的控制仍是自耗电弧熔炼工艺中的一个难点。

5.3.4.2　定向凝固工艺

定向凝固是对金属材料进行凝固过程研究的重要手段之一,它是指在共晶合金或者包晶合金等复相合金的凝固过程中,采用强制手段,在已经凝固金属和未凝固的熔体中建立起沿特定方向的温度梯度,从而使熔体形核后沿着与热流相反的方向,按要求的结晶取向进行凝固,并通过合理地控制工艺参数,使基体相和增强相均匀相间,从而得到定向整齐排列的显微组织。目前用来制备 Nb - Si 系超高温结构材料的定向凝固方法主要是无坩埚浮区熔炼技术和有坩埚定向凝固技术两类。无坩埚浮区熔炼技术是 Kech 和 Golay 于 1953 年生产高纯硅时提出来的,实验时不使用坩埚,而是利用熔体本身的表面张力与重力平衡来保持熔区的稳定。这种熔炼技术由于避免了坩埚材料对熔体的污染,不受坩埚熔点的限制。根据加热方式不同,无坩埚浮区熔炼技术可分为光悬浮区熔法[78-82]、电子束区熔法[83-86]、感应悬浮区熔法[83,87,88]等。光悬浮区熔法是利用凹镜将灯丝发出的光聚焦于一点,从而使焦点上的材料达到高温熔化,北京航空材料研究院、北京航空航天大学等单位利用光悬浮区熔法制备了 Nb - Si 二元/多元合金,并指出使用该方法得到的材料非常致密,基本无疏松和孔洞,合适的定向凝固速率可以形成具有良好定向效果的凝固组织并显著改善合金的高温强

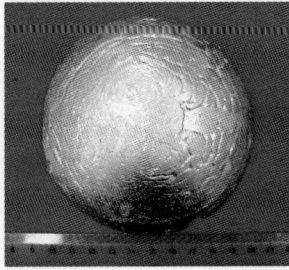

(a)

(b)

图 5 - 29　电弧熔炼工艺制备的 Nb - Si 合金锭

（a）非自耗电弧；（b）自耗电弧。

度和室温断裂韧性,但该方法温度梯度低、凝固效率慢,而且组织比较粗大。电子束区熔法是利用高能电子束流轰击金属表面,从而使材料熔化。郭喜平等利用电子束区熔法制备了 Nb - Si - Ti - Hf - Al 系材料,并指出拉晶速度的加快可以细化组织、提高共晶体的含量。感应悬浮区熔法是利用感应加热熔化材料,W. Y. Kim 采用感应悬浮区熔法制备出具有片层结构的 Nb - Si - Mo 三元定向合金。无坩埚浮区熔炼技术虽然在避免熔体污染方面具有优势,但是不能制备尺寸较大和复杂形状的试样。针对这一问题,国内部分研究机构开始探索有坩埚定向凝固工艺,如冷坩埚定向凝固技术和有坩埚高梯度整体定向凝固技术。冷坩埚定向凝固技术是将分瓣的水冷铜坩埚置于交变电磁场内,利用电磁场产生的涡流热熔化金属,并依靠电磁力使金属熔体与坩埚壁保持软接触或非接触状态,避免对熔体产生污染,同时采用液态金属冷却提高温度梯度,可制备尺寸较大的试棒或试板;哈尔滨工业大学利用该技术已成功制备出具有优良性能的 Ti - Al 金属间化合物材料,目前北京航空材料研究院正在探索运用该技术制备 Nb - Si 系超高温结构材料(图 5 - 30)。有坩埚高梯度整体定向凝固技术,是西北工业大学在成功开发了适合于超高温合金整体定向凝固用的惰性陶瓷坩埚的基础上,采用整体坩埚浸入液态金属冷却从而得到较高的温度梯度,制备出定向效果好、综合性能优良的试棒。北京航空航天大学也在有坩埚整体定向凝固技术方面开展了一些研究工作,并取得了一定的成果。然而,由于 Nb – Si 系材料的高熔点和高活性,其空心叶片定向凝固精密成形工艺将是一项具有极大难度和挑战性的研究课题。

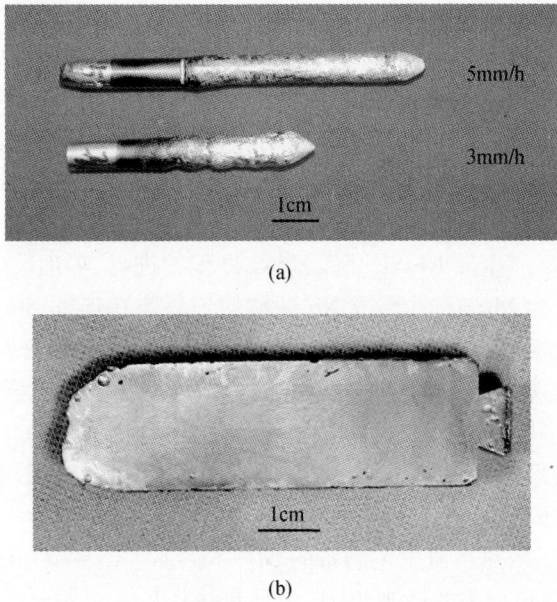

图 5 – 30   不同定向凝固工艺制备的 Nb – Si 合金试样
(a) 光悬浮定向凝固;(b) 冷坩埚定向凝固。

5.3.4.3   粉末冶金

粉末冶金是一种利用金属(或非金属)粉末制备材料的常用方法,该方法可生产大块材料和一定形状的零件。相对于传统的铸造方法而言,粉末冶金的原材料利用率很高(达 95%),在零部件制造和材料合成方面具有可近终成形、材料显微组织细小、成分均匀、所制备材料的综合性能好等优点,在材料领域得到了广泛的应用。

目前 Nb – Si 合金的粉末冶金制备工艺主要采用反应热压烧结、放电等离子烧结、热等静压等成形方法。反应热压烧结是利用元素粉末在高温和高压作用下相互反应来制备材料的粉末成形方法。Kajuch 等[90]在文献中提到,反应热压烧结制备的 Nb – Si 系超高温结构材料中可观察到 Nb_5Si_3 的瞬间形成,在瞬间反应之前,粉末仍保持其元素态,反应所需能量是 Nb 和 Si 之间的放热反应。哈尔滨工

243

业大学俞吉良等[91-93]采用反应热压烧结方法制备出组织均匀的 Nb – 16Si –
2Fe 合金,平均颗粒尺寸约为 $3\mu m$,呈等轴状分布,其室温拉伸伸长率达到 2%,
这是目前国内报道的 Nb – Si 合金的最好塑性水平。王晓丽等采用烧结 + 锻造
技术制备了名义成分为 Nb – 16Si 的推力室模拟件(图 5 – 31(a)),其颗粒均匀
细小,韧性明显优于电弧熔炼态合金[94]。

　　放电等离子烧结法是近几年来发展起来的广泛用于陶瓷、金属间化合物及
难熔金属的粉末成形工艺。该技术是通过一对电极板在粉体间施加变频电流,
引起粉末颗粒之间稀薄气体电离放电。火花放电可使颗粒之间的温度瞬时达上
万度,使颗粒表面杂质迅速汽化,从而净化、活化粉体表面。使用该方法制备的
Nb – Si 系结构材料具有较好的微观组织结构[95-97,98]。通过对放电等离子烧结
过程中不同阶段试样的液淬分析发现[99],在升温过程中的后期,Nb 和 Si 颗粒已
经开始发生界面反应生成 Nb_5Si_3,随着烧结过程的进行,界面反应不断发生,直
至 Si 粉完全转变为 Nb_5Si_3,并形成 Nb 颗粒均匀分布在连续 Nb_5Si_3 基体上的复
合材料。放电等离子烧结温度对 Nb – Si 系超高温结构材料微观组织有重要影
响[100-101]:当烧结温度低于临界温度 T_c(约 1400℃,接近 Si 元素的熔点)时,材
料密度较低,组织中存在孔洞,没有完全致密化,而且出现亚稳相 Nb_3Si;当烧结
温度高于临界温度 T_c 时,可获得几乎完全致密的材料,显微组织为细小的等轴
结构,亚稳相 Nb_3Si 得以消除。

　　采用热等静压 + 热挤压工艺制备的 Nb – Si – Ti – Cr – Al – Hf 六元合金(图
5 – 31(b))具有细小均匀的微观组织,而且热挤压后的材料比热等静压态具有
更好的高温强度和断裂伸长率[102]。

5.3.4.4　物理气相沉积法

　　物理气相沉积利用热蒸发、辉光放电或者弧光放电等物理过程在基材表面
沉积所需材料,主要分为蒸发镀、溅射镀和离子镀。目前物理气相沉积已经广泛
应用于薄膜、涂层和微叠层材料的制备。Nb – Si 系微叠层材料主要采用电子束
物理气相沉积和磁控溅射方法制备,在基板上交替沉积 Nb 固溶体和硅化物而
形成多层材料,各相的片层厚度和体积分数可通过沉积时间和沉积速率来调整,
从而实现 Nb 固溶体高韧性和硅化物高强度的优势结合。溅射沉积与电子束气
相沉积相比,溅射沉积效率太低(约 $0.2\mu m/min$),从经济实用角度来看,其仅仅适
用于厚度小于 0.3mm 零件的制备;而电子束气相沉积的沉积效率为 $1\mu m/min \sim$
$25\mu m/min$,可以用来制备厚度大于 0.3mm 的零件。Heerden[103-105]、
Gavens[106]、Shang[107]等使用磁控溅射的方法制备了 Nb/Nb_5Si_3 叠层材料,研究
了材料的组织、热稳定性、变形后的残余应力等。GE 公司利用电子束物理气相
沉积制备了尺寸为 $\phi500mm \times 1mm$ 的薄板状 Nb – Ti – Hf – Si 叠层材料[108,109]。

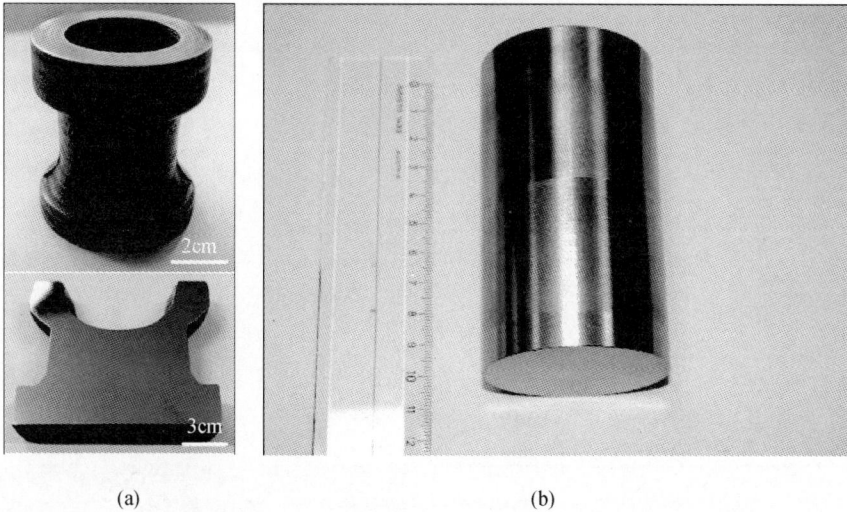

图 5 - 31 (a)烧结 + 锻造制备的 Nb - 16Si 合金推力室成形零件；
(b)热等静压 + 热挤压制备的 Nb - Si 合金锭

5.3.4.5 激光快速成形

激光快速成形方法源于用以表面改性的激光熔覆技术,其基本原理是利用高能激光束将粉末或细丝状材料熔化,在沉积基板上逐层堆积而形成具有一定成分和组织的材料,试验发现较高的送粉速率和较低的扫描速度可以使 Nb - Si 合金成形过程更稳定[110]。与电弧熔炼相比,由于激光快速成形是快速凝固过程,其所形成的显微组织明显细化且分布均匀[41,111],从而改善其塑韧性,此外还可能出现非平衡凝固相[110]。然而,Nb - Si 系超高温结构材料自身脆性和激光成形过程中的超高冷速,使得在制备尺寸较大的试样时极易出现开裂现象,目前采用激光快速成形方法制备 Nb - Si 系超高温结构材料还局限于小试样,还需对该体系材料的激光快速成形工艺进行深入的探索研究。

5.3.4.6 普通精密铸造

由于镍基高温合金涡轮叶片目前普遍采用复杂的气冷结构,其冷却效果能够达到 300℃以上,而第四代镍基单晶合金的承温能力已达 1150℃,因此与镍基高温合金相比,Nb - Si 合金必须能够制备成空心涡轮叶片才能具有竞争优势。对于具有复杂型腔的涡轮叶片近净形成形来讲,能够生产近成形产品的精密铸造技术是生产 Nb - Si 系材料空心涡轮叶片最具潜力的一种方法。然而,由于目前精密铸造所采用的陶瓷型芯和模壳的承温能力不足,且在高温下与 Nb - Si 合金熔体发生反应,这种方法的发展受到了一定限制。2003 年,GE 公司综合使用电弧熔炼和滴铸技术在带有低反应涂层的铝基陶瓷模壳中浇注出精密铸造叶片模拟件[36]，其长度接近150mm，厚度为3mm～8mm(图5－32)，据称可以满足推重比为15及以上燃气涡轮发动机所需的高温涡轮叶片设计的要求。此外，使用该方法还可生产一系列Nb－Si系超高温结构材料，包括Nb－Ti－Si和Nb－Ti－Hf－Cr－Al－Si多元系，该技术所制备的材料，其相分布和相组成无宏观偏析；氧含量与普通电弧熔炼铸造的Nb－Si系超高温结构材料相当(为670×10^{-6}～$1020 \times 10^{-6}(w/w)$)。目前，GE公司研制出的第一代Nb－Si系超高温结构材料构件已经在某发动机上进行了试车，并于2012年推出低压涡轮叶片，计划2015年推出更为复杂的高压涡轮叶片。国内在叶片成形方面，北京航空材料研究院和北京航空航天大学均进行了探索研究，采用普通精密铸造方法分别成功制备出Nb－Si系材料涡轮转子叶片和导向叶片模拟件。

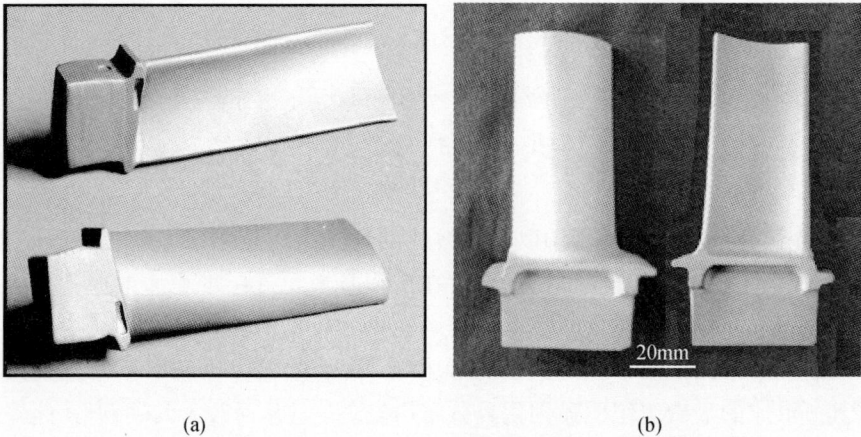

(a)   (b)

图5－32　典型的Nb－Si系超高温结构材料叶片模拟件
(a) GE公司研制；(b) 北京航空材料研究院研制。

5.3.4.7　其他方法

由于Nb－Si系超高温结构材料凝固组织比较粗大，硅化物存在尖角且形状不规则，极大损害了室温、高温力学性能，因此通常要进行后续处理，包括热处理[112-114]、挤压[109,115,116]、等温锻[87]等。根据Nb－Si二元相图，Nb_3Si是亚稳相，通过热处理可以共析分解生成Nb_{ss}和α－Nb_5Si_3相，但需要较高的温度(≥1500℃)和较长的时间(约100h)。对Nb－Si多元系材料来说，1450℃/24h是比较合适的热处理制度，组织中块状和板条状硅化物的边界在热处理后趋于圆润，有破碎成细小硅化物颗粒的趋势，但是如果热处理温度太高或热处理时间太长，组织则会明显粗化。通过热挤压，Nb－Si系材料可以在挤压方向获得类似定向生长的条带状组织,可提高该方向的力学性能。等温锻造后 Nb – Si 系材料可形成等轴组织。包套锻对 Nb – Si 系材料组织和性能有明显影响,虽然没有形成具有方向性的组织,但是材料组织明显细化,提高了室温断裂韧性。

5.3.5 Nb – Si 系超高温结构材料的组织与力学性能

5.3.5.1 微观组织

Nb – Si 系超高温结构材料是一种原位复合材料,主要由韧性 Nb 固溶体相(Nb_{ss})和 Si 系金属间化合物高温强化相(Nb_5Si_3、Nb_3Si)组成。图 5 – 33 给出了通过不同工艺制备的 Nb – Si 合金的典型微观组织。图 5 – 33(a)、(b)为电弧熔炼方法制备的名义成分为 Nb – 16Si 合金的显微组织,图 5 – 33(a)[117] 为铸态组织,图 5 – 33(b)[63] 为 1500℃/100h 热处理态组织。由于 Nb – 16Si 为亚共晶合金,所以其初生相为白色 Nb_{ss},而且铸态组织中出现了大量菊花状的 Nb_{ss} + Nb_3Si 共晶,经过热处理后,Nb_3Si 通过共析分解生成 Nb_{ss} + α – Nb_5Si_3,大量细小的白色 Nb_{ss} 以网状分布在黑色 Nb_5Si_3 基体上。图 5 – 33(c)[118] 为采用光悬浮定向凝固工艺制备的名义成分为 Nb – 17.5Si 合金显微组织,白色的 Nb_{ss} 和灰色 Nb_3Si 同时沿纵向耦合生长,形成了两相交替排列的定向组织。图 5 – 33(d)[94] 是通过热压反应烧结而成的 Nb – 16Si 合金,其显微组织由呈等轴状分布的 Nb_{ss}、Nb_3Si 和 Nb_5Si_3 三相组成,平均颗粒尺寸约为 $2\mu m$。图 5 – 33(e)[106] 是采用磁控溅射沉积工艺制备的 Nb 与 Nb_5Si_3 交替排列的微叠层材料。图 5 – 33(f)[110] 是激光快速成形方法制备的名义成分为 Nb – 26Ti – 22Si – 6Cr – 3Hf – 2Al 合金,由于该合金为过共晶合金,其初生相为大块具有棱角的 Nb_5Si_3,Nb_{ss} 则以细小颗粒形式弥散分布。图 5 – 33(g)[119] 是 Nb – 10Si 合金显微组织的三维立体图像,其制备过程为电弧熔炼后进行挤压,然后再进行 1500℃/100h 热处理,初生 Nb_{ss} 沿着挤压方向被拉长,经过热处理后其完全分解为次生的 Nb_{ss} 和 Nb_5Si_3。

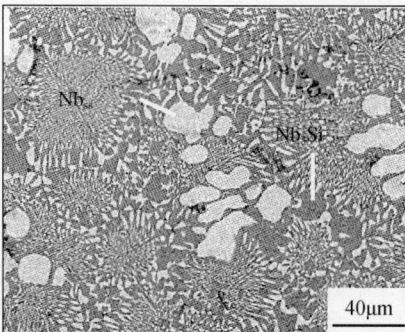

(a)

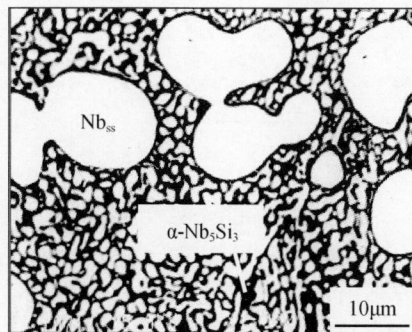

(b)

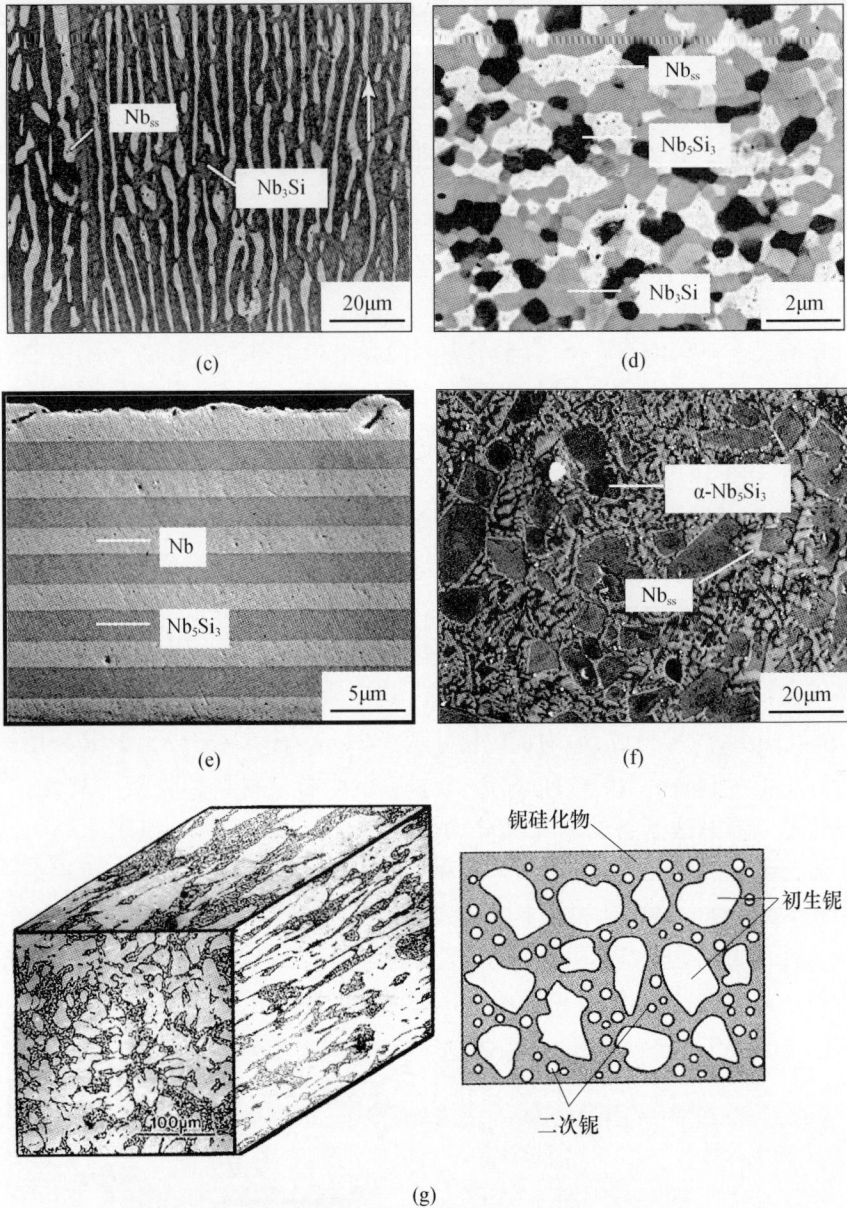

图 5-33　不同工艺制备的 Nb-Si 合金的显微组织

（a）Nb-16Si,非自耗电弧熔炼；（b）Nb-16Si,非自耗电弧熔炼+1500℃/100h 热处理；
（c）Nb-17.5Si,光悬浮定向凝固；（d）Nb-16Si,反应热压烧结；（e）Nb-18.7Si,磁控溅射沉积；
（f）Nb-26Ti-22Si-6Cr-3Hf-2Al,激光快速成形；（g）Nb-10Si,电弧熔炼+挤压+1500℃/100h 热处理。

5.3.5.2 拉伸和压缩性能

Nb – Si 系超高温结构材料和第二代 Ni 基单晶高温合金的强度比较如图 5 –34 所示[120]。从图中可以看出 Nb – Si 合金 C 从室温到 800℃的压缩强度保持在 1700MPa 左右,1200℃下约为 520MPa,1350℃下约为 310MPa。大多数的 Nb – Si 系材料都有高的室温压缩强度,但其拉伸强度很低,这是可能由孔洞等宏观缺陷以及微观缺陷引起的。

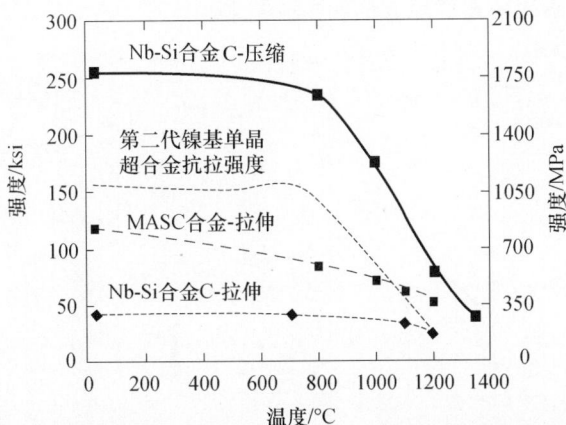

图 5 –34 Nb – Si 合金与典型第二代 Ni 基单晶合金强度对比

Nb – Si 系超高温结构材料的成分和组织结构对其力学性能有显著影响。通过改进制备工艺可以使硅化物相组织结构等得到优化,从而减少缺陷的尺寸和分布,提高拉伸强度。Jin – Hak Kim 等研究了电弧方法制备的 Nb – 18Si – 5Mo – 5Hf – 2C (%,原子分数)[121] 和 Nb – 18Si – 5Mo – 5Hf(%,原子分数)[122] 原位复合材料的拉伸性能,如图 5 –35 所示。图 5 –35(a)中的数据表明,Nb – 18Si – 5Mo – 5Hf – 2C 合金韧脆转变温度在 1470K ~ 1570K 之间,断口形貌(图 5 –36)也清楚表明了这种断裂方式的变化:在室温和 1470K 下,合金断口以 Nb_5Si_3 的脆性解理特征为主;在 1570K 和更高温度下,合金的断口出现明显的韧性断裂特征,出现了大量韧窝。图 5 –35(b)表明 Nb – 18Si – 5Mo – 5Hf 合金在室温下具有最高的极限抗拉强度,随着温度升高,屈服强度和极限抗拉强度同时降低。与 Nb – 18Si – 5Mo – 5Hf – 2C 合金相比,Nb – 18Si – 5Mo – 5Hf 合金的室温抗拉强度显著提高,通过观察拉伸断口发现,Nb – 18Si – 5Mo – 5Hf 合金室温下 Nb_{ss} 出现少量变形,而 Nb – 18Si – 5Mo – 5Hf – 2C 合金在室温下没有出现 Nb_{ss} 的变形,由此可以推断,C 元素的加入使 Nb_{ss} 硬化,从而降低了合金在室温下的损伤容限。与 Nb – 18Si – 5Mo – 5Hf – 2C 合金一样,Nb – 18Si – 5Mo – 5Hf 合金的韧—脆转变温度也在 1470K ~ 1570K 之间:温度低于 1470K 时,以 Nb_5Si_3 的解理断裂为主;温度高于 1570K 时,以韧性断裂为主。

喻吉良等采用反应热压烧结方法制备了 Nb – 16Si – 2Fe(%, 原子分数)合金, 显微组织中含有 Nb_{ss}、Nb₃Si、Nb₅Si₃ 和 Nb₄Fe₃Si₅ 四相, 各相平均晶粒尺寸均为 3μm, 并且呈等轴状, 其拉伸性能如图 5 – 35(c) 所示。该合金在室温下的抗拉强度为 530MPa, 伸长率为 2%, 这是目前报道的 Nb – Si 合金最好的塑性水平[91-93]。随着温度升高, 抗拉强度下降, 伸长率提高; 当温度为 1723K 时, 伸长率高达 512%, 合金出现超塑性。研究表明, Nb₄Fe₃Si₅ 液相(开始熔化温度为 1359℃)的粘性流动是超塑性变形的主要机制。

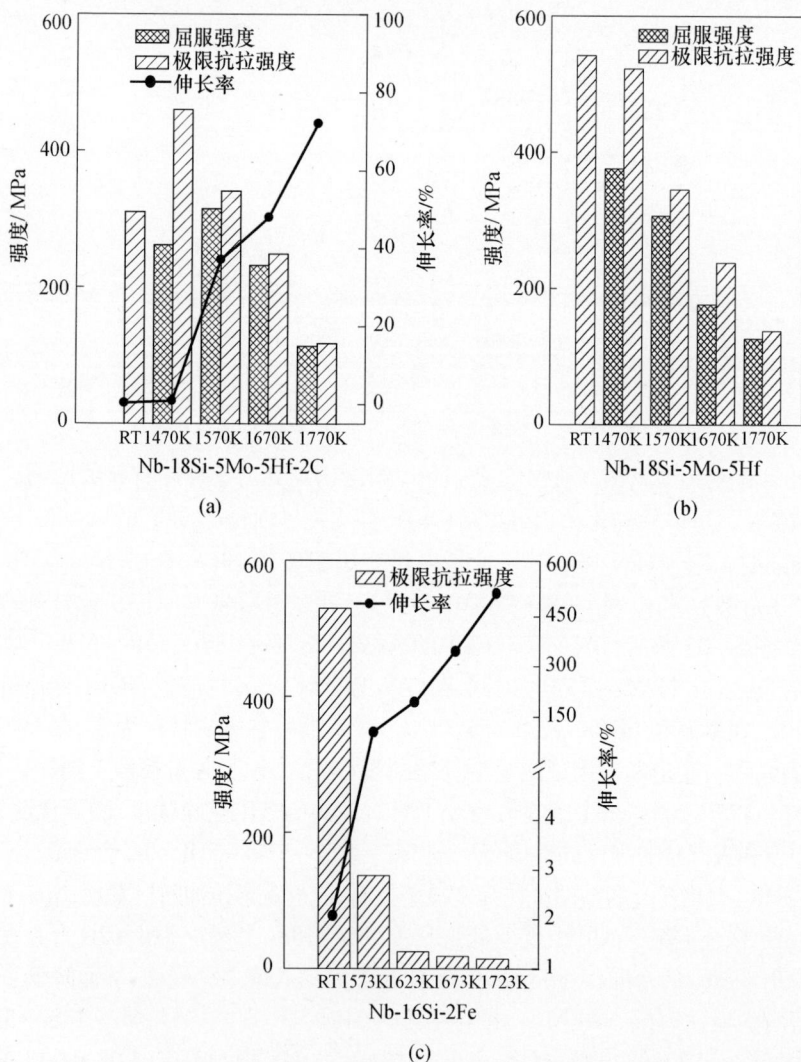

(a)

(b)

(c)

图 5 – 35   不同成分 Nb – Si 系材料室温/高温拉伸性能

250

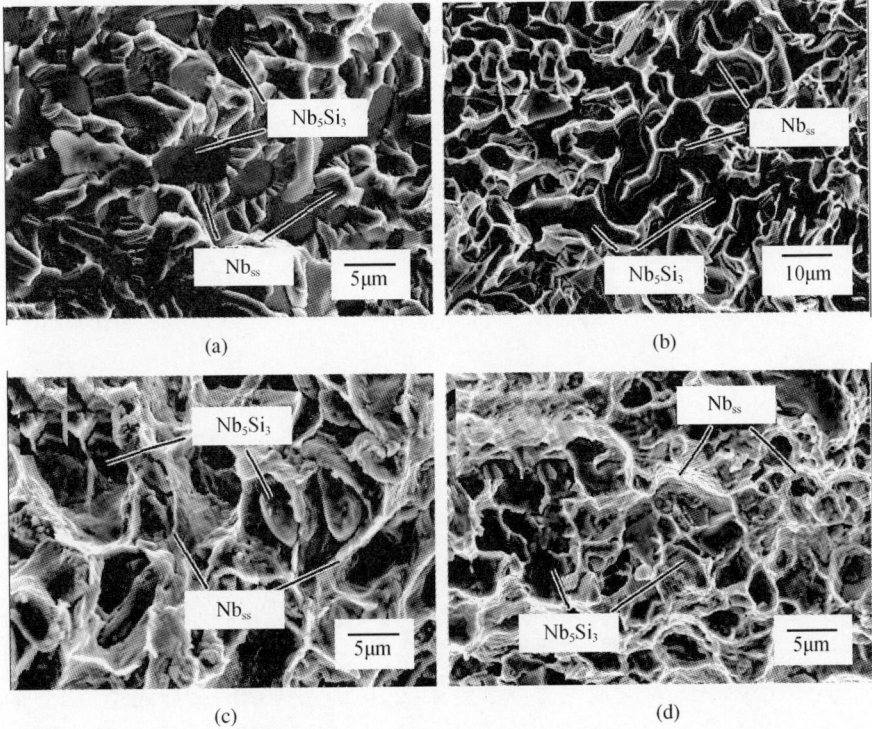

图 5-36 Nb-18Si-5Mo-5Hf-2C 合金在不同温度下的断口形貌
(a) 室温;(b) 1470K;(c) 1570K;(d) 1770K。

与电弧熔炼工艺相比,定向凝固工艺可显著改善 Nb-Si 系超高温结构材料的力学性能。采用定向凝固工艺制备的 Nb-Si 系 MASC 合金(名义成分为 Nb-25Ti-16Si-8Hf-2Cr-2Al),在室温至 1050℃ 温度范围内,其拉伸强度低于第二代 Ni 基单晶高温合金;当温度超过 1100℃ 时,MASC 合金的拉伸强度高于第二代 Ni 基单晶高温合金;且随温度升高,MASC 合金的强度优势越来越明显,其 1200℃ 的拉伸强度是第二代 Ni 基单晶高温合金的 2 倍多。郭喜平采用电子束区熔定向凝固工艺制备了名义成分为 Nb-24.6Ti-14.5Si-4.2Hf-5.3Cr-2.8Al-1.0B-0.05Y(%,原子分数)合金,并研究了电子枪移动速率(定向凝固速率)对合金高温拉伸性能的影响[86],如图 5-37 所示。与自耗电弧制备的母合金相比,经定向凝固后,合金 1250℃ 的抗拉强度显著提高,这说明 Nb_{ss} 枝晶及 Nb 硅化物板条沿着拉伸轴方向的定向排列提供了更高的变形阻力,使抗拉强度升高。但随着电子枪移动速率增加,抗拉强度下降,电子枪移动速率为 2.4mm/min 的抗拉强度最高,这是因为 2.4mm/min 获得的定向凝固组织效果最好。此外,合金在 1250℃ 的断裂伸长率均超过 15%,表现为韧性断裂。

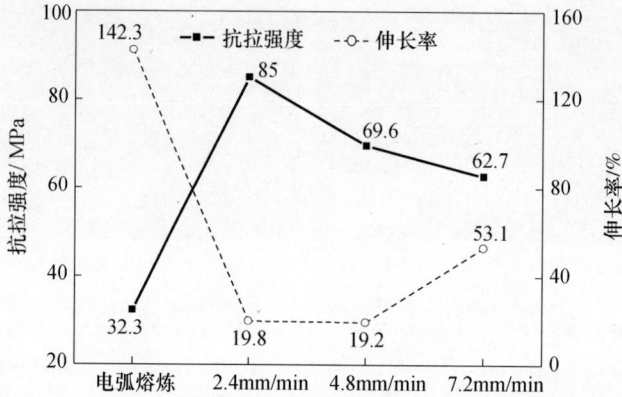

图 5-37 电子束区熔定向凝固工艺制备的 Nb-Si 系材料 1250℃的拉伸性能

图 5-38 比较了不同工艺制备的不同成分 Nb-Si 系材料的高温压缩强度,随温度升高,所有材料的压缩强度均呈下降趋势。定向凝固合金和电弧熔炼合金显示了优异的高温强度,对于同成分合金 Nb-16Si-5Mo-15W,其高温强度按反应热压烧结法、反应放电等离子烧结法、电弧熔炼法的顺序递增[123]。高熔点合金元素 Mo、W 具有强烈的固溶强化效果,可以显著提高合金的高温强度,而且 W 的强化效果比 Mo 更显著。B 含量达到 5% 时,Nb-16Si-10Mo-15W-5B 合金在 1500℃ 和 1600℃ 的压缩强度分别高达 880MPa 和 670MPa[124],B 的这种强化作用可能是由于 B 偏聚于 Nb_5Si_3 替代 Si 原子,B 的原子半径比 Si 小而且电负性比 Si 强,从而导致硅化物晶格畸变和键能增加。Cr、Zr、V 等元素均具有一定的固溶强化效果,能提高合金的室温压缩强度;但随温度升高,固溶强化效果被削弱。由于这些元素熔点低于 Nb 元素,加速由热激活控制的高温压缩变形过程,导致高温强度下降。研究发现,对于 Nb-Si-Ti-Hf-Cr 系合金,当温度高于 1150℃ 时,合金压缩强度随着 Cr 含量增加而降低[125];Nb-Si-V 合金在 1500℃ 的压缩强度随着 V 含量增加而降低[71],Nb-Si-Ti-Zr 合金在 1200℃ 的压缩强度随着 Zr 元素含量增加而降低[70]。

C.L.Ma 研究了热处理工艺对热压烧结 Nb-Si 系材料室温和高温压缩强度的影响[126],结果表明,随热处理温度升高,材料的室温压缩强度降低,而高温强度增加,这是由晶粒尺寸差异造成的。在室温下,根据 Hall-Petch 关系,晶粒越小强度越高;因此热处理温度越高,晶粒尺寸越大,材料强度越低;而在高温下,晶界成为薄弱区域,容易滑动,大晶粒材料具有更高的高温强度,因此,材料高温强度随着热处理温度升高而增加。

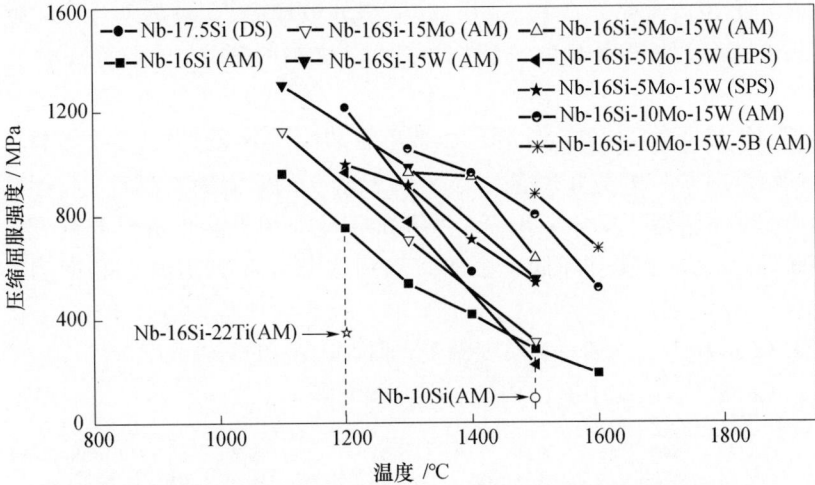

图 5 – 38　不同工艺制备的 Nb – Si 系材料压缩强度随温度的变化

AM—电弧熔炼；DS—定向凝固；HPS—热压烧结；SPS—放电等离子烧结。

5.3.5.3　室温断裂韧性

　　韧性是衡量材料力学性能的一个重要指标，但到目前为止，仍然没有统一的标准来判定材料的韧性是否满足设计要求。一般认为，材料的断裂韧性值超过 $20MPa\sqrt{m}$ 的门槛值就可满足加工和装配的设计要求。Nb – Si 系超高温结构材料主要依靠 Nb_{ss} 来提高其室温韧性，所以 Nb_{ss} 的体积分数和组织形态在很大程度上影响着材料的室温韧性。一般来说，Nb_{ss} 的含量越多，合金韧性越好。Nb_{ss} 存在一个临界尺寸，大于该尺寸的 Nb_{ss} 能有效抑制裂纹扩展，提高合金室温韧性；而小于临界尺寸的 Nb_{ss} 无法有效抑制裂纹扩展，不能改善合金韧性。目前的研究多通过合金化的方法和调整制备工艺来提高合金的室温韧性，图 5 – 39 和图 5 – 40 给出了合金元素和制备工艺对 Nb – Si 系超高温结构材料室温断裂韧性的影响。从图 5 – 39 可以看出，Nb – 10Si 合金的室温韧性明显高于 Nb – 16Si，这是由于前者的 Si 含量较低从而导致脆性硅化物的体积分数较后者低[127,128]。比较经过 1700℃/48h 热处理的 Nb – 16Si – xMo（x = 0,5,15）合金[129]，当〔Mo〕≤5%（原子分数）时，其室温韧性随着 Mo 的加入而提高；但 Mo 含量进一步增加时，韧性反而降低。韧性提高主要是因为 Mo 使得初生 Nb_{ss} 的尺寸变大，粗大的 Nb_{ss} 更能有效抑制裂纹扩展，从而改善合金韧性；然而 Mo 具有强烈的固溶强化效果，过量添加会引起强度升高韧性下降。Nb – 16Si – xHf（x = 0,1,3,7）系列合金[117]的室温断裂韧性随着 Hf 含量增加而提高，Hf 的这种增韧

253

作用主要是由于:

(1) Hf 使合金组织中初生 Nb_{ss} 的体积分数增多,大量的初生 Nb_{ss} 使裂纹发生桥连、偏转的概率变大,吸收更多的裂纹扩展能量,从而提高合金断裂韧性。

(2) Hf 与 Ti 元素一样,能降低派纳势能,提高 Nb_{ss} 的韧性,从而改善合金的室温韧性。图 5-39 表明 B 能提高 Nb-Si 合金的室温断裂韧性[75],但其韧化机制目前并不清楚。Jiangbo Sha 认为 B 的韧化作用可能是由于 B 改变了两相的界面行为。Cr 元素会降低合金的室温韧性[125],Cr 的这种不利影响可能是由于:

① Cr 提高 Nb_{ss} 的韧—脆转变温度,即增加 Nb_{ss} 的脆性;

② Cr 使合金组织中脆性相的体积分数增多。

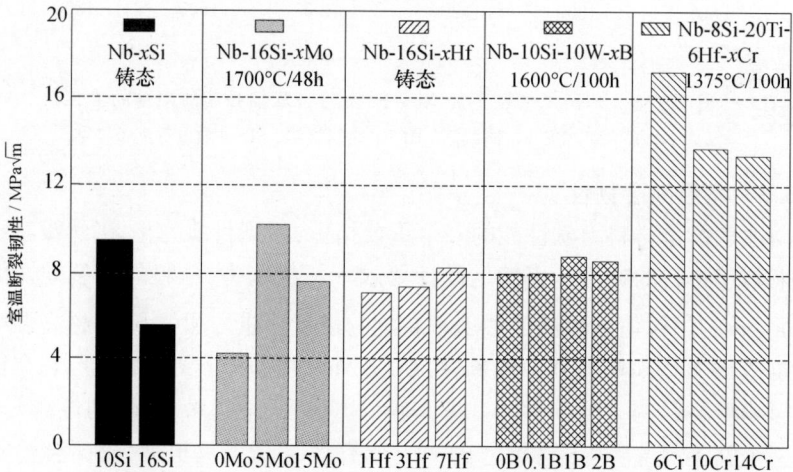

图 5-39　合金元素对 Nb-Si 系材料室温断裂韧性的影响

图 5-40 表明,Nb-10Si 电弧熔炼合金经过热处理后,韧性略微增加;但经过热挤压后,其断裂韧性明显提高;而热挤压试样再经过 1500℃/100h 热处理后,其韧性又进一步提高。形成这种差异的原因主要是:热处理后,组织中亚稳的 Nb_3Si 相分解为 Nb_{ss} 和 Nb_5Si_3,韧性相 Nb_{ss} 含量增多,从而提高合金韧性;经过热挤压后,初生 Nb_{ss} 相沿着挤压方向被拉长(图 5-33(g)),进行断裂韧性测试时,试样的缺口面和裂纹扩展方向都垂直于挤压方向,使得裂纹扩展面平行于拉长的 Nb_{ss} 相方向,裂纹的扩展距离增大,因此断裂韧性得以提高。采用热压烧结工艺制备的 Nb-16Si 合金室温断裂韧性明显高于电弧熔炼态合金,这是因为热压烧结合金的组织非常细小(图 5-33(d)),细小的组织能释放晶界处的应力集中,限制裂纹形成和扩展,有效发挥细晶增韧的效果。

254

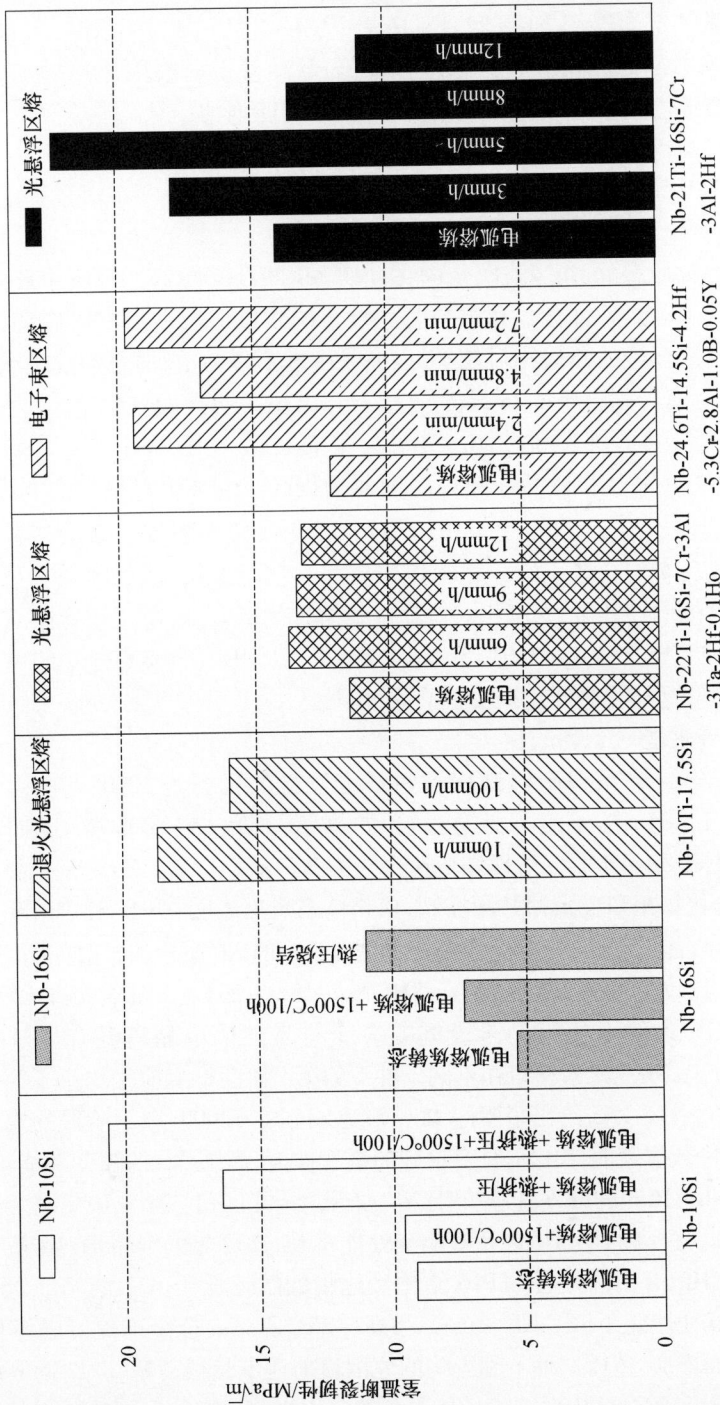

图5-40 制备工艺对Nb-Si系材料室温断裂韧性的影响

255

对于光悬浮定向凝固 Nb – 22Ti – 16Si – 7Cr – 3Al – 3Ta – 2Hf – 0.1Ho 合金[130],其室温断裂韧性高于电弧熔炼合金,而且随着定向凝固速率增加,韧性降低。定向凝固之所以能改善合金的室温韧性,可能因为:

（1）电弧熔炼时凝固速率很快,容易在合金中产生较大的内应力,而定向凝固过程中合金凝固速率较慢,大大减小了凝固应力,从而抑制了应力加速的裂纹扩展过程。

（2）与等轴形态的 Nb_{ss} 相比,定向排列的 Nb_{ss} 提供了更高的裂纹扩展阻力。图 5 – 41 比较了电弧熔炼合金和定向凝固合金的断口形貌和裂纹扩展特征,从图看出电弧熔炼合金的断口相对较平,以穿晶解理断裂为主,而且裂纹扩展路径比较平直;而定向凝固合金断口起伏较大,Nb_{ss} 出现了明显的塑性变形,且裂纹在扩展过程中发生了桥连和转向。光悬浮定向凝固 Nb – 21Ti – 16Si – 7Cr – 3Al – 2Hf 合金,其室温断裂韧性随着凝固速率提高呈现先升高后降低的趋势,5mm/h 的室温断裂韧性高达 22.4MPa $\sqrt{m}$,这是由于定向凝固速率太快或太慢都不利于形成具有大长径比的硅化物相和良好的定向组织,从而削弱了裂纹转向和二次裂纹的增韧效果[79]。相对自耗电弧熔炼的母合金,电子束区熔定向凝固 Nb – 24.6Ti – 14.5Si – 4.2Hf – 5.3Cr – 2.8Al – 1.0B – 0.05Y 合金的室温韧性明显改善[86],这与光悬浮定向凝固合金相同。

5.3.5.4 蠕变性能

GE 公司 Nb – Si 系超高温结构材料蠕变性能的目标是 1200℃、应力大于 170MPa 条件下 125h 的蠕变量小于 1%,如果第一阶段蠕变非常小（如小于 0.1%）,该目标就相当于第二阶段蠕变速率约为 2.2×10^{-8}/ s。Nb – Si 系材料的蠕变行为是硅化物相和金属相共同控制;单相体系研究表明 Nb_5Si_3 比 Nb_3Si 更有利于改善蠕变性能,而 Nb_5Si_3 相的蠕变行为是由其中的 Nb 原子的扩散控制[36]。

图 5 – 42 比较了 Nb – 16Si – 25Ti – 8Hf、Nb – 18Si – 25Ti – 8Hf 合金在 1200℃、35MPa ~ 140MPa 条件下的第一阶段蠕变应变与第二代单晶高温合金蠕变应变[131],从图看出,Nb – Si 系材料在不同条件下的第一阶段蠕变应变均小于第二代单晶高温合金。图 5 – 43 给出了不同 Nb – Si 系材料在 1200℃第二阶段的蠕变速率[132,133]。图中数据表明,Nb_5Si_3 具有良好的蠕变性能,而纯 Nb 的蠕变性能很差,Nb – 10Si 和 Nb – 16Si 的蠕变速率介于 Nb 和 Nb_5Si_3 之间,且 Nb – 10Si 蠕变速率大于 Nb – 16Si。过高的 Ti、Hf 含量对蠕变性能不利,这可能由于高 Ti、Hf 使合金中出现 Ti_5Si_3、Hf_5Si_3 相,而这种 hP16 结构硅化物的熔点低于 tI32 结构的 Nb_5Si_3 相,从而导致蠕变性能下降。Nb – 16Si – 8Hf – 25Ti – xMo 合金的蠕变速率随着 Mo 含量提高而增加,造成这种不利影响的原因目前还不是很清楚,B. P. Bewlay 认为有可能是 Mo 导致合金中对蠕变性能不利的硅化物 $(Ti,Hf)_5Si_3$ 相的体积分数增

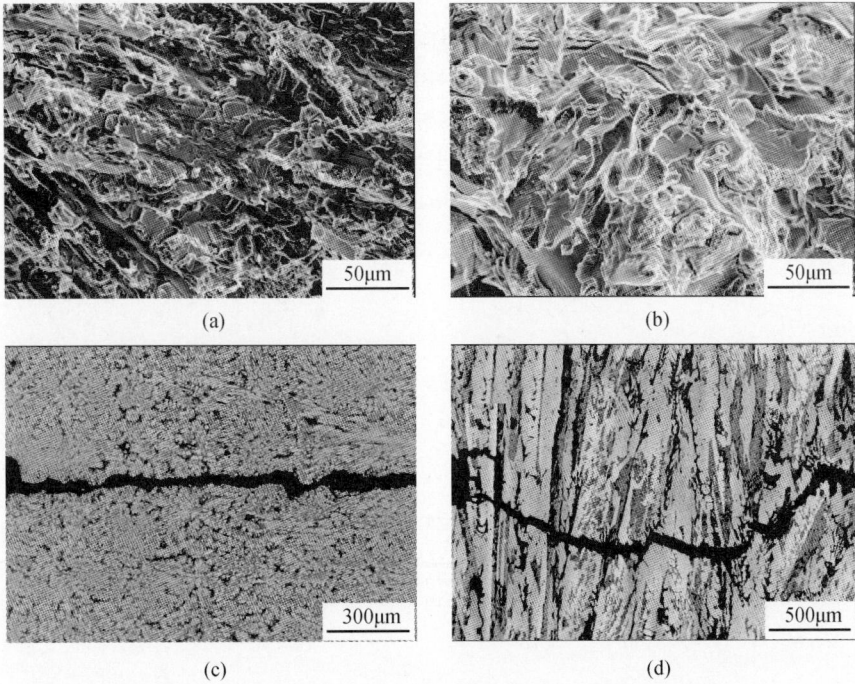

图 5 - 41　Nb - 22Ti - 16Si - 7Cr - 3Al - 3Ta - 2Hf - 0.1Ho 合金的

室温断口(a,b)和裂纹扩展(c,d)

(a),(c) 电弧熔炼;(b),(d) 光悬浮定向,9mm/h。

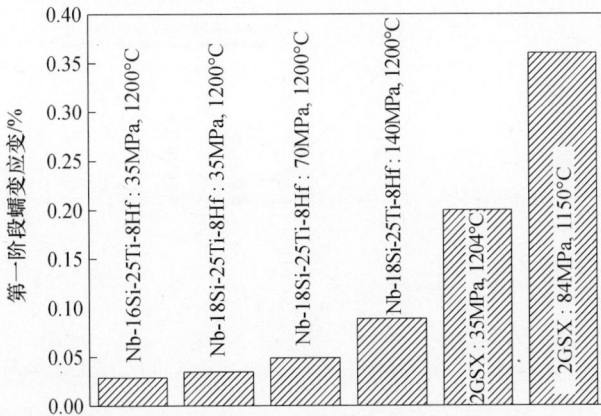

图 5 - 42　Nb - Si 系材料第一阶段拉伸蠕变应变与第二代单晶高温合金蠕变应变对比

加。因此,从蠕变性能角度考虑,合金中 Ti、Hf、Mo 含量应分别低于 25%、8%、3%。对于 Nb - 8Hf - 25Ti - xSi 系列合金[134](图 5 - 44),当应力一定时,Si 含量

257

为 18%时的蠕变速率最低。Si 含量低于 18%时,蠕变速率随着 Si 含量增加而降低。这是因为随着 Si 含量提高,硅化物体积分数增加,从而导致蠕变速率降低;但 Si 含量高于 18%并进一步增加时,蠕变速率却出现升高,这可能因为在硅化物中出现裂纹桥接和损伤积累。显微结构分析表明,在低 Si 含量,蠕变变形主要是由 Nb 控制;在高 Si 含量,蠕变变形主要是由硅化物控制。

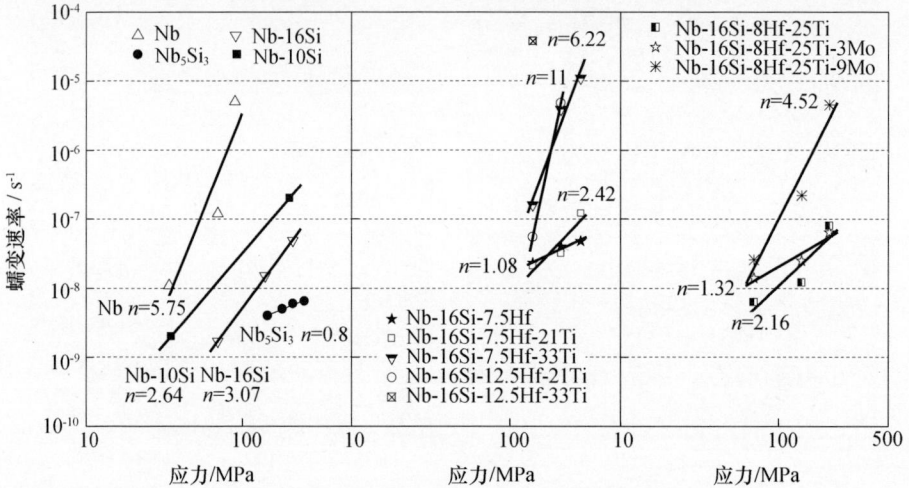

图 5-43　不同 Nb-Si 系材料在 1200℃ 第二阶段蠕变速率

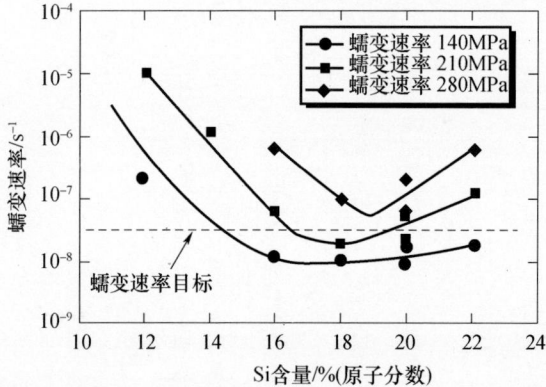

图 5-44　Si 含量对 Nb-8Hf-25Ti-xSi 合金 1200℃ 蠕变速率的影响

Bewlay[36]、Balsone[37]等在文献中给出了定向 Nb-Si 系超高温结构材料的断裂时间下的蠕变强度和蠕变比强度的拉森-密勒参数(Larson-Miller Parameter)曲线,如图 5-45 所示。从图 5-45(a)中可以看出,在应力低于 100MPa 情况下,Nb-Si 合金 C 的蠕变性能与二代单晶高温合金相近。但是如果用材料的

258

密度对强度进行归一化(比强度),则在低应力下该材料的蠕变性能比二代单晶高温合金略高,在高应力下略差(图 5 – 45(b))。在拉森 – 密勒参数中时间项采用 1% 变形量的情况下,也可得到相似的规律。Nb – 25Ti – 8Hf – 18Si 合金的蠕变性能与第三代单晶高温合金相似,如果进行密度归一化处理,Nb – 25Ti – 8Hf – 18Si 合金的蠕变性能优于第三代单晶高温合金。然而,要满足工程应用,该体系材料的蠕变断裂寿命必须提高到现在的 10 倍。

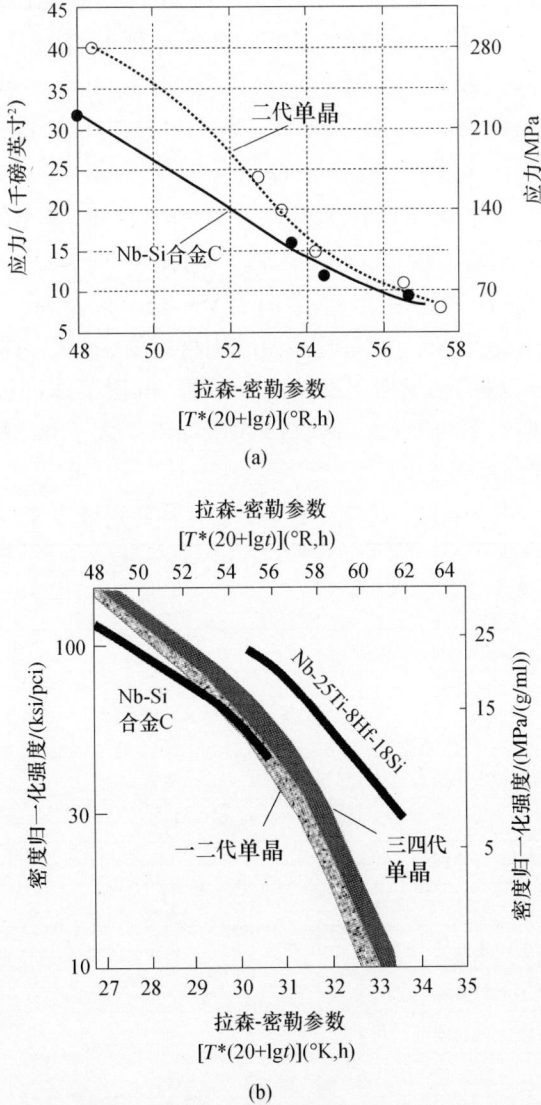

图 5 – 45　Nb – Si 系超高温结构材料与单晶高温合金的蠕变性能对比曲线

5.3.5.5　疲劳性能

虽然航空发动机用材料需要有抵抗高低周疲劳以及疲劳裂纹扩展的能力,但针对韧性相增强的金属间化合物体系的疲劳行为的研究还刚刚起步。表5-11给出了不同 Nb-Si 系材料的疲劳性能[119],表中数据说明,当循环应力比逐渐增加时,材料的疲劳裂纹扩展门槛值降低,这与大多数金属材料门槛值变化规律一致,但 Nb-10Si 合金的帕里斯定律斜率随应力比增大而增加,这却与大部分金属材料不同(一般金属材料的帕里斯定律斜率随应力比变化不明显)。一般来说,裂纹扩展门槛值 ΔK_{th} 越大,帕里斯斜率 m 越小,裂纹扩展速率越低。比较表5-11中不同方法制备的 Nb-Si 系材料的 ΔK_{th} 和 m 发现,必须通过调整合金成分并改善制备工艺,才能提高 Nb-Si 系材料的疲劳性能。

室温疲劳试验结果表明,Nb-Si 合金 C 的疲劳裂纹扩展门槛值的范围为 $7MPa\sqrt{m} \sim 11MPa\sqrt{m}$,帕里斯斜率为7~12。相比之下,典型的 Ni 基高温合金的的帕里斯斜率一般在5左右。图5-46[36]对比了 Nb-Si 合金 C、单相 Nb 固溶体、Nb-10%(原子分数)Si 合金、定向 MASC 合金以及 Mo-Si-B 合金的疲劳试验数据。对比表明:Nb-Si 系超高温结构材料的疲劳行为接近金属型;Nb-Si 系超高温结构材料的帕里斯斜率略高于单相 Nb 固溶体,但是与 Mo-12Si-8.5B 合金(帕里斯斜率约为60)和陶瓷(帕里斯斜率大于60)相比,其帕里斯斜率更为接近 Ni 基高温合金。

表5-11　不同 Nb-Si 系材料的疲劳性能

合金成分	制备方法	应力比 R	疲劳裂纹扩展门槛值 ΔK_{th}/ MPa$\sqrt{m}$	帕里斯斜率 m
Nb-10Si	挤压+热处理	0.05	12	6.1
	挤压+热处理	0.1	9	6.6
	挤压+热处理	0.1	8.4	6.5
	挤压+热处理	0.1	9.7	6.3
	挤压+热处理	0.6	6.5	8.9
	挤压+热处理	0.6	6	9.9
	挤压+热处理	0.8	3.2	21.6
	挤压+热处理	0.8	4.4	16.9
Nb-15Si	挤压+热处理	0.1	4.4	6.4
	挤压+热处理	0.4	4.1	
	挤压+热处理	0.6	4	5.6
	挤压+热处理	0.8	3.7	

合金成分	制备方法	应力比 R	疲劳裂纹扩展门槛值 $\Delta K_{th}/$ MPa $\sqrt{m}$	帕里斯斜率 m
Nb－12Si	定向凝固	0.1	13.2	16.7
Nb－18.2Si	定向凝固	0.1	2.5	
Nb－42.5Ti－15Si	定向凝固	0.1	5.5	9.7
Nb－22Ti－3Hf－ 2Cr－2Al－17Si	挤压＋热处理	0.1	7.1	4.8
	1500℃/100h	0.4	5.6	4.1
Nb－22Ti－3Hf－ 2Cr－2Al－17Si	挤压＋热处理	0.1	7.2	4.8
	1400℃/100h	0.4	3.9	4.2

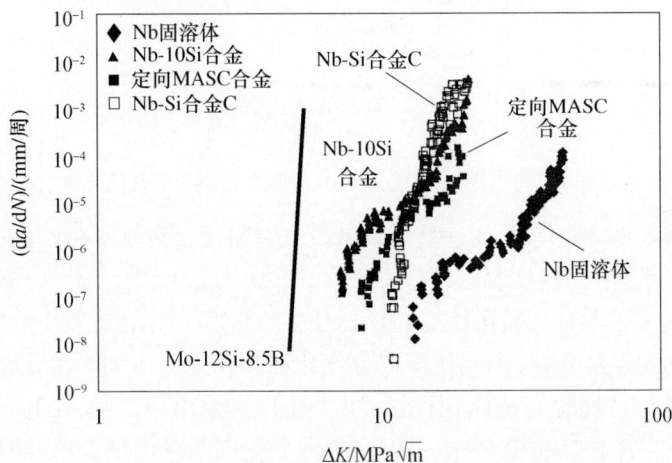

图5-46　各种材料的疲劳性能对比

5.3.6　Nb－Si系超高温结构材料的抗氧化性能及其涂层

图5-47是无涂层保护的Nb－Si系超高温结构材料循环氧化损失率与温度的关系曲线[36]。与1998年的合金体系D相比,合金体系B的抗氧化性能有了大幅度的提高。该材料体系建立了长期和短期循环氧化的目标:短期目标是在1370℃/10h的氧化损失小于200μm,长期目标是1315℃/100h的金属损失厚度小于25μm。该目标是为了在1315℃实现与第二代单晶高温合金在1150℃下具有相同氧化寿命提出的。目前无表面防护涂层的Nb－Si系材料在1370℃/10h的氧化损失为100μm~125μm,已经达到循环氧化的短期目标。但是,长期使用目标的实现还需要进一步降低材料的损失率(数量级的降低),同时还要保

持其良好的力学性能。目前性能最优的 Nb－Si 系材料的承温能力约为 1200℃,其在 1200℃、100h 的氧化损失小于 25μm。因此,实现 1315℃ 的长期抗氧化目标,同时保持良好的力学性能平衡,将是一个巨大的挑战。

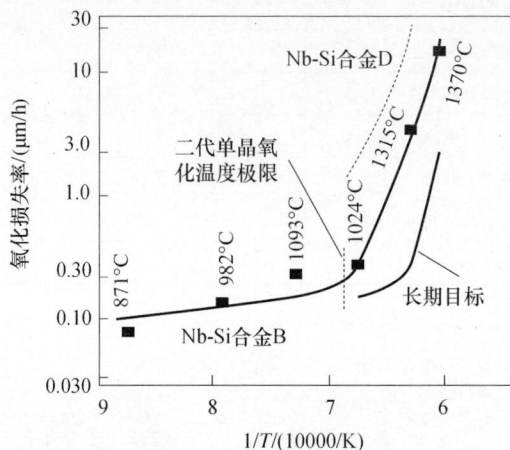

图 5－47　Nb－Si 系超高温结构材料循环氧化损失率随温度变化曲线

到目前为止,已经设计了一些试验来研究材料成分对抗氧化性能的影响。主要的合金元素 Ti[135,136]、Hf[136,137]、Cr[95,96,138]、Al[138]、Mo[137]、Ta[138] 等在760℃ ~ 1370℃温度区间内对抗氧化性能的影响已有所报道。由于成分和抗氧化性能之间的关系随着温度变化,因此化学成分优化必须考虑到在每一个温度范围的服役时间。要获得理想的抗氧化性能,Nb 与(Ti + Hf) 的比例要控制在 1.8 ~ 2.1 之间,且 Si 的含量控制在 17% ~ 19%,该成分范围同时提供了良好的蠕变性能。Cr、Al 是改善合金抗氧化性能的常见元素,此外,对一些能够取代主要合金化元素的元素也进行了研究[34],其中主要包括 Ge、B 部分取代 Si 以及 Fe 部分取代 Cr。当 Ge 的含量达到 6% 时,对抗氧化性能的改善效果最明显。加入 B(2% (原子分数)~6%(原子分数)) 也能提高抗氧化性能,但过高的 B 含量却有不利影响。添加量达 5% 时,Fe 的效果和 Cr 一样,但在总含量一致的情况下,Cr 和 Fe 混合加入的影响并不比单独加入 Cr 影响大。Menon[139]、曲士昱[89]、宋立国[42]、刘爱琴[140] 等研究了稀土元素 Y 和 Ce 对 Nb－Si 系超高温结构材料抗氧化性能的影响,研究表明:添加适量 Ce 能够降低 O 在基体中的扩散速率,提高氧化皮与基体之间的结合力,提高氧化皮的抗裂能力,明显改善 Nb－Si 系超高温结构材料的抗氧化性能。适当加入 Y 能够阻止氧在 Nb/Nb_5Si_3 界面上扩散,提高氧化皮的致密度和塑性,从而提高抗氧化性能;但过量 Y 会使材料组织粗大,对抗氧化性能不利。北京航空材料研究院的研究人员通过实验发现,V 和

Al 的共同加入可以显著改善 Nb–Si 系材料的高温抗氧化性能[141]，如图 5–48 所示。相对于 Nb–Ti–Si 三元合金 NTS，添加了 V、Al 的 NTSVA 系列合金在 1250℃ 的氧化速率随 V、Al 加入量的增加而减少，氧化皮剥落量和金属损失厚度也出现明显下降，从氧化试样外观（图 5–48（c））更能直观看出，含有最高含量 V、Al 的 NTSVA3 合金的氧化皮仍然包裹在金属表面，没有产生自然剥落现象。由此可见，V、Al 可以提高合金的抗氧化性能，而这种改善主要是由于 V 和 Al 的加入改变了氧化皮中两种氧化物组成相相互分离、疏松多孔的结构，从而有效阻止氧向金属/氧化皮界面的扩散，减缓了合金内氧化，并且提高了氧化皮的韧性，减缓了氧化皮的剥落。

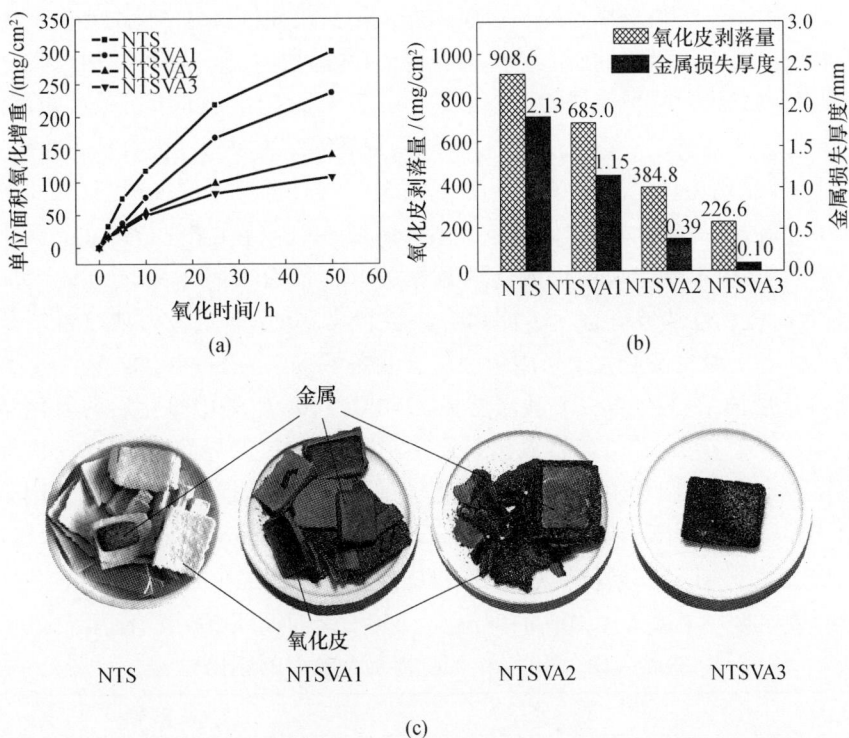

(a)　　　　　　　　　　　　(b)

金属

氧化皮

NTS　　　　NTSVA1　　　　NTSVA2　　　　NTSVA3

(c)

图 5–48　V、Al 对 Nb–Si 系材料 1250℃ 抗氧化性能的影响

（a）氧化动力学曲线；（b）氧化皮剥落量与金属损失厚度；（c）氧化试样外观。

中温粉化现象是 Nb–Si 系超高温结构材料的一大问题。粉化现象指的是材料在服役过程中的择优氧化（如晶界），从而导致试样在从室温到相对较低温度下的循环过程中产生自粉化现象，同时伴随着"氧脆"现象的发生。研究表明 Al 和 Hf 的加入能够降低 Nb 基合金的粉化敏感性，但是该问题仍然存在于一些 Nb–Si 系超高温结构材料。而加入 Sn 能够有效控制 Nb–Si 系材料的粉化破坏,甚至在 750℃ ~950℃ 温度区间内能基本消除粉化现象。Bewlay 等研究了 Nb Si 系材料的粉化现象[34],在 980℃ 下 Nb－Si 系超高温结构材料在很宽的成分范围内无粉化现象,但在 870℃ 在无 Sn 的材料中可观察到粉化现象,添加 1.5% 的 Sn 可以使材料基本上消除粉化,而且当 Nb:(Ti + Hf)在 1.25% ~2% 之间时 Sn 的作用最为明显。在 760℃ 下,无论含 Sn 或无 Sn 合金,材料中 Nb:(Ti + Hf) = 1.5 时无粉化现象,而当 Nb:(Ti + Hf) = 2.5 时粉化破坏非常迅速。此外,Sn 的加入对于该体系材料在超过 1200℃ 高温下的抗氧化性能影响较小。

虽然通过合金化可以改善 Nb－Si 系材料的高温抗氧化性能,但提高抗氧化性能的合金化元素 Cr、Al、Ti、Sn 等的含量过高会恶化材料高低温力学性能,因此合金化方法有其自身局限性。表面涂层保护是兼顾材料力学性能和抗氧化性能的有效途径。从目前的研究情况来看,抗氧化涂层主要有铝化物涂层、硅化物涂层、贵金属涂层,各种涂层的比较见表 5－12[142]。国内研究人员采用包埋渗、熔融盐等方法开发了一系列用于 Nb－Si 系超高温结构材料的高温抗氧化涂层。王永平[143]采用熔融盐法在 Nb－Si 系超高温结构材料上原位沉积 Si,从而得到了 $NbSi_2$ 高温抗氧化涂层,并运用包埋渗法添加 Al、Cr 等元素进行改性。氧化试验结果表明:由于涂层表面形成连续致密的 SiO_2 能有效阻止 O 向基体内部扩散,且具有流动性的玻璃态 SiO_2 能弥合涂层裂纹,$NbSi_2$ 涂层极大地改善了基体抗氧化性能。西北工业大学采用包埋渗法制备了 Si－Y、Si－Y_2O_3、Si－Cr、Si－Al 等共渗层体系,其中 Si－Y 共渗层在 1250℃/100h 空气中氧化后的氧化膜厚度小于或等于 $10\mu m$[144],而且氧化膜致密完整,与渗层的界面结合良好,该抗氧化渗层技术已应用于我国某型高超声速飞行器上。北京航空航天大学采用原位化学气相沉积与等离子喷涂复合技术,设计并制备了 $Mo(Si, Al)_2/(Cr + Si)$ 复合涂层[145],与 Nb－Si 系材料基体具有良好的冶金结合,在 1250℃/100h 条件下的氧化膜厚度小于或等于 $10\mu m$;室温至 1250℃ 之间循环 500 次,涂层无剥落。

表 5－12   Nb－Si 系超高温结构材料用涂层

涂层构成	优 点	局限性
铝化物涂层	制备简单,适于静载等温氧化环境	高温力学性能差,在热冲击情况下硬脆涂层易形成缺陷,甚至剥落;工作温度低于 1400℃ 且保护时间有限
硅化物涂层	热稳定性良好,使用温度可达 1600℃,能承受一定的变形	高温下韧性有待提高
贵金属涂层	具有良好的抗腐蚀能力,具有延展性,能适应基体弹塑性变形或高温蠕变造成的应力变形	成本高,一般作为其他涂层的添加或改性元素

国外研究机构发展了一系列适用于 Nb－Si 系超高温结构材料的高性能抗氧化涂层。日本的研究机构[146]采用低压等离子体溅射技术将抗氧化的金属元素或防止表面相扩散的化合物相注入在 Mo、W 固溶强化的 Nb－Si 系超高温结构材料表面,再进一步进行表面离子处理,形成稳定的抗氧化膜;另外开发了由传统的表面处理技术派生出来的电化学方法形成抗氧化膜的技术,如采用电镀技术制备了防扩散且与基体有良好结合的界面层(Re－Cr－Nb 层),再通过氧化热处理在表面制备一层具有自修复功能的抗氧化涂层(Al－Cr－Nb 层),抗氧化试验几乎无腐蚀增重,抗氧化性能稳定。美国 GE 公司制备的涂层可以为 Nb－Si 系超高温结构材料在 1370℃提供长于 100h 的保护,而涂层沉积技术和后续处理工艺则是决定涂层性能的关键。图 5－49 是 GE 公司制备的典型硅化物涂层[131],原始状态涂层中的裂纹可能是由于涂层组成相的本征脆性以及热膨胀系数差异引起,在热循环过程中这些裂纹会发生钝化并自愈合。除抗氧化涂层外,GE 公司还对热障涂层及其制备技术进行了研究,并对涂覆热障涂层的 Nb－Si 系材料进行了一系列的燃烧室热循环测试(FCT)和喷气发动机热模拟试验(JETS)。结果表明:经过 1370℃/100h 及 1430℃/50h 的 FCT 测试,涂层仍然具有保护性,基体未发生内氧化,也未观察到粉化现象;在 JETS 试验中,试样可在 1370℃经受 10 个循环,热障涂层和粘结层均未观察到损伤;1510℃测试可获得类似的实验结果;当温度升高到 1790℃并经过两个循环后,热障涂层从试样中心发生剥离。尽管 FCT 和 JETS 实验结果非常鼓舞人心,Nb－Si 系超高温结构材料的涂层研究仍然处于初级阶段,还需对涂层制备技术以及涂层对力学性能(蠕变、疲劳、断裂韧性、耐冲击性能等)的影响进行深入研究。

5.4　金属间化合物基高温结构材料发展前景

5.4.1　Ni₃Al 基合金应用前景展望

目前已有多种 Ni₃Al 基合金实现了工程化,特别是 IC6 和 IC10 合金已在航空发动机热端部件上得到了应用,正在不断地开发 Ni₃Al 基合金的新应用。

5.4.1.1　Ni₃Al 基高温结构材料

1. Ni₃Al 基抗烧蚀材料

先进喷气发动机叶片、燃烧室等部件工作温度已达 1100℃,而瞬时失控温度可达 1300℃,镍基高温合金由于氧化、软化面临严重的烧蚀问题,而无法满足先进发动机对材料的要求。Ni₃Al 熔点 1395℃,在熔化前一直保持有序结构。因此考虑以 Ni₃Al 为基的合金则有可能突破现有镍基合金的使用温度。

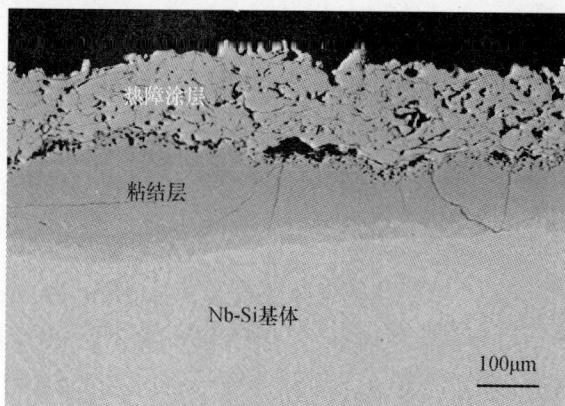

(a)

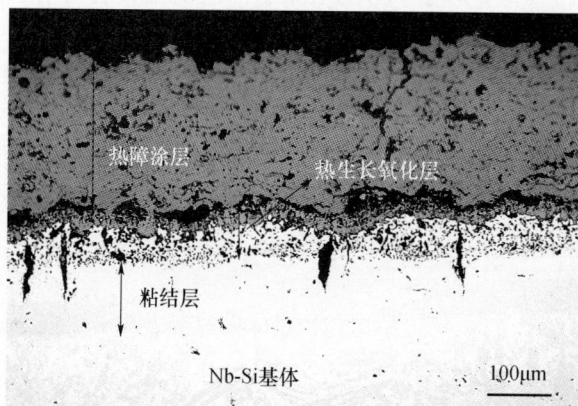

(b)

图 5-49　Nb-Si 系超高温结构材料涂层显微组织

(a)涂层原始状态；(b) 1370℃/100h 热循环后。

Ni₃Al 单相合金 IC-50 在 1300℃ 表现出优异的抗氧化性能，其压缩强度较镍铬合金 GH30 高近 3 倍。俄罗斯全俄航空材料院研究了 Ni₃Al 基单晶 BKHA-4Y 合金和 BKHA-IB 多晶合金，BKHA-4Y 合金制造的单晶涡轮叶片较现用镍基合金叶片重量减轻 7%~8%，使用寿命增加 2 倍~3 倍，在超温至 1250℃ 时仍保持一定的性能。

2. Ni₃Al 基抗汽蚀材料

Ni₃Al 基合金另一个诱人的应用领域是作为抗汽蚀材料。汽蚀是在水力机械中经常遇到和很难解决的问题。汽蚀产生是由于流体形成涡流，导致空泡形成,造成材料表面局部疲劳损伤和化学腐蚀。抗汽蚀要求材料韧性好,抗疲劳性能好和抗蚀性好。Ni_3Al 基合金加工硬化率高和抗蚀性好等特点正好满足了这一要求。与常用水机材料相比,24h 汽蚀实验 Ni_3Al 基合金重量损失要小一个数量级。比较汽蚀样品表面,Ni_3Al 基合金表面只受到轻微损伤。

3. Ni_3Al 基高温耐磨材料

Ni_3Al 基合金的高温强度和耐蚀性在高温耐磨蚀领域得到了应用。美国 IC - 221M 合金用作加热炉构件、料架、炉底辊、加热用辐射管等进行了工业性实验,取得了很好的效果。IC - 221M 离心铸辊用作钢厂热处理炉中转换辊,连续使用两年后表面损伤情况明显优于常规材料用辊。由于 Ni_3Al 基合金极优异的抗渗碳和抗氧化性能,在还原和空气气氛条件下,表现出极好的使用性能。钢铁研究总院研究的 MX246 合金已在高温耐磨工况条件下得到了广泛应用。

4. Ni_3Al 基合金在其他领域的应用

Ni_3Al 基合金还在以下方面引起工业界的兴趣:①汽车用增压涡轮,用以替代常规使用的 In - 713C 合金。主要发挥 Ni_3Al 基合金密度较轻,抗氧化及抗蚀性好,抗疲劳性好和价格较低的优点。②高温锻造用模具,特别是等温锻造用模具。利用 Ni_3Al 基合金高温强度、抗氧化,以期提高模具寿命。③钢板加热炉炉辊,目的是提高寿命。④柴油机汽缸和气阀,增加耐磨性。

5.4.1.2　Ni_3Al 基复合材料

为了进一步提高 Ni_3Al 基材料在高温下的强度,通过粉末冶金制备 Ni_3Al 基复合材料成为一种可能的途径。从基体相和增强相之间化学稳定性角度考虑,首先考虑的复合材料是 $Ni_3Al - Al_2O_3$ 系,采用较成熟的 Ni_3Al 基合金为基体,粉末由气体雾化法制备或采用元素粉末合成,Al_2O_3 以及 Y_2O_3、TiB、SiC 也分别以颗粒或纤维形式加入,通过热等静压的 Ni_3Al 基预合金粉末,屈服强度、拉伸强度和塑性都得到改善,前景诱人。

在采用 Ni_3Al 基合金替代 Co 作为硬质合金材料基体方面取得了较大进展。硬质合金中 Co 作为基体粘结 WC 或金刚石已得到长时间、广泛的应用。用 Ni_3Al 基合金来替代 Co 有三方面的优势,即 Ni_3Al 屈服强度在 600℃ ～800℃ 间出现峰值,要比 Co 基高;Ni_3Al 抗腐蚀性能要比 Co 基材料好;Ni_3Al 材料成本比 Co 低。美国橡树岭国家实验室做了大量工作,取得了很好的结果。通过热压、无压烧结和熔融渗透等几种不同的粉末冶金途径,将 WC 和 TiC 粉末与 Ni_3Al 基体粘结在一起做成硬质合金。结果表明,其挠曲强度可以保持到约 800℃,断裂韧性和硬度等于或高于 Co 基硬质合金,同时在酸中表现出极好的抗蚀能力。

5.4.2　Nb - Si 系超高温结构材料发展前景展望

Nb - Si 系超高温结构材料是未来航空发动机关键部件最具潜力的候选材

料之一。经过多年探索与研究,Nb-Si 系超高温结构材料从最初的二元合金系发展到今大的多元合金体系,其综合性能得以极大提高,但离工程应用还有一段距离,尤其是在综合性能平衡和制备工艺方面还需深入研究。就目前的性能水平来说,高温强度、室温韧性已不是 Nb-Si 系超高温结构材料实用化的主要障碍,目前最主要的问题是如何在保持现有性能水平的基础上,进一步改善材料本身的高温抗氧化性能和蠕变性能,以实现抗氧化性能的长期使用目标,并保证蠕变性能满足工程应用的需要。虽然已研制出具有优良保护性能的涂层材料,但关于涂层对材料基体力学性能的影响还需进一步评估,将涂层对材料基体力学性能的负面影响降到最低。除了综合性能匹配外,复杂形状零部件的成形工艺也是 Nb-Si 系超高温结构材料进入工程化应用必需面临的一大挑战,精密铸造是制备近净形部件(如涡轮转子叶片和导向叶片)最具应用前景的工艺。虽然目前国内外均已采用精密铸造工艺成功制备出 Nb-Si 系超高温结构材料实心涡轮叶片模拟件,然而,与镍基高温合金相比,Nb-Si 系超高温结构材料必须能够制备出空心涡轮叶片才具竞争优势。对于空心叶片而言,型壳、型芯材料是不可缺少的部分,由于 Nb-Si 系超高温结构材料高熔点、高活性,不能直接应用镍基高温合金用型壳、型芯材料,而必须研制适合 Nb-Si 系超高温结构材料定向凝固用型壳、型芯材料,这些材料应具备在高温下具有足够强度、与 Nb-Si 合金液基本不反应、成形工艺性好等特点,并且型壳材料还应具有较好的退让性,以避免叶片在凝固过程中产生裂纹,型芯材料还应具有易于脱除等特点。在这样苛刻的条件下,Nb-Si 系超高温结构材料的精密铸造成形工艺将是一项极具挑战性的研究,需要付出巨大的努力。Nb-Si 系超高温结构材料今后的研究重点是进一步优化合金体系和实现综合性能平衡,并对其综合性能(包括物理性能、室温塑韧性、持久蠕变性能、疲劳性能、抗氧化性能、组织稳定性等)进行评估,为工程应用积累更丰富的性能数据;同时发展实用化的制备技术(如精密铸造),为新一代航空发动机研制奠定技术基础。

参 考 文 献

[1] Pope D P, Garin J L. The temperature dependence of the long-range order parameter of Ni_3Al[J]. Journal of Applied Crystallography, 1977, 10: 14-17.

[2] Douin J, Veyssiere P, Beauchamp P. Dislocation line stability in Ni_3Al[J]. Philosophical magazine. A., 1986, 54(3): 375-393.

[3] Beauchamp P, Douin J, Veyssiere P. Dependence of the Antiphase Boundary Energy Upon Orientation in the $L1_2$ Structure[J]. Philosophical magazine. A., 1987, 55(5): 565-581.

[4] Chen S P,Voter A F,Srolovitz D J. Computer simulation of grain boundaries in Ni_3Al:the effect of grain boundary composition[J]. Scripta Metallurgica,1986,20:1389 – 1394.

[5] Huang S C,Taub A I,Chang K M. Boron extended solubility and strengthening potency in rapidly solidified Ni_3Al[J]. Acta Metallurgica,1984,32(10):1703 – 1707.

[6] Baker I,Huang B,Schulson E M. The effect of boron on the lattice properties of Ni_3Al[J]. Acta Metallurgica,1988,36(3):493 – 499.

[7] Heredia F E,Pope D P. Effect of boron additions on the ductility and fracture behavior of Ni_3Al single crystals[J]. Acta Metallurgica,1991,39:2017 – 2026.

[8] 青木清,和泉修. Ll_2型金属間化合物 Ni_3Al のホウ素添加による常温延性の改善[J]. 日本金属学会志,1979,43:1190.

[9] Liu C T,White C L,Horton J A. Effect of boron on grain-boundaries in Ni_3Al[J]. Acta Metallurgica,1985,33:213 – 229.

[10] 李辉,刘祥,郭建亭,等. 硼对快凝 Ni_3Al 组织结构及力学性能的影响[J]. 金属学报,1989,25(1):A25.

[11] Weihs T P,Zinoviev V,Viens D V,et al. The strength,hardness and ductility of Ni_3Al with and without boron[J]. Acta Metallurgica,1987,35(5):1109 – 1118.

[12] 吴伟文. Zr 对 Ni_3Al 基合金韧化及强化作用的研究[D]. 沈阳:中国科学院金属研究所,1990.

[13] 郑志,吴伟文,郭建亭,等. Zr 对铸造 Ni_3Al 合金塑性的影响[J]. 金属学报,1992,28(5):A202.

[14] 谷月峰. 锆合金化对金属间化合物 Ni_3Al 塑性及变形行为的影响及其作用机理研究[D]. 上海:上海交通大学,1994.

[15] 秦瑞平. 锆对 Ni_3Al 合金组织结构和蠕变行为的影响[D]. 沈阳:中国科学院金属研究所,1997.

[16] 李辉,郭建亭,孙超,等. 钇和铈对 Ni_3Al 基合金压缩性能的影响[J]. 稀土学报,1991,9(3):243.

[17] Liu C T. Environmental embrittlement and grain-boundary fracture in Ni_3Al[J]. Scripta Metallurgica,1992,27:25.

[18] George E P,Liu C T,Pope D P. Intrinsic ductility and environmental embrittlement of binary Ni_3Al[J]. Scripta Mater,1993,28:857.

[19] Cohron J W,George E P,Heatherly L,et al. Hydrogen-boron interaction and its effect on the ductility and fracture of Ni_3Al[J]. Acta Materialia,1997,45(7):2801 – 2811.

[20] Masahashi N,Takasugi T,Izumi O. Mechanical properties of Ni_3Al containing C,B and Be[J]. Acta Metallurgica,1988,36:1823 – 1836.

[21] Suzuki T,Mishima Y,Miura S. Plastic behaviour in Ni_3(Al,X) single crystal-temperature,strain-rate,orientation and composition[J]. ISIJ Int. ,1989,29:1 – 23.

[22] Sikka V K,Mavity J T,Anderson K. Processing of nickel aluminides and their industrial applications[J]. Materials Science and Engineering A,1992,153(1 – 2):712 – 721.

[23] Liu C T,George E P. The Inter. Symp. on Nickel and Iron Aluminides:Processing,Properties and Application. [C]ed. by S. C. Deevi,V. K. Sikka,D. J. Maziasz and R. W. Cahn,7 – 9 October 1996,21.

[24] Sikka V K. International Symposium on Nickel and Iron Aluminides:Processing,Properties and Application. [C]ed. by S. C. Deevi,V. K. Sikka,D. J. Maziasz and R. W. Cahn,7 – 9 October 1996,361.

[25] Tiegs T N,Pucknett K P,Menchhofer P A,et al. International Symposium on Nickel and Iron Aluminides:Processing,Properties and Application. [C]. by S C. Deevi,V K. Sikka,D J. Maziasz and R. W. Cahn,7 – 9

October 1996,339.

[26] Feng D,Ye W J,Han G W,et al. Application research on the Ni_3Al intermetallic compound in CISRI[J]. Acta Metall. Sinica,1995,(4-6):503-508.

[27] 韩雅芳,李孙华. 定向凝固铸造 Ni_3Al 基合金 IC6-高性能燃气涡轮导向叶片材料[J]. 高技术通讯,1993,3(10):10.

[28] 张永刚,韩雅芳,陈国良,等. 金属间化合物结构材料[M]. 北京:国防工业出版社,2001.

[29] 肖程波. 钇和硅对 Ni_3Al 基合金 IC6 微观组织和性能的影响[D]. 北京:北京航空材料研究院,1999.

[30] 肖程波. Ni-Al 系金属间化合物的应用开发技术总结[D]. 北京:北京航空材料研究院,2000.

[31] 李亚楠. Ni_3Al 基单晶合金 IC6SX 再结晶行为研究及控制[D]. 北京:北京航空航天大学,2007.

[32] 李亚楠,何迪,李树索,等. Ni_3Al 基单晶合金 IC6SX 的表面再结晶[J]. 金属学报,2008,44(4):391-396.

[33] 赵希宏,黄朝晖,谭永宁,等. 新型 Ni_3Al 基定向高温合金 IC10[J]. 航空材料学报,2006,26(3):20-24.

[34] Bewlay B P,Jackson M R,Zhao J C,et al. A Review of very-high-temperature Nb-Silicide-based composites[J]. Metallurgical and Materials Transactions A,2003,34A(10):2043-2052.

[35] Zhao J C,Westbrook J H,Guest Editors. Ultrahigh-temperature materials for jet engines[J]. MRS Bulletin,2003,28(9):622-630.

[36] Bewlay B P,Jackson M R,Zhao J C,et al. Ultrahigh-temperature Nb-Silicide-based composites[J]. MRS Bulletin,2003,28(9):646-653.

[37] Balsone S J,Bewlay B P,Jackson M R,et al. Materials beyond superalloys-exploiting high-temperature composites[J]. Proceedings of the International Symposium on Structural Intermetallics[J]. Minerals,Metals and Materials Society (TMS),2001:99-108.

[38] Pearson W B. A Handbook of Lattice Spacings and Structures of Metals and Alloys[M]. London:Pergamon Press,1958.

[39] Hohenberg P,Kohn W. Inhomogeneous electron gas[J]. Physical Review B,1964,136:864-871.

[40] Levy M. Universal variational functionals of electron densities,first-order density matrices,and natural spin-orbitals and solution of the v-representability problem[J]. Proceedings of the National Academy of Sciences,1979,76:6062-6065.

[41] 康永旺. 合金化及制备方法对 Nb-Si 系超高温结构材料组织和性能的影响[D]. 北京:北京航空材料研究院,2008.

[42] 宋立国. 多元铌硅系金属间化合物基超高温结构材料基础研究[D]. 北京:北京航空航天大学,2006.

[43] Chen Yue,Shang Jia xiang,Zhang Yue. Effects of alloying element Ti on α-Nb_5Si_3 and Nb3Al from first principles[J]. Journal of Physics:Condensed Matter,2007,19(1):016215-1-016215-8.

[44] Chen Yue,Shang Jia xiang,Zhang Yue. Bonding characteristics and site occupancies of alloying elements in different Nb_5Si_3 phases from first principles[J]. Physical Review B,2007,76(18):184204-1-184204-8.

[45] Kang Yongwang,Han Yafang,Qu Shiyu,et al. Effects of alloying elements Ti,Cr,Al and Hf on β-Nb_5Si_3 from first-principles calculations[J]. Journal of Chinese Aeronautics,2009,22(2):206-210.

[46] Pugh S F. Relations between the elastic moduli and the plastic properties of polycrystalline pure metals[J]. Philos Mag,1954,45:823 – 843.

[47] Wang J Y,Zhou Y C. Polymorphism of Ti_3SiC_2 ceramic:First-principles investigations[J]. Physical Review B,2004,69(14):144108 – 144121.

[48] Jackson M R,Rowe R G,Skelly D W. Oxidation of Some Intermetallic Compounds and Intermetallic Matrix Composites[J]. Mat. Res. Soc. Symp. . Proc. ,1995,364:1339 – 1344.

[49] Bewlay B P,Jackson M R,Lipsitt H A. The Nb-Ti-Si ternary phase diagram:Evaluation of liquid-solid phase equilibria in Nb-and Ti-rich alloys[J]. J. Phase Equilibria,1997,18(3):264 – 278.

[50] Bewlay B P,Jackson M R,Bishop R R. The Nb-Ti-Si ternary phase diagram:Determination of solid-state phase equilibria in Nb-and Ti-rich alloys[J]. J. Phase Equilibria,1998,19(6):577 – 586.

[51] Subramanian P R,Mendiratta M G,Dimiduk D M. Microstructures and mechanical behavior of Nb-Ti base beta + silicide alloys[J]. Mat. Res. Soc. Symp. Proc. ,1994,322:491 – 502.

[52] Bewlay B P,Jackson M R,Gigliotti M F X. Niobium silicide high temperature In situ composites[J]. Intermetallic Compounds-Principles and Practice,2001,3:541 – 560.

[53] Qu Shiyu,Han Yafang,Song Liguo. Effects of alloying elements on phase stability in Nb-Si system intermetallics materials[J]. Intermetallics,2007,15(5 – 6):810 – 813.

[54] Shao G. Thermodynamic modelling of the Cr-Nb-Si system[J]. Intermetallics,2005,13(1):69 – 78.

[55] Geng Jie,Shao G,Tsakiropoulos P. Study of three-phase equilibrium in the Nb-rich corner of Nb-Si-Cr system[J]. Intermetallics,2006,14(7):832 – 837.

[56] Bewlay B P,Yang Y,Casey R L,et al. Experimental study of the liquid-solid phase equilibria at the metal-rich region of the Nb-Cr-Si system[J]. Intermetallics,2009,17(3):120 – 127.

[57] Shao G. Thermodynamic assessment of the Nb-Si-Al system[J]. Intermetallics,2004,12(6):655 – 664.

[58] Zhao J C,Bewlay B P,Jackson M R. Determination of Nb-Hf-Si phase equilibria[J]. Intermetallics,2001, 9(8):681 – 689.

[59] Yang Y,Chang Y A,Zhao J C,et al. Thermodynamic modeling of the Nb-Hf-Si ternary system[J]. Intermetallics,2003,11(5):407 – 415.

[60] Zhao J C,Bewlay B P,Jackson M R,et al. Alloying and Phase Stability in Niobium Silicide in-situ Composites[J]. Structural Intermetallics 2001,2001:483 – 491.

[61] Ma CL,Tan Y,Tanaka H,et al. Phase equilibria in Nb-Mo-rich zone of the Nb-Si-Mo ternary system[J]. Materials Transactions,2000,41(10):1329 – 1336.

[62] Ma C L,Tan Y,Kasama A,et al. Phase equilibria in Nb-W-rich zone of the Nb-W-Si ternary system[J]. Materials Transactions,2002,43(4):688 – 693.

[63] Ma C L,Li J G,Tan Y,et al. Microstructure and mechanical properties of Nb/Nb_5Si_3 in situ composites in Nb-Mo-Si and Nb-W-Si systems[J]. Materials Science and Engineering A,2004,386(1 – 2):375 – 383.

[64] Vellios N,Tsakiropoulos P. The role of Sn and Ti additions in the microstructure of Nb-18Si base alloys [J]. Intermetallics,2007,15(12):1518 – 1528.

[65] Li Zifu,Tsakiropoulos Panos. Study of the effects of Ge addition on the microstructure of Nb-18Si in situ composites[J]. Intermetallics,2010,18(5):1072 – 1078.

[66] Dário Moreira P Júnior,Carlos Angelo Nunes,Gilberto Carvalho Coelho,et al. Liquidus projection of the Nb-Si-B system in the Nb-rich region[J]. Intermetallics,2003,11(3):251 – 255.

[67] Candioto K C G, Nunes C A, Coelho G C, et al. Microstructural characterization of Nb-B-Si alloys with composition in the Nb-Nb₅Si₉B (T2-phase) vertical section[J]. Materials Characterization, 2001, 47(3 – 4):241 – 245.

[68] Miura Seiji, Aoki Miki, Saeki Yasuhiko, et al. Effects of Zr on the eutectoid decomposition behavior of Nb_3Si into (Nb)/Nb_5Si_3[J]. Metallurgical and Materials Transactions A, 2005, 36(3):489 – 496.

[69] Miura Seiji, Murasato Yuki, Sekito Yoshihito, et al. Effect of microstructure on the high-temperature deformation behavior of Nb-Si alloys[J]. Materials Science and Engineering A, 2009, 510 – 511:317 – 321.

[70] Tian Y X, Guo J T, Sheng L Y, et al. Microstructures and mechanical properties of cast Nb-Ti-Si-Zr alloys [J]. Intermetallics, 2008, 16(6):807 – 812.

[71] Kim Wonyong, Yeo Indong, Ra Taeyeub, et al. Effect of V addition on microstructure and mechanical property in the Nb-Si alloy system[J]. Journal of Alloys and Compounds, 2004, 364(1 – 2):186 – 192.

[72] Sha Jiangbo, Hirai Hisatoshi, Tabaru Tatsuo, et al. Effect of carbon on microstructure and high-temperature strength of Nb-Mo-Ti-Si in situ composites prepared by arc-melting and directional solidification[J]. Materials Science and Engineering A, 2003, 343(1 – 2):282 – 289.

[73] 田玉新, 郭建亭, 周兰章, 等. Dy 对 $Nb-Nb_5Si_3$ 共晶合金显微组织和力学性能的影响[J]. 金属学报, 2008, 44(5):589 – 592.

[74] 伍春兰, 周兰章, 郭建亭. Ta 含量对 $Nb-Nb_5Si_3$ 共晶合金的组织和压缩性能的影响[J]. 金属学报, 2006, 42(10):1061 – 1064.

[75] Sha Jiangbo, Hirai Hisatoshi, Tabaru Tatsuo, et al. High-temperature strength and room-temperature toughness of Nb-W-Si-B alloys prepared by arc-melting[J]. Materials Science and Engineering A, 2004, 364(1 – 2):151 – 158.

[76] 郭海生, 郭喜平, 贾丽娜, 等. 合金成分及熔炼工艺对多元铌基超高温合金组织的影响[J]. 稀有金属材料与工程, 2008, 37(7):1299 – 1303.

[77] Sun Zhiping, Guo Xiping, He Yongsheng, et al. Investigation on the as-cast microstructure of Nb-Nb silicide based multicomponent alloys[J]. Intermetallics, 2010, 18(5):992 – 997.

[78] Sekido Nobuaki, Kimura Yoshisato, Miura Seiji, et al. Microstructure development of unidirectionally solidified (Nb)/Nb_3Si eutectic alloys[J]. Materials Science and Engineering A, 2007, 444(1 – 2):51 – 57.

[79] Huang Qiang, Guo Xiping, Kang Yongwang, et al. Microstructures and mechanical properties of directionally solidified multi-element Nb-Si Alloy[J]. Progress in Natural Science: Materials International, 2011, 21 (2):146 – 152.

[80] Sekido Nobuaki, Kimura Yoshisato, Mishima Yoshinao. Effect of growth rate on microstructure and mechanical properties of the directionally solidified Nb-Si eutectic alloy[J]. Mat. Res. Soc. Symp. Proc., 2003, 753:BB5. 25. 1 – BB5. 25. 6.

[81] Tian Y X, Guo J T, Cheng G M, et al. Effect of growth rate on microstructure and mechanical properties in a directionally solidified Nb-silicide base alloy[J]. Materials and Design, 2009, 30(6):2274 – 2277.

[82] Guo J T, Tian Y X, Cheng G M, et al. Microstructural characteristics and high temperature compressive properties at 1623K of a directionally solidified Nb-silicides based in-situ composite[J]. Journal of Alloys and Compounds, 2009, 470(1 – 2):606 – 609.

[83] Hirai Hisatoshi, Tabaru Tatsuo, Sha Jiangbo, et al. High-Temperature compression strength of directionally solidified Nb-Mo-W-Ti-Si in-situ composites[J]. Mat. Res. Soc. Symp. Proc., 2001, 646:N5. 41. 1 – N5. 41. 6.

272

[84] Guan P,Guo XP,Ding X,et al. Directionally solidified microstructure of an ultra-high temperature Nb-Si-Ti-Hf-Cr-Al alloy[J]. Acta Metallurgica Sinica (English letters),2004,17(4):450 – 454.

[85] Guo X P,Guan P,Ding X,et al. Unidirectional solidification of a Nbss/Nb₅Si₃ in-situ composites[J]. Materials Science Forum,2005,475 – 479:745 – 748.

[86] 郭喜平,高丽梅. 电子束区熔定向凝固 Nb 基高温合金的组织和性能[J]. 航空材料学报,2006,26 (3):47 – 51.

[87] Kim Wonyong,Tanaka Hasao,Hanada Shuji. Microstructure and high temperature strength at 1773K of Nb$_{ss}$/Nb₅Si₃ composites alloyed with molybdenum[J]. Intermetallics,2002,10(6):625 – 634.

[88] Bewlay B P,Jackson M R,Lipistt H A. The balance of mechanical and environmental properties of a multielement Niobium-Niobium silicide-based in situ composite[J]. Metallurgical and Materials Transactions A,1996,27(12):3801 – 3808.

[89] 曲士昱. Nb/Nb₅Si₃ 复合材料基础研究[D]. 北京:北京航空材料研究院,2002.

[90] Kajuch Jan,Rigney Joseph D,Lewandowski John J. Processing and properties of Nb₅Si₃ and tough Nb₅Si₃/Nb laminates[J]. Materials Science and Engineering A,1992,155(1 – 2):59 – 65.

[91] Yu J L,Zhang K F. Tensile properties of multiphase refractory Nb-16Si-2Fe in situ composite[J]. Scripta Materialia,2008,59(7):714 – 717.

[92] Yu J L,Zhang K F,Wang G F. Superplasticity of multiphase fine-grained Nb – 16Si – 2Fe refractory alloy [J]. Intermetallics,2008,16(10):1167 – 1170.

[93] 喻吉良,张凯锋,于杰,等. 多相难熔 Nb – 16Si – 2Fe 原位复合材料的超塑性[J]. 金属学报,2008, 44(8):933 – 936.

[94] 王晓丽,王国峰,张凯锋. 细晶 Nb – 16Si 难熔合金的制备及其烧结 – 锻造短流程成形[J]. 金属学报,2009,45(9):1030 – 1034.

[95] Murakami T,Sasaki S,Ichikawa K,et al. Oxidation resistance of powder compacts of the Nb-Si-Cr system and Nb₃Si₅Al₂ matrix compacts prepared by spark plasma sintering[J]. Intermetallics,2001,9(7):629 – 635.

[96] Murakami T,Sasaki S,Ichikawa K,et al. Oxidation resistance of spark plasma sintered compacts in Nb-Si-Cr and Nb-Si-Al systems. Structural Intermetallics,2001.

[97] Murakami T,Xu C N,Kitahara A,et al. Microstructure,mechanical properties and oxidation behavior of powder compacts of the Nb-Si-B system prepared by spark plasma sintering[J]. Intermetallics,1999,7 (9):1043 – 1048.

[98] Kimura Yoshito,Yamaoka Hiroaki,Sekido Nobuaki,et al. Processing,microstructure,and mechanical properties of (Nb)/Nb₅Si₃ two-phases alloys[J]. Metallurgical and Materials Transaction A,2005,36 (3):483 – 488.

[99] 陈哲,严有为. 原位 Nb/Nb₅Si₃ 复合材料的放电等离子烧结及结构形成机理[J]. 稀有金属材料与工程,2006,35(3):484 – 487.

[100] Chen Zhe,Yan Youwei. Influence of sintering temperature on microstructures of Nb/Nb₅Si₃ in situ composites synthesized by spark plasma sintering[J]. Journal of Alloys and Compounds,2006,413(1 – 2): 73 – 76.

[101] Ma C L,Kasama A,Tan Y,et al. Synthesis of Nb/Nb₅Si₃ in-situ composites by mechanical milling and reactive spark plasma sintering. Materials Transactions,2000,41(6):719 – 726.

[102] Jéhanno P,Heilmaier M,Kestler H,et al. Assessment of a powder metallurgical processing route for re-

fractory metal silicide alloys[J]. Metallurgical and Materials Transaction A,2005,36(3):515 – 523.

[103] Heerden D Van,Gavens A J,Foecke T,et al. Evaluation of vapor deposited Nb/Nb₅Si₃ microlaminates [J]. Materials Science and Engineering A,1999,261(1 – 2):212 – 216.

[104]　Heerden D Van, Weihs T P. The thermal stability of Nb/Nb₅Si₃ microlaminates in vacuum and Ar. Structural Intermetallics,2001.

[105] Heerden D Van,Gavens A J,Subramanian PR,et al. The stability of Nb/Nb₅Si₃ microlaminates at high temperatures[J]. Metallurgical and Materials Transactions A,2001,32(9):2363 – 2371.

[106] Gavens A J,Heerden D Van,Foecke T,et al. Fabrication and Evaluation of Nb/Nb₅Si₃ microlaminate foils[J]. Metallurgical and Materials Transactions A,1999,30(11):2959 – 2965.

[107] Shang C H,Heerden D Van,Gavens A J,et al. An X-ray study of residual stresses and bending stresses in free-standing Nb/Nb₅Si₃ microlaminates[J]. Acta Materialia,2000,48(13):3533 – 3543.

[108] Jackson M R,Bewlay B P,Rowe R G,et al. High-temperature refractory metal-intermetallic composites [J]. JOM,1996,48(1):39 – 44.

[109] Bewlay B P,Jackson M R,Subramanian P R. Progressing high-temperature refractory-metal silicide in-situ composites[J]. JOM,1999,51:32 – 36.

[110] Dicks Robert,Wang Fude,Wu Xinhua. The manufacture of a niobium/niobium-silicide-based alloy using direct laser fabrication[J]. Journal of Materials Processing Technology,2009,209(4):1752 – 1757.

[111] Dehoff Ryan R,Sarosi Peter M,Collins Peter C,et al. Microstructural evaluation of lENS™ deposited Nb-Ti-Si-Cr alloys[J]. Mat. Res. Soc. Symp. Proc. ,2003,753:BB2. 6. 1 – BB2. 6. 6.

[112] 贾丽娜. 高温热处理对 Nb 硅化物基超高温合金组织特征的影响[D]. 西安:西北工业大学,2007.

[113] 郭海生,郭喜平. 高温均匀化及时效处理对 Nb-Ti-Si 基超高温合金组织的影响[J]. 稀有金属材料与工程,2008,37(9):1601 – 1605.

[114] 曲士昱,王荣明,韩雅芳. 热处理对 Nb – 10Si 合金显微组织的影响[J]. 航空材料学报,2001,21 (3):9 – 12.

[115] Subramanian P R,Mendiratta M G,Dimiduk D M,et al. Advanced intermetallic alloys-beyond gamma titanium aluminides[J]. Materials Science and Engineering A,1997,A239 – 240:1 – 13.

[116] Henshall G A,Subramanian P R,Starum M J,et al. Continuum predictions of deformation in composites with two creeping phases-II. Nb₅Si₃/Nb composites[J]. Acta Materialia,1997,45(8):3135 – 3142.

[117] Tian Y X,Guo J T,Zhou L Z,et al. Microstructure and room temperature fracture toughness of cast Nbₛₛ/ silicides composites alloyed with Hf[J]. Materials Letters,2008,62(17 – 18):2657 – 2660.

[118] Sekido N,Kimura Y,Miura S,et al. Fracture toughness and high temperature strength of unidirectionally solidified Nb-Si binary and Nb-Ti-Si ternary alloys[J]. Journal of Alloys and Compounds,2006, 425(1 – 2):223 – 229.

[119] Lewandowski John J. Fracture and fatigue of Nb alloys and composites. (The Minerals,Metals & Materials Society),2004:75 – 88.

[120] Bewlay B P,Jackson M R,Subramanian P R,et al. Very high-temperature Nb-silicide-based composites [J]. Niobium for High Temperature Application,2004:51 – 61.

[121] Kim Jinhak,Tabaru Tatsuo,Hirai Hisatoshi,et al. Tensile properties of a refractory metal base in situ composite consisting of an Nb solid solution and hexagonal Nb₅Si₃[J]. Scripta Materialia,2003,48

274

(10):1439-1444.

[122] Kim J H,Tabaru T,Sakamoto M,et al. Mechanical properties and fracture behavior of an Nbss/Nb$_5$Si$_3$ in-situ composite modified by Mo and Hf alloying[J]. Materials Science and Engineering A,2004,372(1 – 2):137 – 144.

[123] 马朝利,笠间昭夫,田中良平,等. Nb/Nb$_5$Si$_3$ 原位复合材料的开发研究[J]. 金属热处理学报,2000,21(2):83 – 88.

[124] Ma C L,Li J G,Tan Y,et al. Effect of B addition on the microstructures and mechanical properties of Nb – 16Si – 10Mo – 15W alloy[J]. Materials Science and Engineering A,2004,384(1 – 2):377 – 384.

[125] Sha J,Yang C,Liu J. Toughening and strengthening behavior of an Nb – 8Si – 20Ti – 6Hf alloy with addition of Cr[J]. Scripta Materialia,2010,62(11):859 – 862.

[126] Ma CL,Kasama A,Tanaka H,et al. Microstructures and mechanical properties of Nb/Nb-silicide in-situ composites synthesized by reactive hot pressing of ball milled powders[J]. Materials Transactions,2000,41(3):444 – 451.

[127] Mendiratta Madan G,Lewandowski John J,Dimiduk Dennis M. Strength and ductile-phase toughening in the two-phase Nb/Nb$_5$Si$_3$ alloys[J]. Metallurgical Transactions A,1991,22:1573 – 1583.

[128] Mendiratta Madan G,Dimiduk Dennis M. Strength and toughness of a Nb/Nb$_5$Si$_3$ composite[J]. Metallurgical Transactions A,1993,24:501 – 504.

[129] Kim W Y,Tanaka H,Kasama A,et al. Microstructure and room temperature fracture toughness of Nbss/Nb$_5$Si$_3$ in situ composites[J]. Intermetallics,2001,9(9):827 – 834.

[130] Tian Yuxin,Cheng Guangming,Guo Jianting,et al. Microstructure and mechanical properties of directionally solidified Nb – 22Ti – 16Si – 7Cr – 3Al – 3Ta – 2Hf – 0. 1Ho alloy[J]. Advanced Engineering Materials,2007,9(11):963 – 966.

[131] Bewlay B P,Jackson M R,Zhao J C,et al. A Review of very high-temperature Nb-silicide based composites[D]. GE Global Research,2002.

[132] Chan Kwai S. Modeling creep behavior of niobium silicide in-situ composites[J]. Materials Science and Engineering A,2002,337(1 – 2):59 – 66.

[133] Bewlay B P,Whiting P W,Davis A W,et al. Creep mechanisms in niobium-silicide based in-situ composites[J]. Mat. Res. Soc. Symp. Proc. ,1999,552:KK6. 11. 1 – KK6. 11. 5.

[134] Bewlay B P,Briant C L,Davis A W,et al. The effect of silicide volume fraction on the creep behavior of Nb-silicide based in-situ composites[J]. Mat. Res. Soc. Symp. ,2001,646:N2. 7. 1 – N2. 7. 6.

[135] Murayama Yonosuke,Hanada Shuji. High temperature strength,fracture toughness and oxidation resistance of Nb-Si-Al-Ti multiphase alloys[J]. Science and Technology of Advanced Materials,2002,3(2):145 – 156.

[136] Geng Jie,Tsakiropoulos Panos. A study of the microstructures and oxidation of Nb-Si-Cr-Al-Mo in situ composites alloyed with Ti,Hf and Sn[J]. Intermetallics,2007,15(3):382 – 395.

[137] Geng Jie,Tsakiropoulos Panos,Shao Guosheng. Oxidation of Nb-Si-Cr-Al in-situ composites with Mo,Ti and Hf additions[J]. Materials Science and Engineering A,2006,441(1 – 2):26 – 38.

[138] Zelenitsas K,Tsakiropoulos P. Effect of Al,Cr and Ta additions on the oxidation behaviour of Nb-Ti-Si in situ composites at 800℃[J]. Materials Science and Engineering A,2006,416(1 – 2):269 – 280.

[139] Menon E Sarath K,Mendiratta Madan G,Dimiduk Dennis M. High temperature oxidation mechanisms in

Nb-silicides bearing multicomponent alloys[J]. Structure Intermetallics 2001,2001:591 – 600.

[140] 刘爱琴. 硼和钟含量对铌硅系超高温结构组织和性能的影响[D]. 北京:北京航空航天大学,2007.

[141] 康永旺,曲士昱,宋尽霞,等. V,Al 对 Nb-Si 系超高温结构材料抗氧化性能的影响[J]. 航空材料学报,2008,28(5):6 – 10.

[142] 殷磊,易丹青,肖来荣,等. 铌及铌合金高温抗氧化研究进展[J]. 材料保护,2003,36(8):4 – 8.

[143] 王永平. 新型铌基合金高温抗氧化涂层研究[D]. 北京:北京航空航天大学,2005.

[144] Tian Xiaodong, Guo Xiping. Structure and oxidation behavior of Si-Y co-deposition coatings on an Nb silicide based ultrahigh temperature alloy prepared by pack cementation technique[J]. Surface & Coatings Technology,2009,204(3):313 – 318.

[145] Yao Dengzun, Gong Weiyan, Zhou Chungen. Development and oxidation resistance of air plasma sprayed Mo-Si-Al coating on an Nbss/Nb_5Si_3 in situ composite[J]. Corrosion Science,2010,52(8):2603 – 2611.

[146] 张小明. 日本 Nb 基超高温合金和复合材料研究新进展[J]. 稀有金属快报,2005,24(2):3 – 7.

第6章　先进高温结构材料精密铸造技术

6.1　概述

现代精密铸造技术起源于我国传统的失蜡铸造工艺,将该技术应用在高温合金复杂结构件的制造却是在第二次世界大战期间。当时战争中服役使用的喷气发动机,依靠机加工制造叶片严重制约了发动机的生产和使用,急需发展叶片制造的新方法,以提高生产率。当时在国民党飞行大队工作的美国人在我国云南保山的传统失蜡铸造工艺中得到启发,发明了现代熔模铸造叶片技术,这就是著名的第一代 Austenal 法,这对喷气发动机的发展起到重要作用。此后该技术迅速在欧洲传播,英买美专利,苏买英专利,解放后我国又买了苏联专利。熔模铸造从此成为制造叶片和航空结构件的主要技术之一,同时向其他领域扩展。

6.1.1　国外高温合金精密铸造技术的发展

20 世纪 50 年代后期,精密铸造的独特工艺为发展叶片制造新技术提供了广阔的天地,美国、英国等开始了复杂内腔空心叶片的铸造,为应用气冷技术提高叶片工作温度提供可能,这使得叶片可以在高温合金熔点以上工作。通过在陶瓷型壳面层涂料中加入表面孕育剂来实现叶片表面晶粒细化,以改善其抗疲劳性能,为高性能发动机的发展奠定了基础,并在 60 年代后期用在航空发动机上。随后,人们注意到表面机械抛光改善叶片表面精度和粗糙度的同时,叶片表面晶粒细化层被抛光掉,空心叶片的壁厚变得不均匀等,这使得因晶粒细化提高疲劳性能的设想难以落实到位。在 20 世纪 70 年代初期,美、英等发达国家发展了 Austenal 第二代技术——高温合金近净形精密铸造技术并用于生产。

20 世纪 70 年代中期,定向凝固技术用于生产批量的定向柱晶空心叶片装备航空发动机。20 世纪 80 年代,单晶叶片技术用于生产,这即是 Austenal 第三代技术。与此同时,热等静压技术、高温合金过滤净化技术的发展使得熔模铸件的冶金缺陷大大减少,性能显著提高;计算机技术的应用,更提高了熔模铸件生产的成品率和可靠性,从压蜡、制壳、浇注都用计算机控制,并对整个过程中的数千个运转参数进行监视。

铸造涡轮叶片的技术进步是高温合金精密铸造技术发展的缩影。1960

年—1990 年间,国外叶片从等轴晶实心叶片发展到先进的单晶空心叶片,其工作温度提高了 300℃～400℃,发动机燃油效率提高了 30% 左右。定向柱晶涡轮叶片与传统的等轴晶叶片相比,定向柱晶高温合金铸件在 140MPa/100h 条件下的耐温能力提高约 50℃。单晶叶片的出现,又使铸造涡轮叶片技术前进了一大步。图 6 –1 显示了铸造涡轮叶片 30 年来的发展历程。叶片的精度从大余量—小余量—无余量,叶片的组织从任意结晶(等轴晶)到控制结晶(细晶、定向柱晶、单晶),叶片的几何结构从实心叶片—大孔空心—复杂气冷内腔。

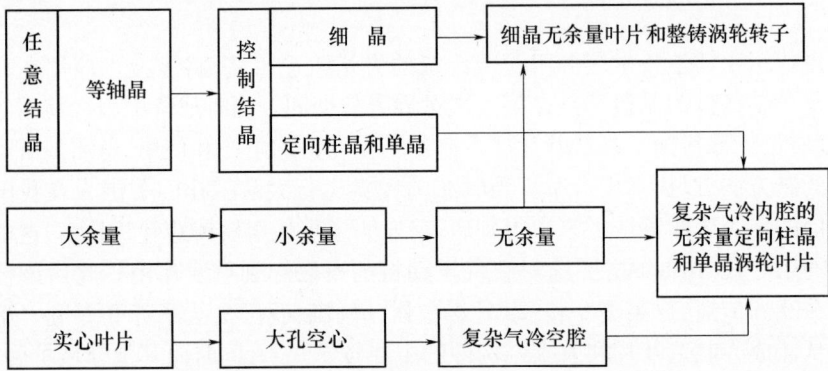

图 6 –1　铸造涡轮叶片的发展

　　高温合金熔模精铸技术的发展不仅促进了航空发动机性能与设计技术的发展,更提高了其技术本身的竞争力,使越来越多领域如航天发动机、舰船、地面燃机等高温合金结构件采用精密铸造技术制造[1]。据统计,发达国家的高温合金熔模精密铸件约占航空发动机重量的 1/4,其中结构件约占 2/3。整体铸造不仅减少材料消耗,而且简化工艺、节约工时,经济效益十分明显。大型整体铸件精密铸造技术的发展是建立在高水平熔模铸造工艺的基础上,如近净形熔模铸造技术、空心涡轮叶片铸造技术、合金过滤净化技术、热等静压技术、凝固控制技术和无损检测技术、后处理技术等都成为整体铸件发展的基础,大型复杂高温合金结构件整铸技术已经成为多种技术的复合体。国外一直将高温合金大型复杂整体构件精密成形技术与制造成本作为军民用航空发动机性能和竞争力提升的支撑点,并经历了长期持续的研究和不断完善。自 1965 年美国首次采用 In718C合金制造了第一个整体精铸机匣为重要里程碑以来,已在 CF6、CFM56、T700、RB211、PW4000 等多种发动机中成功应用大型高温合金整体精铸件,取得了显著的经济效益和社会效益,其工艺水平不断提高,相关铸件的外廓尺寸不断攀升、壁厚不断减薄、复杂程度不断增加,铸件的最小壁厚达到 0.80mm～1.25mm,大推力涡轮风扇发动机的直径为 1524mm、重量达 932kg 的高温合金机匣,采用精密铸造技术整铸成形并获得工业应用。

国外高温合金整体叶盘精铸技术迄今实现了三阶段跨越发展：等轴晶整体叶盘、等轴细晶整体叶盘、定向柱晶(单晶)叶片/等轴细晶轮盘双性能整体叶盘精密铸造技术。美国 NASA 和 Howmet、英国罗—罗公司等不仅最早提出高温合金双性能整体涡轮精铸技术方案，制造出了相应的设备，而且研制出定向柱晶叶片/等轴晶轮盘整体涡轮，使其低周疲劳、高温持久和冷热疲劳性能明显提高。

6.1.2 我国高温合金精密铸造技术的发展

建国 60 年来，我国高温合金精密铸造技术的研究发展取得了长足的进步。不仅缩短了航空产品的生产周期、降低了成本，而且对加速我国航空产品更新换代和提高新机性能均有重要作用，同时带动了其他材料精密铸造技术的快速发展。

20 世纪 50 年代初期，我国从苏联引进现代熔模铸造技术，使我国的失蜡铸造技术从此获得新生，并首先应用于航空发动机高温合金涡轮叶片和结构件的研制，随之迅速推广到汽车、拖拉机、船舶、内燃机、仪表、武器、医疗器械、齿科、手饰、艺术品等行业。这一阶段可以称为熔模铸造的建立和仿制阶段。20 世纪 60 年代开始，以北京航空材料研究所为代表，较系统地开展了熔模铸造工艺研究工作，研制出"多层壳型"工艺替代了工艺复杂、生产周期长的湿法造型，使熔模精铸技术进入了一个新的发展时期。60 年代中期，我国采用 K417 等轴晶铸造高温合金、多层壳型和石英玻璃管型芯工艺铸造出国内第一个带冠 9 小孔空心涡轮叶片(图 6-2)；与此同时，发展了涡轮叶片表面晶粒细化技术和整体导向器精密铸造技术等。20 世纪 70 年代，北京航空材料研究所和成都航空发动机厂、西北工业大学与西安航空发动机厂通过

图 6-2 带冠 9 孔空心涡轮叶片

厂—所—院—校联合攻关的模式，在熔模材料、陶瓷型芯、陶瓷型壳材料与制备工艺等方面取得大量成果，用自行研制的熔模铸造工艺材料代替英国的材料，于20世纪70年代末期成功地制造出斯贝发动机等轴晶空心涡轮叶片，从此我国的高温合金精密铸造工艺得到了国际认可；标志着我国高温合金精密铸造技术接近国际先进水平[1]。

20世纪80年代中后期，以北京航空材料研究所为代表研究出定向凝固用陶瓷型壳、氧化硅基陶瓷型芯、定向凝固结晶技术等，成功应用在航空发动机定向柱晶空心叶片的研制，并于20世纪90年代推广在各航空工厂型号发动机定向柱晶叶片的生产中。20世纪90年代以来，针对单晶空心叶片研制与应用的需求，以北京航空材料研究所为代表研究出氧化铝基陶瓷型芯技术、第二代单晶合金空心叶片精密铸造技术、双层壁超气冷单晶叶片精密铸造技术等[1]。迄今为止，AC系氧化铝陶瓷型芯技术成功应用在包括钴基等轴晶高温合金空心叶片、复杂结构定向柱晶空心叶片和单晶空心叶片的批生产中。图6-3为高温合金定向柱晶与单晶叶片。

图6-3　高温合金定向柱晶与单晶叶片

我国高温合金复杂结构件的整铸技术的发展分为三个阶段：第一阶段是在20世纪80年代期间，以涡轮叶片精密铸造技术成果为基础，结合表面细化技术研究发展了外廓尺寸不超过400mm的导向器类整体结构件熔模精铸技术，实现工业推广应用；第二阶段是在20世纪90年代中期，主要以航空航天发动机上外廓尺寸350mm～750mm的扩压器、机匣和壳体类环形结构件为载体，结合热等静压技术研究形成的以K4169高温合金为主的中等尺寸的复杂结构件整铸技术，实现工业应用，图6-4为高温合金环形结构整铸件。第三阶段是自20世纪90年代中后期以来，针对外廓尺寸在800mm～1100mm的大型高温合金结构件如K4169高温合金涡轮机匣开展的精密铸造技术的改进与升级研究，已经实现外廓尺寸达 1100mm 的涡轮机匣的整铸,由北京航空材料研究院研究成功的高温合金复杂构件热控凝固技术有效解决了大型复杂结构件整铸过程中致密度与晶粒度匹配控制的技术难题。

图 6-4　高温合金环形结构整铸件

我国整体叶盘精密铸造技术自 20 世纪 90 年代以来进行了持续研究,其中高温合金叶盘整体细晶精密铸造技术在 20 世纪 90 年代中期研究成功并获工业推广应用,整铸的细晶叶盘外廓尺寸达 400mm,叶片晶粒度达 ASTM 3 级 ~ 5 级,轮盘晶粒度达 ASTM 2 级 ~ 3 级,如图 6-5 所示。北京航空材料研究院研究出了双性能整体叶盘精密铸造技术,实现了整体叶盘径向数十个叶片同时定向柱晶生长而轮盘等轴细晶生长,不仅提高了整体叶盘承温能力与持久强度,同时保证了疲劳寿命在较高水平上。

图 6-5　高温合金整体细晶叶盘

6.2 涡轮叶片精密铸造技术

涡轮叶片是航空发动机上所有热端部件中承温承载环境最恶劣、质量要求最严格、结构最复杂的关键热端部件，从涡轮叶片零件图开始，到完成制造交付给用户包括了 10 余项工艺技术，其中仅精密铸造就含有将近 200 个工艺环节。图 6-6 为航空发动机涡轮叶片制造工艺流程。

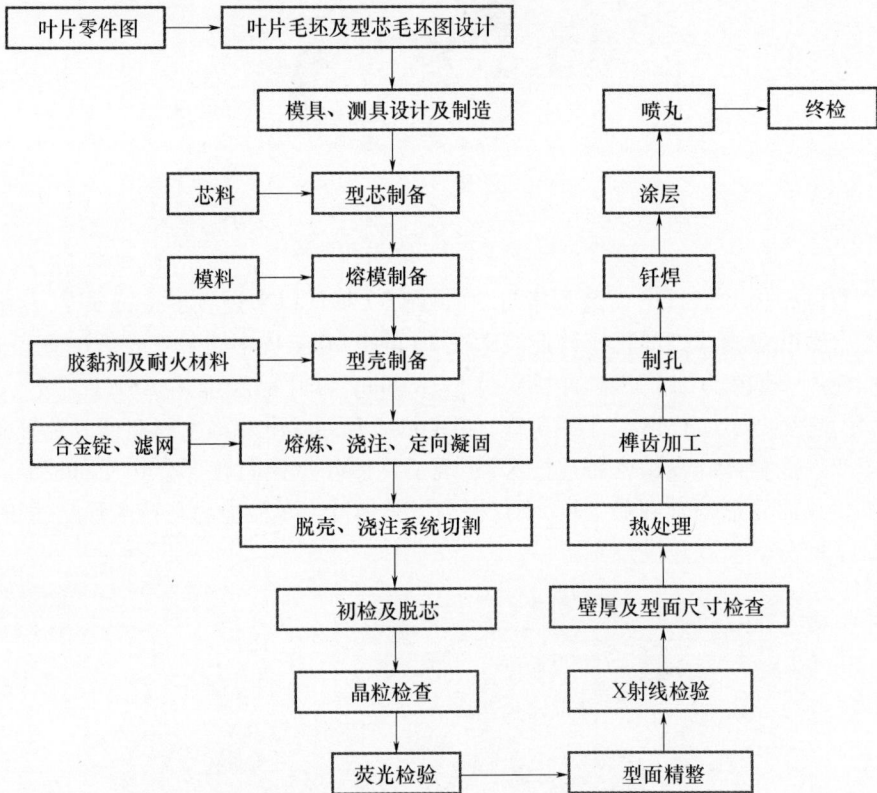

图 6-6　涡轮叶片制备工艺流程

6.2.1　陶瓷型芯材料与制备方法

随着航空发动机推重比的升级，其涡轮前进口温度不断提高。作为航空发动机关键热端部件的涡轮叶片的工作温度随之不断提高。从涡轮叶片材料、结构与制造技术的发展看，单纯依靠提升高温合金的热强性能无法满足涡轮前进口温度不断提高的要求。因此，从 20 世纪 60 年代就开始发展叶片的冷却技术。

282

据统计,在过去的50年中,发动机涡轮前进口温度提高了500℃,其中70%是由于采用了更好的气冷结构设计和先进的制造技术来实现的[2]。

叶片的冷却效果与冷却方式有关,基本冷却方式有对流冷却、冲击冷却(筋壁强化换热和扰流柱强化换热冷却)和气膜冷却。为了适应发动机不断提高涡轮前进口温度的需要,20世纪90年代中后期发展并逐渐获得应用了发散冷却和层板冷却等。所有这些冷却方式与叶片内腔的形状有关,图6-7为近50年里涡轮叶片典型内腔形状、气冷效果的发展历程。

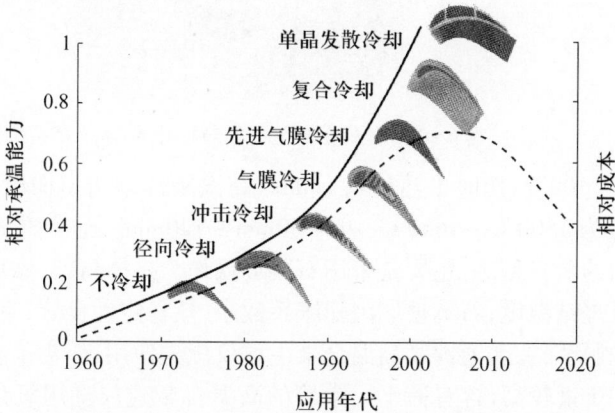

图6-7 内腔结构与承温能力的发展关系

发散冷却是在常规冷却的空心叶片壁上制造出一系列细槽和孔等发散冷却孔道,来自于中心腔的冷却空气首先通过这些槽和孔进入夹层部分,再从叶片外表面出来,形成具有对流和气膜等的复合冷却效果,这种发散冷却叶片与气膜冷却叶片相比,冷却空气需求量可减少约40%,冷却效果可达700℃,发散冷却的单晶叶片可在2200K的高温下可靠工作,是目前国内外正在大力研发的高推重比航空发动机标志性热端部件——超气冷单晶叶片采用的冷却系统[2]。图6-8为典型发散冷却超气冷单晶空心涡轮叶片。

由上述可知,随着冷却技术的不断发展,叶片内腔形状日趋复杂。用于形成复杂内冷通道的陶瓷型芯的质量直接影响空心叶片的使用性能,决定了叶片的尺寸精度、合格率和铸造成本。因此,陶瓷型芯的材料和制造技术在空心零件尤其是涡轮空心叶片甚至是航空发动机的研发中显得十分重要。图6-9为陶瓷型芯制备工艺流程。

陶瓷型芯的分类按照使用过程中合金熔体的凝固结晶条件分为中温和高温两种陶瓷型芯;按照陶瓷型芯基体材料的材质不同又分为氧化硅基和氧化铝基陶瓷型芯两种[3]。中温条件是指普通等轴晶熔模铸造的浇注条件,工作温度一

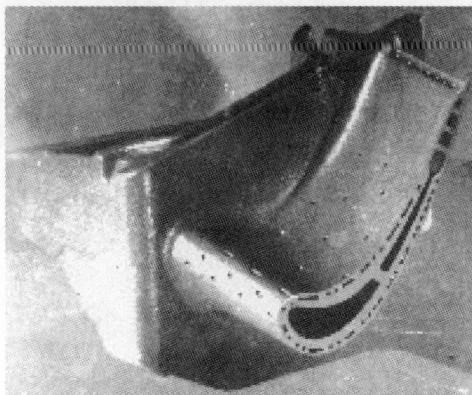

图 6-8　发散冷却超气冷涡轮叶片

般为 1200℃ ~ 1300℃ ,历时十几秒到 1min。高温条件是指定向凝固浇注条件,工作温度一般为 1500℃ ~ 1650℃ ,历时 30min ~ 120min。通常在等轴晶高温合金浇注时使用的陶瓷型芯,主要是采用石英玻璃作为基体材料,添加一定数量的矿化剂以降低烧结温度;石英玻璃因膨胀系数小,热稳定性良好,室温强度高,而且容易烧成和脱芯,在普通镍基高温合金中建议优先使用,但为了防止界面化学反应,对于含 Cr 量较高、含有稀土元素等的高温合金建议选用氧化铝基陶瓷型芯,如高 Cr 的镍基高温合金 K4648、铁铬镍基高温合金 K4169、钴基合金 K640 等。对于定向凝固结晶条件下使用的陶瓷型芯,即高温陶瓷型芯,主要使用以控制方石英达到较高含量的方石英陶瓷型芯,以锆英石为矿化剂的氧化硅基陶瓷型芯和以 α – Al_2O_3 为基的氧化铝陶瓷型芯材料。

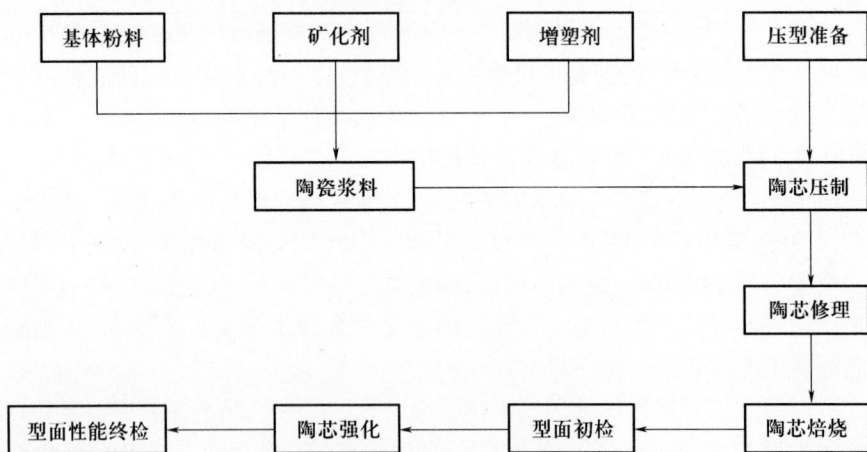

图 6-9　陶瓷型芯制备工艺流程

284

1. 氧化硅基陶瓷型芯

氧化硅基陶瓷型芯的基体材料为石英玻璃。石英玻璃是石英经高温熔融、高速冷却后形成的非晶态物质,非晶结构赋予玻璃各向同性、介稳定性、高黏度和低膨胀系数等特性,是制造熔模铸造用陶瓷型芯的主要原材料。早期叶片的内腔较简单,可以直接用石英玻璃管作为型芯,但冷却效果较差。随着叶片内腔形状日益复杂,采用预制成形的陶瓷型芯。石英玻璃陶瓷型芯的主要原材料是石英玻璃粉,添加一定量的 Al_2O_3、莫来石、$ZrSiO_4$ 等作为矿化剂,通过压制和焙烧成形复杂的陶瓷型芯。依据石英玻璃材质和添加剂的不同,在1100℃~1250℃温度范围内,发生反玻璃化生成方石英(也称方石英化),使室温强度下降。其实质是方石英在冷却或加热至180℃~270℃之间有 α⇔β 相变,体积变化2.8%,形成了裂纹。在加热过程中出现膨胀,冷却时发生收缩,经多次反复后,材料中的裂纹不断扩展而发生破坏。陶瓷型芯高温变形主要是由石英玻璃的黏性流动引起的高温蠕变,但是晶体比玻璃体的蠕变小几个数量级。为了提高石英玻璃陶瓷型芯的高温抗变形能力,又希望石英玻璃陶瓷型芯中含有一定量方石英,即在浇注合金液前,使石英玻璃基陶瓷型芯反玻璃化产生足够量的方石英晶体,以大幅度减小高温蠕变。因此合理控制陶瓷型芯烧结和使用过程中石英玻璃的析晶量是氧化硅基陶瓷型芯技术的基础与关键。

1)石英玻璃的反玻璃化规律

研究发现:影响石英玻璃反玻璃化的主要因素是陶瓷型芯材料中杂质、添加剂和终烧温度。前两者明显改变反玻璃化的起始温度,后者能改变反玻璃化进程。

(1)杂质、添加剂的影响。表6-1为氧化硅基陶瓷型芯原材料的化学组成,表6-2为陶瓷型芯的成分配比,表6-3为两种杂质含量的石英玻璃试样经不同温度焙烧后方石英含量的变化,表6-4为添加剂对石英玻璃反玻璃化的影响结果。

表6-1 氧化硅基陶瓷型芯原材料的组成 %(质量分数)

原材料名称		SiO_2	ZrO_2	Al_2O_3	Fe_2O_3	K_2O	Na_2O	MgO	CaO	TiO_2
石英玻璃I(S_I)		99.8	—	0.15	0.01	0.01	0.02	—	—	—
石英玻璃II(S_{II})		99.6	—	0.09	0.07	0.01	0.19	0.02	0.04	—
锆英粉(Z)		34.34	65.93	0.27	0.03	0.01	0.01	0.02	0.11	0.16
氧化铝	刚玉粉(A)	0.14		98.68	0.15	0.07	0.66	—	0.10	0.10
	工业氧化铝(A-1)									

285

表 6 - 2　陶瓷型芯的成分配比　　　　　%（质量分数）

组成 试样号	材　料				
	石英玻璃Ⅰ	石英玻璃Ⅱ	锆英粉	氧化铝	硅胶粉
$S_Ⅰ$	100	—	—	—	—
$S_Ⅱ$	—	100	—	—	—
$S_ⅠA$	85	—	—	15	—
$S_ⅡA$	—	85	—	15	—
$S_ⅠA-1$	82	—	—	15	3
$S_ⅡA-1$	—	82	—	15	3
$S_ⅡZ$	—	75	25	—	—

表 6 - 3　两种杂质含量的石英玻璃试样在各种烧结温度的方石英含量

%

项　目	Al_2O_3	Na_2O	1150℃	1200℃	1300℃	1400℃	1500℃
$S_Ⅰ$	0.15	0.02	2	16	36	49	87
$S_Ⅱ$	0.09	0.19	20	35	48	60	90

表 6 - 4　各种试样在 1500℃烧结时方石英含量　　　　%

项　目	$S_Ⅰ$	$S_Ⅱ$	$S_ⅠA$	$S_ⅡA$	$S_ⅠA-1$	$S_ⅡA-1$	$S_ⅡZ$
方石英量	87	90	85	87	86	87	86

可以看出,杂质或添加剂对石英玻璃的反玻璃化影响可分为三种情况:第一类添加剂或杂质促进反玻璃化,如 Na_2O 等碱金属氧化物。Na^+ 在玻璃中有较高的扩散速度,能活化玻璃体的结构,使具有高能量的玻璃更不稳定。Na^+ 为网络变性离子,在高温时易使桥氧断裂,导致玻璃体的黏度急剧下降,这些均有利于方石英析出。如含有 0.19% Na_2O 的石英玻璃型芯在 1150℃时已有 20%的石英玻璃转变成方石英了。第二类矿化剂或杂质能抑制反玻璃化,如型芯中含有 15% 的 Al_2O_3 时,由于 Al^{3+} 具有高电荷、小体积,因电荷密度大,能有效屏蔽易极化的氧原子使其移动困难,从而阻止了方石英析出使反玻璃化温度比纯石英玻璃提高 100℃以上。终烧温度为 1200℃时石英玻璃颗粒轮廓清晰无网纹,至1300℃以上才出现网纹。但当 Al_2O_3 为含有杂质 Na_2O 的工业氧化铝,可促进反玻璃化。第三类矿化剂对反玻璃化作用不明显,如在石英玻璃中加入 25% Zr-SiO_4,在 1200℃终烧时石英玻璃颗粒边缘开始出现方石英网络,这与纯石英玻璃的反玻璃化温度相近。所以选择合适的添加剂并控制其含量,能有效地改变反玻璃化的起始温度。

（2）终烧温度的影响。提高终烧温度活化了石英玻璃的结构并降低了玻璃的黏度,从而促使石英玻璃向方石英转变,但是终烧温度不超过1100℃时对石英玻璃析晶的影响不大。在定向凝固中选择合适的加热规范,使陶瓷型芯中的石英玻璃在金属液浇注前大部分转变为方石英,以提高陶瓷型芯的高温抗冲击蠕变能力是可行的,见表6-5。

表6-5　不同温度再处理后对烧成型芯试样性能的影响

温度/℃	方石英/%	20℃抗弯强度/MPa	高温挠度/mm
1200	18.5	15.2	10
1300	36.7	10.4	6
1400	78.4	5.0	3
1500	95.6	5.2	3
挠度为1500℃×0.5h,悬臂自重变形量			

（3）反玻璃化对性能的影响。石英玻璃的反玻璃化对陶瓷型芯的性能产生影响,尤其对型芯的高温挠度和烧成强度影响更明显。

① 高温挠度。陶瓷型芯的高温挠曲变形是蠕变的结果,不同组成的陶瓷型芯试样在不同终烧温度下的高温挠度不同。随着终烧温度的升高,方石英量迅速增多,高温挠度均减小。添加 15% Al_2O_3 的陶瓷型芯材料经 1150℃焙烧后的试样高温挠度达 60mm 左右,因该成分正是 Al_2O_3—SiO_2 系的低共熔点成分,有杂质的情况下,在 1150℃时即出现液相,从而加剧石英玻璃的黏性流动而使挠度迅速增加。当终烧温度提高到 1300℃时,型芯中析出一定量方石英,挠度值减小至 1mm。升温速度对石英玻璃型芯的挠度值亦有影响,在 1200℃~1300℃的时间长,黏性流动加剧,致使挠度剧增。但当终烧温度高于 1300℃时,由于已析出方石英,升温速度对挠度的影响就减小。同时发现石英玻璃基陶瓷型芯中有不低于 80% 的方石英即可满足高温抗蠕变性的要求。

② 烧成强度。终烧温度对陶瓷型芯的烧成强度的影响明显。在一定温度范围内,陶瓷型芯的烧成强度随焙烧温度的提高而不断下降,至1400℃以上由于出现一定量液相而略有回升。在出现方石英网纹之前,试样烧成强度最大,这主要是液相烧结的结果。由于各试样出现网纹的温度不同,因而具有最大强度时的焙烧温度亦不同。出现方石英网纹之后,裂纹倾向加大,强度开始下降。当方石英网纹遍布整个颗粒,而破裂的颗粒尚未连接在骨架之间时,强度处于最低值。此时裂纹程度亦最大。

③ 烧成收缩。随着焙烧温度的变化,陶瓷型芯的烧成收缩值亦不同。图6-10 为不同相组成的型芯试样的烧成收缩(ZS 为锆英石、VS 为石英玻璃、C 为

方石英、Q 为石英),显而易见,晶相量少,试样的收缩就大。在升温过程中由于各试样的晶相量差别较大,所以曲线的变化规律亦不一样,配方 1 的陶瓷型芯存在 13%的方石英,在 200℃~300℃间膨胀突然增加。配方 2、配方 3 无方石英,在此温度范围内膨胀亦无突变,但经过升温至 1600℃,各种配方的方石英晶体急剧增加,因而在冷却过程中,陶瓷型芯收缩曲线相似,在 200℃~300℃之间均发生收缩值的突变。烧成收缩是石英玻璃高温黏性流动所引起,凡能阻碍黏性流动的物质也就能减小收缩。配方 3 中晶相只有 1%,收缩最大,配方 1 中晶相达 30%,阻碍黏性流动的作用较大,烧成收缩亦最小。石英玻璃析出方石英晶体不仅能提高高温抗蠕变能力,而且能减小收缩,其不利之处是在冷却过程中,方石英的高低温型相转变伴生裂纹,使烧成强度下降。因此如何控制石英玻璃的反玻璃化以取长避短,是一个很重要的问题。

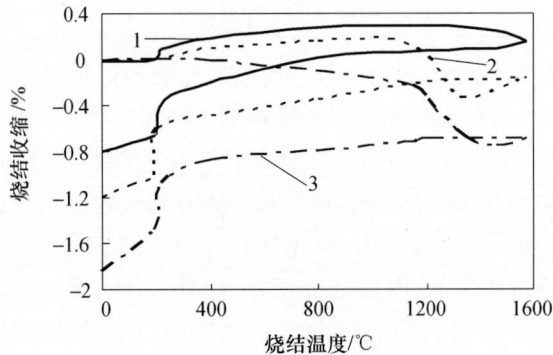

图 6-10　烧结收缩与温度的关系

ZS—锆英石;VS—石英玻璃;C—方石英;Q—石英。

1—VS70%,C13%,ZS17%;2—VS82%,ZS15%,Q3%;3—VS99%,Q1%。

　　综上所述,添加剂或杂质决定了反玻璃化的起始温度及难易程度,终烧温度则决定反玻璃化的速度及方石英数量。只要合理控制上述两个因素,就能获得适量的方石英。为使陶瓷型芯获得合适的烧成强度,裂纹倾向小,型芯的终烧温度不宜过高,一般控制在 1150℃~1200℃,以适量减小焙烧过程中方石英的含量。在定向凝固中采用合适的陶瓷型壳预热工艺,使方石英量迅速增加,就能有效抑制陶瓷型芯的黏性流动,防止陶瓷型芯的变形。

　　2）方石英陶瓷型芯

　　方石英陶瓷型芯是针对最高使用温度达 1550℃的定向凝固结晶条件使用的氧化硅基型芯,它是在中温石英玻璃基陶瓷型芯基础上,通过控制材料中杂质品种与含量(尤其是 Al_2O_3,碱金属氧化物如 Na_2O、K_2O 等)及焙烧工艺,实现在不同阶段对方石英含量的控制。活性较大的无定型 SiO_2 干硅胶粉中含有可促进石英玻璃方石英化的 Na_2O（大约 0.5%），在石英玻璃基体粉料中通过控制干硅胶粉的添加量可实现对方石英析出量的控制，提高型芯抗挠曲变形能力。石英玻璃陶瓷型芯高温强度主要与杂质含量和焙烧后型芯的裂纹倾向大小有关。杂质含量较多的型芯组成在高温下产生液相亦较多，导致高温强度下降；而陶瓷型芯在焙烧过程中因析出方石英，冷却时伴生裂纹倾向加大，高温强度亦降低。

因此方石英陶瓷型芯的关键是控制焙烧和浇注过程中石英玻璃的方石英析出量，它们直接影响陶瓷型芯的烧成率和烧结质量。石英玻璃的反玻璃过程受原材料粒度、杂质含量、添加剂、焙烧温度、保温时间和气氛的影响。为使陶瓷型芯有较高的烧成强度、高温强度和优良的高温抗蠕变性，应该对方石英化的析出过程与数量加以控制，如限制石英玻璃中能够抑制和促进方石英化的杂质含量（如 Al_2O_3 和 Na_2O 含量）。

制备方石英陶瓷型芯的工艺通常是将石英玻璃陶瓷型芯在 1100℃ ~ 1200℃下焙烧 2h ~ 8h，使烧成的陶瓷型芯中含有 10% ~ 25% 的方石英，然后将带有陶瓷型芯的型壳模组在定向炉中 1400℃ ~ 1550℃ 的温度下加热一定时间（10min ~ 30min），使陶瓷型芯中的方石英含量迅速增加到 80% 以上，以形成方石英为主晶相的陶瓷型芯。

3）石英玻璃—锆英石陶瓷型芯

由于方石英存在高低温相变，并伴有较明显的体积变化，陶瓷型芯的烧成强度较低，陶瓷粉体原材料组成与粒度和焙烧工艺控制不当极易造成烧成率低、浇注过程中的断芯与漏芯等，因此方石英陶瓷型芯在工程上的应用并不广泛。锆英石是一种天然的高耐火性材料，其化学组成为 $ZrSiO_4$，膨胀系数小、耐温度急变性能良好，对石英玻璃的方石英化的影响不大，可以减少方石英的负面影响，因而研发出石英玻璃—锆英石陶瓷型芯：在石英玻璃基体粉料中加入 20% ~ 40% 的锆英砂细粉作为矿化剂，以提高陶瓷型芯的强度和热稳定性，同时保留石英玻璃良好的可溶性和低热膨胀性。

不同锆英粉添加量对陶瓷型芯的强度、挠度、烧成收缩、高温收缩、热膨胀系数及溶失性有很大影响，图 6-11 ~ 图 6-13 为锆英粉含量对陶瓷型芯性能影响结果。

从图中可以看出：随着锆英粉含量的增加，陶瓷型芯的抗弯强度增加，而溶失性能下降。当锆英粉含量小于 50% 时，随着锆英粉含量的增加，陶芯烧结收缩下降，1500℃ 的挠度缓慢增加；当锆英粉含量大于 50% 时，随着锆英粉含量增加，烧结收缩和高温挠度迅速上升。

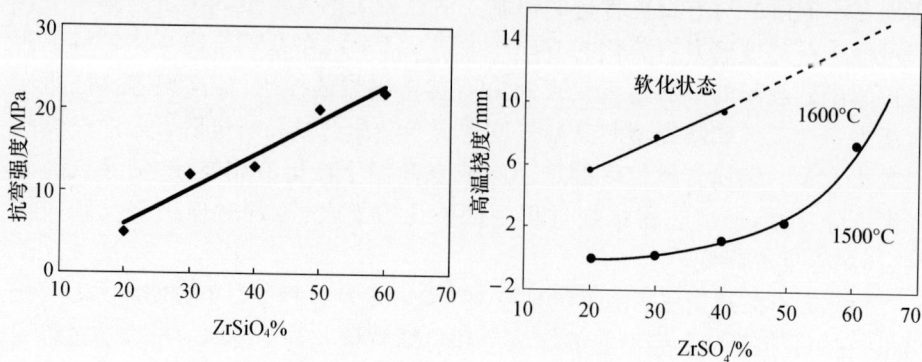

图 6-11　锆英粉含量对陶瓷型芯抗弯强度和高温挠度的影响

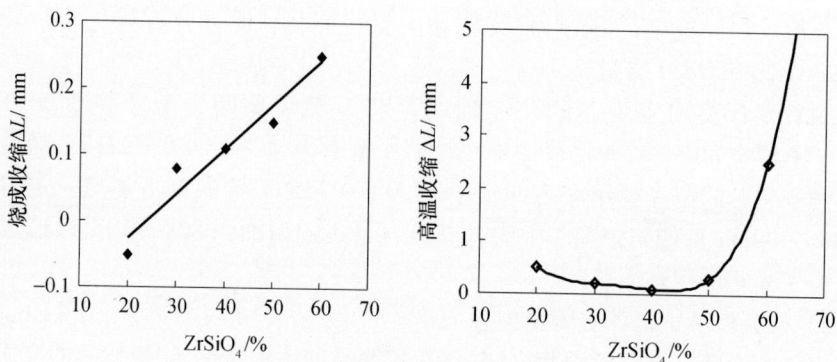

图 6-12　锆英粉含量对陶瓷型芯烧成收缩和高温收缩的影响

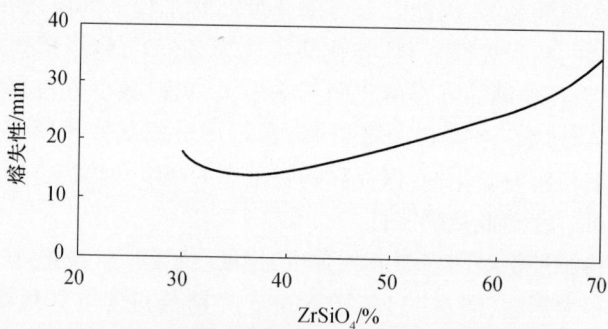

图 6-13　锆英粉含量对陶瓷型芯溶失性的影响

　　目前国内定向柱晶空心叶片制造广泛使用的是由北京航空材料研究院于 20 世纪 80 年代研究出的 XD 系石英玻璃—锆英石陶瓷型芯，其中锆英粉含量为 20%～40%，石英玻璃粉含量为 60%～80%，粉体粒度控制在 50μm 以下。

表6-6为XD系陶瓷型芯主要性能。经过30余年的不同结构特点叶片的批生产考验,陶瓷型芯表现出良好的使用性能。

表6-6　XD系石英玻璃—锆英石陶瓷型芯的主要性能

室温抗弯 强度/MPa	收缩率 /%	线膨胀(20℃~1500℃) /(10⁻⁶/℃)	孔隙率 /%	密度 /(g/cm³)	溶失性 /min	表面粗糙度 /μm
13~20	0.4~0.6	约1	30~40	2.5~2.8	约17	$Ra6.3 \sim Ra3.2$

2. 氧化铝基陶瓷型芯

随着高温合金叶片由定向柱晶向单晶发展,定向凝固条件下陶瓷型芯的工作条件更加苛刻,需在高达1550℃的高温金属液中浸泡1h以上,因此要求陶瓷型芯具有更好的高温性能,与合金熔体间的化学稳定性更好[4]。氧化硅基陶瓷型芯的使用温度有限,在超过1550℃的高温下,抗蠕变性与化学稳定性难以满足复杂结构空心叶片铸造的要求,并易与高温合金中的C、Mg、Y、Ti、Al、Hf等元素发生(6-1)化学反应,形成金属氧化物或产生气体,在叶片的冷却通道上形成黏砂或气孔缺陷:

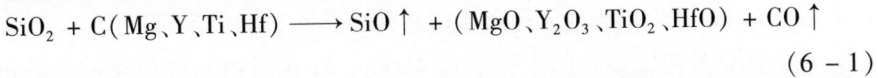

$$SiO_2 + C(Mg、Y、Ti、Hf) \longrightarrow SiO\uparrow + (MgO、Y_2O_3、TiO_2、HfO) + CO\uparrow$$

$$(6-1)$$

与氧化硅基陶瓷型芯相比,氧化铝陶瓷型芯化学稳定性和抗蠕变性能好,可保证复杂内腔结构的定向柱晶和单晶空心叶片的尺寸精度、合格率并降低叶片制造成本。而且随着叶片材料抗氧化腐蚀性能的提高,合金中活性元素种类更趋复杂,氧化硅基陶瓷型芯与这些活性元素间的化学反应更限制了其使用。

氧化铝基陶瓷型芯的基体材料采用的是$\alpha - Al_2O_3$型粉体材料,是由高纯氧化铝经电熔所得的晶体结构稳定的电熔白刚玉,其颗粒坚硬致密,外形呈多角形。$\alpha - Al_2O_3$由室温升到1600℃过程中其比热容与热膨胀系数在较宽的范围内平缓上升,没有晶型转变,是理想的陶瓷型芯基体材料;膨胀系数与定向凝固用刚玉型壳相当,因而具有协调的热匹配性。与氧化硅基陶瓷型芯原材料价格相比,氧化铝基陶瓷型芯更价廉、化学组成和粒度稳定,国内供货市场稳定。但由于$\alpha - Al_2O_3$难溶(熔)于酸和碱中,使脱芯变得相对困难,氧化铝基陶瓷型芯的焙烧需要在更高的温度下完成。改善氧化铝基陶瓷型芯的烧成性和化学脱芯效率成为氧化铝基陶瓷型芯实用的关键。

为克服氧化铝基陶瓷型芯材料难烧结及化学脱除的困难,通常加入矿化剂,以在较低的温度下烧成获得一定强度。但这会牺牲一些高温性能,如抗蠕变性等,因此希望在烧成陶瓷型芯中形成一些高温强化相,以提高陶瓷型芯的高温性能。根据不同的使用要求,所用的矿化剂会有较大区别。大多数研究者除了关心如何改善烧成性能外,更关注改善氧化铝陶瓷型芯的化学脱除性。因此在烧结添加剂中,常加入MgO、SiO_2或稀土氧化物,如Y_2O_3、La_2O_3等,以期在焙烧过程中形成可用碱溶液或熔融碱腐蚀的铝镁尖晶石或 $mY_2O_3(La_2O_3) \cdot nAl_2O_3$ 等。

实践表明：由于 MgO 的膨胀系数很高，添加量必须严格控制。当超过 5% 时会增加膨胀率，而且焙烧升温速度控制不当时，陶瓷型芯表面易出现鼓包甚至涨裂现象，当选用单一 MgO 作为烧结添加剂时，陶瓷型芯的烧成温度依然高达 1500℃。当在氧化铝中添加碱金属和碱土金属氧化物，通过在 1600℃ 左右温度焙烧，在陶瓷型芯中形成一些 $\beta - Al_2O_3$（$Na_2O \cdot 9Al_2O_3 \sim Na_2O \cdot 11Al_2O_3$、$CaO \cdot 6Al_2O_3$、$SrO \cdot 6Al_2O_3$、$BaO \cdot 6Al_2O_3$ 等），这种结构的氧化铝在碱溶液中能被很好地脱除掉。但这类氧化物添加剂会导致氧化铝基陶瓷型芯烧成收缩率增加，对于复杂陶瓷型芯容易产生变形或在结构薄弱处产生裂纹。因此，为了改善陶瓷型芯的烧成性能，有研究者在氧化铝中添加一定量陶瓷纤维。实践证明，加入陶瓷纤维难混均匀，不能起到增韧作用。

比较理想的矿化反应是矿化剂与氧化铝粉料形成固溶体，使刚玉颗粒发生一定程度的晶格畸变，使烧结更具活性。除前面介绍的矿化剂外，常用的还有 SiO_2、TiO_2、ZrO_2 等氧化物或者由它们组成的复合矿化剂。

在氧化铝基陶瓷型芯的多相组成中，同时存在固相烧结和液相烧结机制。矿化剂及刚玉本身少量杂质的存在，增加了 Al_2O_3 晶格缺陷浓度，因而加快了传质速度，矿化剂与基体颗粒间发生以固熔矿化作用为主体的反应，形成一定量的固溶物及少量低熔点的液相。冷却后这些液相由于黏度较大便成为玻璃相并包裹在刚玉颗粒表面，如图 6-14 所示，从而促进陶瓷型芯在较低温度下的烧结。

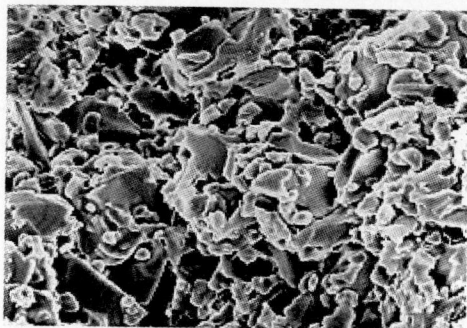

图 6-14　烧成的氧化铝基陶瓷型芯的 SEM 结构

为了获得具有较好高温性能的陶瓷型芯，一般有三种途径：

（1）完全消除玻璃相；

（2）降低玻璃相的润湿性；

（3）通过控制温度和改变相组成来减少玻璃相或提高玻璃相黏度。

实际生产中完全消除玻璃相是不现实的，而少量玻璃相的存在并润湿晶相是陶瓷型芯在较低温度下烧结并获取一定强度的前提，因此通常不采取前两种方法。由北京航空材料研究院于20世纪90年代初期研究出的氧化铝基AC系陶瓷型芯,采用的是改变相组成,即消耗玻璃相,在刚玉颗粒间形成了如图6-15所示的片状(或柱状)莫来石晶体,这种莫来石结合刚玉的网络结构赋予陶瓷型芯优良的高温性能。在1400℃~1650℃间,陶瓷型芯的高温变形明显下降,其在1550℃的挠度仅为1.2mm,1550℃的抗弯强度达到4MPa~6MPa。

图6-15　AC系陶瓷型芯中棒状莫来石结合相的形貌

表6-7为AC系陶瓷型芯的主要力学性能,图6-16为AC系陶瓷型芯、XD系陶瓷型芯及定向凝固型壳811A的线膨胀曲线。从中可以看出AC系陶瓷型芯与陶瓷型壳间的膨胀特性值非常接近,这对于定向凝固过程空心叶片的尺寸稳定性十分有利。

表6-7　氧化铝基AC系陶瓷型芯的主要力学性能

室 温 性 能			高 温 性 能						
抗弯强度 /MPa	收缩率 /%	气孔率 /%	抗弯强度/MPa				挠度/mm		
			1450℃	1500℃	1550℃	1580℃	1550℃	1580℃	1600℃
20.0~28.0	0.8~1.5	30~40	8.0~10.0	6.0~8.0	5.5~6.9	4~5.0	0.5~0.7	0.8~1.8	1.6~2.8

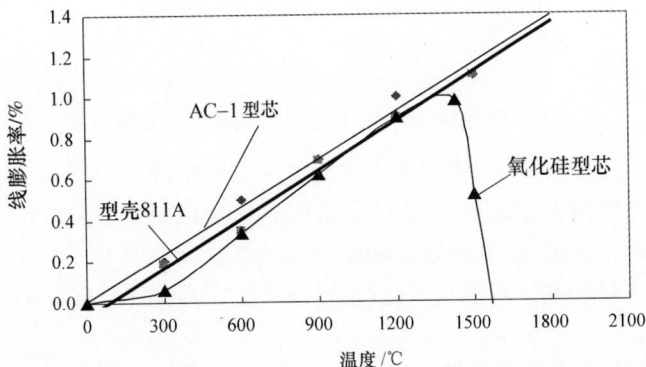

图6-16　氧化铝基AC系陶瓷型芯、氧化硅基XD系陶瓷型芯及811系型壳线膨胀曲线

AC 系陶瓷型芯是我国目前唯一在工程上获得应用的氧化铝基陶瓷型芯,主要用于定向柱晶、单晶空心涡轮叶片的制造[4-6],同时在高温、高真空下一些含有化学活性较高金属元素的等轴晶铸造高温合金空心叶片和铸件的制备中也得到批量应用,如 K4648、K4169、K640 等。

3. 陶瓷型芯的焙烧控制

在型芯的制备过程中,烧结是最关键的工序之一,通过烧结形成了陶瓷型芯的最终结构。烧结过程及其机理与一般陶瓷的相同,烧结动力是颗粒的界面自由能。当颗粒之间的距离小于分子作用力半径值时即可认为颗粒表面已连接在一起。固体颗粒间的烧结实质上是原子由凸表面向凹表面扩散迁移和小颗粒向大颗粒的迁移。当有液相存在时,实际上是凸面和小颗粒相液相溶解,然后在凹面析出,从而加速原子迁移过程。对于压制成形的陶瓷型芯,其最终性能主要取决于终烧温度、升温速度和保温时间。终烧温度不仅影响到陶瓷型芯室温和高温性能,同时也影响型芯的脱芯性能。升温速度则影响陶瓷型芯中增塑剂的脱除过程和烧结程度,因而影响型芯气孔分布的均匀度、表面质量和力学性能。

陶瓷型芯的焙烧过程可分为低温脱塑和高温烧结两个阶段。图 6 – 17 为加热过程中增塑剂脱除的典型曲线。

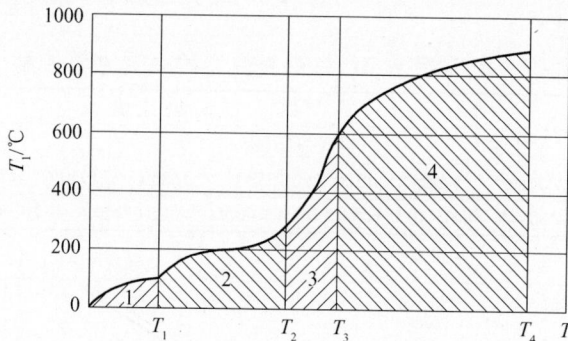

图 6 – 17　加热过程中陶瓷型芯增塑剂的脱除曲线

从图 6 – 17 可以看出,增塑剂去除经历了四个阶段:

第一阶段将陶瓷型芯从室温开始加热至增塑剂的熔点(80℃ ~ 100℃),增塑剂从固态转变成液态,并伴随体积膨胀和液态迁移;

第二阶段增塑剂从熔点到汽化温度(100℃ ~ 300℃)的过程中,增塑剂以汽态继续迁移;

第三阶段在高于汽化温度(300℃ ~ 600℃)下加热时,增塑剂的残余物开始烧失掉；

第四阶段在 600℃ ~ 900℃，陶瓷型芯的基体材料与矿化剂颗粒相互接触，粉末质点开始烧结，并伴随着烧结收缩。

从观察到的陶瓷型芯从室温到终烧各阶段的断口可以看出，压制成形的湿态陶瓷型芯内部形成了由有机高分子增塑剂组成的空间网状互相连通的薄膜，均匀包裹着陶瓷粉体颗粒，使湿态陶瓷型芯室温下具有足够的强度，如图 6 - 18 所示。当加热到 100℃ 后，从 SEM 照片中看出增塑剂薄膜流淌的痕迹，冷凝后增塑剂呈颗粒状团聚，如图 6 - 19 所示。当加热到 200℃ 时，增塑剂开始从陶瓷颗粒上迁移出来，增塑剂网状薄膜的部分被破坏。随着温度再升高时，包裹在颗粒表面的增塑剂残留物减少，出现蜂窝状结构，如图 6 - 20 所示。到 600℃ 后，增塑剂完全被烧失掉，此时陶瓷型芯没有任何强度，固体颗粒处于松散状态。从中可以看出陶瓷型芯压制后固体颗粒间的堆积状况，颗粒间的空隙，基体颗粒被矿化剂质点间隔开。当温度进一步升高时，固体质点间隙缩小，颗粒间互相接触，开始烧结。而在烧结过程中，因为固体颗粒表面曲率半径不同，在系统内不同部位有不同的蒸气压，存在一种传质趋势，同时由于陶瓷型芯中矿化剂的引入，增加了晶格缺陷浓度，因而加快了由于原子热运动产生的传质速度，促进了陶瓷在较低温度下的烧结。正是因为颗粒结合处及颗粒尖角处曲率半径小，因而这些地方在烧结过程中的传质过程加强，形成如图 6 - 21 所示的颗粒比较圆钝、颗粒间有一定融合的烧成型芯的显微组织。这一过程中，陶瓷型芯的力学行为也发生大的变化，湿态陶瓷型芯抗弯强度由 6MPa ~ 9MPa 下降到 600℃ 左右的零强度。随着温度继续升高，强度又由 0 增加到 10MPa ~ 25MPa。在进入终烧阶段，强度继续增加，伴随着体积的减小。也就是说陶瓷型芯宏观尺寸的收缩是由颗粒质点间烧结造成的。

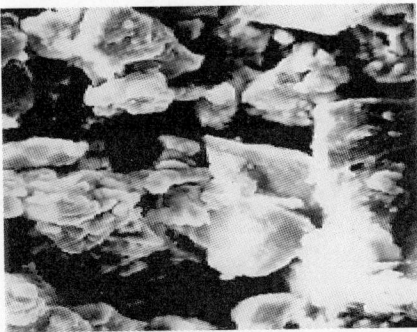

SEM×1000

图 6 - 18　热塑性湿态陶瓷型芯

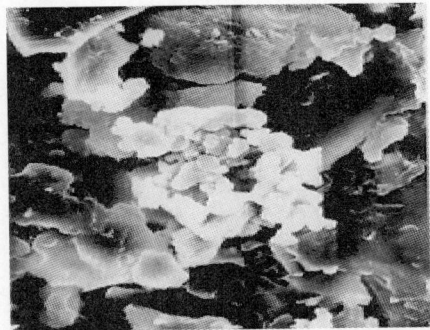

SEM×1500

图 6 - 19　经 100℃,3h 处理后的热塑性
陶瓷型芯

SEM×1000

图 6-20　经 300℃,3h 处理后的热塑性陶瓷型芯

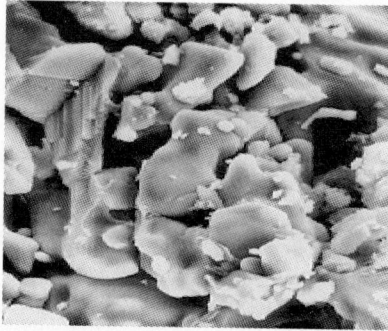

SEM×1500

图 6-21　终烧后的氧化铝基陶瓷型芯

因此,热塑成形的湿态陶瓷型芯在600℃以前的烧结过程中,主要是增塑剂的熔化、迁移和烧失。在这一阶段,如果熔融增塑剂能顺利迁移到支撑陶瓷型芯的隔料中并迅速升华烧失掉,陶瓷型芯的鼓包、黏砂及裂纹等缺陷会明显减少。而决定增塑剂排除质量的因素除与隔料本身吸附性有关外,对于复杂结构的陶瓷型芯,更取决于过程升温速度。合理的升温速度应能使型芯与隔料界面处增塑剂的熔融、汽化与迁移排除达到平衡,直到所有增塑剂排除干净。陶瓷型芯的终烧温度则由组成陶瓷型芯的基体材料和矿化剂材料所决定。其中氧化硅基陶瓷型芯材料终烧温度一般控制在1150℃~1200℃,氧化铝基陶瓷型芯材料终烧温度为1250℃~1400℃。

4. 陶瓷型芯的质量检验与控制

生产中对烧成的陶瓷型芯进行100%质量检验。采用目视或放大镜检验表面缺陷,对有破损、裂纹、缩陷、凹坑及外来夹杂物的型芯应予以报废,或者依据陶瓷型芯的具体技术条件对非工作部位的缺陷进行修补。采用专用样板、测具、

296

光学投影仪等对烧成陶瓷型芯的几何尺寸进行 100% 测量，对于超差件予以报废。同时检测每炉批的随炉试棒性能，包括烧成收缩率、气孔率、室温强度和高温强度等。

为了提高陶瓷型芯合格率，需要分析了解各种缺陷形成的原因，并采取有效方法防止。表 6-8 为陶瓷型芯常见缺陷及其成因与预防措施。

表 6-8　陶瓷型芯缺陷成因及预防措施

缺陷名称	形成原因	防止方法
冷隔	(1)压注压力小； (2)浆料温度低； (3)压型排气不畅； (4)分型剂过多； (5)压型温度偏低	(1)在压型锁紧力允许的范围内增大压注压力； (2)提高浆料温度； (3)增加排气孔； (4)清洁压型，减少分型剂使用量； (5)适当提高压型温度
缩陷	(1)保压时间不足； (2)浆料温度过高； (3)增塑剂用量过多； (4)陶芯结构壁厚差过大； (5)湿态型芯中存在气孔	(1)适当延长保压时间； (2)降低浆料温度； (3)试验后减少增塑剂用量； (4)将厚大部位做成中空结构； (5)浆料除气，并提高压注压力，增加湿态型芯密度
气孔或鼓包	(1)浆料中混入气体； (2)焙烧时排蜡升温速度过快； (3)增塑剂膨胀区停留时间过长； (4)压型排气不畅	(1)浆料混配时采用真空除气或振动除气； (2)在约 800℃ 温度范围内降低升温速度； (3)在 100℃ ~ 120℃ 温度范围内缩短停留时间； (4)改进压型排气孔结构
裂纹	(1)保压时间过长； (2)起模方法不得当； (3)焙烧造型时隔料振实过紧； (4)氧化硅基型芯焙烧隔料中碱金属氧化物含量超标，过分析晶； (5)焙烧隔料颗粒过细； (6)炉温均匀性差； (7)终烧温度过高	(1)将保压时间控制在 10s ~ 20s 范围内； (2)在压型上设置合适的起模机构； (3)控制隔料的碱金属氧化物含量、比表面积； (4)造型时适当振动紧实； (5)控制炉温均匀性； (6)选择适当的终烧温度
尺寸和型面超差	(1)湿态陶瓷型芯密度不足； (2)起模不合理、陶芯保存不当； (3)造型时隔料振实不够； (4)终烧温度及保温时间不当； (5)压型活块拼装不到位； (6)压型锁模力不够	(1)压型活块拼装到位、采用气动或液压锁紧； (2)在压型锁模力允许的前提下提高压注压力； (3)控制保压时间； (4)起模后在专用胎模中矫型，立放保存；型芯修理应在完全冷凝后进行； (5)造型时适当振实隔料； (6)控制焙烧升温速度和终烧温度及保压时间

5. 陶瓷型芯的脱除方法

1) 影响陶瓷型芯脱除的工艺因素

对于涡轮叶片类空心铸件,陶瓷型芯的脱除多采用化学方法脱芯。脱芯的过程可以分为以下三个阶段:

（1）脱芯介质与陶瓷型芯接触,诱导介质沸腾;

（2）压缩腐蚀介质溶液去除叶片冷却通道内反应产物;

（3）新鲜介质溶液递补并保持与陶瓷型芯接触,直到最后型芯材料全部溶除为止。

无论哪种基体的陶瓷型芯,采用哪种脱除方法,脱除效率不仅与陶瓷型芯的材料组成及结构、脱芯介质及其温度和压力有关,还与脱芯过程中铸件的摆放方法有关。铸件在腐蚀介质中垂直立放并开端向上的脱芯速率最快,水平放置的腐蚀速率仅为前者的 1/2,而开端向下的腐蚀速率最低。这主要是因为陶瓷型芯与脱芯介质在腐蚀界面形成了气体,开端朝上时利于气泡自由逸出,利于新鲜的腐蚀液连续不断与型芯接触;而当开端向下时,生成的气泡隔离了型芯与介质的接触;当铸件水平放置时,气泡能局部地藏在型芯与介质的界面。因此生产中控制脱芯介质的浓度、温度和压力的同时,还应根据铸件的结构特点正确摆放铸件,以实现快速高效地脱芯。

尽管采用高压能显著提高脱芯效率,但还应针对不同的合金特点研究脱芯的极限压力。有研究结果表明:某些镍基高温合金空心铸件在高压热碱中脱芯时出现了应力腐蚀。采用带有陶瓷型芯的铸件在试验前进行高速砂轮切割,使之存在内应力,然后分别将铸件放入空气环境和氩气保护环境的 30% ~40% 浓度的 KOH 或 NaOH 的水溶液中高压腐蚀脱芯。当脱芯介质温度达到 310℃,陶瓷型芯完全脱出时间为 5h。更为重要的是发现在大气中脱芯的铸件全部都有裂纹,裂纹方向与切割面平行,并与孔相交,最大深度达 2mm ~3mm,并且在铸件的表面覆盖有一层 NiO 的沉淀;而在氩气保护环境中脱芯的铸件不开裂,表面保持金属光泽。分析认为:在大气中热碱腐蚀过程中,氧的存在是产生应力腐蚀开裂的主要原因;同时高的温度也是重要的影响因素。

因此,随着叶片内腔通道的复杂化以及叶片制造的工艺温度不断提高,要求陶瓷型芯的高温强度和抗变形能力随之不断提高,叶片中陶瓷型芯的脱除将变得更加困难,脱芯工艺向着高温、高压方向发展的时候,叶片出现腐蚀裂纹尤其是那些隐形裂纹应该引起足够的重视。

2) 氧化硅基陶瓷型芯的脱除方法

氧化硅基陶瓷型芯采用碱溶液作为脱芯介质。沸腾的 KOH 或 NaOH 溶液与陶瓷型芯中 SiO_2 发生如下化学反应:

$$SiO_2 + 2NaOH \Longrightarrow Na_2SiO_3 + H_2O \qquad (6-2)$$

或
$$SiO_2 + 2KOH \Longrightarrow K_2SiO_3 + H_2O \qquad (6-3)$$

利用溶液的沸腾作用加速反应,反应产物 Na_2SiO_3 或 K_2SiO_3 溶于水变成水玻璃而被脱出。氧化硅基陶瓷型芯脱芯反应的关键是如何提高脱芯效率。国内氧化硅基陶瓷型芯大多采用高压釜碱溶液脱除,这种工艺通常采用 30% ~70% 浓度的 KOH 或 NaOH 溶液,在 2atm ~ 10atm(latm = 101kPa)及 150℃ ~300℃ 的条件下脱除,脱芯时间根据叶片内腔陶瓷型芯的结构特点来确定。

3)氧化铝基陶瓷型芯的脱除方法

对于氧化铝基陶瓷型芯,由于基体电熔刚玉具有很高的化学稳定性,因此其脱除困难。氧化铝基陶瓷型芯的应用会越来越广泛,因此改善氧化铝基陶瓷型芯的化学脱除性能成为陶瓷型芯研究的重点。氧化铝基陶瓷型芯的脱除主要用两种介质,一是用含 F^- 离子的物质,脱除效率很高。早期使用氢氟酸,腐蚀速率是所有含氟离子物质中最快的,但由于其挥发会对人体和环境造成危害,逐渐改用含氟离子的盐类。在生产中通常是将铸件浸入 200℃ ~400℃ 的熔融氟盐中,反应生成溶于水的 AlF_6^{3-} 而脱除。二是用碱溶液脱除。与氧化硅基陶瓷型芯碱溶液法不同的是脱除氧化铝基陶瓷型芯必须采用相对高浓度的碱溶液及较高的压力配合才能使脱芯效率满足批量生产叶片的要求。为了进一步提高脱芯速率,可在脱芯介质碱溶液中加入某些腐蚀触发剂,提高脱芯高压釜系统的压力和温度,改进陶瓷型芯的组成,使得在烧结后的陶瓷型芯中存在易于脱除物相。

4)残留型芯的检测方法

空心零件铸造完毕后,陶瓷型芯的脱除和脱芯剂的清除应是完全的,否则它们阻碍冷却空气的畅通,降低叶片冷却效果,甚至可能在随后发动机使用过程中由于热和应力的作用导致热化学腐蚀现象的出现,后果是十分严重的。因此,空心零件经过脱芯处理后必须进行残留型芯的检验。检验残留型芯的方法可以有很多种,如测流量法、内窥法、中子吸收射线照相法和 X 射线照相法等。在众多的检测方法中,流量法由于空心铸件在铸造过程中可能发生陶芯本身的局部变形而导致冷却通道截面积的变化,从而不能正确判定残芯是否存在以及残芯所在位置,这为随后再除芯带来困难。内窥法是一种十分直观快捷的检测方法,对于内腔不是十分复杂的空心零件很有效,而对复杂空心冷却通道,这种方法也无能为力。中子吸收射线照相法必须在陶瓷型芯料内渗入中子吸收剂,这会提高成本。

X 射线照相法检测残芯是应用较广泛的方法,大多数工厂用来检测铸件内部冶金缺陷。对 X 射线底片上残芯的判定还主要依靠经验,难免有误判和漏判。可通过在脱芯后的空心铸件内填充与铸件材料具有接近射线特性的金属粉(灌粉法)来提高残芯的位置和数量判定率。值得注意的是填充到待检验通道内的金属粉必须是分散的细粉,若使用密实的粉末会不同程度地减少敏感性。填允粉的衰减特性应接近铸件材质的衰减特性,填允时通过振动以便使卷入的空气排出,并振实通道。这种灌粉 X 射线照相法适用于各种材料及各种形状的铸件;该方法可以检验出较其他方法更小的残留物且无表面张力效应,卷入的气体可通过粉末间隙逸出,使得检测精确度较高。

6.2.2 陶瓷型壳材料与制备方法

陶瓷型壳是由陶瓷耐火材料、胶黏剂和添加剂组成。如同陶瓷型芯的分类按照使用过程中合金熔体的凝固结晶条件分为中温和高温两种陶瓷型芯一样,陶瓷型壳亦分为中温和高温两种陶瓷型壳,即等轴晶陶瓷型壳和定向凝固陶瓷型壳两类。高温合金熔模铸造大多使用 Al_2O_3 – SiO_2 系陶瓷型壳,依据工作条件的不同,添加不同的矿化剂材料和撒砂材料来调节陶瓷型壳的使用性能。

20 世纪 70 年代中期,根据 Al_2O_3 – SiO_2 系状态图中 Al_2O_3 含量由高到低的顺序,我国发展了煅烧高铝矾土(主晶相为 α – Al_2O_3,少量钾长石为主玻璃相)、铝矾土混合料(主晶相为莫来石)、高岭土熟料(主晶相为莫来石加 SiO_2 为主的高黏度玻璃相)和石英玻璃(高黏度 SiO_2 玻璃相)等耐火材料。从 Al_2O_3 – SiO_2 二元状态图中看出,刚玉的耐火度最高,其余依次是高铝矾土、混合料、上店土。这些材料在精密铸造中均可作为陶瓷型壳材料使用。

1. 高温合金与陶瓷型壳材料的界面冶金化学行为

陶瓷型壳为多元体系,许多耐热高温合金中含有 Ti、Nb、Cr、Al、C、Y 等元素,在 1500℃ ~ 1700℃ 真空下熔炼和浇注时,这些元素具有很高的化学活性,在真空条件下,液体金属与坩埚和型壳等耐火材料氧化物发生反应而造成合金污染,含氧量增加,铸件夹杂增加,力学性能下降。高温合金中的一些活泼元素是否会影响铸件表面粗糙度和表面化学成分,也成为陶瓷型壳面层材料选择中必须考虑的因素[7]。

我国航空工厂大多是以硅溶胶为胶黏剂,电熔刚玉为基体材料,添加 Al_2O_3 – SiO_2 – CaO 或 Al_2O_3 – SiO_2 – MgO 等矿化

图 6 – 22 表面化学黏砂的定向结晶铸件

剂,以在型壳焙烧时形成莫来石结合刚玉。生产中发现在使用这类型壳时,一些定向凝固试样和叶片表面产生一种非常难清理的玫瑰红色黏砂层(图 6 – 22),往往需要表面打磨 0.5mm ~ 0.8mm 才能去除。但是,对叶片进行过分喷砂、振

动抛光等处理,会导致叶片表面在高温退火后产生"再结晶"缺陷,厚度甚至达到250μm。而且"再结晶"还会随着时间继续增厚,晶界加宽,合金组织稳定性变差,严重影响铸件正常使用[8]。

对叶片表面黏砂层进行 XRD 分析后发现,该红色黏砂层主要是由 Cr_2O_3 - SiO_2 - Al_2O_3 组成,并且从型壳内部向金属/型壳界面 Cr 含量逐渐增加;同时铸件中金属元素发生了变化,从铸件内部向铸件/型壳界面,合金中的 Ti 和 Cr 出现严重损失,如 Cr 损失量高达 0.3% ~ 0.8%。合金中的 Cr 和 Ti 如何转入黏砂层中?研究发现定向合金中 0.10% 左右的 C 元素起到促进作用。在真空高温下,C 将型壳中的自由 SiO_2 还原成 SiO,SiO 再氧化金属中的 Cr 而形成黏砂层。同理,可将 Ti氧化成 TiO_2,TiO_2 可能因量少未检测出来或固溶在 Cr_2O_3 - SiO_2 - Al_2O_3 中。因此,解决合金与型壳间界面反应的关键是选择在高温真空下不与 Ti、Cr 等元素发生化学反应的惰性耐火材料作为型壳面层材料,并将游离态 SiO_2 等控制在最少。

研究发现,在陶瓷型壳组分中加入适量氧化铬(Cr_2O_3)粉体对改善定向凝固铸件表面化学黏砂有益。Cr_2O_3 熔点为 2000℃,在陶瓷浆料中具有良好的悬浮稳定性和涂挂性。型壳焙烧时,首先形成中间相 $SiO_2 \cdot Cr_2O_3$,当温度升高到 1200℃以上时,氧化铬参与矿化作用,促进胶黏剂 SiO_2 与 Al_2O_3 耐火粉料之间的莫来石化反应,并形成 Al_2O_3 - SiO_2 - Cr_2O_3 三元系产物。该产物不仅赋予型壳高强度和高化学稳定性,同时还减少了型壳的尺寸变化。用添加氧化铬的型壳浇注定向及单晶合金铸件,表面黏砂状况得到抑制,脱壳容易,铸件表面呈金属光泽。

前述事例主要是抑制合金与型壳界面间的化学反应。实际生产中,为提高铸件的抗冷热疲劳和疲劳性能,往往采用表面孕育法来细化铸件表面晶粒,这就要求设法促进含有孕育剂的型壳面层料与合金熔体的界面反应[9]。如型壳面层涂料中常用铝酸钴作为孕育剂,在真空浇注时,真空(0.133Pa ~ 0.4Pa)和高温(1100℃ ~ 1400℃)条件下铝酸钴与合金液中的 Cr、Al、Ti、C 等活性元素发生作用,还原出高温型 Co 粒子,并进入即将凝固的铸件表面层中作为合金结晶的外来核心,由于结晶核心增多,铸件表面晶粒细化。

因此依据浇注铸件的表面质量与使用性能要求,合理设计陶瓷型壳材料组元和制壳工艺,对于提高铸件质量和使用性能是十分必要的。

2. Al_2O_3 - SiO_2 系中温陶瓷型壳

表 6 - 9 为用 SiO_2 质胶黏剂、不同耐火材料的 Al_2O_3 - SiO_2 系陶瓷型壳在不同温度下的抗弯强度对比结果。可以看出,锆英石、电熔锆莫来石、高铝矾土、刚玉等耐火材料的高温强度都从 1050℃ 开始下降,到 1200℃ 时强度仅有 0.25 MPa ~ 0.5MPa;铝矾土混合料高温强度自 1100℃ 开始,到 1200℃ 时的抗拉强度也只有 0.57MPa;苏州高岭土和上店高岭土 950℃ ~ 1200℃ 时仍有足够的强度;

石英玻璃的高温强度很高,但1200℃产生了较大的塑性变形。发现型壳材料中 Al_2O_3 含量越低,1200℃强度越高。陶瓷型壳与其他陶瓷材料一样,也是由晶相和玻璃相组成,型壳中低熔点玻璃相的形成对高温性能有重要影响,玻璃相的黏度越高,材料的强度相对也越大。研究发现,在 $Al_2O_3 - SiO_2$ 系陶瓷型壳中出现液相的温度与其材料耐火度的次序恰恰相反。经煅烧的高铝矾土基体相为 $\alpha - Al_2O_3$,在 K_2O 等多种碱性杂质存在的情况下,又会形成以钾长石为主并含有 Ti、Fe 等多种杂质的低共熔物,于 1000℃~1050℃ 出现液相。铝矾土混合料和上店土都是以莫来石为主的耐火材料,莫来石在液相中始终以骨架形式(呈毡状结晶)存在,所以尽管混合料中有过剩的 $\alpha - Al_2O_3$ 存在,又有一定量的 K_2O、Na_2O、Fe_2O_3 等有害杂质,强度下降的起始温度却比前两者高约50℃,中温性能优于刚玉和高铝矾土。在上店土中,除有莫来石外,还有过剩的 SiO_2,SiO_2 以方石英和玻璃相的形式存在;型壳中温性能下降的温度比前三者都高,为 1150℃左右。在石英玻璃型壳中,由于低共熔物的数量极少,因此型壳强度并没有下降。

型壳的中温性能与型壳材料中玻璃相的组成和黏度之间有很好的对应关系,玻璃相黏度对型壳中温抗变形能力和强度有决定性影响,而与玻璃相数量的关系不大。因此对于中温使用的陶瓷壳材料,应该首先要求其不与胶黏剂发生化学反应形成低黏度低共熔物玻璃相。对于 $Al_2O_3 - SiO_2$ 系材料,解决这个问题的途径有三:①降低电熔刚玉中 Na_2O 含量,从而减少玻璃相数量并提高玻璃相黏度,如发展低钠刚玉;②以含有黏度较高的钾长石玻璃相的煅烧高铝矾土代替电熔刚玉;③寻找不与胶黏剂起化学反应的材料,如石英玻璃(高黏度 SiO_2 玻璃相)或以莫来石为主晶相并含有过剩 SiO_2 为主玻璃相的高岭土熟料。

表6-9　不同耐火材料型壳的高温抗拉强度　　　　　　　　　　　MPa

材料种类	温度/℃					备注
	室温	950	1050	1100	1200	
锆英石	—	1.4	1.1	—	0.5	料浆为锆英粉,撒砂材料为刚玉
电熔锆莫来石	—	1.2	0.8	—	0.3	料浆为锆英粉,撒砂材料为刚玉
透明石英玻璃	1.6	1.6	2.8	—	3.8	料浆和撒砂材料,均为同种材料
不透明石英玻璃	1.5	2.5	2.8	—	4.0	料浆和撒砂材料,均为同种材料
上店高岭土	1.2	1.9	2.0	2.1	1.7	料浆和撒砂材料,均为同种材料
苏州高岭土	0.6	1.3	1.3	—	1.2	料浆和撒砂材料,均为同种材料
铝矾土混合料	—	1.2	1.3	1.26	0.6	料浆和撒砂材料,均为同种材料
高铝矾土	0.9	1.5	1.0	—	0.5	料浆和撒砂材料,均为同种材料
刚玉	1.9	3.0	3.0	—	0.5	料浆和撒砂材料,均为同种材料

等轴晶高温合金铸件用的是中温陶瓷型壳,根据使用的胶黏材质不同,又分为硅溶胶陶瓷型壳、硅酸乙酯陶瓷型壳以及硅溶胶/硅酸乙酯复合陶瓷型壳。

(1)硅溶胶陶瓷型壳。表6-10为中温使用硅溶胶陶瓷型壳的材料组元,表6-11为硅溶胶刚玉陶瓷型壳的制壳工艺,表6-12为铝酸钴表面细化硅溶胶陶瓷型壳的制壳工艺要求。

表6-10　中温硅溶胶陶瓷型壳涂料材料组元

名称 \ 序号 加入量	1	2	3	4	5	6	7
涂料组成 硅溶胶 $[w(SiO_2)=30\%]$/kg	12.1	12.1	12.1	12.1	10	10	10
电熔刚玉/kg	32~36						
熔融石英/kg		19	17~18				
锆石粉/kg				45.5	36~40		
高岭石类熟料/kg						16~17	14~15
铝酸钴/kg		0.26		1.9			
涂料密度/(g/cm³)	2.3~2.5	1.8~1.85	1.7~1.8		2.7~2.8	1.82~1.85	1.81~1.83
涂料黏度/s	33~37	27~32	22~26	58~63	32±1	19±1	13±1
用途	表面层	表面孕育层	表面层	表面孕育层	表面层	过渡层	背层

表6-11　中温硅溶胶刚玉型壳涂料制壳工艺

涂料层数	涂料密度/(g/cm³)	撒刚玉砂粒度/筛号	干燥			
			温度/℃	干燥方式	相对湿度/%	时间/h
1	2.15~2.20	50/100	18~27		<50	2~3
2	2.10~2.15	50/100	18~27		<50	2~3
3	2.00~2.10	40/70	18~27	风扇吹风	<50	2~3
4	2.00~2.10	12/30	25~30		<50	2~3
5~7	1.96~1.98	12/30	25~30		<50	2~3

表6-12　用于铝酸钴表面细化硅溶胶陶瓷型壳制壳工艺

涂料层数	涂料种类	涂料黏度/s	撒砂		干燥			
			种类	粒度(筛号)	温度/℃	风速/(m/min¹)	相对湿度/%	时间/h
1	铝酸钴	45~55	刚玉	50/100	22~24	240~300	50~70	>3
2~3	铝矾土粉	13~15	铝矾土	40/70	22~24	240~300	40~60	2
4~7	铝矾土粉	10~13	铝矾土	40/70	24~26	240~300	40~60	2
8	浸强化剂	—	—	—				2

（2）硅酸乙酯陶瓷型壳。硅酸乙酯型壳采用硅酸乙酯水解液作为胶黏剂。表6 13为陶瓷型壳的材料组元，硅酸乙酯陶瓷型壳制壳工艺比硅溶胶型壳复杂，表6-14是硅酸乙酯型壳的制壳工艺要求。

表6-13　硅酸乙酯陶瓷型壳的材料配比

涂料种类 层次　涂料性能	刚玉粉（一层、二层）/ 铝矾土（三层以后）			铝矾土粉			锆石粉（一层、二层）/ 煤矸石粉（三层以后）		
	粉液比① （W/V）	密度/ （g/m³）	流杯黏度/s	粉液比① （W/V）	密度/ （g/m³）	流杯黏度/s	粉液比① （W/V）	密度/ （g/m³）	流杯黏度/s
1	2.2~2.7	2.0~2.2	25±5	2.2~2.4	1.9~2.15	25±5	3.5~4.0	2.5~2.8	25±5
2	—	2.0~2.1			1.85~2.1		—	2.4~2.6	
3层以后	2.0~2.2	1.75~2.0	9±2	2.0~2.2	1.75~2.0	9±2	1.6~1.7	1.62~1.65	9±2

①W为耐火粉料质量（g）；②V为硅酸乙酯水解液体积（mL）。

表6-14　硅酸乙酯陶瓷型壳制壳工艺要求

硬化方法 层次　撒砂	空气＋氨气硬化			
	自干或风干 时间/h	氨固化/min		抽风时间/min
		氨气	氨水	
1	50/100或 40/70号筛	≥2	15~25	30~50	10~15
2	40/70号筛	1~3	15~25	30~50	10~15
3层以后	20/40号筛	1~3	15~25	30~50	10~15
浸加固剂	—	≥3	20~30	40~60	10~15

（3）硅溶胶/硅酸乙酯复合陶瓷型壳。复合陶瓷型壳包括硅溶胶面层/硅酸乙酯背层型复合陶瓷型壳、硅溶胶与硅酸乙酯交替硬化型复合陶瓷型壳两类。表6-15为硅溶胶与硅酸乙酯交替硬化陶瓷型壳材料组元与制壳工艺要求。

表6-15　硅溶胶、硅酸乙酯交替硬化复合陶瓷型壳材料组元与制壳工艺要求

层次	涂料			撒砂种类及 粒度/mm	干燥	
	胶黏剂	粉料	密度/（g/cm³）		自干/h	25℃~30℃热风/h
1	硅溶胶	刚玉粉	≥2.3	0.315~0.250	16~24	—
2	硅酸乙酯	刚玉或铝矾土粉料	2.0~2.3	刚玉砂	≈0	0.5~1.0
3	硅溶胶		2.2~2.4	0.400~0.315	≈0	1.0~1.5
4	硅酸乙酯		2.0~2.3	刚玉砂	≈0	0.5~1.0

层次	涂料			撒砂种类及粒度/mm	干燥	
	胶黏剂	粉料	密度/(g/cm³)		自干/h	25℃~30℃热风/h
强化	硅溶胶	—	—	—	1	
5	硅酸乙酯		2.0~2.3		≈0	0.5
6	硅溶胶	刚玉或铝	2.2~2.4	1.003~0.8	≈0	0.5
7	硅酸乙酯	矾土粉料	2.0~2.3	煤矸石	≈0	0.2
8	硅溶胶		2.2~2.4	—	≥24	≥2

3. 定向凝固用 $Al_2O_3 - SiO_2$ 系高温陶瓷型壳

为了适应定向凝固技术发展的需要,在1500℃~1650℃的定向凝固条件使用的陶瓷型壳材料是发展定向凝固技术的关键之一。定向凝固用陶瓷型壳材料的工作条件十分苛刻,型壳需要从室温直接进入1000℃以上的定向炉加热器中,随即快速升温到1500℃~1650℃保温一定时间后浇入金属液。浇注后的型壳与合金熔体同步冷却,型壳主体在1500℃~1650℃的高温下历时30min~90min,底部置于通水冷却的结晶器上,陶瓷型壳上下部形成很大的温度梯度。近年来,随着航空发动机涡轮进口温度的不断提高,要求涡轮叶片材料的承温承载能力随之提高;为此单晶合金材料组元的复杂化及其液固相线温度提高、空心涡轮叶片的弯扭度更大,壁变得更加薄,用于浇注叶片的金属液温度大幅提高,同时采用液态金属冷却(LMC)定向凝固工艺以获得高温度梯度凝固促进单晶组织的细密化。因此要求定向凝固的高温陶瓷型壳能够承受急剧升温、大温度梯度和1500℃~1650℃高温下合金熔体的机械冲击和热冲击而不发生热应力破坏(如开裂或鼓胀)及蠕变。由于单晶合金浇注温度比定向柱晶高50℃~100℃,时间长1倍以上,对型壳的高温抗蠕变性和化学稳定性的要求会更高。与此同时,在1500℃以上温度的陶瓷型壳还要直接浸入到300℃左右温度的液态Sn介质中冷却,因为在定向凝固过程中,温度梯度 G 和冷却速度 R 之比 G/R 决定着合金熔体结晶的方式,叶片冷却主要通过型壳与液态金属直接接触散热,减小型壳壁厚是提高温度梯度的有效途径之一,因此要求陶瓷型壳壁厚尽量小[10]。

实践证明,陶瓷型壳中过多玻璃相的存在显然无法满足定向凝固结晶条件要求,必须寻找耐高温晶相为主的耐火材料型壳。从 $Al_2O_3 - SiO_2$ 系二元相图得知,Al_2O_3 与 SiO_2 在1540℃反应形成莫来石,莫来石是一种高温性能优良的陶瓷耐火材料。因此刚玉型壳成为研发的重点,通过陶瓷型壳材质的调配以及适当的热处理,在刚玉间反应生成二次莫来石,使型壳形成二次莫来石桥连刚玉的微结构,而将包覆 α-Al₂O₃ 的玻璃相隔裂为孤岛,从而提高型壳的抗蠕变性。如何降低电熔刚玉(α-Al₂O₃)与胶黏剂 SiO₂ 的莫来石化温度,并实现在远低于合金浇注温度莫来石化,成为提高刚玉型壳高温抗蠕变性的关键。解决问题的途径有二:一是加入适量促进莫来石化的矿化剂,通过形成一定玻璃相来促进二次莫来石在玻璃相中形成,反应温度可以降到 1000℃ 以下;二是由于低熔点玻璃相的存在,可能会牺牲陶瓷型壳的高温抗蠕变性,通过采用细晶刚玉提高以电熔刚玉为主晶相材料的反应活性,亦可实现莫来石化温度降低。

经过近 30 年的研发,我国 1500℃～1650℃ 温度使用的 Al₂O₃-SiO₂ 系高温陶瓷型壳已成体系,并成熟应用于各类定向柱晶、单晶实心与空心叶片铸件的研制和工程化批量生产中。陶瓷型壳主体材料均为电熔白刚玉—硅溶胶系,通过添加矿化剂、控制焙烧来调配高温强化相莫来石相的析出与数量,从而实现定向凝固铸造过程中的陶瓷型壳具备优良使用性能。如在工程上获得广泛应用的定向柱晶和单晶叶片的 811A 陶瓷型壳、应用于单晶叶片的 811B 薄壁陶瓷型壳、应用于单晶空心叶片制造的 811C 高稳定性陶瓷型壳[10]。表 6-16 为 811 系陶瓷型壳的典型使用性能。

表 6-16 811 系陶瓷型壳的典型使用性能

型壳类别	抗弯强度/MPa		厚度/mm	焙烧温度/℃	制壳周期/天	承温/℃
	25℃	1550℃				
811A(DS)	6.0～8.0	1.5～2.5	5～7	900	3～4	1550
811B(SC)	9.0～12.0	3.0～5.0	3～5	900～950	3～4	1600
811C(DS/SC)	15.0～18.0	3.0～5.0	3～5	900～1100	3～4	1650

4. 定向凝固用 Al₂O₃-Al₂O₃ 系高温陶瓷型壳

第三代单晶高温合金以高 Re 含量(4.0%～6.0%(质量分数))、高熔点合金元素含量(Re、Ta、W、Mo 总量接近 20%(质量分数))为主要特点[11-13]。这些高熔点合金元素显著提高合金高温持久蠕变强度的同时,由于其密度大且扩散速率慢,导致材料的热工艺性显著下降,而结晶缺陷趋势变大。采用传统的定向凝固工艺将形成高偏析、显微疏松以及杂晶、再结晶等缺陷,导致叶片的使用性能下降。提高合金熔体凝固结晶速率,可获得细密均匀的凝固结晶组织,从而改善单晶合金材料及单晶叶片的使用性能与服役安全可靠性。研究发现:提高浇注工艺温度参数、采用低熔点金属,如 Al、Sn 等,作为冷却介质的液态金属冷却(LMC)定向凝固工艺可实现合金熔体冷却速率的提高,从而获得密均细的单晶组织。

以莫来石为高温强化相的 Al₂O₃-SiO₂ 系陶瓷型壳,在真空环境下,当温度超过 1650℃时,莫来石先发生式(6-4)的分解,形成游离的 SiO_2 相,随后新生的 SiO_2 相参与到与合金熔体间发生如同式(6-1)的界面冶金化学反应,在铸件表面形成化学黏砂导致叶片报废。

$$3Al_2O_3 \cdot 2SiO_2 = 3Al_2O_3 + 2SiO_2 \qquad (6-4)$$

为了解决新型单晶合金材料涡轮叶片制备过程中凝固组织与表面质量匹配控制的技术难题,研究出了新型的高温陶瓷型壳材料 AA 系与制备工艺。该陶瓷型壳粉料依然采用 α-Al_2O_3 电熔白刚玉粉,将 SiO_2 胶黏剂换成 Al_2O_3 材质,并严格控制制备过程中 SiO_2 的带入,陶瓷型壳焙烧温度较 Al_2O_3-SiO_2 系型壳提高近 200℃,最高使用温度接近 1750℃。

5. 高温合金陶瓷型壳的质量控制方法

1)陶瓷型壳的干燥过程质量控制

型壳制备过程中,面层型壳的涂挂和干燥非常关键。有些形状的熔模如大型复杂结构件、大平面和大凹面结构熔模涂挂和干燥都比较困难。如涡轮叶片盆面在干燥时涂层会因收缩而与熔模脱开,在流动空气条件下干燥会更加剧这种现象,面层涂层干燥过快还会引起涂层卷曲剥落。

型壳的干燥过程首先是型壳溶剂(如水、酒精)的去除。通常型壳中溶剂占整个型壳质量的 5%~15%。其中的 20% 是在制壳过程中失去的,约 64% 是在室温干燥时失去的,16% 是在焙烧过程失去的。型壳的干燥过程分为恒速率阶段和速率降低阶段。在恒速率阶段,干燥被认为是表面水分的挥发,水分由于毛细作用从型壳内部传递到表面,再由表面挥发。当表面蒸发速率大于水分通过毛细管而传递到涂层表面的速率时,恒速率阶段结束而进入降速干燥阶段。在恒速率干燥阶段,如果干燥速度太快,型壳表面急剧收缩,会在涂层内产生拉应力导致壳裂,尤其对于面层更要避免。一旦水量减少到临界值,即速率降低阶段开始时,收缩将会停止。

干燥过程的不同阶段中速率均受环境的相对湿度、温度和空气流速的影响。较低的相对湿度会促进表面水分的蒸发,从而缩短干燥时间。型壳周围的气流也是决定干燥速率的关键因素,因为水分在型壳与空气界面蒸发时,型壳便被水汽层所包围,空气流速增加会导致水汽层减薄,从而加快型壳干燥速率。适当提高环境温度可加速干燥,环境温度可认为是干球温度,型壳温度为湿球温度。在所有的水分被去除前,湿球温度总是低于干球温度,而当水分完全去除时,温度将会平衡,热量开始通过型壳传输到熔模上。此时,型壳必须涂挂下一层涂料。熔模铸件的几何形状也会影响干燥速度,如熔模中空内腔和沟槽部分干燥较为缓慢。

型壳加固层往往采取加快干燥的方法,常用两种方法:一是通风干燥,以气流带走型壳中溶剂蒸气;二是真空干燥,减少型壳周围空气压力以增加蒸发速度。强制通风干燥比真空干燥速度更快,操作简单,更适合运输链式的连续生产。强制通风干燥的缺点是有方向性,模组必须在气流中旋转,而真空干燥会更均匀。

2) 定向凝固高温陶瓷型壳典型质量问题

(1) 定向凝固铸造过程中型壳漏钢是比较容易出现的问题。811A - 硅溶胶定向凝固型壳固有的承温和耐冲击潜能完全能满足复杂构件在定向凝固浇注条件下的使用要求。但在生产中还是不时出现漏钢现象,而且多发生在夏季。经过对比分析发现,夏季环境湿度较大时,型壳干燥不透而降低了型壳强度,高温强度也随之降低,这说明环境条件恒定的重要性。实践中发现,部分壳裂漏钢是在改变定向浇注工艺时发生的。当型壳温度由 1520℃ 降到 1460℃ 时,由于型壳中矿化剂效果尚未充分发挥,型壳二次莫来石化程度不充分,造成型壳高温强度不够而产生壳裂漏钢。当型壳温度恢复正常后,漏钢现象明显下降。

(2) 研发过程中发现,811A 型壳对于含 Hf 的 DZ22 定向柱晶合金,型壳温度为 1520℃ 浇注时,叶片表面粗糙度达到了普通铸造叶片的表面质量要求;但当型壳温度低于 1460℃ 时,铸件上出现了黏砂现象,这主要是由于型壳中游离 SiO_2 与熔融金属发生界面反应的结果。其原因是型壳温度低于 1460℃ 时,型壳中的 SiO_2 未能完全与 Al_2O_3 作用形成莫来石。对于无 Hf 含 C 的 DZ4 定向合金,浇注后的叶片表面出现粉红色黏砂层,通过在面层料中添加抑制剂并辅以合适焙烧工艺,定向凝固叶片表面粗糙度大为改观。

(3) 涂挂和干燥不当导致型壳表面起皮掉砂、磨整型壳浇口杯时模组中掉入了砂粒和外来物、浇注时金属液流冲刷浇道带入的夹杂物以及熔炼坩埚中陶瓷碎块等均可导致铸件夹杂缺陷。要减少夹杂物的出现,应严格控制各道工序,改进型壳质量,特别是面层的质量;浇注前用压缩空气吹净,并可使用陶瓷过滤技术。

(4) 型壳面层的横向裂纹虽然达不到壳裂漏钢的程度,但反映在叶片上表面出现横向披缝,如图 6 - 23 所示。披缝通常深入型壳 0.2mm ~ 1mm,位置一般在叶身下部 1/3 处,离结晶器 80mm ~ 100mm,披缝是凸出的,可以打磨掉。但有时在披缝末端会有凹陷横向披缝,这与型壳面层与加固层结合不牢有关。当型壳在定向凝固加热器内加热时,型壳上下温差造成其间热应力,在面层与加固层结合不牢的情况下,面层首先开裂并与背层型壳脱开。在裂纹处铸件披缝凸起,而在型壳翘起处,铸件出现凹陷。通过改善型壳涂挂质量,如面层与第二层料浆容重和黏度控制适当、改善干燥工艺、清理浮砂,也可在涂挂第二层前先浸渍硅溶胶等,可实现对型壳裂纹的控制。

图 6-23 型壳横向裂纹造成的铸件表面凸起披缝

3) 陶瓷型壳缺陷及其防止方法

表 6-17 概括了高温合金陶瓷型壳常见缺陷的特征、形成原因以及预防措施。

表 6-17 陶瓷型壳缺陷及其防止方法

缺陷特征		产 生 原 因	防 止 方 法
涂料产生缺陷	涂料润性差,熔模有裸露部分	(1)熔模除油不良,有残留分型剂; (2)胶黏剂对熔模润湿能力差	(1)在除油剂中增加表面活性剂,活化熔模表面; (2)在涂料中添加表面活性剂; (3)熔模表面涂亲水膜
	浸渍涂料时,前层起皮回溶	前层涂料未充分干燥	(1)硅酸乙酯涂料可改变水解液的成分,提高环境湿度,加强风干; (2)硅溶胶涂料可提高风温、风速和延长干燥时间
脱蜡产生缺陷	裂纹	模料热膨胀使型壳胀裂	采用快速热冲击法脱蜡
	型壳内表面不光	熔模表面被皂化	用盐酸酸化水处理
	型壳强度剧降	型壳在热水中保持时间过长	缩短脱蜡时间
焙烧后产生的缺陷	裂纹	升温速度过快且不均匀,或出炉后冷却太快	采用膨胀系数小,无相变的耐火材料
	型壳内表面有微小裂纹	涂料涂挂性不好,涂料中气体过多	改善涂料的涂挂性,加入消泡剂或镇静剂去除气体
	型壳断口呈黑色或工作表面积炭	焙烧温度和保温时间不够,炉内还原气氛(蜡烟)未排净	改进焙烧温度、时间,并使炉内保持氧化气氛

缺 陷 特 征		产 生 原 因	防 止 方 法
焙烧后产生的缺陷	型壳表面"白毛"	为硅酸乙酯水解不完全水解物	改善水解条件和干燥条件
	型壳强度低	(1)胶黏剂不符合要求,涂料黏度过大和存放时间过长; (2)涂料层硬化不良,涂料粒度组成不合理	控制胶黏剂成分和黏度,控制硬化剂的浓度、干燥硬化时间,改善环境温度、湿度等
	型壳表面氧化钴孕育层脱落	(1)面层与背层结合不牢; (2)模料与氧化钴起化学反应; (3)细化剂混合料焙烧温度低,氧化钴未完全转变成铝酸钴	延长焙烧时间和提高温度

6.2.3 等轴晶叶片精密铸造技术

在等轴晶叶片铸件的制造中,由于真空熔炼和浇注工艺不当,常常导致试棒的力学性能不合格,在叶片上形成晶粒粗大、晶粒不均匀、柱状晶、显微缩松等铸造缺陷,图6-24为等轴晶叶片出现的粗大晶粒,图6-25为叶片上出现的晶粒不均匀,图6-26为叶片上出现的柱状晶,图6-27为叶片内部的疏松缺陷。

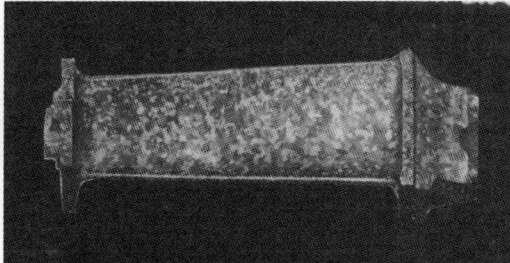

图6-24 等轴晶铸造中出现的晶粒粗大

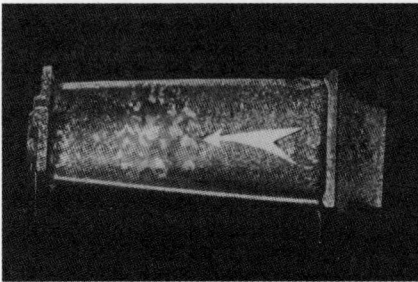 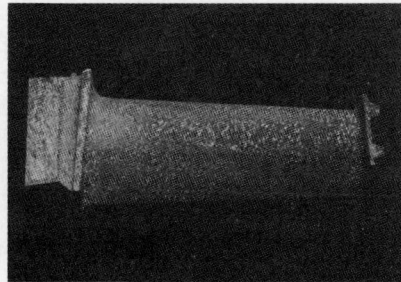

(a)   (b)

图6-25 等轴晶叶片晶粒不均匀现象

(a)局部晶粒粗大;(b)与周围晶粒有明显分界的细晶带。

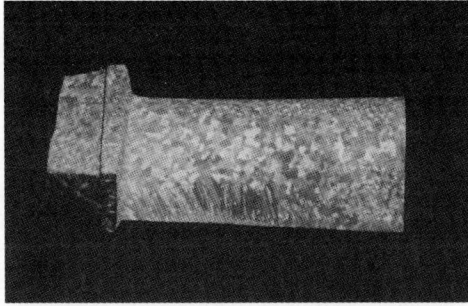

图 6 - 26　等轴晶铸造中出现柱状晶

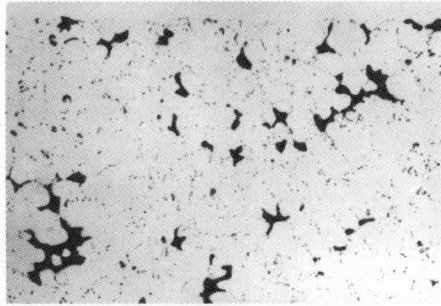

图 6 - 27　铸件内部的显微疏松

　　等轴晶叶片精密铸造中,主要是晶粒度和显微缩松的控制,除了保证使用优质陶瓷型芯、熔模、型壳和陶瓷过滤器外,还必须有正确的熔炼和浇注工艺。

　　1. 高温合金母合金锭质量

　　高温合金母合金锭中的气体是形成铸件气孔的原因之一。研究发现,母合金锭含有大量的 H、O 和 N 时不可能在高真空下通过延长时间来减少或消除,相反会造成合金中 Cr 沸腾出来。Pb、Bi 会降低合金的熔点,如 K418 合金熔点为 1240℃ ~ 1250℃,当合金中含有 10mg/kg 的 Pb、1mg/kg 的 Bi 时,会使合金的熔点下降 100℃。由此可见,对于用于制造转子叶片的合金,严格控制其 Ag、Pb、Bi 的含量是非常重要的。对用于铸造涡轮叶片的母合金锭,最好分为上、中、下部分切取试块,作金相组织、显微疏松、化学成分的检查,特别要检查其 N_2、H_2、O_2 的含量杂质 Ag、Pb、Bi 的含量。

　　2. 等轴晶叶片浇注系统

　　等轴晶铸件浇注系统应造成顺序凝固条件,使叶片不同部位得到充分补缩,与定向凝固叶片相比,等轴晶叶片通常需要适当增大浇注系统,如加大内浇口截面积,缩短内浇口长度,加强浇注系统的补缩能力。但过大的浇注系统,不但增

311

加合金液的消耗,而且不利于铸件凝固的热区分布,易造成如图6-25~图6-28所示的晶粒粗大,产生柱状晶以及疏松缺陷。考虑到叶片榫头等厚大部位的补缩,熔模组合时应采用厚大部位朝下的倒置式浇注系统,不仅使合金液流动平稳,冷却均匀,减轻局部过热,还有利于消除激冷晶(细晶带)和疏松缩松类缺陷。

随着陶瓷型芯与型壳技术的不断发展,其承温能力和高温化学稳定性得以显著改善,可满足在较高浇注温度、较高合金熔体压头的工艺环境下长时间可靠工作的陶瓷模组的问世,促进了大尺寸等轴晶铸件如地面燃机涡轮叶片的高质量铸造。北京航空材料研究院研究出的高温合金大型复杂结构件热控凝固(TCS)整铸工艺,依靠设计形成自下而上顺序凝固的温度场,实现了叶片致密充填与晶粒度匹配控制。图6-28为高温合金热控凝固工艺典型浇注系统、铸件疏松和晶粒度情况。

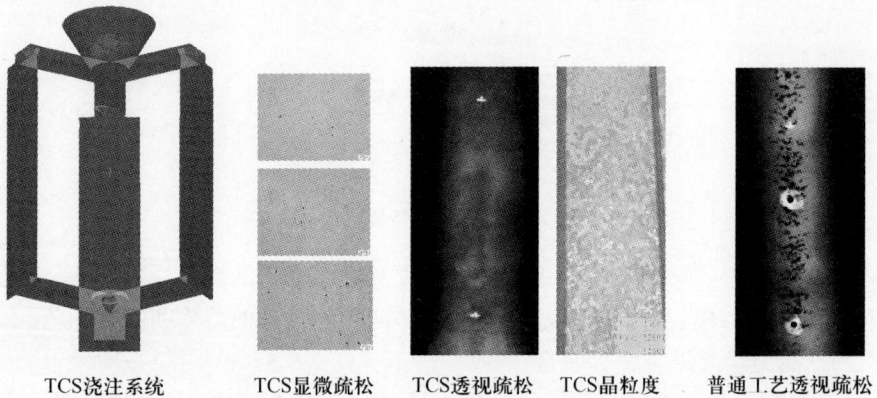

| TCS浇注系统 | TCS显微疏松 | TCS透视疏松 | TCS晶粒度 | 普通工艺透视疏松 |

图6-28　高温合金热控凝固(TCS)整铸工艺浇注系统与冶金质量

3. 等轴晶叶片浇注工艺

提高合金熔体的浇注温度会降低合金液的黏度,增加合金液充填晶间缩孔的能力,减轻铸件内部和表面的显微缩松。但是过高的浇注温度会粗化晶粒。随着浇注温度的提高,型壳温度也被提高,相应减慢了合金的冷却速度,也使晶粒长大,特别在薄而先冷却的部位,容易出现柱状晶。此外,过高的浇注温度使铸件容易变形。因此,生产上在保证冶金质量、减轻缩松、避免冷隔和浇不足的前提下应尽量降低浇注温度。

提高陶瓷型壳温度,可以减慢合金液的凝固速度,减轻型腔局部过热,缩小型壳温度和浇注温度之间的温度梯度,有利于形成等轴晶组织,利于充填和补缩,减轻叶片内部和表面的显微缩松,并可相应地降低浇注温度。型壳温度对晶粒度有较大影响,从铸件冷却速度考虑,随着型壳温度的提高,合金液结晶的过冷度减小,晶粒粗化。但是从表面孕育考虑,较高的型壳温度,可以促进合金液与孕育剂之间的反应,有利于充分发挥孕育剂的作用,有利于细化晶粒。但过高的型壳温度,使得凝固结晶过慢,碳硼化物多呈大块状,以致呈膜状分布于晶界和枝晶间,降低了合金的高温瞬时塑性。图6-29为浇注温度、型壳温度对铸件晶粒度的影响曲线。

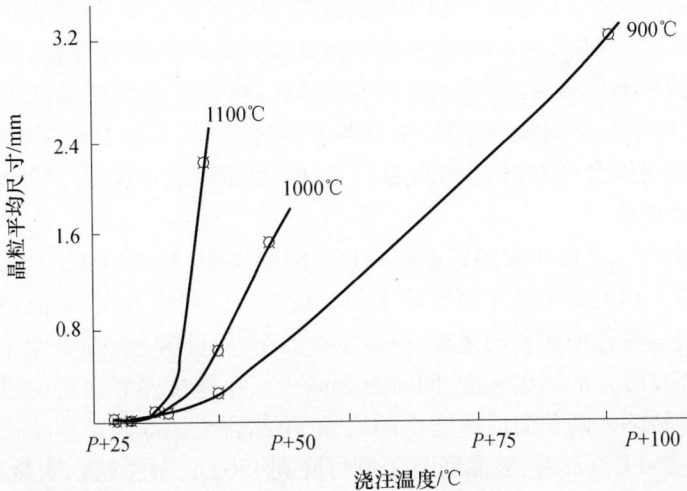

图6-29　浇注工艺参数与晶粒尺寸的关系曲线(P为合金的液相线温度)

等轴晶叶片浇注过程中,浇注速度直接影响合金熔体与型壳之间热量的交换程度。如果浇注速度太慢,二者之间的热交换比较充分,型壳内部过热,位于铸件各部位的合金液的温差大,容易造成如图6-25所示的激冷晶、混晶和粗细晶粒的明显分界,还容易产生浇不足、冷隔等铸造缺陷。因此生产中尽可能提高浇注速度,合金液流动所产生的动压力越大,铸件充填得越好,型腔各部位合金液的温度越均匀;加大浇口杯和浇注系统最小截面积,有利于提高浇注速度。

6.2.4　定向凝固涡轮叶片精密铸造技术

1. 精密铸造工艺条件对涡轮叶片质量的影响

定向凝固的涡轮叶片是在特定的温度场环境条件下实现成形的。定向凝固过程受包括流场、质场、温度场、应力场在内的多场控制,受多种因素共同影响。叶片的型面尺寸是由叶片结构、合金熔体、模型(陶瓷型壳、陶瓷型芯)材料及其热物理性能、工艺过程等决定的;叶片的组织结构和冶金质量是由叶片合金材料原始组织、工艺环境及工艺过程决定的;而叶片的使用性能取决于叶片所用的合金材料、定向凝固技术和精密铸造工艺技术。

（1）凝固结晶方式的影响。目前工程应用的定向凝固工艺包括水冷结晶的 Bridgman 工艺（HRS 工艺）、液态金属冷却（LMC）结晶工艺。20 世纪 90 年代初期以前,欧美等西方国家工业成熟应用的大多是 Bridgman 水冷结晶定向凝固工艺,其温度梯度 G 达到 20℃/cm ~ 60℃/cm。对于复杂结构的叶片,要获得理想的结晶组织,必须采用相当慢的陶瓷型壳移动速度,这就要求陶瓷型壳和陶瓷型芯在 1500℃ ~ 1700℃ 下长时间具有较高的抗蠕变性能,也增加了陶瓷与合金的界面反应时间,同时生产效率低。由于在凝固结晶前沿温度梯度低,极易造成结晶取向偏离主轴、亚晶界甚至断晶、斜晶和雀斑等缺陷,这些缺陷的存在会使得合金和叶片的高温持久、蠕变等性能下降达 25% 或更高,甚至造成叶片报废。

为克服 HRS 工艺所带来的铸造结晶缺陷问题,LMC 高温梯度定向凝固技术成为未来航空发动机涡轮叶片制造技术的关键之一。研究发现,高温梯度不仅可以采用更快的陶瓷型壳移动速度,提高生产效率,而且因为减少甚至消除单晶雀斑缺陷而提高叶片的屈服强度,同时显著减少了小角度晶界出现的概率且不会形成断晶等缺陷。随着温度梯度 G 的增加,单晶合金枝晶间距和疏松单调减小;当 G 达到 200℃/cm 时,枝晶间距 λ 则可降到 150μm,显微疏松明显减小,致密度改善,提高了单晶材料的热加工工艺性和高温疲劳性能。当单晶合金凝固结晶由 HRS 快速凝固工艺改为 LMC 后,单晶合金的持久寿命提高 15% 以上,疲劳强度提高约 20%。图 6 – 30 所示为不同定向凝固结晶工艺对单晶制件性能影响的研究结果。

（2）凝固工艺参数的影响。涡轮叶片的晶体取向与生长界面形态有关。传统观念认为平面和胞晶生长阶段的热流决定了晶体生长方向,枝晶界面形态下择优取向决定了晶体生长方向。通过改变籽晶下端激冷效果来改变凝固界面的温度梯度,发现激冷效果越差,界面的曲率半径和温度梯度越小,取向偏离度越大。涡轮叶片截面形状的不断变化引起凝固结晶界面形状和位置的变化,使热流方向和大小不断改变,最终引起择优取向的分散。

显微疏松是等轴晶铸造高温合金中常见的缺陷,相比而言,定向凝固高温合金的显微疏松少得多。由于界面结构的复杂性,定向凝固是很难避免显微疏松的,而单晶涡轮叶片多数为枝晶组织,因此对显微疏松有明显的敏感性。研究表明,定向凝固高温合金疏松的主要因素是温度梯度和抽拉速率。当温度梯度和抽拉速率改变后,枝晶形貌将发生改变。提高温度梯度能够抑制二次枝晶和多次枝晶分枝的生长,使得凝固时液相在糊状区流动的阻力减小,对凝固收缩的补

314

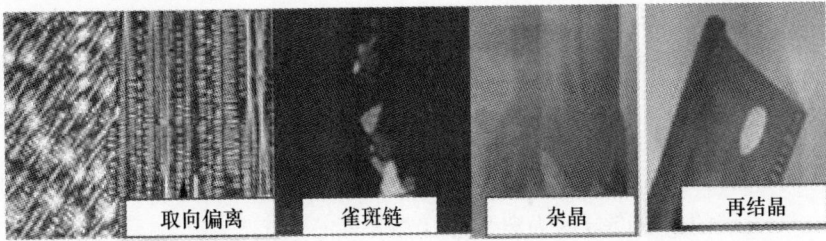

| 取向偏离 | 雀斑链 | 杂晶 | 再结晶 |

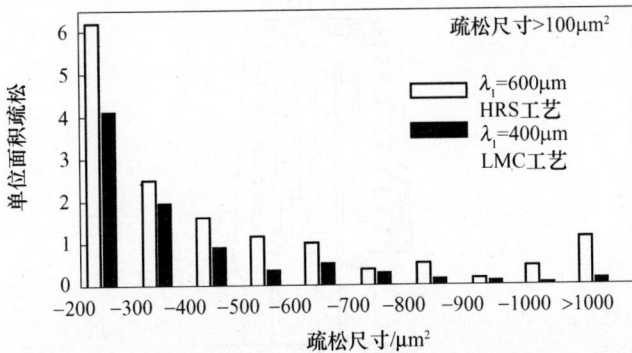

(a)

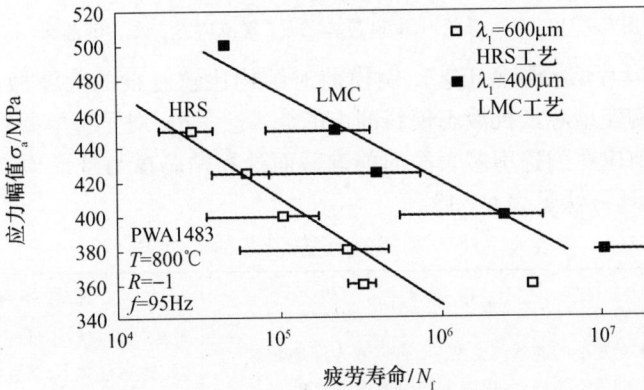

(b)

图 6-30　不同定向凝固结晶工艺对单晶组织与性能的影响

(a) 对疏松影响；(b) 对疲劳性能影响。

缩能力增强,减少凝固后的疏松数量,但会增大疏松尺寸。增加抽拉速率会降低糊状区渗透率,形成被分离的疏松孔洞。单晶合金熔体流动对凝固过程中的补缩能力影响显著,随着流体流动性的增强,液相补缩能力也将提高,所以熔体流动对疏松的影响比较复杂。

2. 定向凝固空心涡轮叶片精密铸造工艺

（1）空心叶片陶瓷型芯工艺设计。陶瓷型芯是空心叶片制造最为关键的中间制件，决定了空心叶片的结构与使用性能。在陶瓷型芯结构中，工艺端的设置是增加型芯结构强度，提高型芯制备合格率与涡轮叶片浇注合格率的保障。任何结构空心叶片用陶瓷型芯工艺与模具设计时，首要考虑的即是工艺端的设置。图6-31所示的星点部分即为典型叶片陶瓷型芯的工艺端。

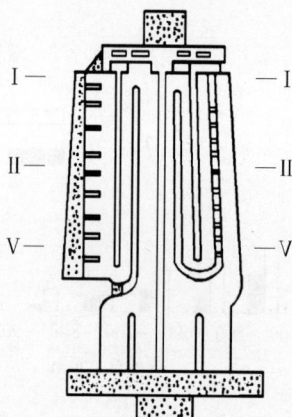

图6-31　空心涡轮叶片陶芯工艺筋(星点部分)设计示意图

（2）空心叶片熔模制备工艺。制模前对结构比较复杂的陶瓷型芯，应灌刷软蜡，以提高陶瓷型芯抵抗液态模料冲击的能力。另外，对于壁厚要求严格的空心零件，制模前应在陶瓷型芯表面的关键截面处黏贴芯撑与外形模具一道控制蜡模壁厚。具体方法见表6-18。

表6-18　制模前陶瓷型芯的预处理

名　称	目　的	注 意 事 项
灌刷软蜡	对复杂的薄壁陶瓷型芯，通过预先灌刷软蜡，增加其整体强度，以减少制模过程中的断芯	软蜡的熔点应不低于叶片成形模料，膨胀系数小，防止脱蜡过程中先于成形蜡化膨胀造成断芯
黏贴芯撑	定位，保证熔模壁厚	芯撑的高度应小于预定壁厚，否则影响熔模的表面质量
型芯预热	陶瓷型芯预热到30℃～35℃后才能放入压型中，以利于模料和型芯的结合，保证熔模质量	预热温度不超过所灌刷软蜡的熔化温度

熔模制备工艺取决于熔模材料和叶片结构特点，主要是控制模料和压型的温度、压注压力、压注速度、保压时间及熔模存放条件等。在熔模模组组合之前

316

必须对零件和浇注系统缺陷进行修补。100%目视检查熔模表面有无裂纹、气泡、缩陷、鼓包等缺陷。熔模表面微小孔隙可用液体蜡料修平。至于缩陷、气泡等缺陷需根据缺陷存在部位和对熔模的具体要求决定补修或报废。可修补的气泡部位应将气泡挑破,滴上修补蜡,并用刮刀和绒布把修补过的部位抹平,同时检验熔模尺寸。值得特别注意的是应对空心叶片熔模内部状况和壁厚进行检查,使用X射线透视机检查熔模中陶瓷型芯的完好度,用超声测厚仪检测熔模的壁厚,早期使用过热探针测厚。

为了避免陶瓷型芯在型壳焙烧和定向凝固结晶过程中,因型芯与型壳间热膨胀率的差异而导致陶瓷型芯受力断裂、变形或者偏芯等现象发生,在熔模压制后组合前,应在陶瓷型芯工艺端上设置自由端和定位点。自由端的制作方法是在芯头的一端包裹一定厚度的软蜡、蜡纸、可完全烧失掉的胶布或塑料薄膜,包裹层的厚度由陶瓷型壳与型芯的热膨胀特性而定。陶瓷型壳焙烧过程中,在陶瓷型芯与型壳之间形成预定的空隙,可使陶瓷型芯在型壳焙烧和随后的金属液浇注凝固过程中能自由伸缩,图6-32为空心零件熔模自由端(粗实线部分)示意图。建议压制熔模前在陶瓷型芯工艺端的定位点处涂刷变压器油,以方便芯头上模料毛刺等的清理,保证定位点的尺寸精度。

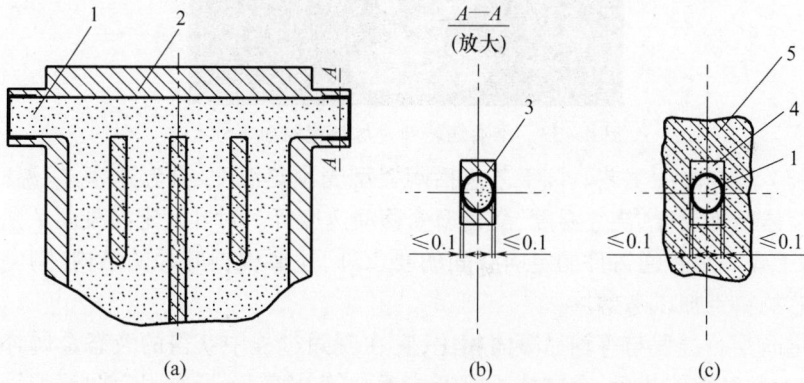

图6-32 空心零件熔模自由端示意图

1—陶瓷型芯;2—熔模;3—自由端蜡层;4—型腔;5—型壳。

为稳定浇注过程中陶瓷型芯在型壳中的位置,防止陶瓷型芯在金属液的机械和热冲击下断裂、变形和保证铸件壁厚,亦可采用金属芯撑。金属芯撑材料通常用铂金丝制成,其使用方法见表6-19。值得注意的是金属芯撑设置的位置应位于叶身壁厚严格控制部位,浇注时芯撑既要能支撑住陶瓷型芯,又能与金属液熔合在一起,在铸件上不能留下芯撑痕迹。

表 6-19　金属芯撑的使用方法

芯撑材料	芯撑尺寸/mm		使用方法
比铸件金属熔点稍高,但熔合后不污染合金的材料	直径	长度	加热金属芯撑后立即插入预定的熔模位置,金属丝插入端必须接触到陶瓷型芯,另一端露出熔模 3mm ~ 8mm,以便制壳时该端能牢固地固定在型壳内
	0.3 ~ 1.0	比熔模壁厚长出 3 ~ 8	

　　直浇道模料的熔化温度低于零件熔模模料的熔化温度,以便于熔模组顺序熔化。根据使用较广泛的蒸气脱蜡工艺,在组合模组时必须考虑到模组蜡液能自由地从型壳中流出而不存在任何死角。图 6-33 为单晶涡轮叶片熔模模组的典型组合方式。

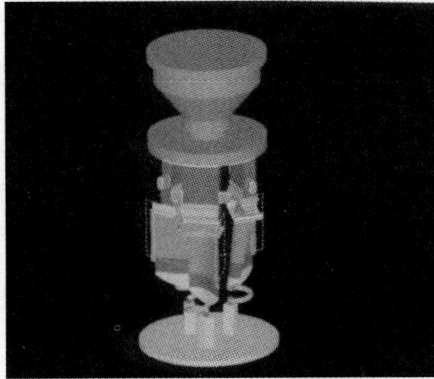

图 6-33　单晶涡轮叶片熔模模组组合方式

　　(3) 定向凝固工艺。该工艺包括陶瓷型壳预热温度、升温速率、保温时间、合金熔体精炼温度、浇注温度、陶瓷型壳移动速度等。对叶片定向凝固工艺的选择,除了要满足普通铸件的定向凝固的要求外,还要根据叶片的结构、陶瓷型壳与型芯的特点加以考虑。

　　定向凝固过程与等轴晶凝固相比,它在凝固过程中获得的液态金属补缩量大,但大量补缩停止后,会在枝晶间形成毛细管补缩,而当凝固后期毛细管补缩逐渐无效时,容易在叶片榫头中部形成比等轴晶低两级的显微疏松。因此在组合模组及制定浇注工艺参数时,必须针对叶片的具体结构充分考虑到叶片各部位的凝固状态。

　　对于定向柱状晶涡轮叶片,控制陶瓷型壳在加热器温度为 1480℃ ~1570℃范围内保温不少于 30min 后浇注,保证上下区设置 10℃ ~30℃温差以促进温度梯度的提高,定向柱晶合金真空感应重熔并在 1550℃ ~1600℃精炼去除氧化膜;浇注温度控制在 1500℃ ~1570℃,陶瓷型壳移动速率为 2mm/min ~8mm/

min[15]。型壳全部移出加热器后,快速将型壳降至铸型室。图 6-34 为典型定向柱晶空心涡轮叶片的定向凝固工艺。

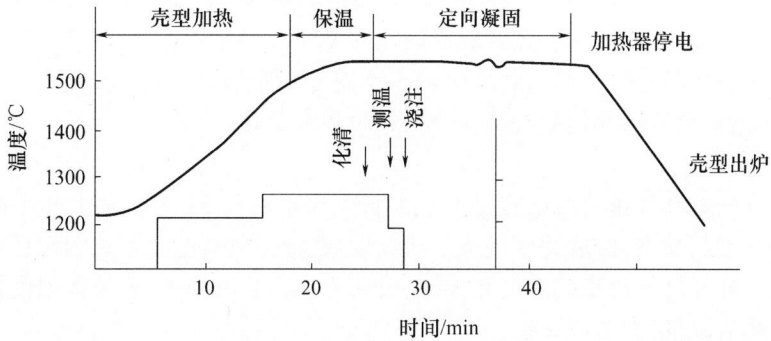

图 6-34 定向柱晶涡轮叶片凝固工艺

对于单晶涡轮叶片,要充分考虑单晶合金材料的凝固结晶特性、浇注的涡轮叶片结构等来制定浇注工艺参数。将陶瓷型壳在加热器温度为 1500℃ ~ 1600℃保温不少于 30min 后浇注,保证上下区设置 20℃ ~ 30℃温差以促进温度梯度的提高,单晶合金真空感应重熔并在 1550℃ ~ 1650℃精炼去除氧化膜;浇注温度控制在 1520℃ ~ 1600℃,陶瓷型壳移动速率为 2mm/min ~ 6mm/min 的工艺条件下可实现复杂结构涡轮叶片的单晶生长。

6.3 导向器类结构件精密铸造技术

燃气涡轮导向器在燃气涡轮发动机中承受着高温燃气的冲击,不仅要求材料具有较好的热冲击性能,较高的高温持久强度和抗冷热疲劳性能,而且要求零件有高的尺寸精度和良好的表面粗糙度。图 6-35 为一个整体涡轮导向器,其毛坯最大尺寸为 φ350mm,内外环之间由 37 个叶片连接;要求的型面公差

图 6-35 整体涡轮导向器

为 ±0.13mm,叶片均布公差为 ±0.25mm,喉道宽度尺寸公差为 ±0.25mm,叶片弦向和轴向夹角公差为 ±15′,通道尺寸椭圆度为 ±0.15mm ~ 0.25mm,叶片前缘端面不平度为 ±(0.20mm ~ 0.30mm)。选用 K406C 合金,采用真空熔炼的母合金锭,在真空铸造炉中再重熔后浇注零件毛坯。

由于整体涡轮导向器的叶片是均布于内外环中间,叶片的收缩处于受阻状态,铸件冶金质量问题包括欠铸、疏松、热裂和夹杂等。

1. 欠铸

在导向器叶片排气边缘容易产生欠铸。严重时在 37 个叶片上几乎同时出现不同程度的缺肉,造成铸件报废。研究发现,造成欠铸的主要原因包括:

(1) 叶片排气边缘截面尺寸太薄,仅 0.8mm ~ 1.0mm,合金熔体温度控制及流动性稍有降低,即造成欠铸;

(2) 采用真空感应炉熔铸时合金熔体浇注速度及流量的不足,特别是开始浇注时的金属流受到一定的限制,造成充填能力降低;

(3) 铸型温度过低,降低了熔体的流动性,易于造成欠铸。

2. 缩孔与疏松

缩孔与疏松大多出现在内浇道与环带相连接处,部分出现在铸件壁厚不均交接处的厚大部位热节区。严重时有曝露于表面的可见缩孔和隐藏于内部热节区的严重疏松。研究发现,在合金熔体最终凝固区得不到足够的补缩,这与浇注系统设计不尽合理有关,通过增大内浇口截面积,防止局部区域过热,减少热节区的形成,使金属产生顺序凝固条件。适当提高金属浇注温度,改善金属液的充填能力也是非常必要的。采用测注爪型浇道,避免局部过热现象,克服了缩孔与疏松缺陷,同时铸件的翘曲变形也得到了相应改善。

3. 热裂纹

在浇注涡轮导向器时发现,个别叶片根部筋上出现裂纹。从裂纹断口观察,裂纹处呈现黑色表面,而撕裂处呈白亮表面,这说明是在较高温度下形成的热裂纹,并氧化所致。对裂纹的试样进行抛光,发现在叶片根部的裂纹比较细小,疏松较少,而在筋板上裂纹比较粗且伴有较多的疏松。试样腐蚀后低倍组织检查发现裂纹基本沿晶界发展,并且随裂纹的伸展而越来越细小。高倍检查后进一步发现裂纹周围伴有不同程度的疏松,在裂纹的两旁还有白亮带,并看不到 γ′ 相,这更说明裂纹是在热态下形成,并使裂纹两旁的 γ′ 发生氧化而造成贫化,因此判定为热裂纹。一般来说,合金凝固温度区间越大、收缩越大、受阻越严重、裂纹倾向越大。因而热裂纹经常出现在铸件应力集中的最后凝固区,如热节区和拐角处,靠近内浇口处等,在疏松、缩孔附近增设内浇道,可避免热节区形成。改善铸件凝固过程的温度均匀性有助于减少热裂的产生,如适当降低浇注温度、提高浇注速度和型壳温度、采取型壳保温措施等都可有效降低热裂倾向。改进铸型退让性也很重要,适当降低型壳强度或减少型壳层次对消除裂纹也有利。

4. 夹杂

夹杂是熔模铸造中常见且难以消除的缺陷,整体导向器铸件往往一个叶片上有夹杂会使整个铸件报废,特别在进排气边缘上更不允许存在夹杂。在生产中遇到的夹杂缺陷大都是在荧光和X射线检查中发现的细小夹杂,如荧光检查时在铸件某些部位出现小亮点或成片大面积亮点,在X射线底片上看到的小黑点。夹杂可以分为金属氧化夹杂和非金属夹杂两类。金属氧化夹杂与母合金锭质量、熔炼状态(炉子真空度及漏气率)有关。而非金属夹杂大多为外来夹杂,与型壳质量、坩埚状态、填砂时掉入砂粒等有关。外来夹杂比较容易解决,只要严格遵守工艺是完全可以避免的。防止金属氧化夹杂可以采取以下途径:①严格控制母合金质量,对于存在二次缩孔、金属氧化夹杂的合金锭应慎用;②改进真空炉状态,保证熔炼真空度和漏气率,防止熔炼过程中金属二次氧化;③尽可能采用成形坩埚或软质坩埚,防止因坩埚质量不佳带入外来夹杂;④严格检查型壳,凡开裂、剥离的型壳不能使用,同时型壳一定要清洗干净;⑤制作浇注系统的模料最好采用新配的模料,使用回收模料时必须经过过滤除去杂质。

5. 铸件表面晶粒度

为了满足铸件性能设计要求,生产中采用表面孕育细化处理,孕育细化剂为铝酸钴。经表面细化处理的整体导向器铸件,叶片部位晶粒度可稳定在1级~2级(晶粒平均尺寸为0.71mm~0.99mm)标准水平上,能满足发动机的要求。

综上所述,对于K406C高温合金整体涡轮导向器,采用侧注爪型浇注系统,铝酸钴作表面细化剂,型壳包填耐火纤维毡的保温措施,使用优质的母合金锭及坩埚,并配以相应的浇注工艺,对解决疏松、欠铸、热裂及夹杂等冶金缺陷是有效的,同时铸件的晶粒度也得到较好的控制。图6-4为制备的各种结构高温合金导向器类铸件。

6.4　整体涡轮叶盘控晶精密铸造技术

高温合金叶盘在涡轮发动机中起着重要作用。这些整体叶盘的制造不仅取决于其功能、结构方面的因素,而且取决于安全性、经济性等特性。在一个整体叶盘中,由于断面厚度从0.3mm左右的叶片变化到50mm左右的轮盘和轮毂,造成了在整个铸件中凝固组织产生较大差异,从而引起力学性能的差异,这对整体铸造涡轮是不允许的。为尽可能减少这些差异,早期通常孕育处理来改善铸件表层组织。随着工艺装备和铸造工艺的发展,人们采用了多种方法控制铸件的凝固过程,从而获得晶粒细小均匀、内部无冶金缺陷的涡轮盘铸件,该技术统称为细晶工艺[15-17]。通过在叶盘径向设置温度梯度实现叶片径向分布的叶片的定向柱晶生长,控制轮盘部位熔体处于糊状凝固状态实现等轴晶生长,从而获得定向柱晶叶片/细晶轮盘的双晶双性能的整体叶盘,该技术称为双性能叶盘整铸工艺。

1. 高温合金整体叶盘细晶工艺

按照实现细晶的方法,高温合金细晶工艺分为三种:

(1) 热控法改变铸造工艺参数法(VCP)。该工艺包括采用较低的铸型温度和合金过热温度,并减少发热冒口的数量,以降低铸型和液态金属之间温差,导致铸件整体细化。该工艺最容易在普通铸造工艺上应用。

(2) 化学法——孕育剂处理。采用一些比合金本身熔点高的化合物作为合金孕育剂,使金属液产生优先成核质点。如加入 0.1% 的 B,在凝固过程中 TiB_2 沉淀析出,可提供均匀形核的格局,有利于细小的等轴晶形成。但是使用孕育剂容易引入非金属夹杂物,从而成为疲劳裂纹成核的根源,如硼化物沉淀。

(3) 机械法——铸型搅动。在浇注和凝固过程中使铸型摆动以产生细小均匀的晶粒。由于铸型搅动,在铸型壁上最初形成的枝晶被破碎,这些破碎的枝晶分布于整个熔体中而创造了有效的形核位置,从而导致晶粒细化。此外,铸型中心到铸型壁的热梯度降低,不论铸件截面厚度如何变化,都能获得均匀细小的等轴晶。但是铸型的搅动使凝固受到了限制,在晶粒间也倾向于增加缩松数量,铸件往往需要进行热等静压(HIP)处理。

对采用上述三种工艺生产的细晶铸件切取试样的性能比较发现,其低周疲劳性能(LCF)较普通铸造至少提高了 2 倍,但是热控法和化学法易在铸件内部产生夹杂,从而导致一些 LCF 性能很低,增加了疲劳性能数据的分散性,并降低了最小设计性能,甚至最小值会低于标准铸件的最小值。铸型搅动法可生产无夹杂、性能稳定的铸件,该工艺对铸件的疲劳性能无任何有害的影响。由于铸型搅动工艺采用了常规浇注温度或较高过热度,铸件的纯净度高。相比之下,VCP 和硼化物沉淀工艺主要依赖于很低的浇注温度,因而导致了金属氧化物的诱入。动态铸型铸造工艺是铸型搅动法的一种,又被称为 Grainex 工艺。它是通过控制金属液的流体运动控制晶粒尺寸。金属液充填铸型的流态可分为两类:与浇注有关的动力学运动或大的剪切运动及与小的内力有关的对流;可以通过改变这两种类型的流动来影响铸造组织和铸件的性能。有研究表明,MAR - M247 合金使用该工艺可使细晶铸件较 IN100 和 IN713C 普通铸件的疲劳寿命提高 4 倍。MAR - M247 细晶铸件叶轮中叶身的应力断裂寿命和 HCF 寿命显著优于普通铸造的 IN100 和 IN713C。但其应力断裂数据在低温/高应力范围内低于普通铸造 MAR－M247，较低的应力断裂性能与 $M_{23}C_6$ 在晶界上的分布形态及数量有关。控制固溶温度下的冷却速率可提高铸件的抗蠕变能力，具有高温高强度性能的 MAR－M247 合金配合细晶铸造工艺可望提高发动机进气口温度。细晶铸造的晶粒尺寸：采用标准细晶工艺浇注温度 $P+22.2℃$，获得的晶粒度等级为 ASTM1～2；机械搅拌工艺获得晶粒度等级为 ASTM00；而在常规铸造工艺中，晶粒尺寸通常为 7.6mm 或者更大些。表 6－20 为三种工艺条件下每单位体积晶粒数目。

表 6－20　工艺与晶粒尺寸的关系

铸造工艺	ASTM 晶粒级别	晶粒直径/mm	晶粒数/mm³
常规铸造	7.6mm +	7.6	1
机械搅拌	ASTM00	0.61	7
细晶工艺	ASTM1～2	0.21	170

与常规铸件相比，细晶铸件的主要优点是提高了低周疲劳性能，某些拉伸性能也有一定程度的提高[18,19]。表 6－21 示出了 In713C 小型整体铸造叶轮在 260℃下的低周疲劳寿命和室温拉伸性能。所有的试样都是从轮毂部位切取的，可以看出，细晶铸件不仅低周疲劳寿命提高了大约 30%，并且也提高了拉伸性能。

表 6－21　IN713C 小型整体叶轮的平均力学性能

项　目		常规铸造工艺	机械搅拌工艺	细晶铸造工艺
低周疲劳寿命(N_f)/(次/260℃)		20000	35000	35000
室温拉伸	σ/MPa	848	848	917
	δ/%	6.1	5.1	6.9
	ψ/%	10.5	8.7	9.4
持久寿命/h,982℃/152MPa		109.8	47	97.1
持久伸长率/%		5.2	6.0	15.0

研究表明，用控制参数法铸造 K418 合金整体涡轮需对浇注过热度严格控制才能得到细晶，但常常出现欠铸缺陷[15,16]。为保证整体涡轮叶片充分成形，单一的控制参数法在现有工艺装备条件下难于实现细晶铸造。用铸型搅动法浇注 K418 合金细晶整体涡轮时，在普通铸造温度或较高的过热度下，通过铸型搅动产生剪切作用破碎凝固过程中形成的枝晶，增加了液态金属的晶核，从而使涡轮轮毂和辐板晶粒整体细化。图 6－36 为采用两种工艺结合的方法生产的 K418 合金整体涡轮铸件的金相照片。

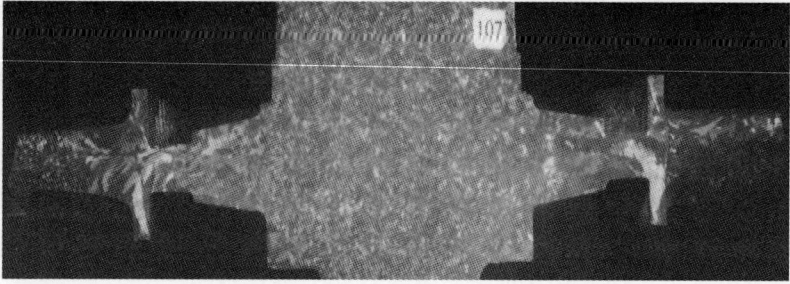

图 6-36　K418 合金细晶整体涡轮的晶粒结构

2. 高温合金双性能叶盘整铸工艺

整体涡轮叶盘工作时叶片部位的温度较高,叶片根部附近应力较高,如图 6-37所示;叶盘的破坏通常是叶片在根部附近发生断裂。如果使叶片晶粒状态为柱状晶,因定向生长的柱状晶平行于应力方向,可以改善叶片的蠕变强度和抗热疲劳性能,大大提高叶片甚至叶盘的工作寿命;轮盘为细小等轴晶时可使轮盘有较好的低周疲劳性能,从而延长叶盘的工作寿命。

图 6-37　整体涡轮叶盘工作时的温度场分布

整体叶盘的结构较复杂,轮盘的外缘沿径向方向分布着几十个叶片,如何促使径向分布的多个叶片生长成柱状晶组织的同时,轮盘生长成等轴细晶是该工艺的难点所在。

1) 整体叶盘叶片定向柱晶凝固生长控制

生成柱状晶的首要条件是形成细小等轴晶的激冷区,在激冷区的等轴晶当中,其一次枝晶轴的方向与热流方向一致的晶粒生长更快,经过择优选择而生成柱状晶。因此如同单个叶片定向凝固控制温度场方向一样,整体叶盘径向叶片实现定向柱晶生长的首要条件是设置形成径向分布的温度梯度。研究发现:通

324

过在整体叶盘叶片的外端设置径向360°水冷结晶器进行强制导热,可使叶片在凝固过程中获得定向生长所需的温度梯度。

2) 轮盘等轴晶生长控制

采用搅动细晶工艺是实现高温合金整体叶盘细晶生长控制的最有效途径。研究发现,搅动速度直接影响轮盘部位等轴晶组织形貌。壳型加热温度越低,浇注温度越低,轮盘部分的等轴晶越细且均匀,但这种情况下,叶片的柱晶生长不好。壳型加热温度越高,浇注温度越高,叶片的柱晶生长得越好,但叶片的柱晶很容易生长至轮盘的等轴晶区;需要兼顾壳型加热温度和浇注温度都处于一个适当的水平上,才可以得到理想的双晶组织。

3) 过渡区组织生长控制

双性能整体叶盘的双晶组织之间必然会存在一个柱晶和等轴晶的混晶组织区,称为过渡区。涡轮盘的受力情况比较复杂,理论分析与破坏结果证明:涡轮盘从中心至轮缘受力逐次减小,中心部位受力最大,轮缘部位受力最小;从涡轮盘的破坏看断裂处于叶片的根部附近。因此设计的双晶组织在过渡区的理想状态应是晶粒组织平缓过渡,不出现明显的组织突变;同时过渡区设在轮缘部位,而非叶片根部。

研究结果表明,要获得理想的过渡区组织,前提还是需要控制叶片柱晶和轮盘等轴晶的生长。图6-38为浇注的双晶组织的涡轮盘过渡区组织,叶片柱晶生长较为平直且生长截止于轮缘内侧,轮盘中心区为细等轴晶。过渡区组织位于轮缘区域,组织过渡平缓。

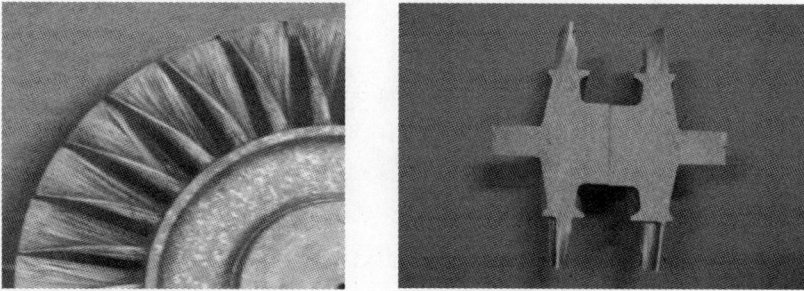

图6-38 整体叶盘组织状态

4) K447合金双性能整体叶盘组织与性能

从图6-39浇注的双性能整体叶盘组织可以看出:叶盘分为三个不同组织区,即轮盘等轴晶组织区、叶片定向柱状晶组织区以及两者之间的过渡组织区。为较好地评价集三种组织于一体的整体叶盘的性能,考虑到整体叶盘取样困难,设计了如图6-40所示的具有双晶组织的板状试样,按照双性能整体叶盘整铸工艺采用 K447A 合金浇注,切取如图 6-39 所示的试样进行铸态和热处理的组织与性能评定,并与国外如图 6-41 所示的双合金涡轮零件切取性能对比,该涡轮轮心部分材料为 U720 粉末冶金,轮缘部和叶片部分材料为 CM247 铸造合金,两种组织分界明显,取样情况如图中示意。

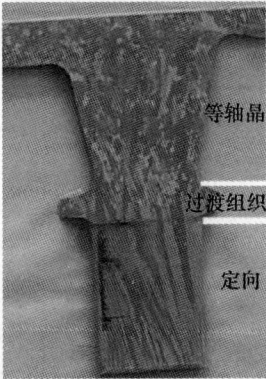

图 6-39 从双性能叶盘试验件上切取的片状试样

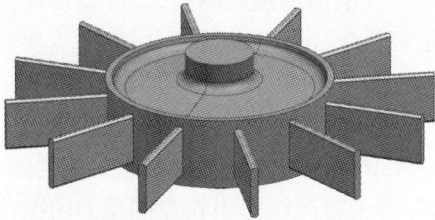

图 6-40 双性能盘结构样件示意图

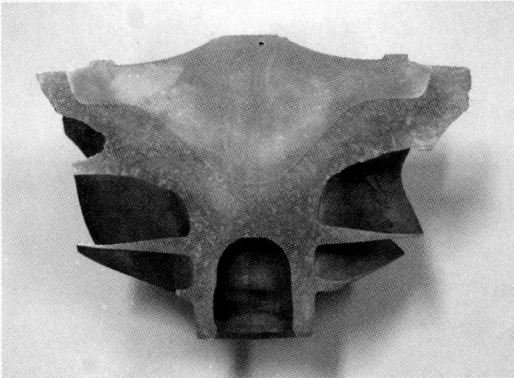

图 6-41 用于对比分析的国外双合金涡轮(剖面)实物照片

图 6-42 显示了 K447A 合金双性能整体叶盘片状样品三个不同区域的疏松情况。等轴和过渡区部分的疏松含量分别为 0.1% 和 0.12%,而定向柱状晶区域在 100× 下基本看不见疏松。图 6-43 为不同部分的碳化物形貌,可以看出,等轴晶组织区和过渡组织区的碳化物呈相同的骨架状和块状形貌;定向柱状晶组织区碳化物形状、数量无明显差别,但尺寸变得细小,分布更趋于均匀。

326

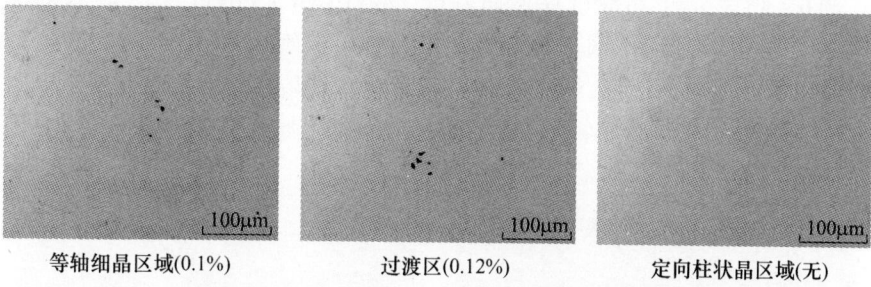

等轴细晶区域(0.1%)　　　　　过渡区(0.12%)　　　　　定向柱状晶区域(无)

图6-42　双性能叶盘不同部分的疏松(铸态)

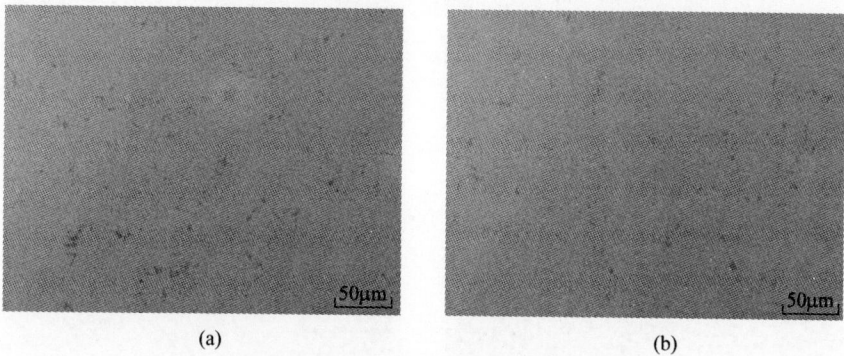

(a)　　　　　　　　　　　　　　　(b)

图6-43　双性能盘不同部位的碳化物形貌(铸态)
(a)等轴细晶和过渡区区域;(b)定向柱状晶区域。

　　图6-44为不同部位的共晶组织。观察表明,各部位共晶组织基本一致,呈葵花状,但数量略有不同,等轴和过渡区部分的共晶数量基本一致,约为14.5%,而定向柱状晶区域共晶含量约为11%。

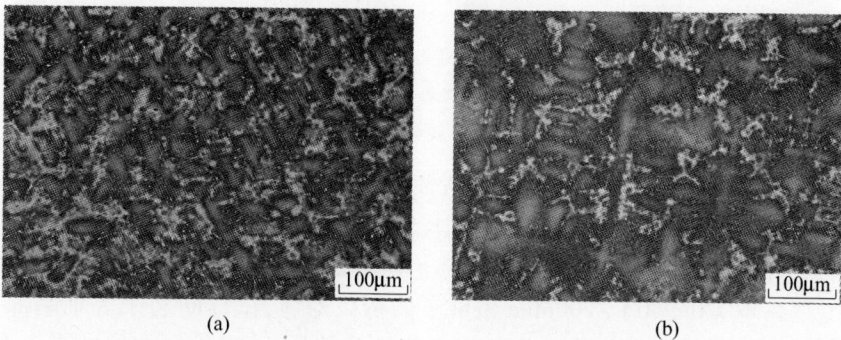

(a)　　　　　　　　　　　　　　　(b)

图6-44　双性能叶盘不同部位的共晶组织形貌(铸态)
(a)等轴细晶和过渡区区域;(b)定向柱状晶区域。

327

图 6 – 45 显示了切取试样按照制度 1230℃/2h + 1100℃/4h, AC + 870℃/20h, AC 完全热处理后不同部分的共晶形貌。可以看出, 固溶处理后等轴细晶和过渡区的共晶数量相近, 约为 3.5%, 而定向柱状晶区域的共晶基本消除。从图 6 – 46 的热处理后碳化物形貌看, 各区域的碳化物均被 γ′ 相包覆, 这样的组织结构可以显著地提高合金的高温塑性。

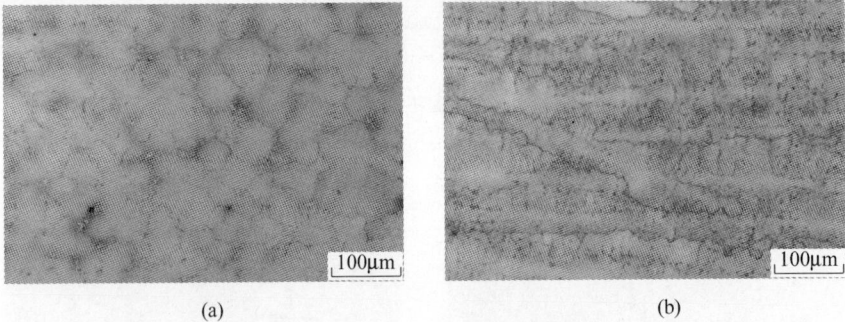

| (a) | (b) |

图 6 –45   双性能叶盘试样热处理后的共晶

(a) 等轴晶和过渡区; (b) 定向组织区。

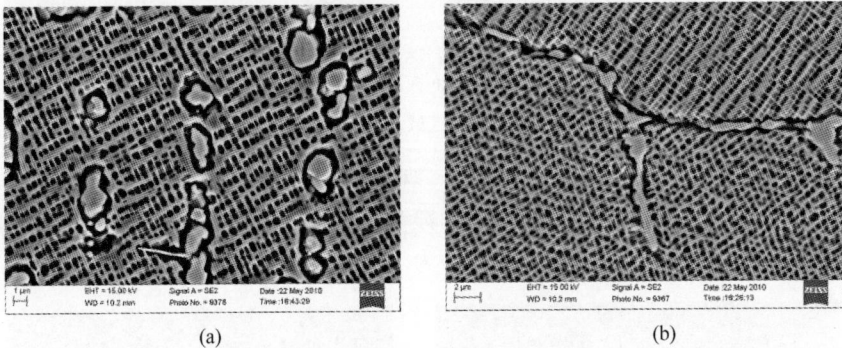

| (a) | (b) |

图 6 –46   碳化物热处理后的典型形貌

(a) 晶内碳化物; (b) 晶界碳化物。

表 6 – 22 为双性能叶盘切取试样的拉伸性能, 抗拉强度为 940MPa ~ 994MPa, 屈服强度为 867MPa ~ 911MPa, 伸长率为 6.2% ~ 7.8%。试样均断裂在等轴晶部分, 如图 6 –47 所示。表 6 –23 和表 6 –24 分别列出了切取试样在 760℃/724MPa 和 980℃/200MPa 条件下的持久寿命, 试样断裂于等轴晶部分, 见图 6 –48。从持久和拉伸试样断裂在等轴晶部位看, 双性能整体叶盘不会首先在叶片部分失效。

表 6-22　切取试样室温拉伸性能

试 样 类 型	σ_b/MPa	$\sigma_{P0.2}$/MPa	δ_5/%	试样断裂位置
国外整体叶盘切取试样	975	—	4.5	零件铸造区部分
K447A 合金双性能叶盘切取试样	974	879	6.2	等轴晶部位
	994	918	6.5	
	940	911	6.7	
	976	867	7.2	
	987	878	7.8	

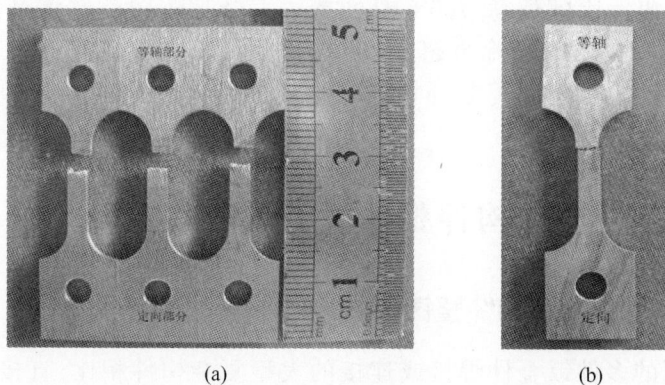

(a)　　　　　　　　　　(b)

图 6-47　室温拉伸试样断裂区域

（a）试样拉伸断裂后照片；（b）拉伸试样腐蚀后的表面组织形貌。

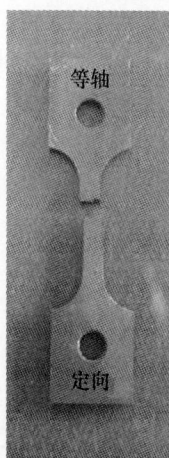

图 6-48　持久性能试样断裂区域

表 6-23　切取试样 760℃/724MPa 的
持久寿命

试 样 类 型	持 久 寿 命	试样断裂位置
国外整体叶盘切取试样	1h20min	零件铸造区部分
K447A 合金双性能叶盘切取试样	11h50min	等轴晶部位
	23h10min	

表 6 – 24　切取试样 980℃/200MPa 条件下持久寿命

试 样 编 号	持 久 寿 命
1	70h00min
2	74h40min
3	73h15min
4	84h50min
5	83h15min

从双性能整体叶盘切取试样性能结果看出:室温抗拉强度与国外整体涡轮相当,但塑性比国外高;760℃时的持久寿命高于国外整体涡轮;980℃/200MPa 条件下的持久寿命也超过 70h。说明采用研究出的整铸工艺不仅实现了整体叶盘双晶组织控制,同时综合力学性能较国外双合金整体叶盘性能高。

6.5　大型复杂结构件整体精密铸造技术

6.5.1　大型复杂结构件整铸技术

与传统的多件钣金件焊接或连接的大型复杂构件相比,直接用精密铸造技术一次成形高温合金复杂结构件具有十分重要的经济价值:改善部件生产能力、减少焊接、减少材料消耗和工序而减低了制造成本、超常的零件重复性,并且实现零件结构更加复杂而形状更加细致、提高构件可靠性等效用。自 1965 年美国首次采用 In718 合金制造了第一个整体精铸机匣以来,国外的大型高温合金整体精铸件广泛应用在航空航天发动机及地面燃机。铸件的外廓尺寸不断攀升、壁厚不断减薄、复杂程度不断增加,铸件的最小壁厚从 20 世纪 60 年代的 4mm 减薄至现在的 0.8mm ~ 1.25mm,外形尺寸已经大于 1000mm,尺寸公差达到 CT5 级以上。我国高温合金复杂整体结构件精密铸造技术持续研发了将近 50 年,形成了目前工程上应用的三类高温合金复杂结构件整铸技术,并研究出一种新型的高温合金大型复杂结构件热控凝固整铸技术。下面简要介绍工程上应用的三种高温合金复杂结构件整铸技术的工艺特点。

1. 造型真空浇注整铸技术

图 6 – 49 所示为造型真空浇注高温合金复杂结构件的整铸工艺示意图。其工艺过程包括采用精密铸造方法制模、制壳,焙烧后的型壳在不锈钢(或高温合金材质)的桶(坩埚)内填砂造型,进入大气加热炉内预热,通常预热温度

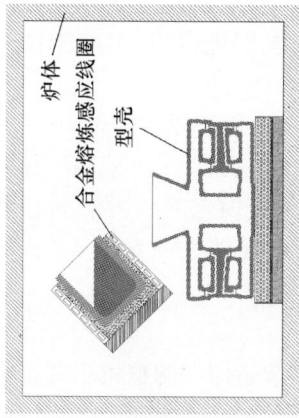

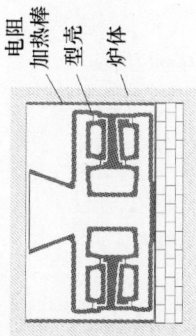

图6-49 造型真空浇注高温合金复杂结构件工艺示意图

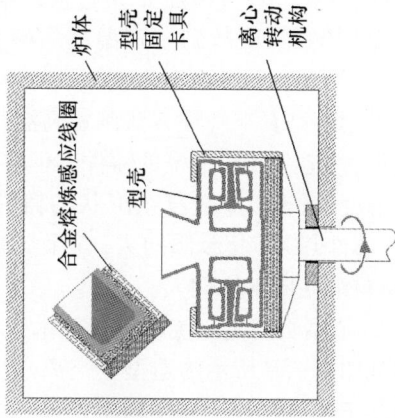

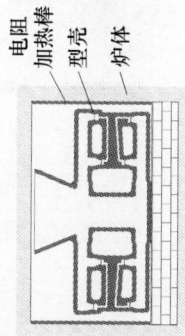

图6-50 造型真空离心浇注高温合金复杂结构件工艺示意图

331

为 800℃～1100℃；预热完成后快速将盛有型壳的坩埚转入真空熔铸炉内浇注与凝固结晶，冷却到一定温度后破真空出炉，取出模组进行清壳、切割浇注系统、检测等。

采用造型真空浇注方法制备高温合金复杂结构件，对设备要求简单，不需要专用设备，适合制造厚壁的铸件。但存在以下难以克服的缺点：①不能精确控制型壳温度；②难以制造复杂形状的铸件；③制造薄壁铸件时欠铸、冷隔、疏松严重；④铸件热裂、变形倾向大；⑤金属量消耗过大，一般是铸件质量的 4 倍～6 倍，材料消耗成本比例大。

2. 造型真空离心浇注整铸技术

如图 6-50 所示为造型真空离心浇注高温合金复杂结构件的整铸工艺示意图。其工艺过程包括采用精密铸造方法制模、制壳，焙烧后的型壳在不锈钢（或高温合金材质）的桶（坩埚）内填砂造型，进入大气加热炉内预热，通常预热温度为 500℃～900℃。预热完成后快速将盛有型壳的坩埚安置在真空熔铸炉的专用离心转盘上，在真空环境下离心浇注。

采用造型真空离心浇注可以制造壁厚尺寸较小的复杂结构铸件，避免欠铸、冷隔等缺陷的产生。但实施该工艺需要专用设备、很难消除疏松缺陷；容易造成铸件扭曲变形、形位尺寸精度较差；模组浇注系统庞大，合金消耗量是铸件质量的 5 倍~7 倍；合金熔体凝固结晶过程难以精确控制。

3. 单壳真空浇注整铸技术

图 6-51 所示为单壳真空浇注高温合金复杂结构件的整铸工艺示意图。其工艺过程包括采用精密铸造方法制模、制壳，焙烧后的型壳直接入真空熔铸炉铸型室预热，通常预热温度控制在 900℃～1000℃，预热完成了浇注与凝固结晶，冷却到一定温度后破真空出炉，加入后面的清理切割与检测工序等。近年来，随

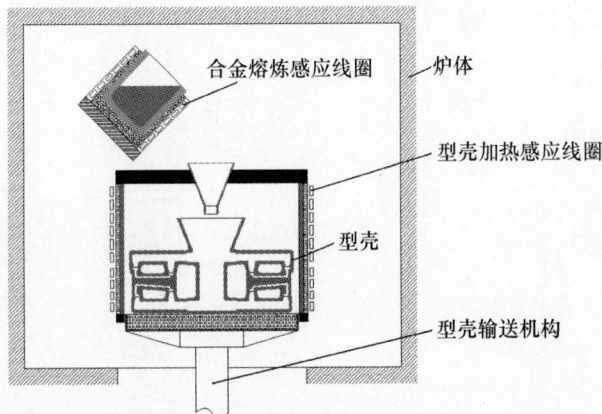

图 6-51　单壳真空浇注高温合金复杂结构件工艺示意图

332

着整铸的结构件壁厚差加大、形状复杂度增加,采用较高的型壳预热温度、低浇注温度的工艺成为主导。

采用单壳真空浇注能够精确控制型壳温度,能满足壁厚较小结构件的整铸。因此是目前应用最普遍的高温合金结构件整铸工艺。但实施工艺需要专用设备、难以制造薄壁复杂形状的铸件,通过型壳温度和浇注温度的匹配控制在一定程度上避免欠铸和冷隔,但难消除疏松;铸件的热裂、变形倾向大;与铸型浇注工艺一样,存在浇注系统庞大,金属量消耗过大等问题。

6.5.2 高温合金大型复杂结构件热控凝固整铸技术

高温合金大型复杂结构件热控凝固(Thermal Control Solidification,TCS)整铸技术适合于制备大型薄壁复杂结构件。由于尺寸大、形状复杂、壁厚差大等特点,普通精密铸造存在的主要问题是难以同时兼顾精确成形和内部疏松等冶金质量控制。因此,需要研发一种针对该类零件特点的全新的铸造工艺来适应大型薄壁结构件的制造与质量要求。

图 6-52 为高温合金熔体的凝固结晶过程温度梯度 G、生长速度 R 和晶粒形态关系图,图 6-53 是 G/R 值对晶粒生长状态影响趋势图。从理论分析看,晶粒组织形态主要取决于凝固结晶前沿的温度梯度和晶粒生长速度的比值,即 G/R 值,控制合适的 G/R 值,就可以得到所需要的晶粒组织;同时选择合适的铸件凝固梯度和晶粒生长速度,便可以在铸件凝固时形成自上而下的顺序凝固区,消除疏松,保证铸件内部组织致密;因此,通过控制 G/R 值,可以同时实现铸件

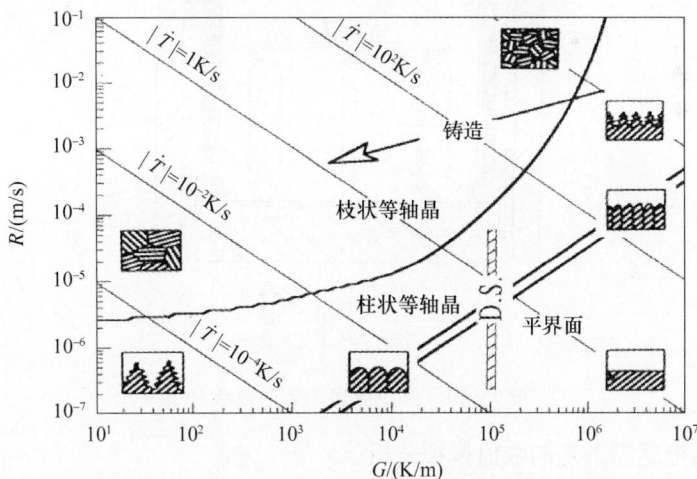

图 6-52　温度梯度 G、生长速度 R 和晶粒形态关系图

晶粒度尺寸控制与致密组织的目的,这就是热控凝固铸造技术的理论依据。对丁人型复杂薄壁件,薄壁成形、晶粒度及内部致密度控制是铸件质量的关键。通过对温度梯度与抽拉速度的匹配可以为凝固区域内的金属熔体提供等轴细晶晶粒生长的条件,同时保证凝固过程中的完全补缩,使得铸件实现了成形、内部致密和晶粒度的协调控制。同时热控凝固工艺可以铸造出较大外廓尺寸、壁厚较小的铸件,浇注系统相比普通铸造更为简化,大大节约了合金的用量。图6-54是热控凝固工艺的原理简图,工艺的关键点是铸型以一定速度向下抽拉,铸件随着铸型的抽拉实现逐层顺序凝固。

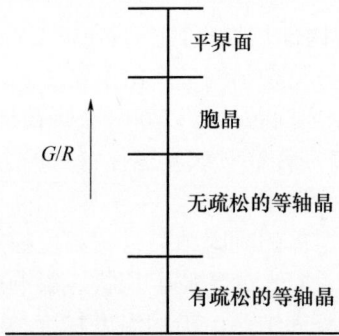

图6-53 G/R值对晶粒生长状态影响趋势

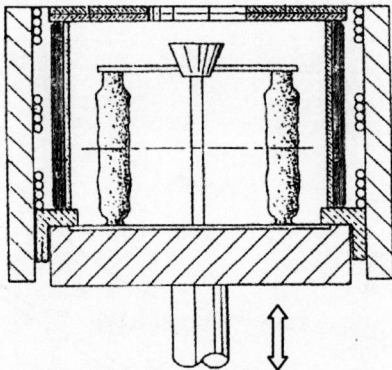

图6-54 热控凝固工艺的原理简图

1. 热控凝固工艺的数值模拟分析

为掌握合金熔体在热控凝固工艺过程中的凝固结晶规律,结合大型复杂结构件合金熔体充填与凝固结晶特点,专门设计了用于数值分析的试板:高度为

500mm，宽度为 100mm，壁厚分别为 2mm、5mm、10mm，采用 K4169 高温合金浇注，并且与普通精密铸造的凝固模式进行对比。图 6 – 55 为两种整铸工艺合金熔体温度场分布图，发现合金熔体在热控凝固工艺过程中凝固界面呈 U 形，始终保持自上而下的层状凝固方式，实现了自上而下的通畅补缩；而在普通铸造工艺过程中，合金熔体是自外向内的凝固方式，很难避免疏松缺陷的发生。

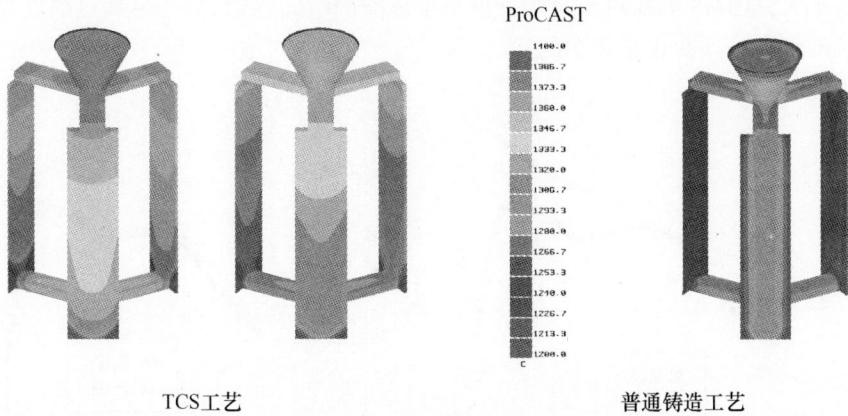

图 6 – 55　热控凝固工艺和普通整铸工艺的凝固方式

图 6 – 56 为 K4169 高温合金热控凝固过程中疏松演化及晶粒尺寸的数值分析结果。可以看出：热控凝固自上而下通畅的补缩通道，获得了没有宏观疏松的致密组织；对合金熔体冷却速率的有效控制可以获得相对细小均匀的晶粒度。

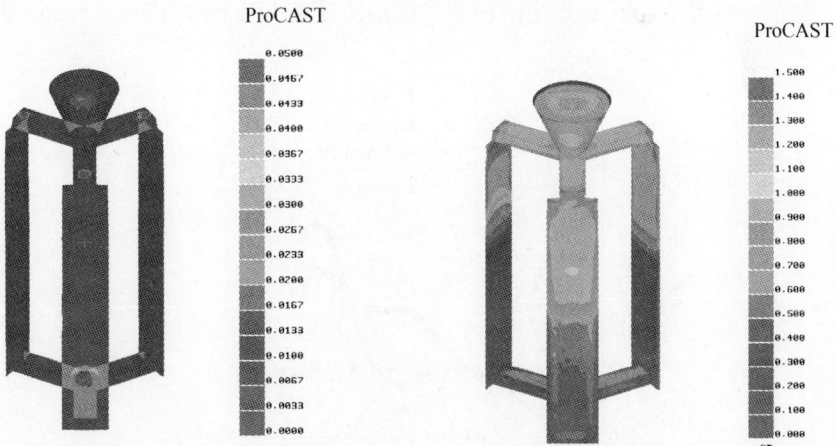

图 6 – 56　热控凝固过程中疏松与晶粒的数值分析

2. 高温合金热控凝固工艺

1）浇注工艺参数对合金熔体结晶前沿温度梯度影响

图 6-57 所示两种不同型壳温度下,合金熔体结晶前沿温度梯度沿试板高度方向的变化规律,随着型壳温度的提高,温度梯度下降。图 6-58 为不同浇注温度下,合金熔体结晶前沿温度梯度的变化曲线,浇注温度对结晶前沿温度梯度影响不大,这归因于在热控凝固条件下熔体凝固时间较长,液态金属过热度差异带来的热量输入变化是很小的。

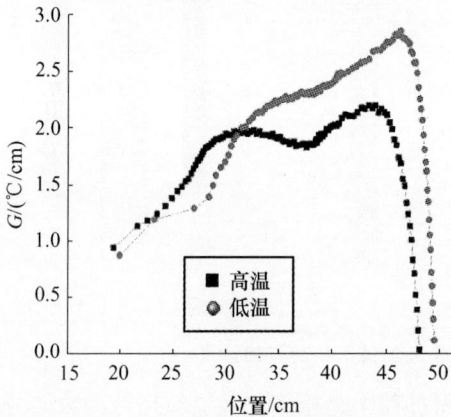

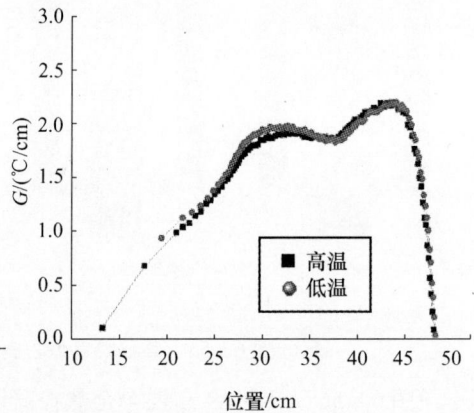

图 6-57 型壳温度对温度梯度 G 的影响   图 6-58 合金浇注温度对温度梯度 G 的影响

2）结构因素对合金熔体凝固结晶行为的影响

图 6-59、图 6-60 分别为两种型壳移动速度下,不同壁厚(2mm、5mm、10mm)

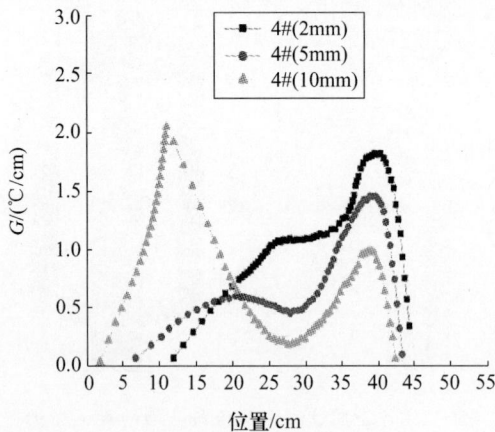

(a)

336

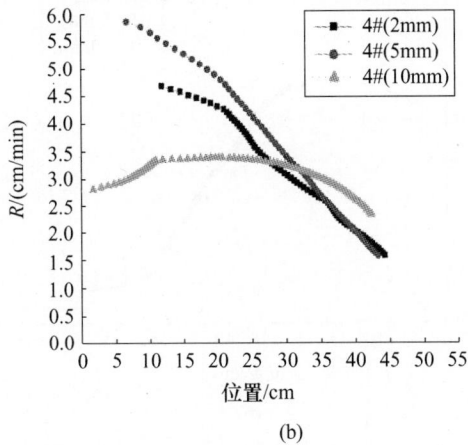

(b)

图 6 - 59　型壳移动速度为 15mm/min 时壁厚对温度梯度、冷却速度的影响

（a）壁厚对温度梯度的影响；（b）壁厚对冷却速度的影响。

的试板结晶前沿温度梯度、冷却速度的变化曲线。从图可以看出：当型壳移动速度较高时，结晶前沿温度梯度随试板壁厚增加而略有降低，但不明显；但壁厚对冷却速度影响明显，试板厚度减小时熔体冷却速度变化幅度加大；当型壳移动速度较低时，结晶前沿温度梯度随试板壁厚增加而明显降低，冷却速度对试板壁厚变化影响很小。因此对于壁厚变化较大的零件，要获得较为均匀的结晶组织，需要采用较大的型壳移动速度。

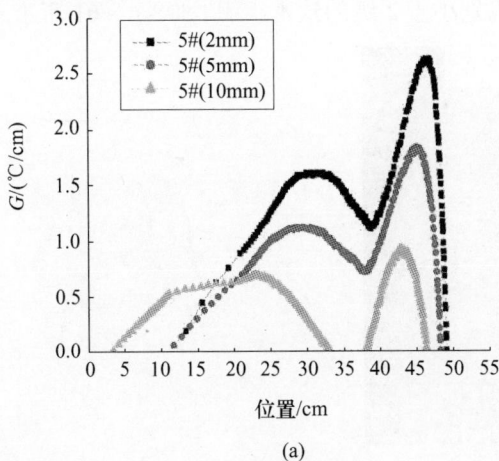

(a)

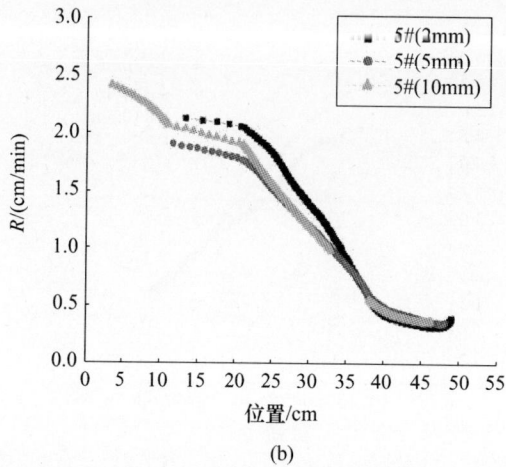

(b)

图 6-60　型壳移动速度为 4mm/min 时壁厚对温度梯度、生长速度和 G/R 的影响

（a）壁厚对温度梯度的影响；（b）壁厚对生长速度的影响。

3）热控凝固工艺的 G/R 对冶金质量的影响

依据凝固理论，结晶前沿的温度梯度和界面的生长速度的比值，即 G/R 决定了结晶形态。研究发现：热控凝固过程中当合金熔体的 G/R 值大于 $4\min \cdot ℃/cm^2$ 时，铸件将生成柱状晶；将 G/R 值控制在小于 $4\min \cdot ℃/cm^2$ 的情况下，铸件将获得等轴晶粒；G/R 值控制在小于 $0.5\min \cdot ℃/cm^2$ 的情况下铸件将得到 3mm～5mm 细小等轴晶晶粒。从浇注的试板金相结果看，热控凝固工艺下得到了无宏观疏松的致密组织，而在 G/R 值小于 $6\min \cdot ℃/cm^2$ 的情况下铸件将得到显微疏松级别小于 2 级的致密组织，如图 6-61 所示。

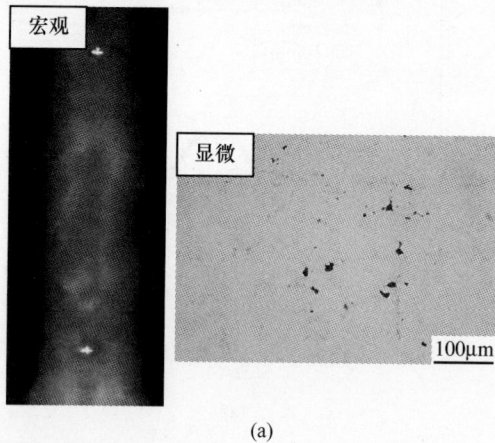

(a)

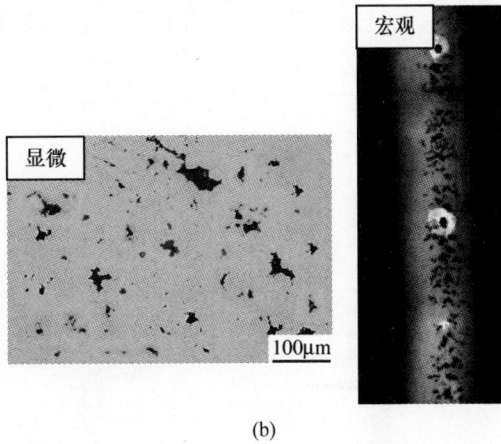

(b)

图 6-61　TCS 工艺和普通工艺浇注的 2mm 厚 × 500mm 高试板宏微观疏松比较

(a) TCS 工艺；(b) 普通工艺。

3. 大型复杂结构件热控凝固工艺

1）大型复杂结构件热控凝固浇注系统

热控凝固工艺是基于定向凝固工艺的基础上发展起来的，由于可较好地控制液态金属凝固前沿的温度梯度，在整个铸件的凝固过程中始终有处于液态的金属进行补缩，因此较好地避免了缩孔疏松缺陷的出现。这种凝固过程也决定了铸件的浇注系统不需要有庞大的类似于普通铸造的浇注系统，热控凝固工艺有较高的工艺出品率。图 6-62 是热控凝固工艺的顶注式浇注系统示意图。

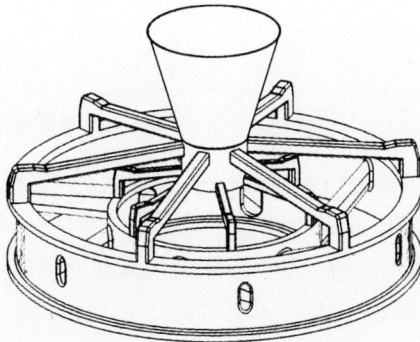

图 6-62　大型薄壁结构件热控凝固顶注式浇注系统示意

2）大型复杂结构件热控凝固过程的热场分布

图6-63为大型涡轮机匣热控凝固过程温度场、疏松、热裂倾向分布情况。

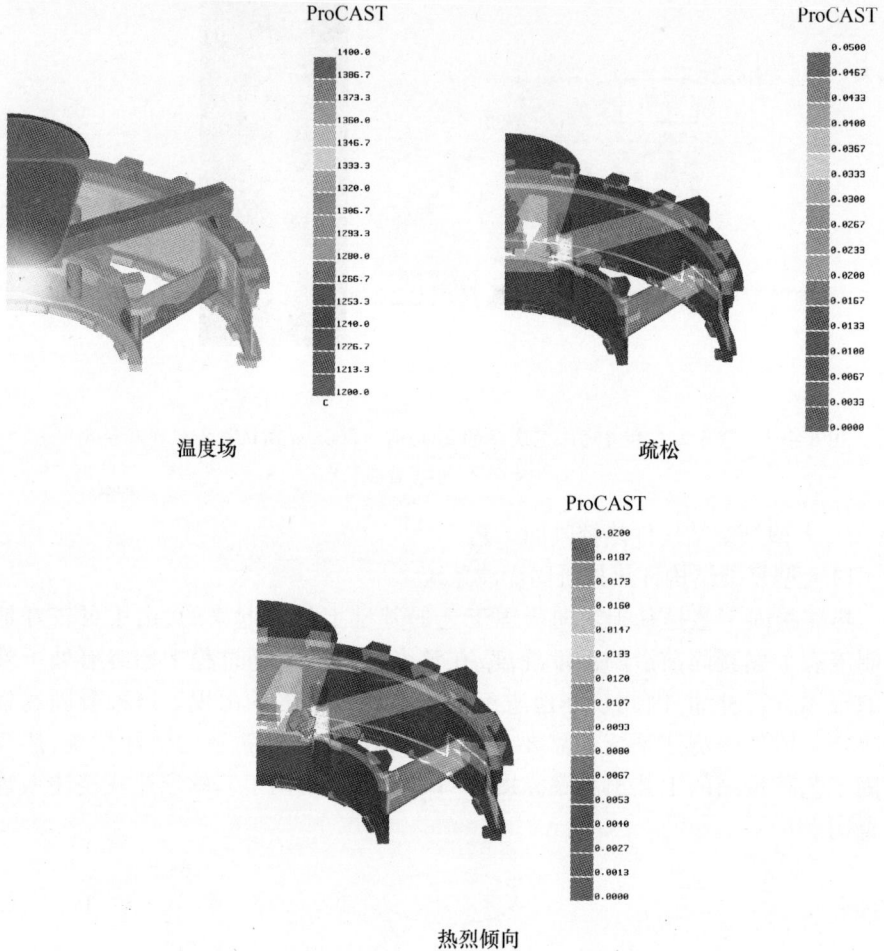

温度场

疏松

热烈倾向

图6-63　大型涡轮后机匣热控凝固过程热场分布

依此优化热控凝固浇注工艺参数,在外廓尺寸约 $\phi1000mm$、最小壁厚为1.5mm、带8个空心斜支板的K4169高温合金涡轮机匣上完成了技术验证。浇注用K4169合金料总重115kg,其中铸件毛坯质量为57kg,浇注系统重量约为58kg,工艺出品率接近50%。工厂采用普通工艺浇注,需用合金275kg～280kg,且存在大量疏松缺陷,工艺出品率为21%。采用热控凝固工艺可以节约高温合金50%以上,工艺过程中对型壳温度、浇注温度和型壳移动速度的有效控制可实现大型复杂结构件致密均匀充填,这是普通工艺无法实现的。

6.6 陶瓷超高温结构材料及其精密铸造技术

6.6.1 熔融生长共晶陶瓷超高温结构材料

陶瓷材料因其具有耐高温、强度高、抗氧化和耐腐蚀性优越等特征而成为高温结构材料的候选材料。在 20 世纪 90 年代,研究热点主要集中在 Si_3N_4 和 SiC 等陶瓷及其复合材料上。由于这类材料本身的特点和制备技术的制约,在高温富氧环境下的氧化失效,组织稳定性和力学性能难以满足 1400℃ 以上温度使用。

一种新型高温结构材料——陶瓷超高温结构材料由于具有良好的超高温性能,而成为 21 世纪初以来材料科学界的研究热点。该结构材料主要以 Al_2O_3 和另一种陶瓷为原料,利用熔体凝固时的共晶反应(熔融生长:MGC),制备出具有连续的三维网状结构的材料。与传统的采用热压烧结制备的多晶陶瓷材料相比,熔融生长工艺制备出的陶瓷材料消除了粉末烧结过程中产生的孔洞和界面非晶相,提高了材料的致密度和织构化程度,增强相分布均匀,相界面结合牢固,组织可控性高,材料性能各向异性强。[21]

图 6-64 显示了多种高温结构材料的比强度。可以看出,熔融生长共晶陶瓷超高温结构材料比强度在 1400℃ 以上的条件下最佳。与烧结陶瓷相比,定向凝固熔融生长 $Al_2O_3/GdAlO_3$ 共晶陶瓷材料在 1600℃ 弯曲强度超过 600MPa,是

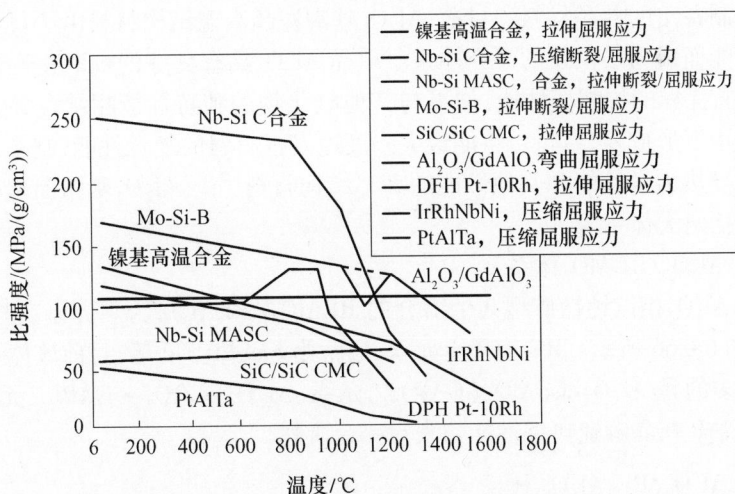

图 6-64 高温结构材料的比强度—温度曲线

同成分烧结陶瓷材料的57倍,如图6-65所示。熔融生长陶瓷超高温结构材料的超高温特性、低密度以及对热效率的极大提高,使其具有很大的工程应用前景和潜在的经济价值,有望成为1650℃以上高温氧化气氛下长期工作的首选超高温结构材料。

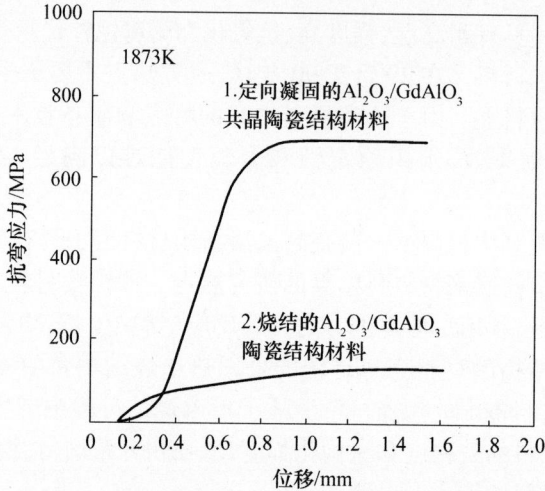

图6-65   陶瓷高温结构材料弯曲强度—位移曲线

1. 熔融生长共晶陶瓷超高温结构材料体系

熔融生长陶瓷超高温结构材料是利用两种陶瓷材料的共晶反应经过定向凝固工艺制备出的共晶材料。目前,Al_2O_3基陶瓷超高温结构材料由于具有卓越的力学性能而成为最主要的研究体系。单晶 Al_2O_3 具有良好的抗氧化性能以及沿C轴方向优异的抗蠕变性能,如果与其他氧化物的独特性能相结合并在定向凝固的作用下形成复合材料,将能最大限度地发挥材料的复合性能,制备出一系列具有优异热力学性能和其他性能的高温结构材料[21]。Al_2O_3基陶瓷超高温结构材料包括两大体系。

1) Al_2O_3/$REAlO_3$体系

与 Al_2O_3 相以钙钛矿型共生缔合的 $REAlO_3$($REAP$),为斜方系,呈 Pnma 对称,如图6-66所示。RE 为稀土元素,通常为 Sm、Eu、Gd 等,目前该体系材料中研究较多的是 Al_2O_3/$GdAlO_3$(GAP)二元系、Al_2O_3 - ZrO_2 - GAP 三元系材料。Al_2O_3/GAP 共晶陶瓷典型性能如表6-25所列。

2) Al_2O_3/$RE_3Al_5O_{12}$体系

与 Al_2O_3 相以石榴石型共生缔合的 $RE_3Al_5O_{12}$($REAG$),为立方系,呈 Ia3d 对称,如图6-67所示。RE 为稀土元素,通常为 Tb、Yb、Dy、Lu、Er、Y 等。目前

342

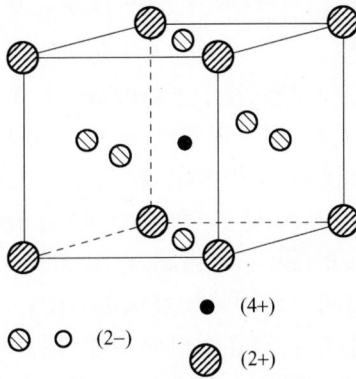

图 6-66　钙钛矿型 REAlO₃ 的表示...

图 6 – 66　钙钛矿型 REAlO$_3$

该体系材料中研究较多的是 Al$_2$O$_3$/Y$_3$Al$_5$O$_{12}$（YAG）、Al$_2$O$_3$/Er$_3$Al$_5$O$_{12}$（EAG）二元系及其 Al$_2$O$_3$/Er$_3$Al$_5$O$_{12}$（EAG）/ZrO$_2$ 和 Al$_2$O$_3$/YAG/ZrO$_2$ 等三元系材料。Al$_2$O$_3$/REAG 共晶陶瓷典型性能如表 6 – 25 所列。

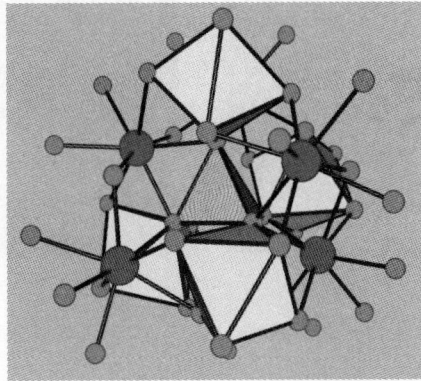

图 6 – 67　石榴石型 RE$_3$Al$_5$O$_{12}$

表 6 – 25　共晶陶瓷超高温结构材料典型性能

共 晶 系	T_e/K	第二相体积分数/%	$v\lambda^2$/（mm^3/s）
Al$_2$O$_3$ – GdAlO$_3$（GAP）	2015	48Al$_2$O$_3$	6.3
Al$_2$O$_3$ – Y$_3$Al$_5$O$_{12}$（YAG）	2100	45Al$_2$O$_3$	100
Al$_2$O$_3$ – YSZ	2135	32.7Al$_2$O$_3$	11
Al$_2$O$_3$ – Er$_3$Al$_5$O$_{12}$（EAG）	2075	42.5Al$_2$O$_3$	~60
Al$_2$O$_3$ – EuAlO$_3$	1985	45Al$_2$O$_3$	
Al$_2$O$_3$ – Y$_3$Al$_5$O$_{12}$ – YSZ	1990	18YSZ	70
注：T_e—共晶熔点；v—生长速率；λ—片层间距			

2. 熔融生长共晶陶瓷超高温结构材料的显微组织

1）显微组织及相组成

图 6-68(a)是采用定向凝固技术制备的 Al_2O_3/YAG 共晶陶瓷垂直于凝固方向的横界面典型组织形貌。组织观察表明,定向凝固陶瓷材料由连续分布的单晶黑色相和单晶灰色相组成。相鉴定表明,定向凝固共晶陶瓷材料分别由 Al_2O_3 和 YAG 组成:黑色相为 Al_2O_3,灰色相为 YAG,YAG 单晶贯穿了 Al_2O_3,而 Al_2O_3 也贯穿了 YAG,二者形成了三维网状结构,无气孔,并消除了晶界,共晶间距约为 $20\mu m \sim 30\mu m$。而同成分的热压烧结的 Al_2O_3/YAG 材料表现出典型的晶粒随机取向的多晶陶瓷结构,存在明显的晶界(图 6-73(b)),通常认为晶界的存在是影响热压烧结材料高温性能的主要原因。Al_2O_3/YAG 陶瓷材料的组织特征是氧化结构材料所特有的,其特点是共晶相分布均匀,呈现三维网状结构,无晶界[21]。在 Al_2O_3/GAP 和 $Al_2O_3/YAG/ZrO_2$ 定向凝固共晶陶瓷材料中也具有类似特征的显微组织,如图 6-69 所示。

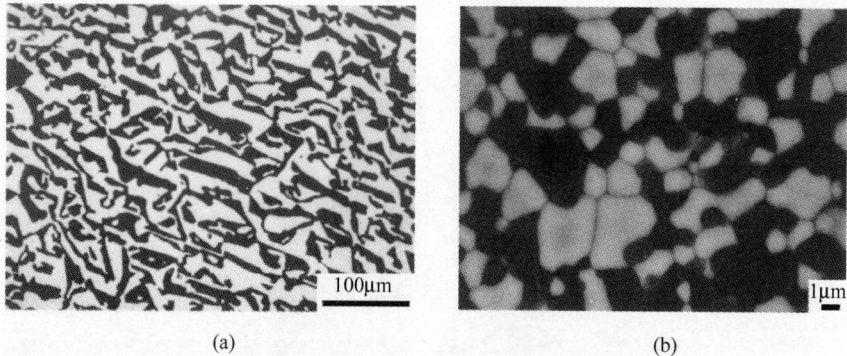

(a)　　　　　　　　　　　　　　(b)

图 6-68　定向凝固和烧结 Al_2O_3/YAG 材料的典型组织形貌

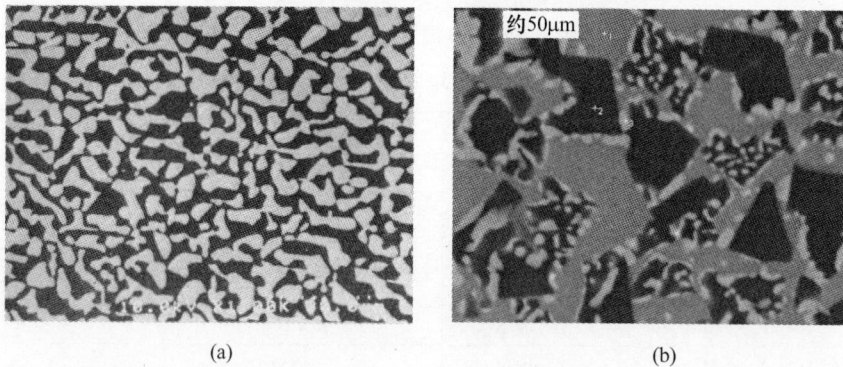

(a)　　　　　　　　　　　　　　(b)

图 6-69　Al_2O_3/GAP 和 $Al_2O_3/YAG/ZrO_2$ 定向凝固陶瓷材料的典型组织

2）熔融生长共晶陶瓷材料的界面特征

在熔融生长的共晶陶瓷超高温结构材料中,相界面特征对材料的微观组织结构以及性能具有重要的影响,尤其在定向凝固共晶陶瓷中,共晶组织高度细化,在组成相之间形成了大量的纯净的界面,从而对材料性能的提高和组织稳定性起着决定性的影响。图 6 – 70 显示了烧结 $Al_2O_3/GdAlO_3$ 陶瓷和同成分定向凝固共晶陶瓷的界面形貌。观察表明,定向凝固 $Al_2O_3/GdAlO_3$ 具有良好的界面匹配,相界面之间不存在非晶相,而同成分烧结陶瓷中存在明显的界面非晶相。实验表明,定向凝固 $Al_2O_3/Y_3Al_5O_{12}$ 和 $Al_2O_3/GdAlO_3$ 陶瓷共晶界面具有良好的稳定性,大气环境下 1700℃ 经 500h 处理后共晶相基本没有粗化和长大,强度测试值也均无变化,这说明定向凝固陶瓷材料共晶结构在高温下具有长期的稳定性,而这种稳定性主要来源于界面结构的稳定性和无界面非晶相的存在,非晶相的存在容易诱发塑性变形。[22]

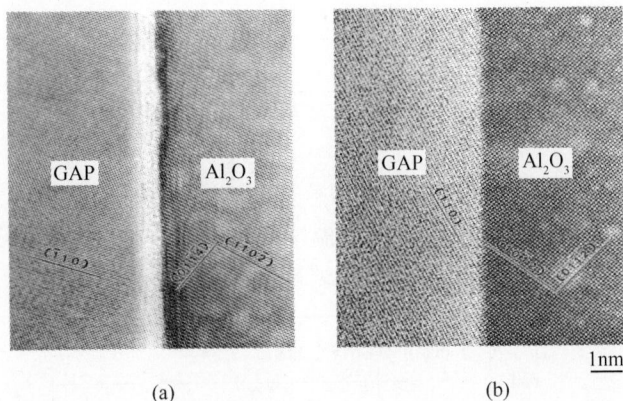

图 6 – 70　烧结 Al_2O_3 – $GdAlO_3$ 陶瓷(a)和同成分定向凝固陶瓷(b)的界面形貌

3. 熔融生长共晶陶瓷超高温材料的典型使用性能

熔融生长共晶陶瓷超高温结构材料由于其独特的显微组织,而具有优异的力学性能、抗氧化性能和耐腐蚀性能[23]。

1）高温强度

与传统烧结陶瓷材料相比,定向凝固共晶陶瓷超高温结构材料表现出优异的高温强度特征。如图 6 – 71 所示,定向凝固陶瓷材料的断裂强度从室温到接近熔点一直保持强度不变。同成分烧结陶瓷材料的室温强度高于定向凝固陶瓷材料,但当温度高于 800℃ 时强度呈指数式下降,这主要是因为烧结陶瓷材料在晶界处存在非晶相。非晶相可以提高室温强度,但高温条件下会发生软化或溶解,导致晶界滑移而出现高温变形,从而降低了高温强度。定向凝固陶瓷材料完全消除了界面非晶相,因而直到材料的熔点仍能保持高的高温强度。同时,通过断口分析表明,同成分的烧结陶瓷在室温至1400℃之间表现为晶间断裂,并且晶粒明显长大;而定向凝固陶瓷材料至1700℃仍未发生晶粒长大,表现为穿晶断裂,直至温度达到熔点才观察到沿晶断裂和穿晶的混合断裂。

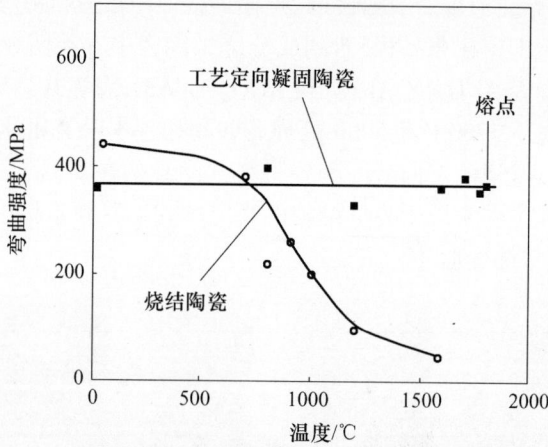

图 6-71 烧结和定向凝固陶瓷温度—强度曲线

图 6-72 为不同高温结构材料的温度—弯曲强度曲线。曲线表明,先进单晶高温合金 CMSX-10 的拉伸强度在温度高于 800℃后急剧降低;Si_3N_4 材料的

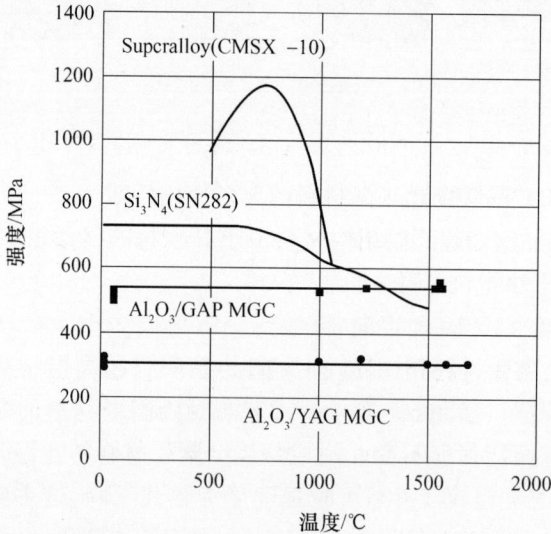

图 6-72 不同高温结构材料温度—强度曲线

弯曲强度在温度高于800℃后也开始降低,至1400℃后强度低于熔融生长陶瓷超高温结构材料 $Al_2O_3/GdAlO_3$;陶瓷基高温结构材料 $Al_2O_3/GdAlO_3$ 和 Al_2O_3/YAG 的抗弯强度从室温至1600℃一直保持不变,Al_2O_3/YAG 材料的弯曲强度为300MPa~350MPa,而 $Al_2O_3/GdAlO_3$ 材料的弯曲强度接近600MPa,约为 Al_2O_3/YAG 材料的2倍,是目前文献报道陶瓷超高温结构材料的最高强度值。陶瓷超高温结构材料即使经过1700℃条件下500h热处理后,强度值基本保持一致,表现出良好的热稳定性,如图6-73所示。

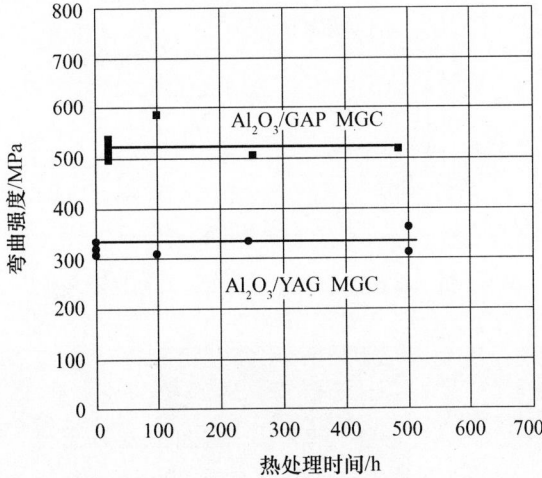

图6-73 定向凝固陶瓷材料强度随热处理时间的变化曲线

在其他陶瓷超高温结构材料体系,如 Al_2O_3/EAG、$Al_2O_3/YAG/ZrO_2$ 中,也同样具有类似的高温强度性能。

2) 蠕变性能

图6-74显示了烧结和定向凝固陶瓷材料的蠕变特征。同组分的烧结和定向凝固陶瓷材料蠕变特性不尽相同。烧结陶瓷材料的应力指数 n 仅为1~2,而定向凝固陶瓷材料的应力指数 n 约为5~6。在 $10^{-4}/s$ 的应变速率下,烧结陶瓷材料的应变应力为33MPa,而定向凝固陶瓷材料达到433MPa,高出烧结材料应力13倍之多。据推测,烧结材料服从 Nabarro-Herring 或 Coble 蠕变模型,而定向凝固陶瓷材料服从位错蠕变模型,蠕变激活能 $Q=670kJ/mol~905kJ/mol$,介于所报道的单晶兰宝石600kJ/mol~1000kJ/mol 和单晶 YAG 材料645kJ/mol~703kJ/mol 之间。图6-75显示了定向凝固陶瓷材料在1600℃、应变速率为 $10^{-4}/s$、变形达到14%时的位错形貌以及烧结陶瓷材料的变形组织形貌。可以看出,定向凝固陶瓷材料的蠕变是由位错移动产生的,而在烧结陶瓷材料中没有

发现位错,这也与两种不同工艺条件下的材料推测蠕变机理相一致。但需要指出的是,定向凝固陶瓷材料不存在蠕变的第二阶段(即稳态阶段),这是影响其蠕变寿命的重要因素。

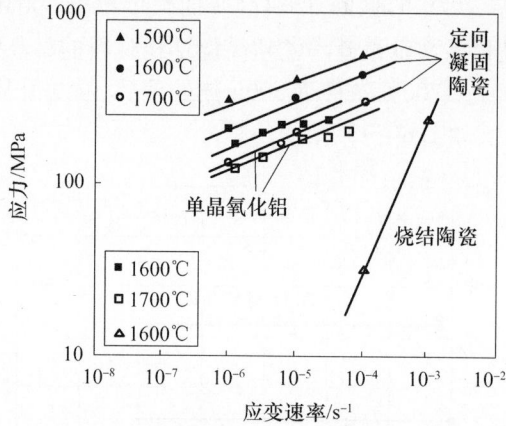

图6-74 烧结和定向凝固陶瓷材料的蠕变性能

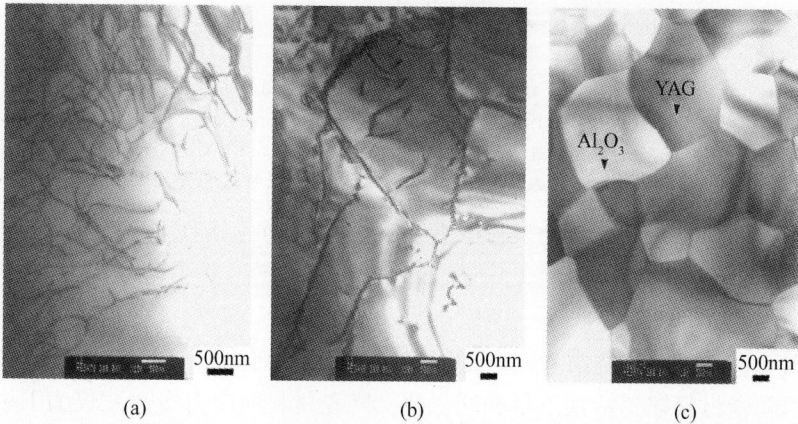

图6-75 烧结和定向凝固陶瓷材料蠕变变形后的位错形貌和微观组织
(a) Al_2O_3相内位错;(b) YAG相内位错;(c) 烧结Al_2O_3和YAG微观组织。

3)断裂韧性

传统陶瓷材料的热稳定性、耐磨性和耐腐蚀性方面的性能通常优于金属材料,但由于其复杂的晶体结构和较大的 Peierls 应力而约束了位错的增加和移动,因此不会发生塑性变形。金属系统和先进Si_3N_4陶瓷的最高断裂韧性范围分别为$10MPa\sqrt{m} \sim 150MPa\sqrt{m}$和$4MPa\sqrt{m} \sim 5MPa\sqrt{m}$。传统的多晶氧化铝的

韧性为 $10MPa\sqrt{m} \sim 20MPa\sqrt{m}$,而在氧化铝单晶中,在大多数裂纹面方向上的断裂韧性值为 $2MPa\sqrt{m} \sim 3MPa\sqrt{m}$,在基面或近基面方向上断裂韧性超过 $4MPa\sqrt{m}$。事实证明,陶瓷的低断裂韧性是其工程应用和发展中最薄弱的环节,限制了其在结构领域中的应用,至今仅应用于静态环境的结构件,因此增强陶瓷的韧性一直是研究者努力的方向。

目前,Al_2O_3/YAG 和 Al_2O_3/YSZ 系共晶陶瓷超高温结构材料断裂韧性的研究比较集中。两种材料在横截面和纵截面上的数值基本相同,说明断裂韧性基本上是各向同性的。ZrO_2 的添加使 $Al_2O_3/YAG/ZrO_2$ 材料的断裂韧性达到 $8.0MPa\sqrt{m}$。研究表明,断裂裂纹的偏离和分支可使部分应力得到释放,从而提高断裂韧性。

4)疲劳性能

熔融生长共晶陶瓷超高温结构材料 Al_2O_3/YAG 的疲劳强度数据分散性小,$S-N$ 曲线稳定。在室温下 10^7 周疲劳试验后,强度约为 $190MPa$,$\sigma_w/\sigma_b \geqslant 0.5$,显示出极优的疲劳强度特征。即使在 $1300℃$ 的疲劳强度也与室温下无明显差别,说明疲劳强度并不随温度的上升而下降。此外,熔融生长共晶陶瓷超高温结构材料的疲劳破坏机制与烧结陶瓷材料也有很大的差别,在稳定的疲劳裂纹扩展区和快速破坏区都是由墙壁裂纹所支配。

5)抗氧化与耐腐蚀性能

陶瓷超高温结构材料的抗氧化能力极其优异。图 6-76 显示了 $Al_2O_3/$ YAG、Si_3N_4 和 SiC 在 $1700℃$ 空气中恒温重量的变化。可以看出,Si_3N_4 陶瓷在 $1700℃$ 空气中保温 10h 后,发生化学反应:$Si_3N_4 + 3O_2 \longrightarrow 3SiO_2 + 2N_2 \uparrow$,诱发形

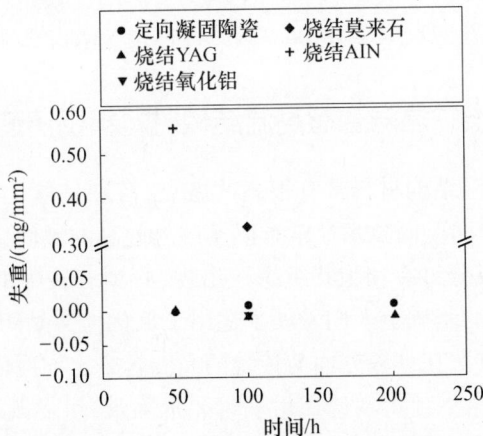

图 6-76 不同结构材料的失重

状崩裂,表现出不稳定;SiC 陶瓷在同样条件下保温 50h 后,发生化学反应: $2SiC + 3O_2 \longrightarrow 2SiO_2 + 2CO\uparrow$,试样崩裂,同样表现出不稳定;定向凝固工艺制备 Al_2O_3/YAG 共晶陶瓷超高温结构材料,保温 280h 之后,既无重量变化,又无晶粒生长,表示出极其优良的抗氧化特性。

熔融生长共晶陶瓷超高温结构材料中没有晶界,消除了烧结陶瓷中的晶界非晶相,只在两个不同相之间存在相界面,其耐腐蚀性能与单晶相当,具有良好的耐腐蚀性能。图 6 - 77 显示了不同材料 1700℃、O_2/H_2O 环境下的质量变化。可以看出,在高温水汽环境下,陶瓷超高温结构材料的重量基本保持不变。性能测试表明,定向凝固陶瓷受环境影响不大,抗弯强度值基本一致。

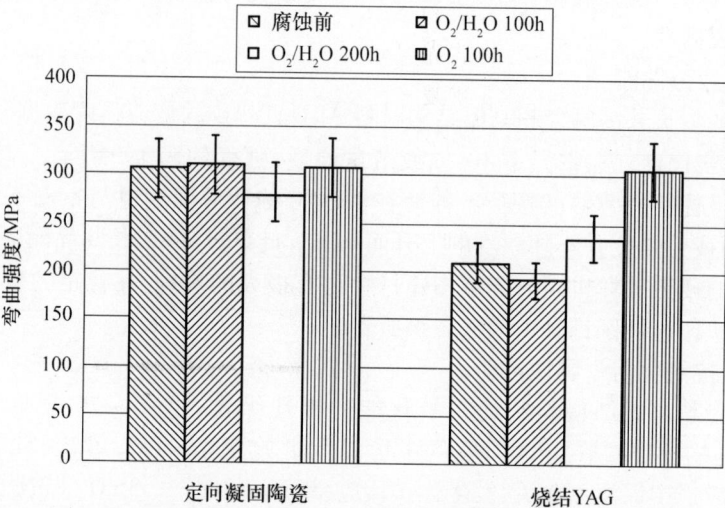

图 6 - 77　陶瓷材料在不同环境下弯曲强度变化情况

6.6.2　熔融生长共晶陶瓷超高温结构材料精密铸造技术

共晶陶瓷超高温结构材料具有很高的熔点,特别是氧化铝基材料的熔点高于 1900K,传统的定向凝固技术通常难以实现如此高的温度,同时为获得平坦的固—液界面,控制成分过冷和胞状组织的出现,必须有较大的温度梯度,因此在传统定向凝固技术的基础上人们发展了适用于氧化物共晶陶瓷定向凝固的制备技术,其定向凝固方法在许多方面与传统的高温合金定向凝固不同[24]。

共晶陶瓷的高熔点使得在选择坩埚时非常困难,坩埚既不能与共晶陶瓷材料发生反应,又必须能承受高温热冲击;另外,如果采用感应加热方法,则必须使用发热体。主要的制备技术分为两大类:使用坩埚的定向凝固;无需坩埚,从液相弯月面直接抽拉的定向凝固。具体包括以下几种方法：改进的 Bridgman 法、边界外延生长法（Edge-Define Film-Fed Growth，EFG）、激光区熔法（Laser Zone Remelting Method）、微抽拉法（Micro-Polling-Down Menthod，μ-PD）和悬浮区域法（Floating Zone Method，FZ）。

1）改进的 Bridgman 法定向凝固

改进的 Bridgman 法采用的是熔体铸造工艺路线，基本的制造原理与镍基单晶高温合金的制备相似。其制备工艺原理如图 6-78 所示。先将 Al_2O_3 粉末与另一种陶瓷粉末混合成均匀的复合粉末，随后将复合粉末在高频加热的钼坩埚中熔化，再浇注到加热的铸模中，在一定温度（熔点之上 100℃~150℃）下保温一段时间，然后使铸模下移，进行定向凝固，制备出陶瓷材料，温度梯度可达 10^3K/cm~10^4K/cm。该方法的优点是能够实现较大直径的块体材料制备并精确控制微观组织，而且可以实现复杂形状共晶陶瓷的近终型制备；缺点是生长速率低，而且坩埚价格昂贵，制备成本高。

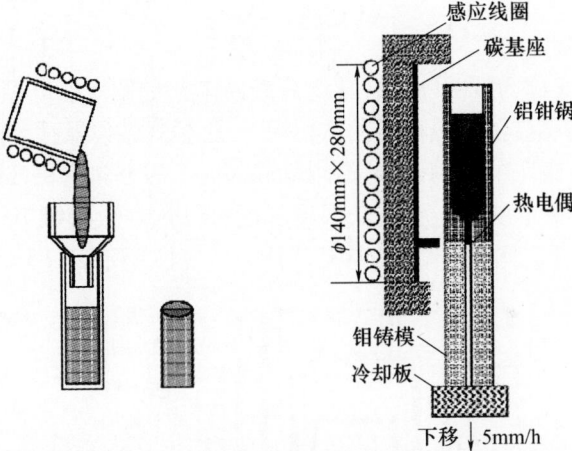

图 6-78　共晶陶瓷 Bridgman 法定向凝固工艺原理

2）激光区熔法定向凝固法

激光区熔法定向凝固工艺原理示意图如图 6-79 所示。高能量的激光束以一定的扫描速率定向扫过试样，由于吸收了高强度的能量，在激光光斑及其热影响区，试样表面形成激光熔池，在熔池前端陶瓷试样不断融化，在熔池后端的熔体自激冷而不断凝固，由此熔池不断向前移动，熔池内部是融化了的液态陶瓷，在浮升力和表面张力的驱动下，产生液态陶瓷的流动。由于熔区尺寸非常小，在表面张力的约束下，熔体依然保持原来的棒状。在固—液界面前沿，熔体迅速激冷沿轴向凝固，从而形成表面光滑、内部致密的棒状陶瓷。激光区熔法可以获得

高达 $10^4 K/cm \sim 10^5 K/cm$ 的温度梯度,且具有熔区窄、凝固速率宽、运动平稳、无污染、可在大气中进行以及加工效率高等优点。

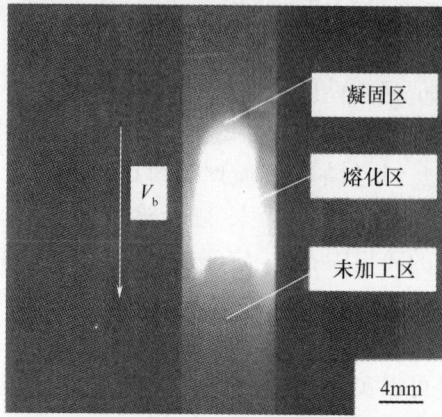

图 6-79 激光区熔法定向凝固工艺示意图

3）微抽拉法定向凝固工艺

微抽拉法,又称为 μ-PD 法,其定向凝固工艺如图 6-80 所示。其设备有一个连接射频射感应器加热模具的铱坩埚、一个桶式铱以及适当的热绝缘装置,坩埚底部有一个细小的空洞,熔体沿坩埚底部向下的方向生长,试样大小由坩埚底部尖端孔洞的形状决定。该方法温度梯度可以达到数量级 103K/cm,生长速率可达 1000mm/h。同时,该方法具有广泛的适应性,不仅适用于共晶纤维和各

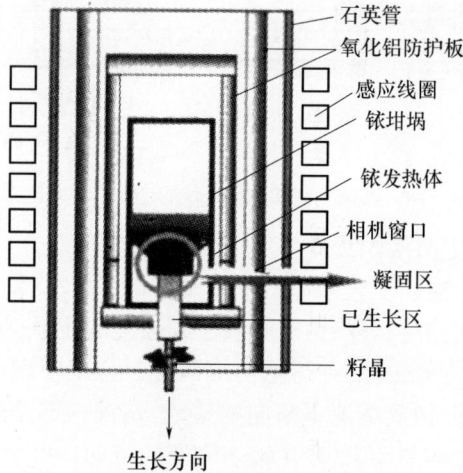

图 6-80 微抽拉法示意图

种单晶纤维的生长,还很有潜力作为多晶纤维生长的装置。

6.6.3 熔融生长共晶陶瓷超高温结构材料构件的制造和使用

国外采用纯铜制作涡轮叶片的模型,在模型上用钼粉等离子喷涂一层钼层,再将喷涂件在1200℃真空中熔出纯铜,获得钼铸模。然后将具有共晶组成的预熔化 Al_2O_3/GAP 铸锭装在钼铸模中,在真空中高频感应加热,使预制铸锭熔化,铸模以一定速度下降,进行定向凝固,得到 Al_2O_3/GAP 陶瓷材料的燃气轮机涡轮叶片和 Al_2O_3/YAG 陶瓷结构材料的高温防护板,如图6-81所示。采用本工艺可以制造形状复杂的近净形零部件,加工成本大幅降低。

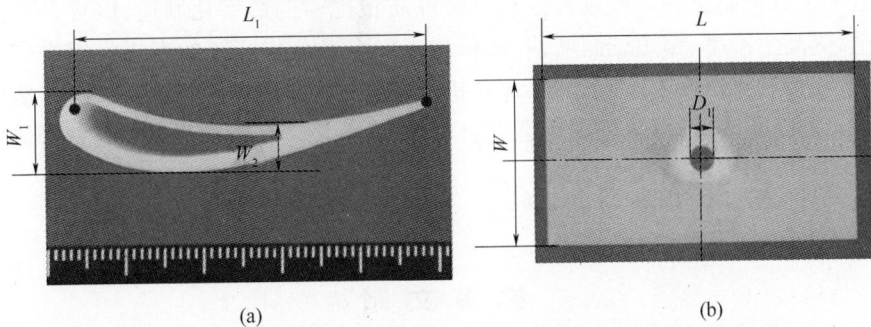

图6-81　熔融生长共晶陶瓷超高温结构材料制备的燃气轮机零件
(a) Al_2O_3/GAP 燃气轮机涡轮叶片;(b) Al_2O_3/YAG 燃气轮机高温壁板。

在1700℃空气中热处理1000h 的 Al_2O_3/YAG 和 Al_2O_3/GAP 二元 MGC 材料的显微组织和强度与室温下均无任何明显变化,零件的尺寸、表面粗糙度和质量也几乎无变化。该构件在高温、高压水蒸气中具有良好的热稳定性和耐蚀性,在高温高速燃气流的冲击下也显示了优异的耐腐蚀性和耐侵蚀性。这表明MGC 材料制作的零件在极端环境下可以不加涂层而直接使用。

6.7　高温结构材料精密铸造技术发展趋势

未来无论是涡轮叶片、整体叶盘还是大型机匣类高温合金铸件,其高温合金材料都将向着提高承温承载和环境适应性能、增加高熔点合金元素含量的方向发展;而铸件的结构一方面朝着复层、薄壁、弯扭的精细化方向发展(超气冷叶片),另一方面向着超大尺寸、多层的复杂结构(大型涡轮机匣等)方向发展,这些结构的变化使得制造过程中出现大流阻和高应力,显然,高温合金精密铸造技术必须适应材料和结构的变化而发展。

（1）高精度成形技术。真正意义的无余量整体精密铸造成形技术将会是超气冷叶片和涡轮机匣等复杂构件使用性能的基础与保障，亦是未来高温合金精密铸造技术发展的必然。

（2）密均细组织控制技术。铸件内部致密无（少）疏松、成分均匀低偏析、组织细密是高温合金良好使用性能和安全服役的保障，因此通过温度梯度、冷却速率控制等实现铸件凝固组织的密均细化是未来高温合金精密铸造技术发展的重点。

（3）数字化制造技术。先进的检测技术和计算机应用技术的发展，能使精密铸造过程完全处于计算机的管理与控制中。实现零件图—模具设计及加工—铸造工艺方案制定—生产过程控制—铸件质量检验的数字化制造，以提升产品质量、提高生产率、缩短试制周期、降低成本。自动化生产线的实施将促进专业化，增强市场竞争能力。因此，以计算机控制技术为核心，全面实施精密铸造生产装备的技术改造，形成精密铸造的自动化、专业化将是未来高温合金精密铸造技术的发展趋势。

参 考 文 献

［1］ 张立同，曹腊梅，等. 近净形精密铸造的理论与实践［M］. 北京：国防工业出版社，2007.

［2］ 曹腊梅，张勇，薛明. 发动机叶片近净形精密铸造技术. 中国高温合金五十年. 北京：冶金工业出版社，2006.

［3］ 曹腊梅. 国外定向和单晶空心叶片用型芯的工艺特点. 材料工程，1995，（5）：20.

［4］ 曹腊梅. 定向空心叶片的陶瓷型芯. 航空制造工程，1995，（10）：11－15.

［5］ 曹腊梅，杨耀武，才广慧，蒋增荣. 单晶叶片用氧化铝基型芯 AC－1. 材料工程，1997，（9）：21.

［6］ 薛明，曹腊梅. 单晶空心叶片用 AC－2 陶瓷型芯的组织和性能研究. 材料工程，2002，（4）：33－37.

［7］ 张勇，夏明仁. 熔模铸造壳型材料对熔融合金活性元素的化学稳定性研. 材料工程，1999，06.

［8］ 曾强，张勇，曹腊梅，等. 加 Re 新型单晶高温合金熔体与 Al2O3 型壳界面状况研究. 材料工程，2001，05.

［9］ 刘发信，袁文明，等. 细晶晶粒度与力学性能的关系. 材料工程，1996，09.

［10］ 夏明仁，张勇. 单晶叶片高强度薄壁壳型研究. 材料工程，1997，09.

［11］ 曹腊梅，李相辉，薛明，等. 一种含铼和碳的镍基单晶高温合金显微组织的研究. 航空材料学报，2010，（6）：11－15.

［12］ 曹腊梅，李相辉，陈晶阳，等. 固溶温度对第三代镍基单晶高温合金 DD10 组织的影响. 材料工程，2010，（10）：11－15.

［13］ 陈晶阳，赵宾，冯强，曹腊梅. Ru 和 Cr 对镍基单晶高温合金 γ 和 γ′热处理组织演变的影响. 金属学报，2010，46（8）.

［14］ 陈荣章，王罗宝，张鑫华，等. 定向凝固空心无余量涡轮叶片精铸工艺的研究. 航空制造工程，

354

1993, (5): 9 – 12.

[15] 刘发信, 袁文明, 汤鑫. K418 合金的组织对低周疲劳性能的影响. 航空材料学报, 1996, 02.

[16] 刘发信, 袁文明, 汤鑫. 细晶铸造 K418 合金热等静压后热处理制度的研究. 材料工程, 1996, 04.

[17] 汤鑫, 刘发信, 杨爱德, 等. K417 合金细晶铸造热参数的研究. 材料工程, 1995, 07.

[18] Cao Lamei. Effect of nanopowdered refractory compound on refinement of solidifying structure and properties of K403 superalloy[J]. Rare Metals. Volume 28, Spec. Issue, October 2009, 642 – 645.

[19] 李相辉, 曹腊梅, 张勇, 等. TiN 细化剂对 K4169 高温合金组织的影响. 铸造, 2010, 59(12).

[20] 张小明, 田锋. 日本熔融生长制备陶瓷复合材料的研究进展. 稀有金属, 2006, 25(11): 8 – 13.

[21] 张军, 刘林, 苏海军, 傅恒志. 氧化物共晶陶瓷定向凝固研究进展. 中国材料进展, 2010, 29(7): 10 – 19.

[22] Ali Nazari, Shadi Riahi. The effects of limewater on split tensile strength and workability of Al_2O_3 nanoparticles binary bilended concrete. JOURNAL OF COMPOSITE MATERIALS, 2010, 45(9): 1059 – 1064.

[23] Ali Nazari, Shadi Riahi. The effects of limewater on flexural strength and water permeability of Al_2O_3 nanoparticles binary bilended concrete. Journal of composite materials, 2010, 45(11): 1165 – 1172.

[24] 傅恒志, 郭景杰, 刘林, 等. 先进材料定向凝固. 北京: 科学出版社, 2008.